工业和信息化部"十四五"规划教材　　"十二五"普通高等教育本科国家级规划教材

大学计算机
基础 第5版

○ 主 编 顾 刚 乔亚男
○ 编 者 贾应智 谢 涛 陈 龙 齐 琪

中国教育出版传媒集团
高等教育出版社·北京

内容提要

本书是工业和信息化部"十四五"规划教材。本书第4版入选"十二五"普通高等教育本科国家级规划教材。

本书以教育部高等学校大学计算机课程教学指导委员会编制的教学基本要求为纲要,以计算机普适技术应用为基本线,将课程教学改革成果融入教材中,在内容取舍、篇章结构、教学模式、教学与实验的有机结合等方面都进行了精心设计与组织。

本书共8章,主要内容为:计算机与计算思维、信息在计算机中的表示、计算机系统与软硬件协同工作、计算机网络与信息共享、问题求解与算法设计、数据库技术基础、数据分析、人工智能。

本书可作为高等学校"大学计算机"课程教材,也可供一般读者学习计算机技术之用。

图书在版编目(CIP)数据

大学计算机基础 / 顾刚,乔亚男主编;贾应智等编者. --5 版. --北京:高等教育出版社,2023.7(2024.9重印)

ISBN 978-7-04-060694-2

Ⅰ. ①大… Ⅱ. ①顾… ②乔… ③贾… Ⅲ. ①电子计算机-高等学校-教材 Ⅳ. ①TP3

中国国家版本馆 CIP 数据核字(2023)第 108571 号

Daxue Jisuanji Jichu

| 策划编辑 | 耿 芳 | 责任编辑 | 耿 芳 | 封面设计 | 易斯翔 | 版式设计 | 杜微言 |
| 责任绘图 | 马天驰 | 责任校对 | 刘娟娟 | 责任印制 | 赵义民 | | |

出版发行	高等教育出版社	网 址	http://www.hep.edu.cn	
社 址	北京市西城区德外大街 4 号		http://www.hep.com.cn	
邮政编码	100120	网上订购	http://www.hepmall.com.cn	
印 刷	北京盛通印刷股份有限公司		http://www.hepmall.com	
开 本	787 mm×1092 mm 1/16		http://www.hepmall.cn	
印 张	23.5	版 次	2008 年 6 月第 1 版	
字 数	530 千字		2023 年 7 月第 5 版	
购书热线	010-58581118	印 次	2024 年 9 月第 2 次印刷	
咨询电话	400-810-0598	定 价	48.00 元	

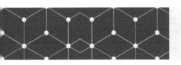

大学计算机基础

第5版

主　编　顾　刚　乔亚男
编　者　贾应智　谢　涛
　　　　陈　龙　齐　琪

1　计算机访问http://abook.hep.com.cn/18610282，或手机扫描二维码、下载并安装 Abook 应用。

2　注册并登录，进入"我的课程"。

3　输入封底数字课程账号（20位密码，刮开涂层可见），或通过 Abook 应用扫描封底数字课程账号二维码，完成课程绑定。

4　单击"进入课程"按钮，开始本数字课程的学习。

大学计算机基础

第5版

主　编　顾　刚　乔亚男
编　者　贾应智　谢　涛　陈　龙　齐　琪

《大学计算机基础》（第5版）数字课程与纸质教材一体化设计，紧密配合。数字课程涵盖电子教案，充分运用多种媒体资源，极大地丰富了知识的呈现形式，拓展了教材内容。在提升课程教学效果的同时，为学生学习提供思维与探索的空间。

课程绑定后一年为数字课程使用有效期。受硬件限制，部分内容无法在手机端显示，请按提示通过计算机访问学习。

如有使用问题，请发邮件至 abook@hep.com.cn。

扫描二维码
下载 Abook 应用

http://abook.hep.com.cn/18610282

前言

自 2019 年本书第 4 版出版以来，编写团队的教师们在课程教学中不断探索和尝试线下与线上结合的教学模式，并且积极大胆地对教学内容与方法进行了改革与实践，进一步积累了丰富的课程教学素材。加之近几年人工智能、大数据、物联网的飞速发展，激发了编写团队的教师们改版的热情。2021 年，工业和信息化部启动"十四五"规划教材的申报工作，本书第 5 版经过评选被列入该项目建设。

本书第 5 版的主要特色如下：

（1）以提高本科生的"计算素养"为教学的根本目标，以强化计算机普适技术的应用作为计算思维的落脚点。

（2）不过分强调工具的使用，也不堆砌晦涩难懂的抽象理论，而是将现实中常用的计算机技术和计算思维理论结合贯穿全书。

（3）删减部分不常用的技术模块，新增数据分析、人工智能的热点研究。

本书第 5 版各章仍采用本章教学目标、本章教学设问、章节内容、应用案例、本章小结、习题的组织结构；将"数据分析"和"人工智能"单列成章；在第 5 章问题求解与算法设计中，增加了 Python 语言程序设计基础的内容，并将这章中所有案例使用的 C++语言程序改为 Python 语言程序。

本书共 8 章，在具体教学安排上，各高校可以根据教学学时、学生的程度等具体情况选取教学内容，教学顺序可以不必完全按照书中的章节次序。

本书由顾刚和乔亚男任主编。顾刚编写了第 1、2、5 章；齐琪和乔亚男共同组织和编写了第 7 章；陈龙编写了第 8 章；贾应智编写了第 4、6 章；谢涛编写了第 3 章。全书由顾刚统稿。

本书疏漏在所难免，欢迎读者批评指正。

编　者
2023 年 4 月

目录

第 1 章

计算机与计算思维

教学资源：
电子教案、微视
频、实验素材

本章教学目标

(1) 了解计算思维的基本概念。
(2) 了解使用计算机进行问题求解的一般过程。
(3) 了解计算机学科的核心概念。
(4) 了解计算机学科与其他学科之间的互动关系。
(5) 了解和掌握计算思维的基本技能。

本章教学设问

(1) 什么是计算思维？非计算机专业学生学习计算思维意义何在？
(2) 什么是科学方法？计算在科学方法中扮演何种角色？
(3) 计算机学科的方法论有哪几个过程？
(4) 计算机学科如何影响其他学科？如何从其他学科获得借鉴？
(5) 了解计算机学科的核心概念对非计算机专业学生有何意义？
(6) 问题求解有哪些基本步骤？
(7) 计算思维包括哪些基本的技能？

▶▶ 1.1 计算意义与计算思维

计算思维（computational thinking）的概念由周以真教授于 2006 年提出。她认为，计算思维是运用计算机科学的基础概念进行问题求解、系统设计以及人类行为理解等的一系列思维活动。计算思维代表着一种普遍的态度和一类普适的技能，现代社会的每一个人都应热心于它的学习和运用。

周以真认为计算思维具有以下特征：
(1) 是概念化的抽象思维而不只是程序设计。
(2) 是基本的而不是死记硬背的技能。
(3) 是人的而不是计算机的思维方式。

（4）是数学和工程思维的互补与融合。

（5）是思想而不是人造品。

（6）面向所有的人和所有地方。

（7）关注依旧亟待理解和解决的智力上极有挑战性并且引人入胜的科学问题。

对大多数人来说，"计算"是一个可以领会却又难于言表的数学概念。电子数字计算机的出现和计算机科学的发展泛化了这个概念。无论是过去，还是现在或将来，计算始终都是人类基本思维活动和行为方式的主要方面之一，也是人们认识世界与改造世界的基本方法。

值得关注的是，计算思维中的"计算"是 computation 而不是 computing，在计算机科学与工程领域中用的是 computing 而不是 computation。在中文里，computation 和 computing 都被译为计算，而且，普通人还会把计算归入数学领域，这样，计算就失去了它的本质意义，因为 computation 和 computing 在英语中有着不同的含义。

computation 是可用数学表示的任何形式的信息处理的概念，它包括简单的计算和人的思维（human thinking）。所以，计算思维无论是由人或机器执行，都是建立在计算处理的能力和限制之上的。

一般来讲，computing 意味着任何面向目标的需要，受益于和创造计算机的活动。因此，computing 包括用于广泛目的的软件和硬件系统的设计、建造；各种信息的处理、规范和管理；用计算机开展的科研活动；使计算机系统具有智能行为；创建和使用通信和娱乐媒体；寻找和收集与任何目的有关的信息等。

如此看来，computation 更侧重数学或在计算学科的应用，而 computing 是发展和使用计算机及有关技术的人类知识和活动的总和，它不仅需要数学，而且需要人类的一切知识和经验来发展和使用计算机。实际上，计算机之所以得到史无前例的发展，一方面在于数学和电子科学为它的发展提供了坚实的理论和技术基础，另一方面在于其他各个学科为它的发展和应用提供了各种可能的帮助和动力。没有后者计算机就不能成为每个人的必需，就不能渗透到人类活动的各个领域，就不能成为当代社会最有效的工具。

所以，本章所涉及的计算一词，包括了 computation 和 computing 的内容。对于计算机基础学习而言，了解计算思维的宏观特性，对于读者个人专业发展具有特别重要的意义。以下将论述计算思维的十大特征：层次化、结构化、过程化、工程化、智能化、人性化、网络化、移动化、信息化和服务化。

1. 计算思维的层次化

层次化源于社会组织和分工。计算思维的层次化由计算理论思维、计算技术思维、计算工程思维、计算工具思维、计算服务思维和计算应用思维 6 个层次思维组成。它们分别对应计算理论、计算技术、计算工程、计算工具、计算服务和计算应用。每个层次上的思维都包含许多不同的思维过程、思维模式和思维规律。对这 6 种思维的抽象形式化、理论化和工程化促进了计算理论、计算技术、计算工程、计算工具、计算服务和计算应用的发展。而后者的进一步发展又反过来产生了新的计算理论思维、计算技术思维、计算工程思维、计算工具思维、计算服务思维和计算应用思维。

2. 计算思维的结构化

结构化源于软件开发的结构化系统分析、结构化设计和结构化程序设计。现在，结构化已经成为计算思维的一大特征，它的表现形式往往是每当研究一个与计算有关的问题时，人们会思考：这个问题可以结构化吗？或者，这个问题是否在一个现有的结构中？或者，它的结构是什么？等等。

3. 计算思维的过程化

过程化源于工程学和企业管理，也是一种计算思维范式，如面向过程的程序设计思维。任何计算机算法、程序或协议都可以看作是一种过程化的逻辑描述。计算思维过程化的表现形式往往是每当研究一个与计算有关的问题时，可以这样思考：这个问题可以过程化吗？或者，这个问题是否在一个现有的过程中？或者，它的过程描述是什么？等等。从思维过程化的角度来看，计算思维源于并服务于由计算理论、计算技术、计算工程、计算工具、计算服务和计算应用构成的生存周期，这一生存周期以计算理论为始点，以计算应用为终点。这一生存周期中的每一个结点都将产生计算思维，计算思维从这一计算链的终点到始点的转化构成了计算思维的抽象、升华和理论，且计算思维从这一计算链的始点到终点的转化构成了计算思维的工程化。

4. 计算思维的工程化

工程化源于工程学、计算机工程和软件工程，其核心是用工程中行之有效的工程原理、思想和方法来开发计算系统、软件系统或智能系统。工程化往往涉及技术、社会成分和系统的分析、设计、验证、模拟、仿真和管理。因此，工程化成为计算思维的一种特别重要的特征。计算思维对计算理论、计算技术、计算工程、计算工具、计算服务和计算应用的转化就是计算思维的工程化。计算思维工程化的表现形式往往是指如何用行之有效的工程思想、管理、方法和设计来开发计算或智能系统。计算思维的工程化包括工程设计，主要要素为需求分析、规格说明、设计和实现方法、测试和分析，用来开发求解问题的系统和设备。计算思维的工程化促进了诸如计算机、手机、平板电脑等计算工具和系统的发展，后者反过来促进了计算思维的工程化。

5. 计算思维的智能化

智能化源于图灵（Alan Turing）在 1950 年发表的一篇关于机器智能的文章。1956 年出现的人工智能使智能化进入科学研究的议事日程。人工智能、计算机科学与技术的发展使机器的智能化成为研究热点。因此，智能化成为计算思维的一种特别重要的特征。计算思维智能化的表现形式往往是这个机器是智能的吗？能否使这个机器具有智能？可以使这一事务摆脱人们的脑力劳动吗？等等。计算思维的智能化促进了交通管理的智能化、业务流程的智能化、电子服务的智能化；电子服务和社会生活的智能化的需求反过来促进计算思维智能化的进一步发展。

6. 计算思维的人性化

人性化是任何技术和产品的社会要求，急人所急、想人所想是当代科学技术和产品成功的秘密。许多人上网做的第一件事就是查询，从而谷歌、百度成为"急人所急、想人所想"的成功典范。因此，人性化成为计算思维的一种特别重要的特征。计算思维的人性化的表现形式往往是这个机器或系统是人性化的吗？人机能否像人与人那样自然地交互吗？等等。机器人（robot）是机器人性化的代表；智能代理（intelligent agent）是软件系统人性化的代表。计算思维的人性化促进了人机交互的人性化、计算工具的人性化和社会的进步，信息社会需要计算思维的人性化。

7. 计算思维的网络化

网络化源于社会学（社会网络）、经济学（市场网络和经营网络）和计算机网络，互联网使网络化成为计算思维的一种特别重要的特征。计算思维网络化的表现形式往往是每当研究一个与计算有关的问题时，人们会思考：这个问题可以网络化吗？或者，这个问题是否在一个现有的网络中？等等。例如，当遇到一个不知道怎么解决的问题时，人们往往首先上互联网用各种搜索引擎寻找这一问题的答案。计算思维的网络化促进了互联网的巨大发展，互联网的巨大发展反过来使计算思维的网络化更加深入人心，改变了人们的生活方式、工作方式和思维方式（包含计算思维方式）。

8. 计算思维的移动化

移动化已经经历了若干革命。汽车、飞机、火车、电话、传真等使人们能从一个地方去到另一个地方或与另一个地方的人通信。然而移动计算、移动通信使人与人的信息交流超越时空，变得更加自然。因此，移动化成为计算思维的一种特别重要的特征。计算思维的移动化表现形式往往是不管他在何时、何地，我能和他联系吗？我能看得见他吗？等等。移动通信与地理信息系统的结合，产生了新的计算模式：与位置有关的计算。这种移动计算模式与服务业结合，产生了与位置有关的服务计算。计算思维的移动化正在改变着人们的生活、工作和学习方式。移动化的通信、服务和生活需要计算思维的移动化。

9. 计算思维的信息化

信息化是计算机科学与技术发展到一定时期的产物。20 世纪 90 年代，美国提出信息高速公路，使信息化提到了科学研究和社会发展的议事日程。互联网和计算机科学与技术的蓬勃发展促进了政务、商务、教育和社会的信息化。因此，信息化成为计算思维的一种重要的特征。计算思维的信息化表现形式往往是每当研究一个问题时，人们会思考：这个问题可以信息化吗？这个事务流程信息化了吗？等等。计算思维的信息化促进了政务、商务、教育和社会的信息化。信息化的政务、商务、教育和社会将使人们在一种全新的环境中生活和工作。

10. 计算思维的服务化

社会生活的服务化从来没有像今天这样重要。例如，计算机行业的领军企业 IBM 公司，最看重的是服务领域，2007 年，IBM 的服务业务占全球业务份额的 37%，软件业务则达到 40%，增长速度都远远超过硬件业务。中国经济发展正在向服务型经济转型，而计算机科学与技术及信息技术则是现代服务型经济发展的根本保障。这是软件即服务（software as a service，SaaS）和服务计算（service computing）正在引起关注的原因之一。由此，计算思维与服务建立更加密切的关系成为必然。这种密切关系要求计算思维必须建立在服务基础之上，这就是计算思维的服务化。

上述的十大计算思维特征之间的联系可以分为 3 个层次，如图 1-1 所示（用 CT 代表计算思维）。

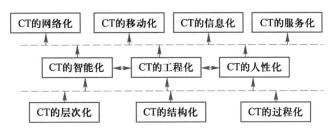

图 1-1   计算思维特征的层次关系

简单来说，计算思维的层次化、结构化和过程化是对一个想法或问题进行形式化、特征化和抽象化（抽象层次）的系统思维方法，属于系统工程方法。它们也是计算思维工程化的基础和计算问题求解的最典型、最有效的基本途径。因此，它们处于底层或基础层次。

计算思维的工程化是计算思维的智能化、人性化、服务化、网络化、信息化和移动化的前提。计算思维的智能化和人性化是计算思维工程化的重要组成部分。没有前者，后者将变得黯然失色；没有后者，前者无法实现。因此，计算思维的工程化、智能化和人性化可处于中间层次或工程技术层次。计算思维的网络化、移动化、信息化和服务化是当代社会的网络化、移动化、信息化和服务化对计算思维的客观要求，它们促进着计算思维的工程化、智能化和人性化的进一步发展。因此，它们处于顶层或应用层次。

由于这里讨论的"计算思维"是面向所有人、所有学科的，应当具有普适性，但这种普适性的内部是有差异的。由于计算科学是一门新兴学科，其本身的内容日新月异，以及人们已掌握的计算知识各有差异，不同人的计算思维具有很大差别，因此计算思维具有层次性，但只要具有思维品质中的独创性，就能创造性地解决问题，这样，不同层次上的计算思维均可得到同质性的发展。

▶▶ 1.2   计算科学方法概论

科学界一般认为，科学方法分为理论、实验和计算三大类。与三大科学方法相对的是三大科学思维，理论思维以数学学科为基础，实验思维以物理等学科为基础，计算思维以计算机学科为基础。科技创新的思维方式构架如图 1-2 所示。

1. 理论思维

理论源于数学，理论思维支撑着所有的学科领域。正如数学一样，定义是理论思维的灵魂，定理和证明则

图 1-2   科技创新的思维方式构架

是它的精髓。公理化方法是最重要的理论思维方法，科学界一般认为，公理化方法是推动世界科学技术革命的源头。用公理化方法构建的理论体系称为公理系统，如欧氏几何。公理系统需要满足以下 3 个条件：

（1）无矛盾性。这是公理系统的科学性要求，它不允许在一个公理系统中出现相互矛盾的命题，否则这个公理系统就没有任何实际的价值。

（2）独立性。公理系统中所有的公理都必须是独立的，即任何一个公理都不能从其他公理推导出来。

（3）完备性。公理系统必须是完备的，即从公理系统出发，能推出（或判定）该领域所有的命题。

为了保证公理系统的无矛盾性和独立性，一般要尽可能使公理系统简单化。简单化将使无矛盾性和独立性的证明成为可能，简单化是科学研究追求的目标之一。一般而言，正确的一定是简单的（注意，这句话是单向的，反之不一定成立）。

关于公理系统的完备性要求，自哥德尔发表关于形式系统的"不完备性定理"的论文后，数学家们对公理系统的完备性要求大大放宽了。也就是说，能完备更好，即使不完备，同样也具有重要的价值。

以理论为基础的学科主要是指数学，数学是所有学科的基础。中外科技史专家研究认为，由于在我国漫长的古代数学史中没有引入公理化思想方法，导致以公理化方法为核心的理论思维就我国的传统教育来说是缺失的。

2. 实验思维

实验思维的先驱应当首推意大利著名的物理学家、天文学家和数学家伽利略，他开创了以实验为基础、具有严密逻辑理论体系的近代科学，被人们誉为"近代科学之父"。爱因斯坦为之评论说："伽利略的发现，以及他所用的科学推理方法，是人类思想史上最伟大的成就之一，而且标志着物理学的真正开端。"

一般来说，伽利略的实验思维方法可以分为以下 3 个步骤。

（1）先提取出从现象中获得的直观认识的主要部分，用最简单的数学形式表示出来，以建立量的概念。

（2）再由此试用数学方法导出另一个易于实验证实的数量关系。

（3）然后通过实验证实这种数量关系。

与理论思维不同，实验思维往往需要借助某些特定的设备（科学工具），并用它们来获取数据以供以后的分析使用。例如，伽利略不仅设计和演示了许多实验，而且还亲自研制出不少技术精湛的实验仪器，如温度计、望远镜、显微镜等。

以实验为基础的学科有物理、化学、地学、天文学、生物学、医学、农业科学、冶金、机械，以及由此派生的众多学科。

在实验思维中，有一个至关重要的核心内容，那就是实验思维往往要借助特定的设备和环境来进行，例如，用一个网眼大小（直径）都在 10 cm 以上的网来捕鱼，不管经过多少次的认真实践，都会得到结论：在捕鱼的区域内没有小于 10 cm 的鱼。又如，哈勃空间望远镜（Hubble space telescope, HST）是以天文学家爱德温·哈勃（Edwin Powell

Hubble）命名的，它在环绕地球的轨道上运行。它的位置在地球的大气层之上，因此获得了地基望远镜所没有的好处——影像不会受到大气湍流的扰动，视相度绝佳又没有大气散射造成的背景光，还能观测会被臭氧层吸收的紫外线。它于 1990 年发射之后，已经成为天文史上最重要的仪器，填补了地面观测的缺口，帮助天文学家解决了许多根本问题，使人们对天文物理有更多的认识。哈勃的哈勃超深空视场是天文学家曾获得的最深入（最敏锐）的光学影像。

所以，对于实验思维来说，最为重要的事情就是设计、制造实验仪器和追求理想的实验环境。

3. 计算思维

计算思维是运用计算机学科的基本概念进行问题求解、系统设计，以及人类行为理解的涵盖了计算机学科之广度的一系列思维活动。

（1）计算思维是通过约简、嵌入、转化和仿真等方法，把一个看来困难的问题重新阐释成一个人们知道怎样解决的问题的思维方法。

（2）计算思维是一种递归思维，是一种并行处理，它能把代码译成数据，又能把数据译成代码，是一种多维分析推广的类型检查方法。

（3）计算思维是一种采用抽象和分解来控制庞杂的任务或进行巨大复杂系统设计的方法，是基于关注点分离的方法。

（4）计算思维是一种选择合适的方式去陈述一个问题，或对一个问题的相关方面建模使其易于处理的思维方法。

（5）计算思维是按照预防、保护及通过冗余、容错、纠错的方式，并从最坏情况进行系统恢复的一种思维方法。

（6）计算思维是利用启发式推理寻求解答，即在不确定情况下的规划、学习和调度的思维方法。

（7）计算思维是利用海量数据来加快计算，在时间和空间之间，在处理能力和存储容量之间进行折中的思维方法。

计算思维吸取了解决问题所采用的一般数学思维方法、现实世界中巨大复杂系统的设计与评估的一般工程思维方法，以及复杂性、智能、心理、人类行为的理解等一般科学思维方法。

计算思维最根本的内容（即其本质）是抽象（abstraction）与自动化（automation）。计算思维中的抽象完全超越物理的时空观，并完全用符号来表示，其中，数字抽象只是其中的一类特例。

与数学和物理学科相比，计算思维中的抽象显得更为丰富，也更为复杂。数学抽象的重大特点是抛开现实事物的物理、化学和生物学等特性，而仅保留其量的关系和空间的形式，而计算思维中的抽象却不仅仅如此。堆栈（stack）是计算机学科中常见的一种抽象数据类型，这种数据类型就不可能像数学中的整数那样进行简单的相"加"。再如，算法也是一种抽象，人们也不能将两个算法放在一起来实现一个并行算法。同样，程序也是一种抽象，这种抽象也不能随意"组合"。不仅如此，计算思维中的抽象还与其在现实世界中的最终实施有关。因此，就不得不考虑问题处理的边界，以及可能产生的错误。在程序的运行中，如果磁盘满、服务没有响应、类型检验错误，甚至出现危及人的生命的严重状况时，还要知道如何进行处理。

抽象层次是计算思维中的一个重要概念，它使人们可以根据不同的抽象层次，进而有选择地忽视某些细节，最终控制系统的复杂性；在分析问题时，计算思维要求人们将注意力集中在感兴趣的抽象层次上，或其上下层；人们还应当了解各抽象层次之间的关系。

计算思维中的抽象最终目的是能够利用机器一步步自动执行。为了确保机器的自动化，就需要在抽象的过程中进行精确和严格的符号标记和建模，同时也要求计算机系统或软件系统生产厂家能够向公众提供各种不同抽象层次之间的翻译工具。

计算机学科在本质上源自数学思维，因为像所有的学科一样，它的形式化基础建筑于数学之上。计算机学科又从本质上源自工程思维，因为人们建造的是能够与实际世界互动的系统，基本计算设备的限制迫使计算机科学家必须可计算性地思考，而不能只是数学性地思考。构建虚拟世界的自由使人们能够超越物理世界的各种系统。数学和工程思维的互补与融合很好地体现在抽象、理论和设计 3 个学科形态（或过程）上。

▶▶ 1.3 可计算性与计算过程

计算理论是研究使用计算机解决计算问题的数学理论，有 3 个核心领域：自动机理论、可计算性理论（computability theory）和计算复杂性理论。可计算性理论的中心问题是建立计算的数学模型，进而研究哪些是可计算的，哪些是不可计算的。计算复杂性理论研究算法的时间复杂性和空间复杂性。在可计算性理论中，将问题分成可计算的和不可计算的；在复杂性理论中，目标是把可计算的问题分成简单的和困难的。

可计算性理论是研究计算的一般性质的数学理论，也称为算法理论或能行性理论。它通过建立计算的数学模型（如抽象计算机），精确区分哪些是可计算的，哪些是不可计算的。计算的过程就是执行算法的过程。可计算性理论的重要课题之一，是将算法这一直观概念精确化。算法概念精确化的途径很多，其中之一是通过定义抽象计算机，把算法看作抽象计算机的程序。通常把那些存在算法可计算其值的函数称为可计算函数。因此，可计算函数的精确定义为：能够在抽象计算机上编出程序计算其值的函数。这样就可以讨论哪些函数是可计算的，哪些函数是不可计算的。

可计算性理论是算法设计与分析的基础，也是计算机学科的理论基础。可计算性是函数的一个特性。设函数 f 的定义域是 D，值域是 R，如果存在一种算法，对 D 中任意给定的 x，都能计算出 $f(x)$ 的值，则称函数 f 是可计算的。

例如，若 m 和 n 是两个正整数，并且 $m \geq n$，求 m 和 n 的最大公因子的欧几里得算法可表示如下：

E1［求余数］以 n 除 m 得余数 r。

E2［余数为 0 吗？］若 $r=0$，计算结束，n 即为答案；否则转到步骤 E3。

E3［互换］把 m 的值变为 n，n 的值变为 r，重复上述步骤。

依照这 3 条规则指示的步骤，可计算出任何两个正整数的最大公因子。可以把计算过程看成执行这些步骤的序列。人们发现，计算过程是有穷的，而且计算的每一步都是能够机械实现的（机械性）。为了精确刻划算法的特征，人们建立了各种各样的数学模型。

计算机学科的方法论有 3 个过程：抽象、理论和自动化设计及实现。最根本的问题在于：问题如何进行描述？哪些部分能够被自动化？如何进行自动化描述？

建立物理符号系统并对其实施等价变换是计算机学科进行问题描述和求解的重要手段。"可行性"所要求的"形式化"及其"离散特征"使得数学成为重要的工具，而计算模型无论在方法还是工具等方面，都表现出它在计算机学科中的重要作用。

▶ 1.3.1　近代的计算思维：七桥问题

七桥问题是 18 世纪著名古典数学问题之一。在哥尼斯堡的一个公园里，有 7 座桥将普雷格尔河中两个岛及岛与河岸连接起来，如图 1-3（a）所示。问是否能从这 4 块陆地中的任一块出发，恰好通过每座桥一次，再回到起点。欧拉于 1736 年研究并解决了此问题，他把问题归结为如图 1-3（b）所示的"一笔画"问题，证明上述走法是不可能实现的。

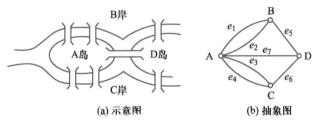

(a) 示意图　　　　(b) 抽象图

图 1-3　七桥问题

欧拉用点表示岛和陆地，两点之间的连线表示连接它们的桥，将河流、陆地和桥简化为一个网络，把七桥问题化成判断连通网络能否一笔画的问题。他不仅解决了此问题，且给出了连通网络可一笔画的充要条件，即它们是连通的，且奇顶点（连接此点弧的条数是奇数）的个数为 0 或 2。

他的论点是这样的，除了起点以外，每一次当一个人由一座桥进入一块陆地（或点）时，他必须由另一座桥离开此点。所以每行经一点时，需要两座桥（或线），从起点离开的线与最后回到始点的线亦需要两座桥，因此每一个陆地与其他陆地连接的桥数必为偶数。而 7 座桥所成之图形不满足这一条件，因此上述的任务无法完成。

欧拉的这个考虑非常重要，也非常巧妙，表明了数学家处理实际问题的独特之处——把一个实际问题抽象成合适的"数学模型"。这种研究方法就是"数学模型方法"。这并不需要运用多么深奥的理论，但想到这一点，却是解决难题的关键。

1736 年，欧拉在交给彼得堡科学院的《哥尼斯堡 7 座桥》的论文报告中，阐述了他的解题方法。他的巧解，为后来的数学新分支——拓扑学的建立奠定了基础。

欧拉通过对七桥问题的研究，不仅圆满地回答了哥尼斯堡居民提出的问题，而且得到并证明了更为广泛的有关一笔画的 3 条结论，人们通常称之为欧拉定理。

（1）凡是由偶点（与此点的连线有偶数条）组成的连通图，一定可以一笔画成。画时可以把任一偶点设为起点，最后一定能以这个点为终点画完此图。

（2）凡是只有两个奇点的连通图（其余都为偶点），一定可以一笔画成。画时必须把一个奇点设为起点，另一个奇点设为终点。

（3）其他情况的图都不能一笔画出。（奇点数除以 2 便可算出此图需几笔画成。）

对于一个连通图，通常把从某结点出发一笔画成所经过的路线称为欧拉路。人们又通常把一笔画成回到出发点的欧拉路称为欧拉回路。具有欧拉回路的图称为欧拉图。

有关七桥问题的讨论，体现了计算机出现之前人的计算思维的出色表现。而在计算机出现后，计算机学科发展出利用计算机自动解决类似问题的方法，于是就有了以下的问题求解过程。

▶ **1.3.2　计算问题的描述**

图论（graph theory）是数学的一个分支，它以图为研究对象。图论中的图是由若干给定的点及连接两点的线所构成的图形，这种图形通常用来描述某些事物之间的某种特定关系，用点代表事物，用连接两点的线表示相应两个事物间具有某种关系。

图 1-4 所示的图有若干个不同的点 v_1、v_2、v_3、v_4，其中一些点之间用直线（或曲线）连接。图中的这些点被称为顶点（vertex）或结点，连接顶点的曲线或直线称为边（edge）。通常将这种由若干个顶点以及连接某些顶点的边所组成的图形称为图，顶点通常被称作是图中的数据元素。

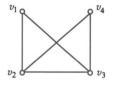

图 1-4　无向图

在图结构中的任意两个元素之间都可能相互联系。图作为一种可以为计算机应用的数据结构，通常又可被定义为：graph = (V, E) 或 $G = (V, E)$，即一个图由顶点的集合 V 和边的集合 E 组成。

图 1-4 的边没有方向，这类图称为无向图（undirected graph）。在记录无向图时，(v_1, v_2) 等价于 (v_2, v_1)。例如，在七桥问题中，人们可以从任一方向走过任何一座桥。

图 1-4 的顶点集合为

$$V = \{v_1, v_2, v_3, v_4\}$$

边集合为

$$E = \{(v_1, v_2), (v_1, v_3), (v_2, v_3), (v_2, v_4), (v_3, v_4)\}$$

无向图有关的术语如下：

（1）有限图：顶点与边数均为有限的图，图 1-4 即为有限图。

（2）邻接与关联：当 $(v_1, v_2) \in E$ 或 $<v_1, v_2> \in E$，即 v_1、v_2 之间有边相连时，则称 v_1 和 v_2 是相邻的，它们互为邻接点（adjacent），同时称 (v_1, v_2) 或 $<v_1, v_2>$ 是与顶点 v_1、v_2 相关联的边。

（3）顶点的度数（degree）：从该顶点引出的边的条数，即与该顶点相关联的边的数目，简称度，如表 1-1 所示。

表 1-1　图 1-4 中图的各顶点的度数

顶点	v_1	v_2	v_3	v_4
度数	2	3	3	2

（4）**路径（path）与路长**：在图 $G=(V,E)$ 中，如果存在由不同的边 (v_{i0},v_{i1})，(v_{i1}, v_{i2})，$\cdots$，(v_{in-1},v_{in}) 或是（$<v_{i0}v_{i1}>$，$<v_{i1}v_{i2}>$，$\cdots$，$<v_{in-1}v_{in}>$）组成的序列，则称顶点 v_{i0} 和 v_{in} 是连通的，顶点序列 $(v_{i0},v_{i1},v_{i2},\cdots,v_{in})$ 是从顶点 v_{i0} 到顶点 v_{in} 的一条路径。路长是路径上边的数目，v_{i0} 到 v_{in} 的这条路径上的路长为 n。

（5）**连通图**：对于图中任意两个顶点 v_i、$v_j \in V$，v_i、v_j 之间有路径相连，则称该图为连通图（connected graph），如图 1-4 所示。

（6）**带权图**：给图 1-4 的各条边附加一个代表性数据（如表示长度、流量或其他），则称其为带权图，如图 1-5 所示。

（7）**网络**：带权的连通图称为网络，如图 1-5 所示。

有了以上的术语，所有可以归结为无向图的问题（如七桥问题），就可以使用它们进行规范地描述、交流和讨论了。

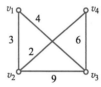

图 1-5　带权图（网）

▶ 1.3.3　计算数据的存储

由于计算机内存本身是线性结构的，所有需要计算的数据必须使用一定的数据结构或模式描述后，再存储在计算机内存中，才可以进行计算或问题求解。

无向图的最常见的存储方式之一是用邻接矩阵，而矩阵则是计算机数据处理中最为常用的数据结构。

邻接矩阵（adjacency matrix）是表示顶点间邻接关系的矩阵。在图的邻接矩阵表示法中，通常用一个邻接矩阵表示顶点间的相邻关系，另外用一个顺序表来存储顶点信息。

具有 n 个顶点的图 $G=(V,E)$ 的邻接矩阵可以定义为

$$A[i][j]=\begin{cases} 1, & \text{若}(v_i,v_j)\text{或}\langle v_i,v_j\rangle\text{是 } E(G)\text{中的边} \\ 0, & \text{若}(v_i,v_j)\text{或}\langle v_i,v_j\rangle\text{不是 } E(G)\text{中的边} \end{cases}$$

图 1-4 中图的邻接矩阵表示为

$$
\begin{array}{c c c c c}
 & v_1 & v_2 & v_3 & v_4 \\
v_1 & 0 & 1 & 1 & 0 \\
v_2 & 1 & 0 & 1 & 1 \\
v_3 & 1 & 1 & 0 & 1 \\
v_4 & 0 & 1 & 1 & 0 \\
\end{array}
$$

有了数据的存储方法之后，就可以用来求解与计算相关的问题了。

通过对无向图的遍历求解，可以了解使用计算机进行问题求解的一般过程。其中的

主要步骤包括问题的抽象、规范的描述、数据的存储模式、自动化程序的设计和实现（或验证）。

值得关注的是，许多计算问题求解的原理与思路在计算机出现之前就已经存在。而现代计算机的出现，则为这些问题的求解提供了自动化的手段。

在计算机出现之前，人们对问题的求解使用定理、公理和假设进行推导、证明和手工计算。而计算机出现之后，人们则可以对数量巨大的实例和案例通过计算机给出解答。

▶▶ 1.4 计算思维的跨学科交融

计算思维是每个人应具备的思维能力，不仅仅属于计算机科学家。运用计算思维分析和解决问题需满足 3 个前提条件：① 描述的形式化；② 可行的算法；③ 合理的复杂度。

迄今为止，计算思维不仅渗透到每个人的生活之中，而且对统计学、生物科学、经济学等学科产生了较为重大的影响。同时，计算思维在科技创新与教育教学中起着非常重要的作用，对计算思维进行研究，不仅仅可以学习到"如何像计算机科学家一样思考"，更重要的是，可以激发公众对计算机领域科学探索的兴趣，传播计算机科学的快乐和力量，使计算思维成为一种常识。

1972 年图灵奖得主艾兹格·迪杰斯特拉（Edsger Dijkstra）说过："我们所使用的工具影响着我们的思维方式和思维习惯，从而也将深刻地影响着我们的思维能力。"正如印刷出版促进了 3R（阅读、写作、算术的简称）的传播，计算和计算机也以类似的正反馈促进了计算思维的传播。在 3R 之外，计算思维应该成为每位受教育者应该掌握的能力。

从最早的结绳记数、算筹、机械计算机、电磁计算机到今天的计算机，计算工具的发展如此之快，难免会产生一个问题：人为什么能制造出计算机？首先得益于布尔（George Boole，1815—1864）、香农（Claude Shannon，1916—2001）、图灵（Alan Turing，1912—1954）、冯·诺依曼（John von Neumann，1903—1957）等一批数学家的努力，因为计算机学科在本质上源于数学，它的形式化基础建筑于数学之上。而数学思维将数学体系看成是由公理和定理构建的大厦，而大厦中的一切数学定理都必须被严格证明，即从一组公理出发，通过逻辑推理，得出证明，逻辑推理不允许有任何漏洞。一旦数学定理得到证明，就是绝对正确的，丝毫不容怀疑。这一点与物理、天文等学科不同，这些学科中定律的正确性是由实验证明的，但实验中误差的存在决定了无法保证定律的完全正确性，因此，一切定律都有可能被以后更精确的实验所否定。这种情形在科学发展的历史上屡见不鲜。计算机科学也同样如此，由于人们建造的是能够与实际世界互动的系统，计算设备的限制迫使计算机科学家必须计算性地思考，不能只是数学性地思考。从这个角度看，计算机学科又从本质上源于工程，正因为如此，计算机学科才能快速向前发展，从机械计算机发展到电磁计算机，又从电磁计算机发展到电子数字计算机。如果计算机发展的每一步都像数学体系中的定理证明那样，计算机可能会停滞不前。从这一点上讲，人类思维促进了计算工具的发展。

反过来说，计算的发展又从一定程度上影响着人类的思维方式。从最早的结绳计数发展到当今的电子数字计算机，人类思维方式也随之发生相应的改变。例如，计算生物学正在改变着生物学家的思考方式，计算机博弈论正改变着经济学家的思考方式，纳米计算机改变着化学家的思考方式，量子计算机改变着物理学家的思考方式。

▶ 1.4.1 计算思维与信息科学

在香农提出信息论以前，一般认为通信线路中传送的是电信号。这没有错误，但未能道出通信的本质。通信的目的不是传送电信号，而是传送信息。传送信息有多种方式：打电话、写信等，打电话固然涉及电信号，但说话人与话筒之间信息的传送是靠声波而不是电信号，听话人从耳机听到的也是声波；至于写信则完全不靠电信号。所以，通信的本质不是电信号而是信息。信息是什么？维纳有一句名言："信息就是信息，不是物质也不是能量。"这个回答对信息未有正面解释，也从另一个角度说明信息的定义不是容易得出的。香农也绕过这个难题，基于概率统计，从可计算的角度，致力于信息的定量研究。

香农通过分析发现，对特定的单个事件而言，发生的概率越小，所提供的信息量就越大。据此，香农首先给出了单个事件的信息量为 $I(a) = -\log P(a)$，其中 $P(a)$ 为事件发生的概率。这也从侧面印证了"狗咬人不是新闻，人咬狗才是新闻"这句话完全符合香农信息论：人咬狗极少发生，概率极小，这个事件具有极大的信息量，所以是大新闻。通过进一步运用概率统计以及统计热力学中有关熵的概念，香农又给出了互信息、条件信息、平均互信息等的定量描述。

计算方法的限制从另一个方面也限制了信息论的发展。在概率统计中，只关心事件发生概率的统计特性，而无法从本质上对不同的事件加以区别。如果两个事件有相同的发生概率，则提供的信息量是相同的，而无法进一步对事件的内容进行区分，这也是香农信息论的一个特点：它只考虑信息的量，而完全不考虑信息的质。

哈夫曼编码是 1952 年由哈夫曼（David A. Huffman，1925—1999）提出的一种最佳信源编码方法，现在已经被广泛地应用于数据压缩、多媒体技术等多个领域。哈夫曼编码的编码方法如下：将信源符号按概率由小到大排序，然后进行一次信源缩减，即将 0 和 1 分配给概率最小的两个信源符号，并将其合并为一个新符号，用缩减前的两个信源符号的概率之和作为新符号的概率，继续进行信源缩减，直至缩减至两个信源符号为止。依缩减路径由后向前返回，得到各信源符号所对应的码符号序列，即对应的码字。

哈夫曼发现：为使信源编码的平均码长最短，必须使概率大的符号对应短码，而概率小的符号对应长码。由此，在合并新信源符号时，设置两个信源符号总是最后一位码元不同，前面各位码元均相同。同时，为证明哈夫曼编码是最佳性编码，哈夫曼采用的方法是找出缩减前后平均码长之间的关系，发现两者的差值是缩减所用两个信源符号的概率之和，与信源符号的码长无关。这样，为证明哈夫曼编码的平均码长最小，只需证明缩减后信源对应的平均码长最小即可。当信源缩减至仅有两个信源符号时，当且仅当为两者分配 0 和 1 时平均码长最小，为 1。由此可以反过来证明哈夫曼编码的平均码长最小。

从计算思维的角度考虑，哈夫曼编码是人类思维和计算机方法结合的典型产物，主要体现在以下两个方面。

（1）哈夫曼编码是在香农编码和费诺编码的基础上发展而来的，而香农编码和费诺编码则是通过计算严格推导的信源编码定理的应用。哈夫曼通过观察，总结出最佳码的性质，然后进行逆向思维，得出哈夫曼编码的编码算法。而通过人类思维发现的最佳码的性质，正是今天称之为"贪心选择"的性质，已经被广泛地应用于计算机算法中。

（2）在哈夫曼编码最佳码的证明过程中，通过找出缩减信源前后平均码长之间的关系来证明，则是计算机学科中典型的递归思想。不妨以信源中符号的个数 n 作为参数，证明过程从本质上可看成如下递归方程：

$$f(n) = \begin{cases} f(n-1) + p_n + p_{n-1}, & n>2 \\ 1, & n=2 \end{cases}$$

▶ 1.4.2 计算思维与数论的融合

在数论中，反运算的问题往往是极难求解的，或者说极难计算的，离散对数和整数因式分解问题就属于困难的计算数论问题。例如，给出两个素数 p 和 q，要求两者的乘积 N，即使 p 和 q 很大，计算它们的乘积仍然是可行的；但反过来，给出 N，要求 p 和 q 就极为困难了。

马丁·加德纳（Martin Gardner）在"数学游戏"栏目中，介绍了 1977 年由 RSA（Rivest，Shamir 和 Adleman）悬赏 100 美元求解一个密钥的破解方法，问题是这样的：给出一对整数 (e, N) 作为公开钥，$e=9\ 007$，N 是一个随机的 129 位数：

1 143 816 257 578 888 676 692 357 799 761 466 120 102 182 967 212 423 625 625 618 429 357 069 352 457 338 978 305 971 235 639 587 058 989 075 147 599 290 026 878 543 541

经过加密后得到的密文 C 是：

9 686 961 375 462 206 147 714 092 225 435 588 290 575 999 112 457 431 987 469 512 093 081 629 822 514 570 835 693 147 662 288 398 962 801 339 905 518 299 451 557 815 154

问 C 加密前的明文是什么？

相隔 17 年后，这个问题在 1994 年 4 月 2 日由迪里克·阿特金斯（Derek Atkins）、迈克尔·克拉弗（Michael Graff）、阿尔金·K·廉斯特拉（Arjen K. Lenstra）和帕尔·雷兰德（Paul Leyland）动用 600 多名志愿者、1 600 多台计算机参与并花费了 6 个多月的时间解出。他们对上述的 N 成功地进行因式分解，它的两个素因子是 3 490 529 510 847 650 949 147 849 619 903 898 133 417 764 638 493 387 843 990 820 577 和 3 276 913 299 326 670 954 996 198 819 083 446 143 177 642 967 991 941 539 798 288 533，在得到了 p 和 q 后，从密文计算明文的障碍就被克服了，这个明文是 20 080 500 130 070 903 002 315 180 419 000 118 050 019 172 105 011 309 190 800 151 919 090 618 010 705，它是 THE MAGIC WORDS ARE SQUEAMISH OSSIFRAGE。

利用反运算的难度对数据进行加密，是现代密码学的基础，所有计算机和网络通信领域的公开密钥加密算法就是利用了数论原理。

1.4.3 生物信息学

生物信息学是伴随着计算科学与技术的迅猛发展而诞生的一门新兴交叉学科，其发展的标志便是大量生命科学数据的快速积累，以及为处理这些复杂数据而设计的新算法的不断涌现。

生物信息学中最常用的数据结构主要包括 4 种类型，与计算学科中的基本数据结构基本对应，分别是：① 字符串结构，表示 DNA、RNA 和氨基酸序列；② 树结构，表示各种生物有机体的系统进化树；③ 三维空间点和连接集合结构，表示蛋白质的三维结构；④ 图结构，表示代谢和信号传导通路。通常生命科学家对计算理论并不擅长，他们主要关注的是能够产生蛋白质的基因、蛋白质的三维结构和蛋白质在代谢和信号通路中的作用等，而计算科学家则可以探索设计新算法和模型来解决生命科学中的问题。

一些生物学科学家希望把来自生物信息学的许多新思想融入计算学科的算法核心课程中；生物信息学研究的是构成生命基本要素的诸如 DNA 和蛋白质等生物序列，而涉及搜索、匹配和组合生物序列的算法却是生物信息学的常用基本工具，这些算法运用了计算学科中许多重要的思想，如基于动态规划的序列比对算法和基于文法的序列结构识别算法等，而且生物信息学能够使算法课程变得更加生动有趣。科学家们也常采用基于形式语言理论、统计学理论和机器学习理论的方法对生物序列进行建模与分析，特别是把文法推理方法引入到生物序列研究中来，以期发现隐藏在生物序列中的文法结构。

由于计算学科与生物学科在本质上具有相通之处，因此，计算学科中的研究成果应用于生物学科的研究会带来创新性的思维，而快速发展的生物学科同样会促使计算学科的理论与工程迅猛发展，产生新的计算模式。

1.4.4 仿生计算

计算学科的发展为系统生物学的发展奠定了坚实的基础，而生命进化过程中所蕴含的生物智能对计算学科的发展同样具有重要启示，许多仿生计算算法都是受生物学中群体行为的启发而模仿设计出来的。因此，系统生物学的发展不仅使得计算学科的发展充满活力，而且为系统地研究生命科学带来了新的思考。

对系统生物学的研究不能简单地认为是计算学科在生命科学领域的一个应用，或仅是处理生物信息学数据的一个工具，计算学科中构建软件系统的系统化思想有助于理解细胞中复杂的生命系统；而生命进化过程中所蕴含的生物智能对计算学科的发展同样具有重要启示。计算学科中许多仿生计算算法都是受到生物学中群体行为的启发而模仿设计出来的，例如，神经网络算法、遗传算法、演化算法、蚁群算法、协同进化算法、粒子群算法、生物免疫法以及突现计算算法等的出现，都受益于生物进化中的智能行为，反过来，这些软计算方法又都在生物信息学与系统生物学的各个方面得到广泛应用。

计算机病毒的概念与行为也是模仿自然界中的生物病毒行为提出来的，同样具有潜伏性、流行性、传播性、自复制性、变异性和适应性等特点。在大规模软件系统中，模块之间相互作用关系网络与基因表达的调控网络或蛋白质相互作用网络，都属于无尺度标度网络，图 1-6 所示为两种无尺度标度网络，这种网络中的节点的度与大于该度的节点数量的关系服从幂率分布，具有小世界网络结构特性，因此，在设计软件体系结构时，可以有目的地把它设计成具有这种结构特性的网络，甚至这种特性的网络结构就是复杂软件体系结构演化的终极形式。

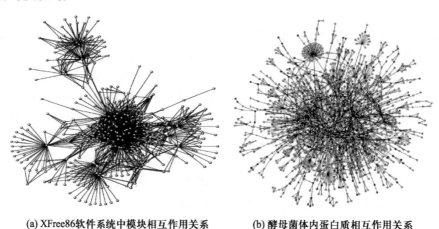

(a) XFree86软件系统中模块相互作用关系   (b) 酵母菌体内蛋白质相互作用关系

图 1-6 两种无尺度标度网络

▶▶ 1.5 计算机学科的核心概念与问题求解

计算机学科是基于科学和工程的交叉学科，在计算机的研究、开发、应用中采用了各种不同的方法或过程。第一个过程是理论，与数学所用方法类似，主要要素有定义和公理、定理、证明、结果的解释等。第二个过程是抽象，源于实验，主要要素有数据采集法和假设的形式说明、模型的构造和预测、实验设计、结果分析等。第三个过程是设计，源于工程学，用于开发求解给定问题的系统或设备，主要要素有需求说明、规格说明、设计和实现方法、测试和分析等。

计算机学科的核心概念是在 ACM/IEEE-CS 制定的 CC1991 报告中首次提出的，是具有普遍性、持久性的重要思想、原则和方法，核心概念具有如下基本特征：

（1）在学科及各分支学科中普遍出现。

（2）在理论、抽象和设计的各个层面上都有很多示例。

（3）在理论上具有可延展和变形的作用，在技术上有高度的独立性。

了解计算机学科的核心概念，对掌握计算机的基本应用、适应计算机技术的发展、把握计算技术发展所带来的机遇具有重大意义。

在了解计算机学科的核心概念的基础上，熟悉和掌握利用计算机进行问题求解的基本方法，是现代科技人员需要具备的基本素养。

▶ 1.5.1 计算机学科的核心概念

计算机学科的核心概念如下：

（1）绑定（binding），是通过将一个对象（或事物）与某种属性相联系，从而使抽象的概念具体化的过程。例如，将一个进程与一个处理机、一个变量与其类型或值分别联系起来。这种联系的建立，实际上就是建立了某种约束。在数据库中的不同表之间建立"关系"和参照完整性，就是用约束关系来保证数据的完整性。

（2）大问题的复杂性（complexity of large problem），是指随着问题规模的增长使问题的复杂性呈非线性增加的效应。这种非线性增加的效应是区分和选择各种现有方法和技术的重要因素。假如编写的程序只是处理全班近百人的成绩排序，选择一个最简单的排序算法就可以了，但如果编写的程序负责处理全省几十万考生的高考成绩排序，就必须认真选择一个排序算法，因为随着数据量的增大，一个不好的算法的执行时间可能是按指数级增长的，从而使用户最终无法忍受等待该算法输出结果的时间。

（3）概念和形式模型（conceptual and format model），是对一个想法或问题进行形式化、特征化、可视化思维的方法。抽象数据类型、语义数据类型以及指定系统的图形语言，如数据流图和 E-R 图等都属于概念模型，而逻辑理论、开关理论和计算理论中的模型大多属于形式模型。概念模型和形式模型以及形式证明是将计算机学科各分支统一起来的重要核心概念。

（4）一致性和完备性（consistency and completeness），一致性包括用于形式说明的一组公理的一致性、事实和理论的一致性，以及一种语言或接口设计的内部一致性。完备性包括给出的一组公理的完备性、使其能获得预期行为的充分性、软件和硬件系统功能的充分性，以及系统处于出错和非预期情况下保持正常行为的能力等。例如，由于计算机资源的部署原因，服务器的网络地址可能发生变化，但由于用户访问的是域名地址，只要保证正确的映射关系，网络地址的变化不会影响用户访问，这就是一致性在发挥作用。

（5）效率（efficiency），是关于时间、空间、人力和财力等资源消耗的度量。在计算机软硬件的设计中，要充分考虑某种预期结果达到的效率，以及一个给定的实现过程较之替代的实现过程的效率。例如，原先应用于计算机图形显示的图形处理器（GPU），被发现可以广泛应用于数据密集型的高性能计算场合，而这种应用可以大大节省高性能处理中的成本和能源消耗，堪称效率概念应用的典范。

（6）演化（evolution），指的是系统的结构、状态、特征、行为和功能等随着时间的推移而发生的更改。这里主要指的是了解系统更改的事实和意义以及应采取的对策。在对软件进行更改时，不仅要充分考虑更改时对系统各层次造成的影响，还要充分考虑软件的有关抽象、技术和系统的适应性等问题。计算机系统的演化是普通用户最容易感受的技术变革，从 CLI（命令行界面）到 GUI（图形用户界面），是计算机应用方式演化的里程碑。浏览器的出现，结束了桌面系统一统天下的局面，计算机应用从桌面走向网络。预见和适应计算机系统的演化，是计算机基础教育的重要任务之一。

（7）抽象层次（level of abstraction），指的是通过对不同层次的细节和指标的抽象对一个系统或实体进行表述。在复杂系统的设计中，隐藏细节，对系统各层次进行描述（抽象），从而控制系统的复杂程度。抽象是人类认知世界的最基本的思维方式之一。抽象源于人类自身控制复杂性能力的不足：人们无法同时把握太多的细节，复杂的问题迫使人们将这些相关的概念组织成不同的抽象层次。对于计算机来说，抽象的不同层次有助于掌握一些计算机复杂系统之间的相互作用和影响，例如，计算机硬件系统与软件系统的抽象，计算机网络中参考模型的抽象，程序设计中面向过程和面向对象的抽象等。

（8）按空间排序（ordering in space），指的是各种定位方式，如物理上的定位（如网络和存储中的定位）、组织方式上的定位（如处理机进程、类型定义和有关操作的定位），以及概念上的定位（如软件的辖域、耦合、内聚等）。按空间排序是计算技术中一个局部性和相邻性的概念。

（9）按时间排序（ordering in time），指的是事件的执行对时间的依赖性。例如，在具有时态逻辑的系统中，要考虑与时间有关的时序问题，在分布式系统中，要考虑进程同步的问题。

（10）重用（reuse），指的是在新的环境下，系统中各类实体、技术、概念等可被再次使用的能力，如软件库和硬件部件的重用等。

（11）安全性（security），指的是计算机软硬件系统对合法用户的响应及对非法请求的抗拒，以保护系统不受外界影响和攻击的能力。

（12）折中和后果（tradeoff and consequence），指的是为满足系统的可实施性而对系统设计中的技术、方案所做出的一种合理的取舍。折中是存在于计算机学科领域各层次的基本事实。

由 ACM 和 IEEE-CS 提出的这 12 个核心概念贯穿于计算机学科和各分支领域中，在计算机课程学习中，应注意培养灵活运用"核心概念"分析问题、解决问题的能力，这对于学习计算机课程来说都是事半功倍的好事。计算机学科的学习策略有模式的发觉与建构、自然生活的通俗化类比以及理论与实践相结合。理论与实践的统一是计算机学科的一大特点，它决定了在学习中要经常不断地在严密的逻辑思维与形象的实验操作之间转换学习方式。

▶ 1.5.2　问题求解的基本步骤

计算机学科的核心概念为问题的求解提供了基本的框架，而问题的求解则必须遵循一些基本的步骤，例如，一般问题求解可以归纳为 4 个主要步骤：理解问题、制订计划、执行计划、回顾和展望。

1. 理解问题

（1）是否能用自己的话说明问题？

（2）什么是想找到的或想做什么？

（3）什么是未知的？

（4）在问题中获取了什么信息？

（5）如果在问题中获取了信息，那么这些信息是缺少或没有必要的吗？

2. 制订计划

下面列出的策略虽然并不完备，但的确是非常有用的。

（1）寻找一种模式，如果是计算问题，可以考虑哪些计算机学科的核心概念可以应用。

（2）研究有关问题，确定是否可以应用同样的技术解决。

（3）研究问题的简单或特殊情况，获得一个对原问题的解决方案。

（4）列出表格。

（5）制作图形。

（6）写一个方程。

（7）使用猜测和检验。

（8）逆向求解。

（9）确定一个子目标。

3. 执行计划

（1）实施在第 2 步提出的计划，并执行必要的动作或计算。

（2）检查计划的每个执行步骤。这可能是一个直观的检查或正式证明。

（3）保持工作过程的准确记录。

4. 回顾和展望

（1）在原问题中检查结果。（在某些情况下，这将需要一个证明。）

（2）根据原始问题解读解决方案。答案是否有意义？是否合理？

（3）确定是否有其他求解方法。

（4）如果可能，确定其他相关或更一般的问题，也可以用技术进行解决。

▶▶ 1.6 计算思维的技能

从计算的性质进行研究，也可以将计算思维看成各种技能的集合。计算机学科使用独特的方法将各种不同的技能集至麾下。

▶ 1.6.1 科学思维

科学思维是计算思维的一个组成部分。所谓科学思维，最基本的内容是没有证据就不要求急于下结论：遵循科学的方法来建立新的知识，无论这些知识只是对日常生活中的现象的解释，或是学科的前沿发现。

例如，假设发现某个地方有两个煤核和一个胡萝卜散落在地上，试想这里曾经发生了什么？人们可能会说，从证据来看，也许这里曾经堆过雪人，用煤核做眼睛、胡萝卜做鼻子，如图 1-7 所示。雪人融化了，这些东西则被留在原地，给出的证据可以支持"雪人假说"。假说是指按照预先的设定，对某种现象进行的解释，即根据已知的科学事实和科学原理，对所研究的自然现象及其规律提出的推测和说明，而且数据经过详细的分类、归纳与分析，得到一个暂时性但是可以被接受的解释。现在假如别人走来，他们看了证据后，提出了“两车假说”，即一部煤车上掉了两个煤核后，又有拉蔬菜的卡车经过掉下了一个胡萝卜。哪一个假说是正确的呢？

图 1-7　雪人假说示意图

现在假设从天气记录中发现最近那里下过雪，这可以让“雪人假说”有更大的说服力。但是人们在冬季也需要更多的煤来供热，以及做胡萝卜热汤，所以也会有更多的货车，这意味着“两车假说”仍然可以是正确的。这时需要的是一个实验，发现一些新的证据来分离两个假设，看看哪个更好。一个理想的实验是，构建一个时间机器，然后回到过去，看看究竟发生了什么，这将一劳永逸地解决所有的事情。但是，这是不能实现的，这个方案被否决了。那么，下一步怎么办？

有人提出回到现场去“找车辙”的实验动议。如果“两车假说”正确，那么现场附近应该有留下的车辙。但为确保公平竞争，派出的考察队员都没有被告知要寻找什么。因为如果他们知道考察的目的是车辙，可能会对他们产生误导。甚至他们会全力以赴地试图寻找，以致把某些其他原因产生的印记误认为是轮胎印记。考察队员返回后，带回新的证据。他们发现，在现场的路边有车胎印记，在那里没有人专门费心去寻找过，而更重要的是，那里到处都有煤块和胡萝卜，而且路面粗糙。这就是结果。

现在“两车假说”占了上风，它解释了一切。且慢，“雪人假说”阵营又有说法，堆雪人的孩子们是坐卡车来到这里的，他们在自己的口袋里装了许多的煤块和胡萝卜，而且车在崎岖的道路行驶时震动并掉了出来。这听起来可能又让人模棱两可。

这个时候，时间已经不早了，人们离开了现场。但两大阵营仍在争论，继续更多的实验，按照科学的方法，积累更多的数据和证据。

通过以上案例可以得出，人们对每一个现象的解释必须依据科学的思维和科学的方法，并构建在不断增加的证据基础上。

1.6.2 逻辑思维

计算思维的基本组成之一是逻辑思维。计算机所使用的逻辑计算方式，与计算思维中的逻辑思维不甚相同。计算机必须进行编程（被教）后方能进行逻辑推理。计算机自身并不会运用逻辑思维。

逻辑思维是指从已知信息推导出结论。

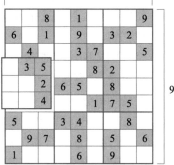

图 1-8　数独游戏

逻辑思维是充满趣味性的，例如，在一些逻辑思维的益智类游戏中，数独就是一种形式，如图 1-8 所示。在 9×9 的格子中，用 1 到 9 共 9 个阿拉伯数字填满整个格子，要求如下：

（1）每一行都用到 1~9，位置不限。

（2）每一列都用到 1~9，位置不限。

（3）每 3×3 的格子（称为区）都用到 1~9，位置不限。

数独的玩法逻辑简单，数字排列方式千变万化，被公认为是锻炼头脑逻辑思维的好办法。一个数独谜题通常包含 9×9=81 个单元格，每个单元格仅能填写一个值。对一个未完成的数独题，有些单元格中已经填入了数，另外的单元格则为空，等待解题者来完成。

很多人认为，数独题目的难度取决于已填入谜题中的数字的数量，其实这并不尽然。一般来说，填入的数字越多，题目就越容易求解。然而实际上，有很多填入数字多的题目比填入数字少的题目要难得多。这就需要用其他的方法来确定难度。

在应用中使用得比较多的一种方法是：看看要解决一道数独题目需要用到哪些数独技巧。极简单的题目用到的可能只是最基本的技巧，而相对复杂的题目可能要用到十分高深的解题方法。通过这样来设定游戏的难度相对而言较为客观。

1.6.3 算法思维

算法思维具有非常鲜明的计算机学科的特征。

解决各种具体问题可能是一次性的，但解决这些问题的方案则可以不断总结。在同类问题一再出现时，算法思维就可以介入。解决同类问题时，没有必要每次重新从头思考，可以采用同一行之有效的解决方案。

算法思维在许多"策略性"棋盘游戏中非常重要。要想取得游戏胜利，必须遵守一套规则，即游戏者无须思索即知道怎么做每一步；也就是计算机科学家称之为算法的东西。这样一套规则不仅可以成为玩好游戏的基础，也可以成为优秀的计算机程序的基础。只要遵循这套规则，就可以玩好这场游戏。

算法思维是思考使用算法来解决问题的方法。这是学习编写计算机程序时需要开发的核心技术。

囚徒困境（prisoner's dilemma）是博弈论的非零和博弈中具有代表性的例子：两个罪犯作案后被擒。警方分别对两人说：若你们都保持沉默（"合作"），则一同入狱 1 年；若是互相检举（互相"背叛"），则一同入狱 5 年；若你认罪并检举对方（"背叛"对方），他保持沉默，他入狱 10 年，你可以获释（反之亦然）。结果两人都选择了招供。孤立地看，这是最符合个体利益的"理性"选择（以 A 为例：若 B 招供，自己招供获刑 5 年，不招供获刑 10 年；若 B 不招供，自己招供可以免刑，不招供获刑 1 年。两种情况下，选择招供都更有利），但事实上却比两人都拒不招供的结果糟。由囚徒困境可知，在公共生活中，如果每个人都从眼前利益、个人利益出发，结果会对整体的利益（间接对个人的利益）造成伤害。

针对"囚徒困境"难题，美国曾组织竞赛，要求参赛者根据"重复囚徒困境"（双方不止一次相遇，"背叛"可能在以后遭到报复）来设计程序，将程序输入计算机反复互相博弈，以最终得分评估优劣（双方合作各得 3 分；双方背叛各得 1 分；一方合作一方背叛，合作得 0 分，背叛得 5 分）。有些程序采用"随机"对策，有些采用"永远背叛"，有些采用"永远合作"……结果，加拿大多伦多大学的阿纳托尔·拉帕波特授的"一报还一报"策略夺得了最高分。

"一报还一报"策略是这样的：我方在第一次相遇时选择合作，之后就采取对方上一次的选择。这意味着在对方每一次背叛后，我方就"以牙还牙"，也背叛一次；对方每一次合作后，我方就"以德报德"一次。该策略有别于"善良"的"永远合作"或"邪恶"的"永远背叛"对策。如果选择"永远背叛"策略，或许会在第一局拿到最高分，但之后的各局可能都只能拿到低分，最后虽然可能"战胜"不少对手，但由于总分很低，最终难逃被淘汰出局的命运。所以除非很难与对方再次相遇，不需要担心其日后的反应，才可选择对抗与背叛；否则，在长期互动、博弈的关系中，"一报还一报"是最佳策略。

▶ 1.6.4 效率思维

计算机科学家对效率观念有非常精确的定义，通用的方式是讨论如何尽量减少使用的资源来完成任务。可以尽量减少的资源有很多，但最重要的往往是"时间"。就是寻找某种途径，保证能够完成任务而且使用尽可能少的步骤。

例如，如何在一分钟之内完成一个魔方的复位，一种可能是加快搬弄魔方的动作并敏锐地进行思考，但往往于事无补。而真正能够解决问题的是找到一种途径，无论魔方开始时候是什么状态，都可以用最少的步骤将其复原。

在 Computer Science For Fun 网站上有一个游戏，可以帮助了解什么是效率思维。游戏的目的是交换蓝色球和红色球的位置，要求移动的步骤要少，如图 1-9 所示。有两种类型的移动：可以通过拖放（向前或向后）将球移动到相邻的空格，或者跳过一个相邻球（向前或向后）将球拖放到一个空格中。

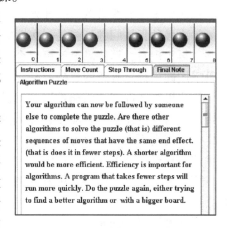

图 1-9　效率思维游戏

在计算机网络中，可以利用 Bit Torrent（BT）下载这个已广泛应用的网络软件，以此为题材，以"尽可能最大地提高下载速度"作为效率思维的问题进行思考和探讨。首先，分析得出"尽可能最大地提高下载速度"是极快速运行模式的一种，类似于以最高速度运行 CPU，不使其闲置。其次，下载速度是可以计算的，下载速度的快慢取决于单位时间通过数据量的多少，或者通过单位数据量而耗用时间的多少。然后，结合网络下载中影响速度的诸环节进行分析，确定可以改变哪些环节而提高下载速度，同时，估算和对比改变不同的环节所需代价的大小和效率。接下来选择代价最小、易于实现、效费比最高的环节进行改进。最后，在所确定改进的环节中，探索和选择技术方法。经过这样一个分析引导的过程后，再引出基于 pnp（多点对多点连接）的技术方法。这种技术方法采用了每台计算机都是服务器的思想：下载的人越多，共享的人便越多，下载的速度也越快。这种思想与方法里充分蕴含和体现了效率思维。

▶ 1.6.5 创新思维

创新是可以学习的。第一步就是要知道想法或灵感从何而来。

首先必须是一个敏锐的观察家。这对能够发现机会至关重要，因为能够注意某些细节可能是有用的；与此相关的是要构建一个广泛的知识平台，因为过去人们可能已经对此有了一定的理解。一些不同凡响的创新的想法都源自某些古老的理念，它们被重新认识并用来解决新问题，也许解题的技术或资源会成为现实。例如，前面提到的七桥问题，欧拉定理是一个近代的发现和证明，而自动进行图的遍历则是计算机发明以后的事。

获得灵感的另一种方式来自关注极端用户。例如，许多发明原本是帮助残疾人的，而关注和帮助边缘人群并解决他们的问题的结果是帮助了所有的人。亚历山大·贝尔通过教聋哑人讲话而引发了电话的发明灵感。英特尔公司一直在试验 Motes——一种灰尘大小的计算机——帮助野外生物学家记录数据，而导致传感网络的诞生。

开启机会的一种方法是要能够挑战他人的成见。具有成见的人往往并不自知，但恰恰是成见限制了他们的发展机会。有时候，抛弃成见很可能得出一个创新的想法。这种思维方式与进行程序设计时进行调试同样重要。有一段时间，大部分人都以为短信不会有什么发展前景，因为在需要交流时，人们可以通过真正的交谈甚至是视频会议的方式进行，没有必要使用短信这种笨拙的方式。但短信就是流行开了，而其中的原因也就是仅仅因为它简便易行。

可以想象有些技术问题真正令人恼火，但大多数人选择了忍耐，或者只是抱怨。而具有开发技能的创新者就可以直接去解决它。这就是开源（open source）的工作原理，它把具有创新意识的人们的才能释放出来，只是为了以更好的方式做事。蒂姆·伯纳斯·李就是这样做的，他创造了万维网并毫无保留地贡献出来，现在可以看见这一切如何改变了世界。更重要的一点——他开启了大量的创新机会。

软件世界的伟大在于，人们无须拥有一个真正的工厂或昂贵的设备，所有开始时需要的东西就是一台计算机和一些基本的开发技术和设计技能。许多计算机科学界的百万富翁有很多的创新在一开始是在寝室或车库中开始的。所以，别再为所有这些技术难题所头痛，开始从头学习必要的技能，开始创新。

现在，创新和创意已经成为国家行为。例如，在 20 世纪 90 年代，英国组建了"创意产业特别工作组"（CITF），还委托市场分析公司分析不同创意行业的规模、就业状况、年营业额。CITF 小组拿着新出炉的行业分析报告《文化创意产业图录报告》，通过大量的数据描绘出了一个动人的前景：文化创意产业以快于其他行业两倍的速度增长，带动的就业机会也是其他行业的两倍之多，创意产业可能正是英国经济成长的动力与财富之源。大家也为政府找到了 3 个方向：教育体系的支援、知识产权的保护、资助年轻创意者。

▶ 1.6.6 伦理思维

任何新技术都是一把双刃剑。现代计算机系统的一个伟大成就是它带来的对数字信息进行分析、处理和共享的便利。但是与此同时，它也存在大量负面的影响。

例如，如何处理创建电子商务客户联机档案的便利性与隐私问题之间的平衡，是当代信息系统引发的伦理问题之一。所以，作为信息时代的科技工作者，必须做到以下两点：

（1）理解新技术的道德风险。技术的迅速变化意味着个人面临的选择也在迅速变化，风险与回报平衡，以及对错误行为的理解也会发生变化。正是由于这个原因，侵犯个人隐私已经成为一个严重的伦理问题。

（2）作为管理者，有责任建立、实施和解释企事业单位的道德规范。信息时代的企事业单位必须为计算机和信息技术的应用设立一个覆盖隐私、财产、责任、系统质量和生活质量的道德准则。

计算机伦理学是当代研究计算机与网络技术伦理道德问题的新兴学科。随着计算机与网络技术的飞速发展，伦理问题的研究已引起全球性关注。

伦理（ethics）是指作为具有民事能力的个人用来指导行为的基本准则。信息技术对个人和社会都提出了新的伦理问题，这是因为其对社会产生了巨大的推动作用，从而对现有的社会利益的分配产生影响。像其他技术如蒸汽机、电力、电话、无线电通信一样，信息技术可以被用来推动社会进步，但是它也可以被用来犯罪。

伦理、社会和政治是紧密相连的。作为未来社会的管理者，可能面对的典型的道德困境会在社会和政治的活动中反映出来。图 1-10 表示了一种计算机技术影响下的社会伦理模型。

新的计算机技术所引起的技术冲击，势必在个人、社会和政治层次产生新的伦理、社会和政治影响。这些影响有 5 个道德维度：信息权和责任、财产权和责任、系统质量、生活质量、责任追究与控制。人们可以使用这个模型来演示伦理、社会和政治的动态联系。该 5 项道德维度如下：

（1）信息权和责任。个人和组织可以主张的信息权有哪些；必须保护的信息有哪些；关于这些信息，个人和组织的义务是什么等。

（2）财产权和责任。财产权的确认即对所有权的追溯和确认。对财产权的责任可以理解为对所有权的保护，例如，对传统的知识产权的保护。

（3）系统质量。为了保护个人权利和社会安全，数据和系统的技术标准。

（4）生活质量。在一个以信息和知识为基础的社会中，生活质量包括人们的价值观

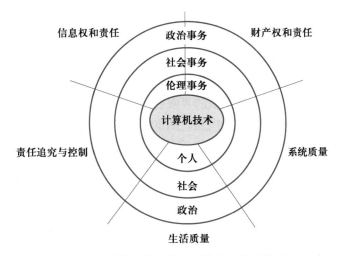

图 1-10　计算机技术影响下的社会伦理模型

念、社会制度，以及新的信息技术支持的文化价值观等。

（5）责任追究与控制。能够对个人、公共信息和财产权所受到的损害进行解释，并承担相应的责任。

表 1-2 对图 1-10 的模型的内容进行了进一步的表述。

表 1-2　社会伦理的维度和影响

信息权和责任	伦理	哪些信息属于个人隐私
	社会	哪些信息属于公众的知情权范畴
	政治	政府如何保护公民隐私不受侵犯
财产权和责任	伦理	使用盗版软件和下载乐曲是否违法
	社会	盗版猖獗是否会影响信息产业发展
	政治	政府如何处理盗版问题
系统质量	伦理	软件或服务在何时算是准备充分并可以发布
	社会	人们可以相信的软件、服务、数据的质量
	政治	国家和工业界是否需要为软件、硬件、数据质量制定标准
生活质量	伦理	青少年网瘾、计算机职业病问题如何解决或缓解
	社会	是否应该关闭所有营业性网吧
	政治	政府如何保护公民和青少年免除和减少计算机带来的危害
责任追究与控制	伦理	谁为某项信息技术使用的后果承担道德责任
	社会	社会对此类技术的期待和容忍
	政治	政府对信息技术干预、保护应该到什么程度

信息技术对生活质量的影响体现在以下几个方面：

（1）青少年的网瘾问题。

（2）信息的图像化、平面化，强调了感官刺激，可能削弱学生的思考能力。

（3）许多传统的工作岗位由于信息技术的出现而消失，造成工作机会的流失。

（4）传统的工作和个人或家庭生活的界限被打破，造成生活品质的下降。

（5）计算机会造成各种新的职业疾病，如重复性压力损害症、腕骨管道综合征、计算机视觉综合征和技术压力症状等。

（6）计算机访问能力和应用能力的分化，会造成新的社会阶层分化，并导致新的不平等现象或计算机盲的出现。

信息技术应用中的责任追究与控制体现在以下几个方面：

（1）企业员工的上网问题。在互联网提高工作效率的同时，几乎所有的公司都提出疑问，对员工在工作时间上网感到担忧，企业认为这可能会对公司的形象造成损害。为此，许多企业都用软件来监控员工上网的行为，阻止企业网络访问某些热门的特定网站，甚至部分公司还封杀即时通信工具的端口，让员工无法登录。国内一些城市，曾经发现政府工作人员在上班时间上 QQ 聊天、看电影等现象，有数十位政府工作人员因此被开除。

（2）在校学生使用计算机上网问题。为防止网瘾，国内的部分高校规定大学一年级新生不得在宿舍里配备计算机，在此规定下，仍有一些学生沉溺网吧，荒废学业。而一些有创意的学生则因此限制，才能和技术得不到发展。还有部分学生在学校机房上机时，往往与他人聊天的时间多于做实验的时间。

（3）网络实名制问题。在部分国家已经实行实名制的情况下，国内网络的管理也开始加强。但是，公民隐私遭到侵犯的情况仍屡有发生。

系统质量体现在以下几个方面：

（1）关键任务系统的系统质量。例如，飞行器和核电厂的计算机系统是绝对不能出问题的，需要提高此类系统的可靠性。

（2）信息数据的质量问题。尽管有详细周密的设计，许多信息系统还是会出现数据质量问题，如身份证号码出现重号，会给个人带来许多麻烦。

（3）几乎所有的软件在安装之前，都有厂商的免责条款，不对因使用该软件所产生的后果负法律责任。如果有人因使用某个存在缺陷的软件而造成严重后果，将由谁来负责？

（4）由于交通、电力、金融系统的质量关系千家万户，因此，如何保证这些系统不会因质量问题影响人们的生活非常重要。

当面临伦理问题时，建议从以下几个方面进行分析和思考：

（1）弄清事实。找出事件发生的时间、地点、对象、原委等。在许多案例中，人们会惊讶地发现第一时间情况报告中存在错误和缺失，通常只需澄清事实，就可以解决问题。

（2）确定利益相关者。任何伦理、社会和政治问题都有利益相关者，识别这些利益群体和个人身份，以及他们的意图对后期设计解决方案会有帮助。

（3）理性地选择解决方案。虽然说没有任何一个可供选择的方案能够满足各方利益的要求，但在诸多方案中总有一些选择会相对较好。有时，一个看似合乎伦理规范的解决方案，未必能够平衡相关各方的利益。

（4）确认解决方案可能带来的后果。有些方案从伦理上看是正确的，但从其他角度来看却可能是灾难性的。某些方案可能在一种情况下有效，在其他相似情况下却毫无作用。

在我国境内发生的有关计算机和因特网应用中的伦理、社会和法律问题，需要使用我国的法律、法规和行业自律等方式进行规范。据不完全统计，目前由人大、政府部门（包括地方政府）和执法机构发布的有关法律、法规文件达数十种。随着改革开放和信息技术的发展，我国开始加入各种国际公约，有关信息技术的法规也在不断健全，表 1-3 列出部分法律法规供参考。

表 1-3　国内与信息技术有关的部分法律法规

发 布 单 位	名　称	发 布 日 期
全国人民代表大会常务委员会	《中华人民共和国国家安全法》	2015.7.1
国务院	《信息网络传播权保护条例》	2006.5.18
国家版权局、原信息产业部（现工业和信息化部）	《互联网著作权行政保护办法》	2005.4.30
教育部	《教育网站和网校暂行管理办法》	2000.7.5
国务院	《互联网信息服务管理办法》	2000.9.25

▶▶ 1.7　应用案例

本章所选的案例试图展示古典的计算思维和现在计算机问题求解方法的关联，请读者务必在理解已经成为经典的计算理论的基础上，思考如何结合当今计算机不同应用程序的使用，进行问题的求解。

▶ 1.7.1　非线性方程牛顿迭代求解方法分析

牛顿迭代法（Newton's method）又称为牛顿-拉夫逊方法（Newton-Raphson method），是牛顿在 17 世纪提出的一种在实数域和复数域上近似求解方程的方法。由于多数方程不存在求根公式，因此求精确根非常困难，甚至不可能，从而寻找方程的近似根就显得特别重要。方法是使用函数 $f(x)$ 的泰勒级数的前面几项来寻找方程 $f(x)=0$ 的根。牛顿迭代法是求方程根的重要方法之一，其最大优点是在方程 $f(x)=0$ 的单根附近具有平方收敛，而且该法还可以用来求方程的重根、复根。因此，该方法广泛用于计算机编程中。

设方程为 $f(x)=0$，用某种数学方法导出求 $f(x)=0$ 近似根的迭代方程为 $x(n+1)=g(x(n))=x(n)-f(x(n))/f'(x(n))$，若方程有根，按此公式迭代出来的近似根序列收敛，然后按以下步骤执行：

① 选一个该方程的初值近似根，赋给变量 x0。

② 将 $x0$ 的值保存在变量 $x1$ 中，然后计算 $g(x1)$，并将结果存于变量 $x0$。

当 $x0$ 与 $x1$ 的差的绝对值大于指定精度要求时，重复步骤②；当 $x0$ 与 $x1$ 的差的绝对值小于指定的精度要求时，转步骤③。

③ 按上述方法求得的 $x0$ 就认为是方程的根。

【例 1-1】已知 $f(x)=\cos(x)-x$。x 的初值为 3.14159/4，用牛顿迭代法求解方程 $f(x)=0$ 的近似值，要求精确到 10^{-6}。

算法分析：$f(x)$ 的牛顿迭代法构造方程为：$x(n+1)=xn-(\cos(xn)-xn)/(-\sin(xn)-1)$。

使用 C 语言编写的牛顿迭代法对例 1-1 求解的程序如下：

```c
#include<stdio.h>
#include<math.h>

double F1(double x);                    //要求解的函数
double F2(double x);                    //要求解的函数的一阶导数函数
double Newton(double x0, double e);     //通用牛顿迭代子程序
int main()
{
    double x0 = 3.14159/4;
    double e = 10E-6;

    printf("x = %f\n", Newton(x0, e));
    getchar();
    return 0;
}
double F1(double x)                     //要求解的函数
{
    return   cos(x) - x;
}
double F2(double x)                     //要求解的函数的一阶导数函数
{
    return   -sin(x) - 1;
}
double Newton(double x0, double e)      //通用牛顿迭代子程序
{
    double   x1;

    do
    {
```

```
        x1 = x0;
        x0 = x1- F1(x1)/F2(x1);
    } while (fabs(x0- x1)> e);


    return x0;                          //若返回 x0 和 x1 的平均值,则更佳
}
```

【例 1-2】 用牛顿迭代法求方程 $x^2-5x+6=0$,要求精确到 10^{-6}。

算法分析: 取 $x0=100$ 和 $x0=-100$。

$f(x)$ 的牛顿迭代法构造方程为: $x(n+1)=xn-(xn\times xn-5\times xn+6)/(2\times xn-5)$。

使用 C 语言编写的牛顿迭代法对例 1-2 求解的程序如下:

```
#include<stdio. h>
#include<math. h>
double F1(double x);                    //要求解的函数
double F2(double x);                    //要求解的函数的一阶导数函数
double Newton(double x0, double e);     //通用牛顿迭代子程序


int main()
{
    double x0;
    double e = 10E-6;
    x0 = 100;
    printf("x = %f\n", Newton(x0, e));
    x0 =-100;
    printf("x = %f\n", Newton(x0, e));
    getchar();
    return 0;
}
double F1(double x)                     //要求解的函数
{
    return   x * x-5 * x + 6;
}
double F2(double x)                     //要求解的函数的一阶导数函数
{
    return   2 * x-5;
}
double Newton(double x0, double e)      //通用牛顿迭代子程序
{
```

```
double  x1;
do {
    x1 = x0;
    x0 = x1-F1(x1) / F2(x1);
} while (fabs(x0-x1) > e);

return (x0 + x1) * 0.5;
}
```

具体使用牛顿迭代法求根时应注意以下两种可能发生的情况：

① 如果方程无解，算法求出的近似根序列就不会收敛，迭代过程会变成死循环，因此在使用迭代算法前应先考察方程是否有解，并在程序中对迭代的次数给予限制。

② 方程虽然有解，但迭代公式选择不当，或迭代的初始近似根选择不合理，也会导致迭代失败。选初值时应使 $|df(x)/dx|<1$，$|df(x)/dx|$ 越小，收敛速度越快!

▶ 1.7.2 利用 Excel 进行数学积分计算

定积分的几何意义就是求曲线下的面积，在 Excel 中可以完成以下工作：

（1）使用 Excel 的图表将离散点用 XY 散点图绘出；

（2）使用 Excel 的趋势线将离散点的近似拟合曲线绘出；

（3）利用 Excel 的趋势线将近似拟合曲线公式推出；

（4）使用 Excel 的表格和公式计算定积分值。

【例1-3】由表 1-4 表示的一组数据绘得图 1-11，求图中曲线下面积（灰色部分）。

表 1-4 在 Excel 中表示的一组数据

序　号	A	B
1	X	Y
2	0.0	0.000 0
3	0.1	0.010 9
4	0.2	0.041 6
5	0.3	0.092 1
6	0.4	0.162 4
7	0.5	0.252 5
8	0.6	0.362 4
9	0.7	0.492 1
10	0.8	0.641 6
11	0.9	0.810 9
12	1.0	1.000 0

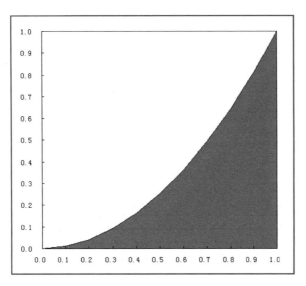

图 1-11　由表 1-4 数据构成的曲线图

此例的关键是求出曲线的公式，为此，就要将表 1-4 中的数据绘成散点图，并据此绘出趋势线，求得趋势线方程，从而使用定积分求解。具体步骤如下：

（1）在 Excel 中选择表 1-4 数据单元，进入"图表向导-4 步骤之 1-图表类型"对话框，选择"XY 散点图"选项，在"下一步"取消图例，完成后得到 XY 散点图，如图 1-12 所示。

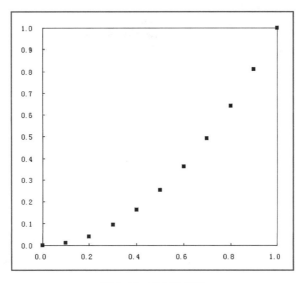

图 1-12　XY 散点图

（2）选择散点图中数据点，右击，在弹出的快捷菜单中选择"添加趋势线"命令，如图 1-13 所示。

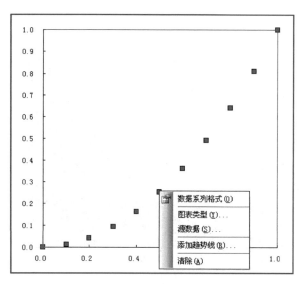

图 1-13 为散点图添加趋势线

（3）在"添加趋势线"对话框中，选择"类型"选项卡，在"趋势预测/回归分析类型"中可以根据题意选择"多项式"选项，"阶数"可调节为2（视曲线与点拟合程度调节），如图1-14所示。

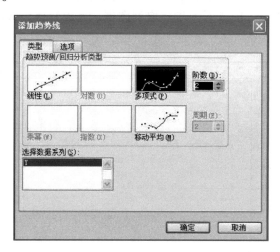

图 1-14 进行趋势预测/回归分析类型的选择

Excel 趋势线有如下几种类型。

① 线性：线性趋势线是适用于简单线性数据集合的最佳拟合直线。如果数据点的构成趋势接近一条直线，则数据应该接近线性。线性趋势线通常表示事件以恒定的比率增加或减少。

② 对数：如果数据一开始的增加或减小的速度很快，而后又迅速趋于平稳，那么对数趋势线则是最佳的拟合曲线。

③ 多项式：多项式趋势线是数据波动较大时使用的曲线。多项式的阶数是由数据波动的次数或曲线中的拐点的个数确定的。二阶多项式就是抛物线，它的趋势线通常只有一个波峰或波谷；三阶多项式趋势线通常有一个或两个波峰或波谷；四阶多项式趋势线通常多达 3 个。当然，多项式形式的不定积分公式比较简单，求此类曲线下面积比较容易。

④ 乘幂：乘幂趋势线是一种适用于以特定速度增加的数据集合的曲线。但是如果数据中有零或负数，则无法创建乘幂趋势线。

⑤ 指数：指数趋势线适用于数据值增加速度越来越快的数据集合。同样，如果数据中有零或负数，则无法创建乘幂趋势线。

⑥ 移动平均：移动平均趋势线用于平滑处理数据中的微小波动，从而更加清晰地显示数据的变化趋势（在股票、基金、汇率等技术分析中常用）。

（4）选择"选项"选项卡，选中"显示公式"复选框，视情况选择是否选中"设置截距＝0"复选框，如图 1-15 所示。"显示 R 平方值"复选框也可以选中，以便观察曲线拟合程度。R 平方越接近 1，拟合程度越高。本例 R 平方的值为 1，即完全拟合，是最佳趋势线。单击"确定"按钮后，出现如图 1-16 所示界面，其中的公式就是通过回归求得的拟合曲线的方程。

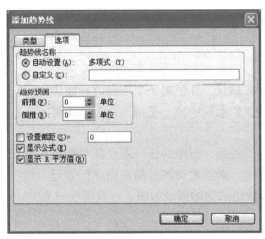

图 1-15　添加趋势线的选项

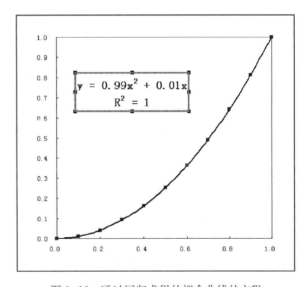

图 1-16　通过回归求得的拟合曲线的方程

（5）用不定积分求曲线方程的原函数 $F(x)$：

$$F(x) = \int_0^1 (0.99x^2 + 0.01x)\,\mathrm{d}x = [\,0.33x^3 + 0.005x^2\,]_0^1$$

注意：这一步无法通过 Excel 求得，请参考高等数学教材。

（6）利用 Excel 表格和公式求原函数值。如在图 1-17 中，选中单元格 C2，在上方编辑栏中输入等号，插入公式" = 0.33 * A2^3+0.005 * A2^2"，按 Enter 键后，把鼠标放置到

C2 的右下角，指针形状变为"+"时，从 C2 拖到 C12，求原函数值，即求得F(0)，F(0.1)，F(0.2)，…，F(1.0)。

	A	B	C
	x	y	$F(x)=0.33x\hat{}3+0.005x\hat{}2$
1	x	y	$F(x)=0.33x\hat 3+0.005x\hat 2$
2	0.0	0.0000	0
3	0.1	0.0109	0.00038
4	0.2	0.0416	0.00284
5	0.3	0.0921	0.00936
6	0.4	0.1624	0.02192
7	0.5	0.2525	0.0425
8	0.6	0.3624	0.07308
9	0.7	0.4921	0.11564
10	0.8	0.6416	0.17216
11	0.9	0.8109	0.24462
12	1.0	1.0000	0.335

图 1-17　求 $F(x)$ 的函数

注意：单元格 C1 中的公式只是 C 列的标题，具体的计算必须引用单元格。

(7) 求[0,1]区间曲线下面积，从图 1-17 中可知：

$$\int_0^1 (0.99x^2 + 0.01x)\,dx = [0.33x^3 + 0.005x^2]_0^1 = F(1) - F(0) = 0.335$$

▶ 1.7.3　使用程序进行图的遍历

从图中的某一顶点出发有序访问图中其余的所有顶点，并使每一个顶点恰好被访问一次，这个过程称为图的遍历（traversing graph），即类似七桥中"一笔画"问题的求解。

【例1-4】使用 C++语言编制一笔画程序。

在进行图的遍历时，由于图中顶点间是多对多的关系，图中的任一顶点都可能和其余的顶点相邻接。为避免重复访问，在遍历图的过程中，必须对访问过的顶点进行标记。如设置一个辅助的布尔型数组 visited[v1..vn]，将该数组的初始值设为假，一旦顶点 vi 被访问，便将其值 visited[vi]设为真。

在无向图遍历求解中，可以用数组 graph 存储图的邻接矩阵，用数组 degree 存储每个顶点的度数，用变量 Total_d 存储总的度数，用变量 Odd_num 存储度数为奇数的顶点个数，用变量 start 存储一笔画的起始顶点。

程序源代码如下：

```
#include<iostream>
using namespace std;
viod main( )
{
```

```
int odd_num = 0, total_d = 0, start = 1;    / * odd_num 代表顶点度数为基数的个数;
                                              total_d 代表总的度数;start 表示一笔画
                                              的起始顶点 * /
int vi, vj, vn, graph[20][20], degree[20]; / * graph[20][20]表示邻接矩阵;
                                              degree[]存储每个顶点的度数 * /
cout<<" please input the number of vertex:"<<endl;
cin>>vn;                             //读入邻接矩阵的维数
cout<<" please input the data:";
//两点之间连通用 1 表示,反之用 0 表示,自己与自己间用 0 表示
for(vi = 0; vi<vn; vi++)
{
    degree[vi] = 0;
    for(vj = 0; vj<vn; vj++)
    {
        cin>>graph[vi][vj];
        degree[vi] = degree[vi]+graph[vi][vj];    //求每个顶点的度数
    }
    total_d+=degree[vi];                 //求总度数
    if(((degree[vi]&1) == 1)
    {
        ++odd_num;                       //统计奇数顶点个数
        start = vi;                      //从定点度数为奇数的点开始
    }
}
/ * 在"一笔画"图中,所有边只遍历一遍,因此除了首尾点为奇数度数外,在图中间
的点的度数必须为偶数(必须一进一出) * /
if(odd_num>2)
    cout<<" no solution";
else
{
    cout<<" the road is"<<start+1;
    vi = 0;
    while(total_d>2)
    {
        //找连接的相邻点
        while(graph[start][vi] == 0)       vi++;
        if(degree[vi]>1)                 //先画度数大于 1 的顶点
```

```
            {
                cout<<"->"<<vi+1;     //画完一笔之后对这条边进行处理
                graph[start][vi]=0; graph[vi][start]=0;
                degree[vi]--; degree[start]--;    //边的两点度数减1
                total_d-=2;              //总度数减2
                start=vi; vi=0;          //更新开始节点
            }
        }
        //找出最后顶点
        while(graph[start][vi]==0)    vi++;
        cout<<"->"<<vi+1<<"\n";
    }
}
```

该程序的运行过程和结果如图 1-18 所示。

图 1-18 一笔画程序的运行过程和结果

◆▶ 本章小结

　　计算机是 20 世纪最伟大的发明之一。计算机及计算机网络的应用已使人类社会的各个领域发生了翻天覆地的变化，计算机的应用已经无处不在。按照这样的发展趋势，周以真教授的设想——"计算机应该是 21 世纪中期每个人都应该掌握的一个技能，就像读书写字一样"——必然会实现。根据哲学原理，作为一种工具，计算机既然为人类所广泛使用，它必将对人类的思维产生影响，计算机赖以运行的思想和方法必将从后台进入前台，走进人类的生活。

　　计算思维是在计算学科与其他学科思想方法的交互中发展的，如许多算法的思想来源于人类对特定学科研究对象的认识，又反过来作用于这些学科和更多学科的发展。未来，计算思维必将随着计算学科的发展而不断丰富和完善。

　　从计算思维的内涵来讲，它阐述计算的基本思想和方法，究其根源，这些思想和方法均来自人类的共同智慧，不但有助于计算学科中问题的求解，也与人类在其他领域工作和生活中解决问题的方法相通，因此是大学计算机基础教育的基本内容。

一、单选题

1. 计算思维中的"计算"一词，指英语中的_____。

A. computation   B. computing

C. computation and computing   D. neither computation nor computing

2. 移动通信与地理信息系统结合，产生的新的计算模式是_____。

A. 与位置有关的计算   B. 与时间有关的计算

C. 与空间有关的计算   D. 与人群有关的计算

3. 当交通灯随着车流的密集程度自动调整而不再是按固定的时间间隔放行时，可以说这是计算思维_____的表现。

A. 人性化   B. 网络化   C. 智能化   D. 工程化

4. 计算思维服务化处于计算思维层次的_____。

A. 基础层次   B. 应用层次   C. 中间层次   D. 工程技术层

5. 计算思维的智能化处于计算思维层次的_____。

A. 基础层次   B. 应用层次   C. 顶层层次   D. 工程技术层

6. 以下列出的方法中，_____不属于科学方法。

A. 理论   B. 实验   C. 假设和论证   D. 计算

7. 以下列出的_____不属于公理系统需要满足的基本条件。

A. 无矛盾性   B. 独立性   C. 完备性   D. 不完备性

8. 以下_____不属于伽利略的实验思维方法的基本步骤之一。

A. 设计基本的实验装置   B. 从现象中提取量的概念

C. 导出易于实验的数量关系   D. 通过实验证实数量关系

9. 对于实验思维来说，最为重要的事情有 3 项，但不包括_____。

A. 设计实验仪器   B. 制造实验仪器

C. 保证实验结果的准确性   D. 追求理想的实验环境

10. 计算思维最根本的内容为_____。

A. 抽象   B. 递归   C. 自动化   D. A 和 C

11. 计算机学科在本质上源于_____。

A. 数学思维   B. 实验思维   C. 工程思维   D. A 和 C

12. 计算理论是研究使用计算机解决计算问题的数学理论，有 3 个核心领域，但不包括_____。

A. 抽象

B. 理论

C. 计算的复杂性理论

D. 自动机理论

13. 计算机学科的方法论有 3 个过程，但不包括_____。

A. 抽象   B. 理论   C. 实验和论证   D. 自动化设计及实现

14. 用邻接矩阵表示无向图，属于计算机学科方法论的 3 个过程中的_____。

A. 抽象   B. 理论   C. 实验和论证   D. 自动化设计及实现

15. 欧拉于 1736 年研究并解决的七桥问题，属于计算机学科方法论的 3 个过程中的_____。

A. 抽象   B. 理论   C. 实验和论证   D. A 和 B

16. 通过程序设计对无向图的遍历求解，属于计算机学科方法论的 3 个过程中的_____。

A. 抽象   B. 理论
C. 实验和论证   D. 自动化设计及实现

二、判断题

1. 大部分学科都可以从计算机学科获益，但计算机学科很少从其他学科获益。（　　）

2. 计算思维主要是计算数学、信息科学和计算机学科的任务，与其他学科关系不大。（　　）

3. 虽然计算机技术发展很快，但大部分用户都可以跟上技术发展的步伐，这就是"重用（reuse）"在发挥作用，因为大部分新技术是在原有技术的基础上发展的。（　　）

4. 在数学计算中，7×4 和 4×7 是两个乘数的交换。因此，这两个过程在计算机中也是等价的。
（　　）

5. 已经有了一个可执行程序的源代码，对它进行分析，并绘制出流程图，是一种"逆向求解"的过程，目的在于分析和了解原创者的思想和算法。（　　）

三、填空题

1. 通过将一个对象（或事物）与其某种属性相联系，从而使抽象的概念具体化。这是一个计算机学科的重要核心概念：_____。

2. 在计算机学科中，关于时间、空间、人力和财力等资源消耗的度量，称之为_____。

3. 在新的环境下，系统中各类实体、技术、概念等可被再次使用的能力，被称为_____。

4. 计算机软硬件系统对合法用户的响应及对非法请求的抗拒，以保护系统不受外界影响和攻击的能力被称为_____。

5. 系统的结构、状态、特征、行为和功能等随着时间的推移而发生的更改，被称为_____。

四、问答题

1. computation 与 computing 有何差别？有何类似？

2. 计算思维的层次化对大学生有何影响？

3. 计算思维的网络化对个人和社会产生了哪些重大影响？

4. 计算思维的移动化可以产生哪些重要的信息系统应用模型？

5. software as a service（SaaS）是何种计算模式？与传统的计算模式比较，有何特点？请举例说明。

6. 不同人的计算思维具有很大差别，请举例说明只要具有思维品质中的独创性，就能创造性地解决问题。

7. 使用计算机进行问题求解，需要经历哪些主要步骤？

8. 请举例说明哪些工具的应用影响了人类文明的进步。

9. 计算机学科的哪些发展影响了其他学科的发展？

10. 计算机学科从哪些学科获得了新的发展思路？

11. 科学、技术和工程素养的核心内容各自是什么？

12. 计算机学科与信息学科有哪些联系和区别？

13. 计算机学科与生物学科有哪些联系，相互如何影响？

14. 计算机与数学之间有哪些重要的关联？

15. 请说明问题求解的 4 个基本步骤，并说明在第二步如何选择计算机学科核心概念中的内容与此关联。

16. 计算思维如何落实到日常的学习和工作中？

17. 科学思维的中心思想是什么？

18. 创新思维需要注意哪些方面，如何学习并成为一个创新者？

19. 计算机学科的核心概念中哪些与效率思维有关?

20. 什么是算法思维? 从中国历史典故中举出相关的案例。

21. 计算机伦理思维有哪些维度?

22. 以网瘾为例,说明它对计算机伦理中的个人、社会和政策 3 个层面的影响。

五、实验操作题

1. 在 Computer Science For Fun 网站上有一个游戏,目的是要交换蓝色球和红色球的位置,且移动的步骤要少。请选择 4 个球,进行位置交换,并描述自己的基本算法。

2. 请在琳琅在线的数独游戏板块中进行一局数独游戏,并描述自己的感受。

3. 选择最近发生的计算机伦理问题,进行伦理分析,并预测问题的解决方法,比较不同方法可以产生的影响与后果。

第 2 章

信息在计算机中的表示

教学资源：
电子教案、微视
频、实验素材

本章教学目标

(1) 了解信息与数据的基本概念。

(2) 掌握各种信息的数字化表示和存储。

(3) 了解数据冗余和压缩的简单原理。

(4) 掌握声音和图形图像的处理方法。

本章教学设问

(1) 数制是人们利用符号来记数的科学方法，在人们日常生活中，使用的是十进制数，在计算机内部也使用十进制数吗？

(2) 在人与人沟通交流时，需要使用相互都能听懂的语言。可是当人们让计算机工作时，计算机能直接执行的程序是中文，还是英文？

(3) 已知常用的单位有长度（面积、体积）、重量、温度、时间等。那么在计算机中存储的最小单位是什么？

(4) 常听到"数据"和"信息"这两个词，在计算机中，它们是不是一回事？

(5) 对于信息的概念，不同学者在其各自学科中给出不同的解释，但是信息有没有主要特征？

(6) 当人们去银行、医院、商店等处办事或购物时，都会看到工作人员在使用计算机。那么，计算机在当代社会各个领域中的主要应用还有哪些？

(7) 如今，高速公路方便了人们的交通需求，信息高速公路也是物理上的"交通高速公路"吗？

(8) 在很多场合中，经常听到人们谈论信息科学这个话题，信息科学是研究什么的？

(9) 模拟信号和数字信号有何区别？

(10) 模拟信号和数字信号可以相互转换吗？如何转换？

(11) 为什么说在多媒体技术中，数据压缩是必要的，也是可能的？

(12) 数据经过压缩后，精度会损失吗？

(13) 图像放大或缩小时，常会加重"锯齿"现象，这是什么原因造成的？

(14) 如何将 BMP 格式的文件转换为 JPG 格式？

▶▶ 2.1 信息的度量与存储

▶ 2.1.1 信息与数据的含义

信息是现代生活中一个非常流行的词汇，但至今信息这个概念没有一个公认的定义。到目前为止，关于信息的种种不同的定义已超过百种，有人统计，仅在国内公开发行的刊物上对信息的解释就有近 40 种。

最早对信息的科学解释源于通信技术的发展需要，为了解决诸如如何从噪声干扰中接收正确的信号等信息理论问题，科学家们对信息问题进行了认真的研究。1928 年，哈特莱（Ralph V. L. Hartley）发表在《贝尔系统技术》杂志上的《信息传输》一文中，首先提出"信息"这一概念，他把信息理解为选择通信符号的方式，并用选择的自由度来计量这种信息量的大小。控制论创始人之一，美国科学家维纳（N. Wiener）指出：信息就是信息，既不是物质也不是能量。专门指出了信息是区别于物质与能量的第三类资源。《辞源》中将信息定义为"信息就是收信者事先所不知道的报道"。《简明社会科学词典》中对信息的定义为"作为日常用语，指音信、消息。作为科学术语，可以简单地理解为信息接受者预先不知道的报道"。对于信息的定义，至今仍是众说纷纭。但人们已经认识到，信息是一种宝贵的资源，信息、材料（物质）、能源（能量）是组成社会物质文明的三大要素。

相对于通信范围内的信息论（狭义信息论），广义信息论以各种系统、各门学科中的信息为对象，以信息过程的运动规律作为主要研究内容，广泛地研究信息的本质和特点，以及信息的取得、计量、传输、存储、处理、控制和利用的一般规律，使得人类对信息现象的认识与揭示不断丰富和完善。所以，广义信息论也被称为信息科学。

在一般用语中，信息、数据、信号并不被严格区别，但从信息科学的角度看，它们是不能等同的。在应用现代科学技术（计算机技术、电子技术等）采集、处理信息时，必须要将现实生活中的各类信息转换成机器能识别的符号（符号具体化即是数据，或者说信息的符号化就是数据），再加工处理成新的信息。数据可以是文字、数字、声音或图像，是信息的具体表示形式，是信息的载体；而信号则是数据的电磁或光脉冲编码，是各种实际通信系统中，适合信道传输的物理量。信号可以分为模拟信号（随时间而连续变化的信号）和数字信号（在时间上的一种离散信号）。

▶ 2.1.2 信息的度量

信息是一个复杂的概念。人们常常说信息很多，或者信息较少，但却很难说清楚信息到底有多少。在日常生活中，如一句话、一件事，人们会产生诸如"这句话很有用，信息量很大""这句话没有用"的评价，说明不同的话语、不同的事件带有不同的信息量。一般来说，越是意外的事情带来的信息量越大，所以信息是有度量的，信息的度量与信息的复杂性和不确定性密切相关，那么一本 50 万字的中文书到底有多少信息量呢？1948 年，香农提出了"信息熵"的概念，解决了对信息的量化度量问题。

一条信息的信息量大小和它的不确定性有直接的关系。例如，人们要弄清楚一件非常不确定的事，或是人们一无所知的事情，就需要了解大量的信息。相反，如果人们对某件事已经有了较多的了解，不需要太多的信息就能把它弄清楚。所以，从这个角度可以认为，信息量的度量就等于不确定性的多少。

那么如何度量信息量呢？先来看一个例子，假设马上要举行足球世界杯赛了，大家都很关心谁会是冠军。如果我错过了看世界杯，赛后我问一个知道比赛结果的观众"哪支球队是冠军"，他不愿意直接告诉我，而要让我猜，并且我每猜一次，他要收一元钱才肯告诉我是否猜对了，那么我需要付给他多少钱才能知道谁是冠军呢？我可以把球队编上号，从 1 到 32，然后提问："冠军的球队在 1～16 号中吗？"假如他告诉我猜对了，我会接着问："冠军在 1～8 号中吗？"假如他告诉我猜错了，我自然知道冠军球队在 9～16 号中。这样只需要猜 5 次，我就能知道哪支球队是冠军。所以，按这种度量方法，谁是世界杯冠军这条消息的信息量值 5 元钱。

当然，香农不是用钱，而是用比特（bit）这个概念来度量信息量的。一个比特是一位二进制数，计算机中的一个字节是 8 个比特。在上面的例子中，这条消息的信息量是 5 个比特。如果有 64 个队进入决赛阶段的比赛，那么"谁是世界杯冠军"的信息量就是 6 个比特，因为要多猜一次。读者可能已经发现，信息量的比特数和所有可能情况的对数函数有关，因为 $\log_2 32 = 5$，$\log_2 64 = 6$。

有些读者此时可能会发现，实际上不需要猜 5 次就能猜出谁是冠军，因为巴西、德国、意大利这样的球队得冠军的可能性比日本、美国、韩国等球队大得多。因此，第一次猜测时不需要把 32 个球队等分成两个组，而可以把少数几个最有可能的球队分到一组，把其他球队分到另一组。然后猜冠军球队是否在那几支热门队中。重复这样的过程，根据夺冠概率对剩下的候选球队分组，直到找到冠军队。这样，也许 3 次或 4 次就能猜出结果。因此，当每个球队夺冠的可能性（概率）不等时，"谁是世界杯冠军"的信息量比 5 个比特少。香农指出，它的准确信息量应该是 $-(p1 \times \log p1 + p2 \times \log p2 + \cdots + p32 \times \log p32)$，其中，$p1$，$p2$，$\cdots$，$p32$ 分别是这 32 个球队夺冠的概率。香农把它称为信息熵（entropy），一般用符号 H 表示，单位是比特。有兴趣的读者可以推算一下当 32 个球队夺冠概率相同时，对应的信息熵等于 5 比特。有数学基础的读者还可以证明上面公式的值不可能大于 5。对于任意一个随机变量 x（如得冠军的球队），它的熵定义如下：

$$H(x) \equiv -\sum_x P(x)\log_2\left[P(x)\right]$$

变量的不确定性越大，熵也就越大，把它弄清楚所需要的信息量也就越大。有了"熵"这个概念，就可以回答本文开始提出的问题，即一本 50 万字的中文书有多少信息量。常用的汉字（一级、二级国标）大约有 7 000 字，假如每个字等概率，那么大约需要 13 比特（即 13 位二进制数）表示一个汉字，但汉字的使用是不平衡的，实际上，前 10% 的汉字占文本的 95% 以上。因此，即使不考虑上下文的相关性，而只考虑每个汉字的独立的概率，那么，每个汉字的信息熵大约也只有 8～9 比特。如果再考虑上下文相关性，每个汉字的信息熵只有 5 比特。所以，一本 50 万字的中文书，信息量大约是 250 万比特。如果用一个好的算法压缩本书，整本书可以存成一个 320 KB 的文件。如果直接用两字节的国标编码存储这本书中的每个汉字，大约需要 1 MB 大小，是压缩文件的 3 倍。这两个数量的差距，在信息论中称作冗余度（redundancy）。需要指出的是，这里讲的 250 万比特是一个平均数，同样长度的书，所含的信息量可以差很多。如果一本书重复的内容很多，它的信息量就小，冗余度就大。

计算机中程序和数据是按二进制的形式存放的，其度量单位与日常生活中常用的度量单位是不同的，下面介绍计算机中通用的存储度量单位：

（1）位（bit），也称为比特，是计算机中最小的存储单位。一个二进制位可以表示 0 或 1 两种状态，两个二进制位可以表示 4 种不同的状态，n 个二进制位可以表示 2^n 种不同的状态。位通常用小写英文字母 b 表示。

（2）字节（byte），是存储空间最基本的容量单位。一个字节由 8 位二进制位组成（即 1 B = 8 b）。字节通常用大写英文字母 B 表示。

（3）字长，是计算机存储、传输、处理数据的度量单位，用计算机一次操作（数据存取、传送、运算）的二进制最大位数来描述。常见的计算机字长有 16 位、32 位、64 位等。字长是计算机性能的重要指标之一。例如，32 位字长的计算机，一次可以传送一个长度为 32 位的数据，如果是 64 位字长的计算机，一次就可以传送两个长度为 32 位的数据。

（4）其他度量单位。由于计算机的存储容量较大，除了字节以外，实际使用的存储单位还有千字节（KB）、兆字节（MB）、吉字节（GB）和太字节（TB）等，它们之间的换算关系如下：

1 KB = 1 024 B = 2^{10} B

1 MB = 2^{10} KB = 2^{20} B

1 GB = 2^{10} MB = 2^{30} B

1 TB = 2^{10} GB = 2^{40} B

……

上述度量单位用来表示存储设备的存储能力。

▶▶ 2.2 数值信息表示

▶ 2.2.1 常用数制

日常生活中，人们熟悉和使用的是十进制，但是由于计算机中采用的逻辑部件所限，计算机中采用的数制是二进制。所谓数制就是进位计数的方法，或理解为在该数制中可以使用的数字符号个数及计数规则。在不同的数制中，把可以使用的数字符号个数称为基数（用 R 表示）。例如，十进制的 R 值为 10，二进制的 R 值为 2。

1. 十进制数

基数 R 为 10 的进位数制称为十进制，它用 10 个数字符号 0~9 表示数字，其进位规则是"逢十进一"。对任何一个十进制数 D_{10}（为不失一般性，设 D_{10} 有小数部分）都可以用下列公式表示：

$$
\begin{aligned}
D_{10} &= \sum_{i=-m}^{n-1} D_i \times 10^i \\
&= D_{n-1} \times 10^{n-1} + D_{n-2} \times 10^{n-2} + \cdots + D_0 \times 10^0 + \\
&\quad D_{-1} \times 10^{-1} + \cdots + D_{-m} \times 10^{-m}
\end{aligned}
\tag{2-1}
$$

显然，数字出现在不同的位置，其表示的大小是不同的。例如，一个整数数字串右边第一位的"8"表示的值是 8，而在该数字串右边第 3 位的"8"表示的是 800。

根据式（2-1），对于十进制数 852.39，可以写成下列形式：

$$852.39 = 8 \times 10^2 + 5 \times 10^1 + 2 \times 10^0 + 3 \times 10^{-1} + 9 \times 10^{-2}$$

2. 二进制数

基数 R 的值取为 2，就可以得到二进制数，它有两个数字符号，分别是 0 和 1，其进位规则是"逢二进一"。对任何一个二进制数 B_2（为不失一般性，设 B_2 有小数部分）都可以用下列公式表示：

$$
\begin{aligned}
B_2 &= \sum_{i=-m}^{n-1} B_i \times 2^i \\
&= B_{n-1} \times 2^{n-1} + B_{n-2} \times 2^{n-2} + \cdots + B_0 \times 2^0 + \\
&\quad B_{-1} \times 2^{-1} + \cdots + B_{-m} \times 2^{-m}
\end{aligned}
\tag{2-2}
$$

根据式（2-2），对于二进制数 1011.011，可以写成下列形式：

$$1011.011 = 1 \times 2^3 + 0 \times 2^2 + 1 \times 2^1 + 1 \times 2^0 + 0 \times 2^{-1} + 1 \times 2^{-2} + 1 \times 2^{-3}$$

3. 八进制数

基数 R 的值取为 8，就可以得到八进制数，它用 8 个数字符号 0~7 表示八进制数字，其进位规则是"逢八进一"。对任何一个八进制数 O_8（为不失一般性，设 O_8 有小数部分）都可以用下列公式表示：

$$
\begin{aligned}
O_8 &= \sum_{i=-m}^{n-1} O_i \times 8^i \\
&= O_{n-1} \times 8^{n-1} + O_{n-2} \times 8^{n-2} + \cdots + O_0 \times 8^0 + \\
&\quad O_{-1} \times 8^{-1} + \cdots + O_{-m} \times 8^{-m}
\end{aligned}
\tag{2-3}
$$

根据式（2-3），对于八进制数 467.52，可以写成下列形式：

$$467.52 = 4 \times 8^2 + 6 \times 8^1 + 7 \times 8^0 + 5 \times 8^{-1} + 2 \times 8^{-2}$$

4. 十六进制数

基数 R 的值取为 16，就可以得到十六进制数，它用 16 个符号 1~9、A~F 表示十六进制的数字（A~F 分别对应十进制的 10~15），其进位规则是"逢十六进一"。对任何一个十六进制数 H_{16}（为不失一般性，设 H_{16} 有小数部分）都可以用下列公式表示：

$$H_{16} = \sum_{i=-m}^{n-1} H_i \times 16^i$$
$$= H_{n-1} \times 16^{n-1} + H_{n-2} \times 16^{n-2} + \cdots + H_0 \times 16^0 + \qquad (2\text{-}4)$$
$$H_{-1} \times 16^{-1} + \cdots + H_{-m} \times 16^{-m}$$

根据式（2-4），对于十六进制数 3D9F.A1，可以写成下列形式：

$$3D9F.A1 = 3 \times 16^3 + 13 \times 16^2 + 9 \times 16^1 + 15 \times 16^0 + 10 \times 16^{-1} + 1 \times 16^{-2}$$

上述 4 种数制的基本符号如表 2-1 所示，4 种数制之间的对应关系如表 2-2 所示。

表 2-1　4 种数制的基本符号

进　　制	进位规则	基　本　符　号
二进制	逢二进一	0, 1
八进制	逢八进一	0, 1, 2, 3, 4, 5, 6, 7
十进制	逢十进一	0, 1, 2, 3, 4, 5, 6, 7, 8, 9
十六进制	逢十六进一	0, 1, 2, 3, 4, 5, 6, 7, 8, 9, A, B, C, D, E, F

表 2-2　4 种数制之间的对应关系

十　进　制	二　进　制	八　进　制	十　六　进　制
0	0000	0	0
1	0001	1	1
2	0010	2	2
3	0011	3	3
4	0100	4	4
5	0101	5	5
6	0110	6	6
7	0111	7	7
8	1000	10	8
9	1001	11	9
10	1010	12	A
11	1011	13	B
12	1100	14	C
13	1101	15	D
14	1110	16	E
15	1111	17	F

5. 不同进制数的表示方法

对于数据 3A9D，根据上述介绍的数制规则可以认定它是十六进制的数。但是对于数据 1067，可以判定它为八进制、十进制或十六进制的任意一种数；对于数据 10001，可以是上述 4 种数制中的任意一种。显然，仅凭数字串本身还不能完全区分具体的数制。

为了区分不同进制的数，在书写时可以使用以下两种方法：

（1）将数字用圆括号括起来，在括号右下角写上基数来表示不同的进制。例如，$(101)_2$、$(256)_8$、$(101)_{10}$、$(256)_{16}$ 分别表示二进制数、八进制数、十进制数和十六进制数。

（2）在一个数的后面加上表示数制的不同字母，用"B"表示二进制、"O"表示八进制、"D"表示十进制、"H"表示十六进制。例如，101B、256O、101D、256H 分别表示二进制、八进制、十进制和十六进制的数。

► 2.2.2 不同进制数之间的转换

不同进制数之间是可以相互转换的，下面介绍 6 种不同进制数之间的转换方法。

1. 十进制数转换成二进制数

任何一个十进制数都可以转换为一个二进制数。转换的方法是：十进制数的整数部分按"除 2 取余"法，纯小数部分按"乘 2 取整"法，然后将整数和小数部分转换的结果合并在一起即可。合并时整数部分是"从下往上"排列，而小数部分是"从上往下"排列。

【例 2-1】 将 $(37.125)_{10}$ 转换成二进制数。

解：整数部分"除 2 取余"，小数部分"乘 2 取整"，运算如下：

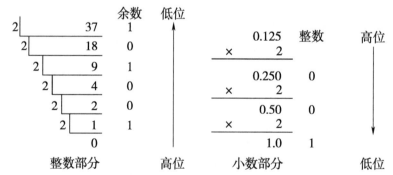

转换结果为 $(37.125)_{10}=(100101.001)_2$。例 2-1 中的小数部分不断乘 2 后正好全部进位，小数部分剩余为 0。如果经多次乘 2 后，小数部分仍然不为 0，就可能会出现无限循环的小数情况。若出现无限循环小数的情况，只取有限位即可。

2. 十进制数转换成八进制数

与十进制数转换为二进制数类似，十进制数转换为八进制数也是采用整数部分按"除 8 取余"法，纯小数部分按"乘 8 取整"法进行转换，然后将转换后的整数部分和小数部分的结果合并在一起即可。

【例 2-2】 将（837.45）$_{10}$转换成八进制数。

解： 整数部分"除 8 取余"，小数部分"乘 8 取整"，运算如下：

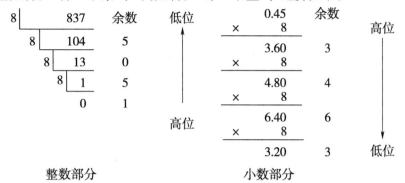

整数部分   小数部分

转换结果为（837.45）$_{10}$≈（1505.3463）$_8$。例 2-2 中的小数部分出现了无限循环小数的情况，本例中只取了 4 位小数。

3. 十进制数转换成十六进制数

按同样的思路和算法，十进制数转换为十六进制数，按整数部分"除 16 取余"法，纯小数部分按"乘 16 取整"法进行转换，转换后将结果的整数部分和小数部分合并即可。

【例 2-3】 将（532.87）$_{10}$转换成十六进制数。

解： 整数部分按"除 16 取余"，纯小数部分按"乘 16 取整"法进行运算。运算过程省略，运算结果为（532.87）$_{10}$≈（214.DEB8）$_{16}$。例 2-3 中的小数部分出现了无限循环小数的情况，本例中只取了 4 位小数。

4. 二进制数转换成十进制数

十进制数可以转换为二进制数，反过来，二进制数也可以转换为十进制数。转换的方法就是将二进制数按权展开，将展开的表达式按十进制规则进行计算，计算结果就是转换后的十进制数。

【例 2-4】 将（10011.111）$_2$转换成十进制数。

解： 将（10011.111）$_2$按权展开如下：

$$10011.111B = 1\times2^4+0\times2^3+0\times2^2+1\times2^1+1\times2^0+1\times2^{-1}+1\times2^{-2}+1\times2^{-3}$$
$$= 16+0+0+2+1+0.5+0.25+0.125$$
$$= 19.875D$$

转换结果为（10011.111）$_2$=（19.875）$_{10}$。

5. 二进制数转换成八进制数

由于 $2^3=8$，因此 1 位八进制数可用 3 位二进制数表示，反之 3 位二进制数可用 1 位八进制数表示。根据二进制数和八进制数之间的这种对应关系就可以相互转换了。将二进制数转换成八进制数的操作步骤如下：

① 分组。对于整数部分，从个位数开始从右向左每 3 位二进制数为一组，最后一组不足 3 位时，前面补 0 填满为一组；对于小数部分，从小数点后第一位开始从左向右每 3 位为一组，最后一组不足 3 位时，在后面补 0 填满为一组。

② 转换。对每一组 3 位二进制数用 1 位八进制数进行替换转换，得到的结果就是相应的八进制数。

【例 2-5】 将（10101101.010101）$_2$ 转换成八进制数。

解： 首先按规则进行分组，整数和小数部分分组的结果为（010 101 101）和（010 101），然后将分组结果用八进制数替代为（255）和（25）。

转换结果为（10101101.010101）$_2$ =（255.25）$_8$。

6. 二进制数转换成十六进制数

由于 2^4 = 16，因此 1 位十六进制数可用 4 位二进制数表示，反之 4 位二进制数可以用 1 位十六进制数表示。根据二进制数和十六进制数之间的这种对应关系就可以相互转换了。将二进制数转换为十六进制数的方式与将二进制数转换为八进制数的方式是类似的，步骤如下：

① 分组。对于整数部分，从个位数开始从右向左每 4 位二进制数为一组，最后一组不足 4 位时，前面补 0 填满为一组；对于小数部分，从小数点后第一位开始从左向右每 4 位为一组，最后一组不足 4 位时，在后面补 0 填满为一组。

② 转换。对每一组 4 位二进制数用 1 位十六进制数替代进行转换，得到的结果就是相应的十六进制数。

【例 2-6】 将（1101011011.111001）$_2$ 转换成十六进制数。

解： 对二进制数的整数部分和小数部分分别进行分组，分组结果为（0011 0101 1011）和（1110 0100），然后将分组结果用十六进制数替代为（35B）和（E4）。

转换结果为（1101011011.111001）$_2$ =（35B.E4）$_{16}$。

▶▶ 2.3 文字信息表示

▶ 2.3.1 字符的表示

在计算机中，任何数据都是用二进制编码来表示的，包括数字、字母、符号、声音、图像、动画等信息。

数字数据在计算机中用二进制编码表示比较容易理解，实际上，任何二进制数，包括整数和小数都可以转换为所需要的 R 进制数。当然，还要弄清楚数字的表示范围，即编码的长度。

非数值信息和控制信息包括字母、各种控制符号、图形符号等，它们都以二进制编码方式存入计算机并得以处理，这种对字母和符号进行编码的二进制代码称为字符代码（character code）。计算机中常用的字符代码有 ASCII 码（美国信息交换标准代码）和 ISO 8859 码。

1. ASCII 码

ASCII 码是目前在计算机中使用较为广泛的一种编码标准。ASCII 码是美国国家标准局 ANSI 制定的一种信息交换标准代码，被国际标准化组织（International Organization for

Standardization，ISO）定为国际标准（ISO 646）。ASCII 码为计算机提供了一种存储数据和与其他计算机及程序交换数据的方式。

　　ASCII 码中包含 4 种不同的字符类型：控制字符、字母、数字和特殊符号。ASCII 码分类对照表如表 2-3 所示。

表 2-3　ASCII 码中不同类型字符编码对照表

字符分类	二进制表示范围	十进制表示范围	十六进制表示范围	字符
控制字符34 个	0000000~0011111 0100000，1111110	0~31 32，127	0~1F 20，7E	BS（退格），CR（回车） LF（换行），CAN（取消）等 space（空格），DEL
数字 10 个	0110000~0111001	48~57	30~39	0，1，2，3，4，5，6，7，8，9
字母 52 个	1000001~1011010 1100001~1111010	65~90 97~122	41~5A 61~7A	A~Z a~z
特殊符号32 个	0100001~0101111	33~47	21~2F	!，"，#，$ ，%，&，´，(，)，*，+，，，-，.，/
	0111010~1000000	58~64	3A~40	:，;，<，=，>，?，@
	1011011~1100000	91~96	5B~60	[，\，]，^，_，`
	1111011~1111110	123~126	7B~7E	{，|，}，~

　　（1）控制字符是指 ASCII 码中的非显示字符，编码的十进制值为 0~31。另外，控制字符还包括 space 和 DEL，共 34 个。控制字符用于计算机通信中的通信控制或对计算机设备的控制。例如，十进制编码 8(BS) 表示"退格"，十进制编码 24(CAN) 表示"取消"，十进制编码 27(ESC) 表示"退出"等。

　　（2）字母是 ASCII 码中的可显示字符，包括大写和小写共 52 个字符。字母在 ASCII 码表中的顺序与字母顺序是一致的。大写字母"A"的十进制编码是 65，大写字母"B"的十进制编码是 66，大写字母"Z"的十进制编码是 90。小写字母"a"的十进制编码是 97，小写字母"b"的十进制编码是 98，小写字母"z"的十进制编码是 122。通过分析不难发现，大、小写字母的编码值之差是 32。例如，大写"A"和小写"a"的编码 65 和 97 之差是 32，大写"Z"和小写"z"的编码 90 和 122 之差也是 32。英文字符"A"在计算机中的表示如图 2-1 所示。

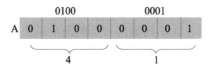

图 2-1　英文字母 A 在计算机中的表示

　　（3）数字 0~9 共 10 个字符也是 ASCII 码中的可显示字符，其十进制编码是 48~57。

　　（4）特殊符号。上述 3 类字符共计 96 个。除此以外，还有 32 个符号是表示特殊含义和用途的特殊符号，包括标点符号、运算符号等。

ASCII 码分为 7 位编码和 8 位编码两种形式：

"7 位" ASCII 码是用一个字节（8 位二进制）的低 7 位二进制编码表示一个字符，最高位置 "0"，其编码范围是 0000000B ~ 1111111B，对应十进制的 0~127，被称为标准的 ASCII 编码。编码总数共 128 个。每一个字节中多出来的一位（最高位）在计算机内部通常保持为 0（在数据传输时可用作奇偶校验位）。

2. ISO 8859 码

由于标准 ASCII 码字符集字符数目有限，在实际应用中往往无法满足要求。为此，国际标准化组织又制定了 ISO 2022 标准，它规定了在保持与 ISO 646 兼容的前提下将 ASCII 码字符集扩充为 8 位代码的统一方法。ISO 陆续制定了一批适用于不同地区的扩充 ASCII 码字符集，8 位 ASCII 码也用一个字节（8 位二进制）来表示一个字符，与 7 位编码不同的是，它将该字节最高位置 "1"，其编码范围是 128~255，编码总数也是 128 个，被称为扩展的 ASCII 编码。

最优秀的扩展方案是 ISO 8859，它包括了足够的附加字符集。从 0~127 的代码与 ASCII 码保持兼容，128~159 共 32 个编码保留给扩充定义的 32 个扩充控制码，160 为空格，161~255 的 95 个数字用于新增加的字符代码。编码的布局与 ASCII 码的设计思想相同。

由于在一张码表中只能增加 95 种字符的代码，所以 ISO 8859 实际上不是一张码表，而是一系列标准，包括 14 个字符码表。例如，ISO 8859-1 字符表中包含了 ASCII 码和部分欧洲语言的常用字符，ISO 8859-7 则包含了 ASCII 码和现代希腊语字符。

ISO 8859-1 编码（亦称为 ISO Latin-1）使用了一个字节的全部 8 位，编码范围是 0~255，收录的字符除 ASCII 码收录的字符外，还包括希腊语、泰语、阿拉伯语、希伯来语等对应的文字符号。欧元符号出现得比较晚，没有被收录在 ISO 8859-1 中。ISO 8859-1 编码使用 00H~1FH 表示控制字符，20H~7FH 表示字母、数字和符号等图形字符，A0H~FFH 作为附加部分使用。因为 ISO 8859-1 编码范围使用了单字节内所有空间，在支持 ISO 8859-1 的系统中传输和存储其他任何编码的字节流都不会被抛弃。换言之，把其他任何编码的字节流当作 ISO 8859-1 编码看待都没有问题。这是一个很重要的特性。

西文字符集的编码较常见的还有 EBCDIC 码，该码使用 8 位二进制数（一个字节）表示，可以表示 2^8(256) 个字符。

一般而言，开放的操作系统（Linux、Windows 等）采用 ASCII 码，而大型主机系统（MVS、IBM 公司的一些产品）采用 EBCDIC 码。在给对方发送数据前，需要事先告知对方使用的编码，或者通过转码，让不同编码方案的两个系统可自如沟通。

▶ **2.3.2 汉字的表示**

外文字符处理起来相对简单，而中文信息处理起来就复杂了。汉字是图形文字，常用汉字就有 3 000~6 000 个，形状和笔画差异很大。这就决定了汉字字符的编码方案与外文的编码方案是完全不同的。

要想在计算机中处理汉字，必须解决汉字的输入编码、存储编码、显示和打印字符的编码问题。显然，汉字编码要比西文编码复杂得多。

1. 汉字的国标编码

通过将不同的系统使用的不同编码统一转换成国标码，让不同系统之间的汉字信息可以相互交换。

我国科学家研制出具有自主知识产权的汉字编码字符集，后经中国国家标准总局于1981 年正式颁布为国家标准 GB 2312—80《信息交换用汉字编码字符集 基本集》，简称为国标码。汉字采用双字节编码形式，即一个汉字用 2 字节（16 位二进制数）表示。

GB 2312—80 字符集中共收集了 6 763 个汉字。汉字根据使用的频率分为两级，一级汉字 3 755 个，二级汉字 3 008 个。非汉字符号有 682 个，包括希腊字母、俄文字母、日文假名、汉语拼音符号、汉语注音字母、标点符号、数学符号等。GB 2312—80 是一种简体汉字的编码。

随着信息技术在各行业应用的深入，GB 2312—80 收录汉字数量不足的缺点显露出来。例如，"镕"字曾是高频率使用字，而 GB 2312—80 却没有为它编码，因而，政府、新闻、出版、印刷等行业和部门在使用时感到十分不便。1995 年原电子部和原国家技术监督局联合颁布了指导性技术文件《汉字内码扩展规范》1.0 版，即 GBK。GBK 与 GB 2312—80 的汉字编码完全兼容，同时又在字汇一级支持 ISO 10646.1（GB 13000.1）的全部其他 CJK[①]汉字，且非汉字符号同时涵盖大部分常用的 BIG5 中的非汉字符号。GBK 字符集中的汉字字序如下：

（1）GB 2312—80 的汉字仍然按照原有的一、二级字，分别按拼音、部首/笔画排列。

（2）GB 13000.1 的其他 CJK 汉字按 UCS[②] 代码大小顺序排列。

（3）追加 80 个汉字、部首/构件。

1995 年之后的实践表明，GBK 作为行业规范，缺乏足够的强制力，不利于自身的推广。银行、交通、公安、户政、出版印刷、国土资源管理等行业，对新的、大型的汉字编码字符集标准的要求尤其迫切。为此，原国家质量技术监督局和原信息产业部组织专家制定发布了新的编码字符集标准，即 GB 18030—2000《信息技术 信息交换用汉字编码字符集 基本集的扩充》。GB 18030—2000 的双字节部分完全采用了 GBK 的内码系统。

2. 汉字在处理中的不同编码

汉字编码解决了汉字的表示问题，但还没有解决汉字在计算机中的存储以及显示和打印等问题。由此，汉字的输入码、机内码、字型码等编码又被提出。

（1）输入码。输入码是输入汉字时采用的编码，如"全拼""双拼""五笔""智能

---

① CJK：中、日、韩统一表意文字（Chinese Japanese Korean unified ideographs），目的是把来自中文、日文、韩文等本质、意义相同、形状一样或稍异的表意文字赋予 ISO 10646 及 Unicode 标准相同的编码。

② UCS（universal multiple-octet coded character set）是 ISO 10646 定义的通用字符集，是所有其他字符集标准的一个超集，它保证与其他字符集是双向兼容的。也就是说，如果将任何文本字符串翻译成 UCS 格式，然后再翻译回原编码，不会丢失任何信息。

ABC""搜狗"等。

（2）机内码。

①区位码。在 GB 2312—80 字符集中，共收录 7 445 个字符，其中 6 763 个汉字中，又分为一级常用字符 3 755 个（按汉语拼音顺序排列）和二级次常用字符 3 008 个（按部首顺序排列）。区位码编码方案是将 7 445 个字符划分为一个 94 行×94 列的方阵，方阵的每一行称为一个"区"，区号编码范围为 1~94；方阵的每一列称为"位"，位号编码范围也是 1~94。在这样的一个区位表中，一个汉字就可以用区号和位号唯一确定。这组区号和位号就是一个汉字在区位表中的区位码。例如，汉字"中"的区位码是 5448，表示"中"在区位表中的 54 区 48 位；汉字"啊"的区位码是 1601，则表示其在区位表中的 16 区 1 位。

②国标码。GB 2312—80 制定的编码用 2 字节表示一个汉字，而每个字节只用低 7 位。这样，总共可以表示 2^{14} 个汉字（即 16 384 个不同的汉字）。为了与 ASCII 码在处理时保持一致性，GB 2312—80 规定，所有国标码的每个字节编码范围与 ASCII 码中的 94 个可显示字符是一致的（每个字节范围是 21H~7EH）。

国标码与区位码可以互相转换，它们之间的关系为"国标码=区位码（十六进制）+ 2020H"。例如，汉字"中"的区位码是 5448（十六进制为 3630H），其国标码是 5650H。

③机内码。汉字"中"的国标码为 5650H，这两个字节的二进制表示分别是"01010110"和"01010000"。对照表 2-1 中的 ASCII 码发现，英文字母"V"和"P"的 ASCII 码恰好也分别是"01010110"和"01010000"。这就发生了冲突，到底是汉字的"中"，还是英文字母"V"和"P"？

为了解决汉字和英文字母表示的冲突问题，将汉字国标码两个字节的最高位都设置为"1"，这样就得到汉字在计算机内部的编码，简称机内码。

例如，汉字"中"的国标码为 5650H，两个字节的最高位置 1 后得到的机内码为 D6D0H。

（3）汉字字型码。汉字字型码又称为字模码，用于在显示屏或打印机中输出汉字。汉字字型码通常有两种表示方式：点阵字模码和矢量字库。

①点阵字模码。汉字在计算机中是以机内码的形式存储的，但是显示和打印时还是要以汉字的图形形式呈现。实际上，汉字的显示和打印字形是用点阵"画"出来的。例如，"汉"字的 16×16 点阵形式如图 2-2 所示。

②矢量字库。矢量字库保存的是对每一个汉字的描述信息，如一个笔画的起始、终止坐标，半径、弧度等。在显示和打印这一类字库时，要经过一系列的数学运算才能输出结果，但是这一类字库保存的汉字理论上可以被无限放大，笔画轮廓仍然能保持圆滑，打印时使用的字库均为此类字库。

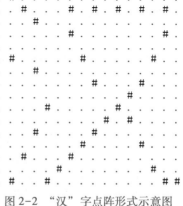

图 2-2 "汉"字点阵形式示意图

Windows 使用的字库也为以上两类，在 FONTS 目录下，如果字体扩展名为 FON，表示该文件为点阵字库；扩展名为 TTF，则表示矢量字库。

为方便汉字输入而形成的汉字编码为输入码，属于汉字的外码，输入码因编码方式不同而不同。统一表示汉字的编码方式称为国标码，计算机还不能将国标码作为汉字在计算机中的存储形式，因为会和 ASCII 码发生冲突，所以又产生了汉字的机内码，机内码是唯一的。为显示和打印输出汉字而形成的汉字编码为字型码，计算机通过汉字内码在字模库中找出汉字的字型码，将其显示。

▶ 2.3.3 文字信息编码

世界上存在着多种编码方式，同一个二进制数字可以被解释成不同的符号。因此，要想打开一个文本文件，就必须知道它的编码方式，否则用错误的编码方式解读，就会出现乱码。电子邮件常常出现乱码，就是因为发信人和收信人使用的编码方式不一样。

1. BIG5 汉字编码

BIG5 汉字编码是我国台湾地区和香港地区计算机系统中使用的汉字编码字符集，它包含了 420 个图形符号和 13 070 个汉字（不使用简化字库）。编码范围是 8140H~FE7EH、81A1H~FEFEH，其中 A140H~A17EH、A1A1H~A1FEH 是图形符号区，A440H~F97EH、A4A1H~F9FEH 是汉字区。

2. Unicode 编码

假如有一种编码将世界上所有的符号都纳入其中，每一个符号都给予一个独一无二的编码，那么就不会有乱码问题，这就是 Unicode。Unicode 是一种在计算机中使用的字符编码。它为每种语言中的每个字符设定了统一且唯一的二进制编码，以满足跨语言、跨平台进行文本转换、处理的要求。Unicode 1990 年开始研发，1994 年正式公布。随着计算机工作能力的增强，Unicode 也在面世以来的 20 多年里得到普及。

一般来说，Unicode 编码系统可分为编码方式和实现方式两种。

（1）Unicode 编码方式。

Unicode 的编码方式与 ISO 10646 通用字符集 UCS 概念相对应，目前实用的 Unicode 版本对应 UCS-2，使用 16 位的编码空间，也就是每个字符占用 2 字节。这样理论上一共最多可以表示 65 536（2^{16}）个字符，基本满足各种语言的使用需求。实际上，目前版本的 Unicode 尚未用完这 16 位编码，保留了大量空间作为特殊用途或将来扩展。这样的 16 位 Unicode 字符构成基本多文种平面（basic multilingual plane，BMP）。

UCS 编码字符集的总体结构是一个四维编码空间，它包含 00H~7FH 共 128 个组（三维），每组中包含 00H~FFH 共 256 个平面（二维），每一个平面包含 00H~FFH 共 256 行（一维），每行共 256 个字位（00H~FFH），每个字位用一个字节（8 位二进制数）表示。因此，在 UCS 中每一个字符用 4 个字节编码，对应着每个字符在编码空间的组号、平面号、行号和字位号，上述 4 个 8 位二进制数编码形式称为 UCS 的 4 个 8 位正则形式，记作 UCS-4，它提供了一个极大的编码空间，可以包括多个独立的字符集。每个字符在这个 4 字节编码空间内都有绝对的编码位置。

UCS 中的表意文字采用 CJK 编码方式，以现有各标准字符集作为源字符集，将其中的汉字按统一的认同规则进行认同、甄别后，生成涵盖各源字符集，并按四大字典的页码序位综合排序，构成 UCS 中的表意文字部分（20 902 个字符）。

UCS 是一个由各种大、小字符集组成的编码体系。它的优点是编码空间大，能容纳足够多的各种字符集；缺点是引用不同的字符集信息量大，在信息处理效率和方便性方面还不理想。解决这个问题的方案是使用 UCS 的顺位形式的子集（UCS-2），它又称为 Unicode 编码，其编码长度为 16 位。全部编码空间都统一安排给控制字符和各种常用大、小字符集。由于它把各个主要大、小字符集的字符统一编码于一个体系内，既能满足多字符集系统的要求，又可以把各个字符集中的字符作为等长码处理，因而具有较高的处理效率。但是 Unicode 也有明显的缺点：首先，几万字的编码空间仍显不足；其次，Unicode 和 ASCII 码不兼容，这使目前已有的大量数据和软件资源难以直接继承使用，因而成为推广这种编码体系的最大障碍。

（2）Unicode 实现方式。

Unicode 的实现方式不同于编码方式。一个字符的 Unicode 编码是确定的，但是在实际传输过程中，由于不同系统平台的设计不一定一致，以及出于节省空间的目的，对 Unicode 编码的实现方式也有所不同。Unicode 的实现方式称为 Unicode 转换格式（Unicode translation format，UTF）。

例如，如果一个仅包含基本 7 位 ASCII 码字符的 Unicode 文件，每个字符都使用 2 字节的原型 Unicode 编码传输，其第 1 字节的 8 位始终为 0，这就造成了比较大的浪费。对于这种情况，可以使用 UTF-8 编码，这是一种变长编码，它将基本 7 位 ASCII 码字符仍用 7 位编码表示，占用 1 字节（首位补 0）。而遇到与其他 Unicode 字符混合的情况时，将按一定算法转换，每个字符使用 1~3 字节编码，并利用首位为 0 或 1 进行识别。

如果直接使用与 Unicode 编码一致（仅限于 BMP 字符）的 UTF-16 编码，由于 Macintosh 和个人计算机上对字节顺序的理解是不一致的，这时同一字节流可能会被解释为不同内容，如编码为 U+594EH 的"奎"同编码为 U+4E59H 的"乙"就可能发生混淆。于是在 UTF-16 编码实现方式中，使用了大尾序（big-endian）、小尾序（little-endian）的概念，以及字节顺序标记（byte order mark，BOM）解决方案。

3. UTF-8 编码

互联网的普及，强烈要求出现一种统一的编码方式。UTF-8 就是在互联网上使用最广泛的一种 Unicode 的实现方式。

在 UNIX 下使用 UCS-2（或 UCS-4）会导致非常严重的问题：使用这些编码的字符串会包含一些特殊的字符，如"\0"或"/"，它们在文件名和其他 C 语言库函数参数里都有特别的含义。另外，大多数使用 ASCII 码文件的 UNIX 的应用程序，如果不进行重大修改是无法读取 16 位字符的。基于这些原因，在表示文件名、文本文件、环境变量等方面，UCS-2 不适合直接作为 Unicode 的实现编码。

在 RFC 2279 里定义的 UTF-8 编码没有这些问题，它是在 UNIX 风格的操作系统下实现 Unicode 的常用方法。用 Unicode 字符集写的英文文本大小是用 ASCII 码或 Latin-1 写的文本的两倍。UTF-8 则是 Unicode 的压缩版本，对于大多数常用字符集（ASCII 码中 0~127 字符），它只使用单字节表示，而对其他常用字符（特别是汉语和朝鲜会意文字），它使用 3 字节表示，UCS-2 与 UTF-8 字节对比如表 2-4 所示。如果文件内容主要是英文，那么 UTF-8 可减少文件大小一半左右。反之，如果文件内容主要为汉语、日语、韩语，那么 UTF-8 会把文件大小增加 1 倍。UTF-8 就是以 8 位为单元对 UCS 进行编码的。UTF-8 的一个特别的优点是它与 ISO 8859-1 完全兼容。这样，为数众多的英文文件不需要任何转换，就自然符合 UTF-8，这对向英语国家推广 Unicode 有很大帮助。

表 2-4　UCS-2 与 UTF-8 字节对比

UCS-2 编码（十六进制）	UTF-8 字节流（二进制）
0000~007F	0xxxxxxx
0080~07FF	110xxxxx 10xxxxxx
0800~FFFF	1110xxxx 10xxxxxx 10xxxxxx

UTF-8 有如下特性：

（1）UCS 字符 U+0000H 到 U+007FH（ASCII 码）被编码为 00H 到 7FH（ASCII 码兼容），这意味着只包含 7 位 ASCII 码字符的文件在 ASCII 码和 UTF-8 两种编码方式下是一样的。

（2）所有 U+007FH 的 UCS 字符被编码为一个多字节的串，每个字节都有标记位集。因此，ASCII 码字节（00H~7FH）不可能作为其他字符的一部分。

（3）表示非 ASCII 码字符的多字节串的第一个字节总在 C0H 到 FDH 的范围里，多字节串的其余字节都在 80H 到 BFH 范围里。

（4）UTF-8 编码字符理论上最多可以用到 6 字节，然而 16 位 BMP 字符最多只用到 3 字节。

▶▶ 2.4　声音信息表示

▶ 2.4.1　声音数字化

当物体在空气中振动时，便会产生一种连续的波，这种波称为声波（sound wave）。声波到达人耳的鼓膜时，人会感到压力的变化，这就是声音（sound）。

声音的两个基本参数是频率和振幅。声波的振幅指音量，它是声波波形的高低幅度，表示声音信号的强弱。频率指声音信号每秒钟变化的次数，单位为 Hz（赫兹）。声音的强弱体现在振幅上，声调的高低体现在声波的频率上。人们通常听到的声音并不是单一频率的声音，而是多个频率的声音的复合，声音信号的频率范围称为带宽（band width），如高保真声音的频率范围为 10~20 kHz，它的带宽约为 20 kHz。人们对声音的感知不仅与声音的幅度有关，还与声音的频率有关。中频或高频中可感知的相同的音量在处于低频时需要更高的能量来传递。例如，大气压的变化周期很长，以小时或天数计算，一般人不容易感到这种气压信号的变化，更听不到这种变化。对于频率为几赫兹到 20 赫兹的空气压力信号，人们也听不到。人们将频率小于 20 Hz 的信号称为亚音（subsonic）信号或次音信号；高于 20 kHz 的信号称为超音频信号或超声波（ultrasonic）信号；频率范围为 20 Hz~20 kHz 的信号称为音频（audio）信号。人说话的声音信号频率通常为 300~3 000 Hz，人们把在这种频率范围内的信号称为话音信号。在多媒体技术中，处理的信号主要是音频信号，它包括音乐、话音、风声、雨声、鸟叫声、机器声等。

声音质量的一种评价方法是用声音的频率范围来衡量的。声源的频带越宽，表现力越好，层次越丰富。声音等级由高到低有数字录音带（digital audio tape，DAT）、光盘（compact disc，CD）、调频（frequency modulation，FM）、调幅（amplitude modulation，AM）和数字电话，它们的频率范围分别为 20 Hz~20 kHz、20 Hz~20 kHz、50 Hz~7 kHz、20 Hz~15 kHz 和 200 Hz~3.4 kHz。

声波可以通过话筒等转换装置变成相应的电信号，这种电信号在时间和幅度上都是连续的，称为模拟信号。模拟信号不能被计算机直接处理，需要通过声卡将模拟信号转换成数字信号（模数转换 A/D），这个过程称为声音的数字化，数字化后的声音信号可以用计算机进行各种处理，经过处理后的数字信号经过声卡还原成模拟信号（数模转换 D/A），经过放大后输出到音箱或耳机还原成人耳能够听到的声音。

声音信号的数字化是通过对声音信号进行采样、量化和编码来实现的，如图 2-3 所示。

图 2-3　声音的数字化过程

采样（sampling）是指每隔一段时间读取一次声音波形的幅度。这些特定时刻取得的样本值构成的信号称为离散时间信号，它们在时间上只有有限个点。

量化（measuring）过程将采样得到的信号限定在指定的有限个数值范围内。假设输入电压的范围是 0.0~1.5 V，量化可以将它的取值仅限定为 0，0.1，0.2，…，1.4，1.5 共 16 个值。如果采样得到的幅度值是 0.123 V，则近似取值为 0.1 V；如果采样得到的幅度值是 1.271 V，它的取值就近似为 1.3 V。

编码（coding）过程将量化后的有限个幅度值用合适的二进制代码表示。如将上面所限定的 16 个电压值分别用二进制 0000、0001、0010、0011、0100、0101、0110、0111、1000、1001、1010、1011、1100、1101、1110 和 1111 表示，这时模拟信号就转换为数字信号。这种基本的数字化过程称为脉冲编码调制（pulse code modulation，PCM），也称为 PCM 编码。

2.4.2　声音的压缩及文件格式

影响音质的技术指标有如下几个：

（1）采样频率。采样频率又称取样频率，它是指将模拟声音波形转换为数字音频时，每秒钟所抽取声波幅度样本的次数。采样频率越高，经过离散数字化的声波越接近原始的波形，也就意味着声音的保真度越高，声音的质量越好，当然所需要的信息存储量也越多。常用的电话、AM 广播、FM 广播和 CD 的数字化声音的采样频率分别为 8 000 Hz、11.025 kHz、22.05 kHz 和 44.1 kHz。

采样频率的选择应遵循奈奎斯特（Harry Nyquist）采样理论，即只要采样频率高于输入信号最高频率的两倍，就能从采样信号系列重构原始信号。

（2）量化位数。量化位数又称取样大小，它是每个采样点能够表示的数据范围，用二进制的位数表示。量化位数的大小决定了声音的动态范围，即被记录和重放的声音最高与最低之间的差值。量化位数越高，声音还原的层次越丰富，表现力越强，音质越好，但数据量也越大。例如，16 位量化位数有 65 536 个不同的量化值。常用的量化位数有 8 位、16 位和 32 位等。

（3）声道数。声道数是指所使用的声音通道的个数。单声道声音只产生一个波形，双声道（即立体声）声音记录两个波形。立体声声音丰满优美，但需要两倍单声道声音的存储空间。

如果确定了数字化音频的采样频率、量化位数和声道数，就可以计算出声音的数据率，即每秒钟声音的数据量。如果知道了声音的时间长度，就可以计算该音频文件的大小，公式如下：

数据率(B/s) = 采样频率(Hz)×量化位数(b)×声道数/8

数据文件大小(B) = 数据率(B/s)×时间(s)

例如，如果数字化某声音的采样频率为 44.1 kHz，量化位数为 16 位，立体声，则其数据率为

$$44.1×1\ 000×16×2/8 = 176\ 400\ \text{B/s} \approx 172.27\ \text{KB/s}$$

如果该音频的时间长度为 4 分钟，则其相应的文件大小为

$$176\ 400×4×60 = 42\ 336\ 000\ \text{B} \approx 40.37\ \text{MB}$$

对于不同类型的音频信号而言，其信号带宽是不同的。由于对音频信号音质要求的不同，数字化后的数据量也随之增加，因此音频信号的压缩在多媒体应用中是非常重要的。

音频信号的编码主要有 PCM 编码、ADPCM 编码、MP3 等。PCM 编码是一种最通用的无压缩编码，特点是保真度高，解码速度快，但编码后数据量大，CD 就是采用这种编码方式。自适应差分脉冲编码调制（adaptive differential pulse code modulation，ADPCM）是一种有损压缩编码，它丢掉了部分信息。由于人耳对声音的不敏感性，适当的有损压缩对视听播放效果影响不大。ADPCM 记录的量化值不是每个采样点的幅值，而是该点的幅值与前一个采样点幅值之差。这样，每个采样点的量化位数就不需要 16 位，由此可减少信号的容量。MP3 是一种有损压缩，压缩比可达 10∶1 甚至 12∶1，一般人耳基本不能分辨

出失真。不同的编码方法会影响文件的大小或声音回放时的听觉效果。在同样采样指标下，如果某种编码方法产生的数据量比 PCM 编码产生的数据量小，则该编码就是压缩编码。实际上，编码和压缩是同义词，压缩的过程就是使用某种编码方法使数据量变小。

数字音频以文件的形式保存在计算机中。数字音频的文件格式主要有以下几种：

1. WAVE 文件

WAVE 文件是 Microsoft 为 Windows 提供的保存数字音频的标准格式，文件扩展名为 WAV。

标准的 WAVE 文件包含 PCM 编码数据，这是一种未经压缩的脉冲编码调制数据，是对声波信号数字化的直接表示形式，所以 WAVE 文件也称为波形文件，主要用于自然声音的保存与重放。其特点是声音层次丰富、还原性好、表现力强，如果使用足够高的采样频率，可以获得非常好的音质。几乎所有的播放器都能播放 WAVE 格式的音频文件，在幻灯片、各种程序语言、多媒体工具软件中都能直接使用 WAVE 文件。主要的缺点是文件占用的空间较大。

需要注意的是：WAVE 文件也可以存放压缩音频，但它本身的结构更适合存放未经压缩的音频数据。

2. MP3 文件

MP3（MPEG audio layer 3）文件是使用遵循 MPEG（moving picture experts group，运动图像专家组）标准的音频压缩技术制作的数字音频文件，文件扩展名为 MP3。它利用了知觉音频编码技术，也就是利用了人耳的特性，削减音乐中人耳听不到的成分，同时尝试尽可能地维持原来的声音质量。MP3 可以实现 10∶1 的压缩比例。一张可存储 15 首歌曲的普通音乐 CD 光盘，如果采用 MP3 文件格式，可存储超过 160 首 CD 音质的歌曲。

MP3 Pro 对 MP3 的压缩算法做了改进，它采用变压缩比的方式，即对声音中的低频成分采用较高压缩率，对高频成分采用低压缩率。MP3 Pro 的出现，改变了传统 MP3 文件高音损耗严重的缺陷，在提高压缩比、减少文件存储空间的同时，还提升了音质，并且保证了与 MP3 编码格式的兼容性。

3. WMA 文件

WMA 是 Windows media audio 的缩写。WMA 文件是 Windows 媒体格式中的一个子集。Windows 媒体格式包括音频、视频或脚本数据文件，可用于创作、存储、编辑、分发流式处理或播放基于时间线的内容。WMA 文件可以在保证大小只有 MP3 文件一半的前提下，保持相当的音质。现在，大多数 MP3 播放器也支持播放 WMA 文件。

4. MIDI 文件

MIDI 是 musical instrument digital interface 的缩写，意思是乐器数字接口。它规定了电子乐器和计算机之间进行连接的硬件及数据通信协议，并采用数字方式对乐器演奏出来的声音进行记录，在播放时对这些记录进行合成。也就是说，文件中记录的是一系列指令而不是数字化后的波形数据，因此占用的存储空间比声波文件小得多，这种格式的文件扩展名为 MID。

5. RM/RA 格式

RM/RA 是 RealNetworks 公司制定的声音文件格式，文件扩展名为 RM 或 RA，有较高的压缩比，可以采用流媒体的方式在网络上实时播放，主要使用 RealNetworks 公司的播放器播放。

2.4.3 数字音频处理软件 GoldWave 的使用

GoldWave 是一个专业级的数字音频处理软件。它可以不同的采样频率录制声音，声源可以是通过 CD-ROM 播放的激光音乐，也可以是通过音频电缆传送的录音机信号，还可以是通过话筒传送的现场录音。GoldWave 是标准的绿色软件，不需要安装且体积小巧（压缩后只有 4~5 MB），将压缩包的几个文件释放到硬盘下的任意目录里，直接双击 Gold-Wave. exe 图标即开始运行。打开 GoldWave 软件，选择"文件"菜单的"打开"命令，指定一个将要进行编辑的文件，然后按 Enter 键，马上显示出这个文件的波形状态，如图 2-4所示。

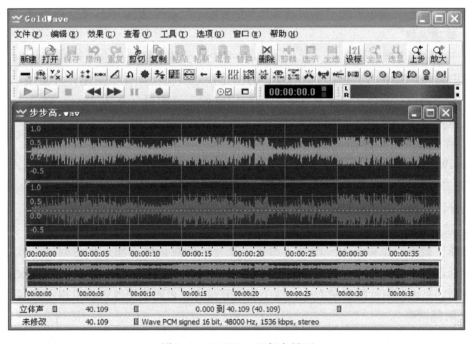

图 2-4　GoldWave 运行主界面

1. 选择音频

要对文件进行各种处理之前，必须先选择一段音频。选择的方法很简单，使用鼠标的左右键即可。在音频的某一位置单击鼠标确定选择部分的起始点，在音频的另一位置右击鼠标确定选择部分的终止点，这样选择的音频将以高亮显示，所有操作都只对这个高亮区域进行。当然如果选择位置有误或者更换选择区域，可以使用"编辑"菜单下的"选择全部"命令（或按 Ctrl+W 键），然后再重新进行音频的选择。

2. 剪切、复制、粘贴、删除

音频编辑与 Windows 其他应用软件一样，其操作中也大量使用剪切、复制、粘贴、删除等基础操作命令，GoldWave 的这些常用操作命令使用十分容易，除了使用"编辑"菜单下的命令选项外，快捷键也和其他 Windows 应用软件差不多。要进行一段音频的剪切，首先要对剪切的部分进行选择，然后按 Ctrl+X 键即可。按 Ctrl+V 键能将剪切的部分还原出来，按 Ctrl+C 键进行复制，按 Delete 键进行删除。如果在删除或其他操作中出现了失误，按 Ctrl+Z 键就能够进行恢复。

3. 时间标尺和显示缩放

打开一个音频文件之后，立即会在标尺下方显示出音频文件的格式以及它的时间长短，这就给人们提供了准确的时间量化参数，根据这个时间长短来进行各种音频处理，往往会减少很多不必要的操作过程。有时为了准确选择一段音频，可将时间标尺进行缩放。用"查看"菜单下的"放大""缩小"命令就可以完成，更方便的是按 Shift+↑键进行放大和按 Shift+↓键进行缩小。如果想更详细地观测波形振幅的变化，可以调整纵向的显示比例，用"查看"菜单下的"垂直放大""垂直缩小"命令或按 Ctrl+↑、Ctrl+↓键即可。

4. 声道选择

对于立体声音频文件来说，在 GoldWave 中的显示是以平行的水平形式进行的。有时在编辑中只想对其中一个声道进行处理，另一个声道要保持原样不变化，可使用"编辑"菜单下的"声道"命令，直接选择将要进行编辑的声道即可（上方表示左声道，下方表示右声道）。

5. 音量效果

GoldWave 的"音量效果"子菜单中包含"改变选择部分音量大小""淡出淡入效果""最佳化音量""外形音量"等命令，满足人们各种音量变化的需求。"改变音量大小"命令是直接以百分比的形式对音量进行提升或降低的。

6. 回声效果

选择"效果"菜单下的"回声"命令，在弹出的对话框中输入延迟时间、音量大小即可。延迟时间值越大，声音持续时间越长，回声反复的次数越多，效果就越明显。而音量控制指的是返回声音的音量大小，这个值不宜过大，否则回声效果就显得不真实了。

7. 时间调整

制作多媒体产品时，有时为了和画面同步，需要改变声音的时间长度，这就要进行时间调整。打开需要调整的声音，单击"时间扭曲"按钮，在弹出的对话框中完成调整。时间长度的改变将影响声音的频率，若缩短时间，频率升高；反之亦然。

8. 合成声音

合成声音是指将两个声音合成为一个声音。先打开第一个声音文件并选择，单击"复制"按钮，将其保存在剪贴板中。再打开第二个声音文件，单击波形表，确定合成开始位置，单击"混音"按钮，在弹出的"混音"对话框中调整合成声音的音量，单击"确定"按钮。

9. 降噪

在一个嘈杂环境下录制的声音一定有噪声，去掉声音中的噪声是一件很困难的事，因为各种各样的波形混合在一起，要把某些波形去掉是不可能的，但本软件却能将噪声大大减少。它提供了多种降噪方法，使用剪贴板降噪应该是效果较好的一种，就是从环境中取出噪声样本，然后根据样本消噪。

打开有噪声的文件，选取噪声样本后单击"播放"按钮进行试听，确认后选择菜单命令"编辑"→"复制"，将噪声样本复制到剪贴板上，复制的目的只是"取样"。

再全部选中整个文件的波形，然后选择菜单命令"效果"→"滤波器"→"降噪"，打开"降噪"面板，在这个面板中，选择"使用剪贴板"选项，再单击"确定"按钮，就可以按照剪贴板中的噪声样本，消除文件中的噪声。

▶▶ 2.5 图像信息表示

▶ 2.5.1 图像数字化

自然界多姿多彩的景物通过人们的视觉器官在大脑中留下印象，这就是图像。

1. 图像的颜色模型

人之所以能看到五彩缤纷、变幻无穷的彩色景象，是因为有光的照射。光是一种电磁波，也称为光波。人的视觉系统可以感觉到光的强度（即亮度），也可以感觉到光的颜色（即色彩）。人能感觉到的光的波长范围为 380~780 nm，这个波长范围的光称为可见光。

人对亮度和色彩的感觉过程是一个物理、生理和心理的复杂过程。在自然界中，人们看到的大多数光不是单一波长的光，而是由多种不同波长的光组合而成的。生理学研究表明，人的视网膜有两类视觉细胞：一类是对微弱光敏感的杆状体细胞；另一类是对红色、绿色和蓝色敏感的 3 种锥体细胞。因此，从这个意义上说，颜色只存在于人的眼睛和大脑中。对于客观的光而言，颜色就是不同波长的电磁波。光的波长与颜色的关系如表 2-5 所示。

表 2-5 光的波长与颜色的关系

颜色	红	橙	黄	绿	青	蓝	紫
波长/nm	700	620	580	546	480	436	380

通常人眼对颜色的感知可以用色调、饱和度和亮度来度量，它们共同决定了视觉的总体效果。

（1）色调。色调表示光的颜色，它决定于光的波长。某一物体的色调是指该物体在日光照射下所反射的光谱成分作用到人眼的综合效果，如红色、蓝色等。自然界中的七色光分别对应着不同的色调，而每种色调又分别对应着不同的波长。

（2）饱和度。饱和度也称为纯度或彩度，它是指颜色的深浅或鲜艳程度，通常指颜色中白光含量的多少。纯光谱色与白光混合，可以产生各种混合色光，其中纯光谱色所占的百分比，就是该色光的饱和度。黑、白、灰色的饱和度最低（0%），而纯光谱色的饱和度最高（100%）。

（3）亮度。亮度用来表示某种颜色在人眼视觉上引起的明暗程度，它直接与光的强度有关。光的强度越大，物体就越亮；光的强度越小，物体就会越暗。

在计算机中，表示图像颜色的数字方法称为色彩模式。在不同的应用领域中，人们使用的色彩模式往往不同。如计算机显示器采用 RGB 模式，打印、印刷图像使用 CMYK 模式，彩色电视系统使用 YUV/YIQ 模式。

（1）RGB 模式。计算机显示器使用的阴极射线管（cathode ray tube，CRT）是一个有源物体。它使用 3 个电子枪分别产生红色（R）、绿色（G）和蓝色（B）3 种波长的光，它们以不同的强度混合起来产生不同的颜色。组合这 3 种光以产生特定颜色的方法称为 RGB 相加混色模式，简称 RGB 模式。理论上，任何一种颜色都可用红、绿、蓝 3 种基本颜色按不同的比例混合得到，如图 2-5 所示。

（2）CMY 相减混色模型。一个不发光的物体称为无源物体。无源物体的色彩不是直接由光线的颜色产生的，而是由颜料上反射回来的光线决定的，这种产生颜色的方法称为 CMY 相减混色模式，简称 CMY 模式。

理论上，任何一种颜色都可以用青色（cyan）、品红（magenta）和黄色（yellow）3 种基本颜色按一定比例混合得到。当 3 种基本颜色等量相减时得到黑色，等量黄色和品红相减而青色为 0 时，得到红色；等量青色和品红相减而黄色为 0 时，得到蓝色；等量黄色和青色相减而品红为 0 时，得到绿色，如图 2-6 所示。

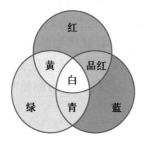

图 2-5　RGB 相加混色模式

图 2-6　CMY 相减混色模式

彩色打印机采用的就是这种原理，印刷彩色图片也是采用这种原理。由于彩色墨水和颜料的化学特性，用等量的 3 种基本颜色得到的黑色不是真正的黑色，因此在印刷术中常加一种真正的黑色（black ink），所以 CMY 模式又称为 CMYK 模式。

（3）HSB 颜色模型。与相加混色的 RGB 模型和相减混色的 CMY 模型不同，HSB 颜色模型着重描述光线的强弱关系，它使用颜色的 3 个特性来区分颜色，这 3 个特性分别是色调（hue）、饱和度（saturation）和亮度（brightness）。

HSB 模型的示意图如图 2-7 所示，其中沿圆周方向表示的是色调。

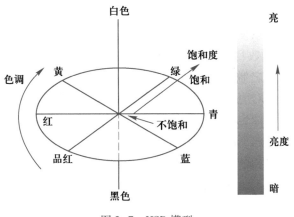

图 2-7　HSB 模型

2. 图像的数字化

图像是现场景物对光的不同光谱和不同光照强度的反映和记录，它可以用函数

$$g=f(x,y)$$

描述，其中 x、y 表示二维空间中的点的坐标，g 就是该点的颜色。函数描述的图像是 x 和 y 的连续函数，因此也是模拟信号。要在计算机中进行处理，也必须将它数字化。图像的数字化也需要采样、量化和编码 3 个步骤。

（1）图像数字化过程。把一幅连续的图像在二维方向上分成 $m×n$ 个网格，每个网格用一个亮度值表示，这样一幅图像就可用 $m×n$ 个亮度值表示，这个过程称为采样。

采样使连续图像在空间上离散化，但采样点上图像的亮度值还是某个幅度区间内的连续分布。把亮度分成 k 个区间，一个区间对应一个相同的亮度值，这样就有 k 个不同的亮度值，这个过程称为量化。

量化后的 $m×n$ 个取值有限的亮度数值经过编码，就成为数字图像。这些数字图像组成一个矩阵，称为图像矩阵，每个值对应图像中的一个点，称为像素。

（2）数字图像的性能指标。

① 图像分辨率。图像分辨率分为像素分辨率、扫描分辨率和打印分辨率。像素分辨率是指数字图像在水平和垂直方向的像素点数。如像素分辨率为 1 024×768，表示图像由 768 行组成，每行有 1 024 个点。像素分辨率越高，像素就越多，图像所需要的存储空间也就越大。

采样时，每英寸（1 英寸＝2.54 cm）长度上取得的像素点数也反映了数字图像对原连续图像的分辨能力，称为扫描分辨率，用点每英寸（dot per inch，dpi）表示，在不引起混淆的情况下，也简称为分辨率。如果用 100 dpi 的分辨率对一幅 4 英寸×3 英寸的图像进行采样，得到的图像的像素分辨率为 400×300。

如果将图像打印在纸上，单位尺寸上打印的点数反映打印图像的分辨能力，称为打印分辨率，也用 dpi 表示。如果将像素分辨率是 1 152×1 024 的图像用 300 dpi 的打印分辨率打印在纸上，得到的图像尺寸为 3.84 英寸×3.41 英寸。

② 颜色深度。颜色深度是指记录每个像素所使用的二进制位数。对于彩色图像来说，颜色深度决定了该图像可以使用的最多颜色数目；对于灰度图像来说，颜色深度决定了该图像可以使用的亮度级别数目。颜色深度位数越多，显示的图像色彩越丰富，画面越自然、逼真，但数据量也随之激增。实际应用中，彩色图像常用的颜色深度有 4 位、8 位、16 位、24 位和 32 位等，对应的图像的颜色数目为 16 色、256 色、65 536 色、2^{24} 色和 2^{32} 色。后两种颜色深度的图像也称为真彩色图像。灰度图像一般用到 256 级灰度，即颜色深度为 8 位。黑白图像的颜色深度只有 1 位。

知道了图像的分辨率和颜色深度，就可以计算出图像的文件大小，公式如下：

$$文件大小(KB) = 图像横向点数 \times 图像纵向点数 \times 颜色深度/8/1\,024$$

如一幅像素分辨率为 1 024×768 的 16 位图像的文件大小为

$$1\,024 \times 768 \times 16/8/1\,024 = 1\,536\,\text{KB} = 1.5\,\text{MB}$$

在使用多媒体应用软件时，需要考虑图像文件的大小，选择适当的图像分辨率和颜色深度。如果对图像文件进行压缩处理，可以大大减少图像占用的存储空间。

▶ 2.5.2 图像的压缩及文件格式

图像压缩是数据压缩技术在图像上的应用，它的目的是减少图像数据中的冗余信息，从而更加高效地存储和传输数据。

对于绘制的技术图、图表或者漫画等优先使用无损压缩，这是因为有损压缩方法将会带来压缩失真。医疗图像或者用于存档的扫描图像等有价值的内容的压缩，也尽量选择无损压缩方法。有损压缩方法非常适合自然的图像，如一些应用中图像的微小损失是可以接受的（有时是无法感知的），数据压缩的目的是为了便于存储和传输，而为了对数据进行还原，还必须进行解压缩，根据数据冗余的类型不同，人们提出了各种不同的数据编码和解码方法，从算法的运算复杂度角度看，编码和解码方法有些是对称的，有些是不对称的，但一般来讲，解码的运算复杂度要低于编码。

图像数据之所以能被压缩，就是因为数据中存在着冗余。图像数据的冗余主要表现为：图像中相邻像素间的相关性引起的空间冗余；不同彩色平面或频谱带的相关性引起的频谱冗余。数据压缩的目的就是通过去除数据冗余来减少表示数据所需的位数。由于图像数据量庞大，在存储、传输、处理时非常困难，因此图像数据的压缩就显得非常重要。下面的例子说明了不压缩时，数据存储所需要的空间。

【例 2-7】计算存储一幅像素分辨率为 352×288 的静态真彩色图像需要的存储空间。

解：存储时，要记录每一个像素点的 RGB 值，对真彩色来讲，每一个像素用 3 字节来记录，因此该图像需要的存储空间为

$$352 \times 288 \times 3/1\,024 = 297\,\text{KB}$$

【例 2-8】计算 1 分钟视频所需的存储空间。像素分辨率为 352×288，每秒 25 帧，不含音频数据。

解：依据上题结果，计算所占用的存储空间为

$$297\ \text{KB} \times 25 \times 60 = 445\ 500\ \text{KB} \approx 435.06\ \text{MB}$$

下面给出无损压缩的行程编码（压缩）的例子。

现实中存在这样的情况，在一幅图像中具有许多颜色相同的像素：连续许多行上都具有相同的颜色，或者在一行上有许多连续的像素都具有相同的颜色值。在这种情况下就不需要存储每一个像素的颜色值，而仅仅存储一个像素的颜色值，以及具有相同颜色的像素数目即可，或者存储一个像素的颜色值，以及具有相同颜色值的行数。这种压缩编码称为行程编码（run length encoding，RLE）。

假设有一幅图像，在第 n 行上的像素值如图 2-8 所示。

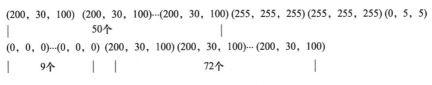

图 2-8　RLE 编码的一个例子

RLE 编码后得到的代码为：**50**$(200,30,100)$ **2**$(255,255,255)$ $(0,5,5)$ **9**$(0,0,0)$ **72**$(200,30,100)$。代码中加粗的数字是行程长度，其后面的数字代表像素的颜色值。例如，50 代表有连续 50 个像素具有相同的颜色值，它的颜色值是 $(200,30,100)$。这样，原来所需的存储空间为

$$50 \times 3\ \text{B} + 2 \times 3\ \text{B} + 1 \times 3\ \text{B} + 9 \times 3\ \text{B} + 72 \times 3\ \text{B} = 402\ \text{B}$$

编码后需要的存储空间为（假设行程的长度值用 2 字节来存储）

$$2\ \text{B} + 3\ \text{B} + 2\ \text{B} + 3\ \text{B} + 3\ \text{B} + 2\ \text{B} + 3\ \text{B} + 2\ \text{B} + 3\ \text{B} = 23\ \text{B}$$

编码前后的数据量之比大约为 17.5∶1。

数字化的图像以文件的方式存储在计算机中，对于不同的应用可以选用不同的文件格式。常见的图像文件格式如下：

1. BMP 格式

BMP 是指位图（bitmap）文件，其文件扩展名是 BMP，是微软公司为 Windows 环境设置的标准图像格式。随着 Windows 的不断普及，BMP 文件格式事实上也是个人计算机上的流行图像文件格式，一般的图像处理软件都能打开该类文件。

一个 BMP 文件只能存放一幅图像，图像数据可以采用压缩或不压缩的方式存放，其中非压缩格式是 BMP 图像文件所采用的一种通用格式。

BMP 图像文件格式可以存储单色、16 色、256 色以及真彩色 4 种图像数据，即分别用 1 位、4 位、8 位和 24 位表示颜色，该格式对图像的描述非常详尽，但文件数据量较大，因此，占用的存储空间也较大。

2. GIF 格式

GIF（graphic interchange format，图形交换格式）格式文件的扩展名为 GIF，可以用 1~8 位表示颜色，因此最多为 256 色。

GIF 采用无损压缩存储，在不影响图像质量的情况下，可以生成很小的文件。文件的结构取决于它属于哪一个版本，目前的两种版本分别是 GIF87a 和 GIF89a，前者较简单。无论是哪个版本，它都以一个长度为 13 字节的文件头开始，文件头中包含判定此文件是 GIF 文件的标记、版本号和其他的一些信息。

由于 256 种颜色的图像可以满足网页图形的需要，加上该格式生成的文件比较小，因此，非常适合网络的传输，它是一种常用的跨平台的位图文件格式。

一个 GIF 文件中可以有多幅图像，而且这些图像可以按一定的时间间隔显示，形成简单的动画。

3. JPEG 格式

JPEG（joint photographic experts group，联合图像专家小组）是由国际标准化组织（ISO）和国际电工委员会（IEC）联合组成的专家组制定的静态数字图像数据压缩编码标准。这个专家组开发的算法称为 JPEG 算法，已经成为国际上通用的标准，因此又称为 JPEG 标准，相应的文件扩展名为 JPG。JPEG 标准是一个静态图像数据压缩标准，既可用于灰度图像，又可用于彩色图像。

JPEG 文件格式为了存储深度位像素，使用有损压缩算法，因此，它是以牺牲一部分图像数据来达到较高的压缩比。但是，一定分辨率下视觉感受并不明显，所以这种损失很小。

JPEG 文件在压缩时可以调节图像的压缩比，调节范围是 2∶1~40∶1，可以有较高的压缩比，它可以将 1 MB 的 BMP 图像压缩到 120 KB 的大小，因此，JPEG 格式的文件比较适合存储大幅面或色彩丰富的图片，同时也是 Internet 上的主流图像格式。

4. PCX 格式

PCX 格式是由 Zsoft 公司设计的，是微机上使用较多的图像格式之一，由扫描仪扫描得到的图像几乎都可以保存成 PCX 格式，该格式支持 256 色。

5. TIF 格式

TIF（tagged image format，标志图像格式）是一种多变的最复杂的图像文件格式标准，支持的颜色从单色到真彩色，图像文件可以是压缩的和非压缩的。在压缩的文件中，压缩的方法很多，而且还可以扩充，有很大的选择余地，由于这种灵活性，TIF 是图像处理软件支持的格式之一，大部分的 OCR 软件也采用这种格式。

除了以上格式，TGA 格式、PCD 格式、EPS 格式、3DS 格式、DRW 格式和 WMF 格式等也是常用的图像文件格式。可以看出，在图像处理中要用到多种格式的图像，不同的图像处理软件所支持的图像格式也不同，因此，需要有一种软件可以浏览常见格式的图像文件，图像浏览软件 ACDSee 就是这样一种软件，ACDSee 可以浏览多种常见格式的图像文件，它主要包含两个相互独立又相关的软件：ACDSee Browser 和 ACDSee Viewer。

2.5.3 图像信息基本操作

图像信息基本操作就是将图像转换为一个数字矩阵存放在计算机中，并采用一定的算法对其进行处理。目前图像处理技术已在许多不同的领域中得到应用，并取得了巨大成就。根据应用领域的不同要求，图像处理技术有许多分支。

1. 图像的增强与复原

其主要目的是增强图像中的有用信息，削弱干扰和噪声，使图像清晰或将其转换为更适合人或机器分析的形式。图像增强并不要求真实地反映原始图像，而图像复原则要求尽量消除或减少在获取图像过程中产生的某些退化，使图像能够反映原始图像的真实面貌。许多图像处理软件中的大部分功能属于这一类，也是对图像进行进一步处理的基础。

2. 图像编码

在满足一定保真度的条件下，对图像信息进行编码，可以压缩图像的信息量，简化图像的表示，从而大大减少描述图像的数据量，以便存储和传输。

3. 图像分割与特征提取

图像分割是将图像划分为一些互不重叠的区域，通过特征的识别，将图像中的某些对象从背景中分离出来。图像的特征包括形状、纹理和颜色等。

4. 图像分析

对图像中的不同对象进行分割、分类、识别、描述和解释。

5. 图像隐藏

图像隐藏指媒体信息的相互隐藏，即将一幅图像融入另一幅图像中而不被发觉。常见的方法有数字水印和图像的信息伪装等。

图像处理的内容是相互联系的，一个图像的处理过程需要综合应用几种图像处理技术才能得到满意的效果。图像处理是人类视觉延伸的重要手段。借助伽马相机和 X 光机，人们可以看到红外和超声图像；借助 CT 人们可以看到物体内部的断层结构。几十年前，美国宇航员在太空探索中拍回了大量月球照片，但由于种种环境因素的影响，这些照片非常不清晰，正是由于人们使用数字图像处理技术，才使照片中的重要信息得以清晰再现。

2.5.4 常用的图像处理软件

1. "画图"程序

"画图"程序是 Windows 操作系统附带的一个图像处理软件，选择"开始"→"所有程序"→"附件"→"画图"命令将其启动。该软件简单、方便，虽比不上其他专业软件功能强大，但其非常小巧，对一些图形进行绘制、擦除、裁剪非常方便。如果不是对图像做很多艺术上的加工，"画图"程序是一个很好的软件。

使用工具箱中的"直线""矩形""椭圆"等工具可以绘制相应的图形，"铅笔"工具用来逐点描绘，有的工具可以选择笔画的粗细，可以在工具箱下方笔画栏中选取。

"选定"工具用来选择编辑区域，按 Delete 键删除选区，按下鼠标左键拖动可以移动选区，同时按住 Ctrl 键拖动可以复制选区。

一般情况下，粘贴的图像将覆盖下面的图像，单击工具箱下方的"透明处理"框或取消勾选"图像"菜单的"不透明处理"选项，粘贴的图像就变成透明的，不会覆盖下面的图形。这种方法可为原图加标注，也方便进行简单的图像合成。

橡皮擦用来擦除图像，"取色"工具可以从绘图区中选择绘图的颜色，也可以用鼠标从颜料盒中选取颜色，放大镜将指定区域放大，以便清楚、细致地描绘其中的像素点。

"文字"工具用来书写文字，可以指定文字的颜色、大小、字体、字形。

"图像"菜单的"翻转/旋转""拉伸/扭曲"命令用来对图像选区进行简单的变形处理，"反色"命令产生底片的效果。

"图像"菜单的"属性"命令用来修改图像的基本参数，如尺寸（图像的分辨率）、颜色模式。使用"文件"菜单的"另存为"命令可以将图像保存为不同的格式。

2. Abobe Photoshop

Photoshop 是美国 Adobe 公司开发的图像处理软件。Photoshop 可以对图像的各种属性，如色彩的明暗、浓度、色调、透明度等进行调整，使用变形功能可以对图像进行任意角度的旋转、拉伸、倾斜等操作，使用滤镜可以产生特殊效果，如浮雕效果、动感效果、模糊效果、马赛克效果等，图层、蒙版和通道处理功能提供丰富的图像合成效果。借助集成的 Web 工具应用程序 Adobe ImageReady，Photoshop 为专业设计和图形制作营造了一个功能广泛的工作环境，使人们可以创作出既适合印刷，也可用于 Web 或其他介质的精美图像。

（1）Photoshop 的界面。Photoshop 启动成功后，通过"文件"菜单打开 Ducky. tif 图像后的界面如图 2-9 所示，它包含了图像编辑窗口以及菜单栏、工具栏、工具属性栏以及参数设置面板等各个组成部分。

（2）菜单栏。菜单栏包括所有软件功能，共有 9 个菜单。"文件"菜单包括文件的创建、打开、保存、格式转换、打印预览和打印输出等命令；"编辑"菜单包括剪切、复制、粘贴、自由变换、定义画笔等命令；"图像"菜单包括图像颜色模式的转换、亮度、对比度、色调调节、图像大小设置等命令；"图层"菜单包括对图层的增加、编辑、加蒙版、合并图层等命令；"选择"菜单包括对选区进行反转、羽化、修改等命令；"滤镜"菜单包括各种特技效果设置命令；"视图"菜单包括放大、缩小、关闭/显示标尺、关闭/显示网格等命令；"窗口"菜单包括关闭/显示各种参数设置面板，如颜色面板、历史记录面板、图层面板、通道面板等。

（3）工具栏。工具栏中包括选择、绘图、编辑、填充、文字等工具。单击工具图标，可以在图像编辑窗口中进行绘图、选择等相应的操作。有些工具共用一个图标，工具图标右下角有一个小三角形，用鼠标按住并停留，则可以弹出一个下拉菜单，能进一步在子菜单中选择其他工具。每种工具会有不同的调节参数，可以在工具选项栏中进行调节。

（4）工具属性栏。大部分工具的属性显示在工具属性栏内。属性会随所选工具的不同而变化。属性栏内的一些设置（如绘画模式和不透明度）对于许多工具都是通用的，但是有些设置专门用于某个工具。用户可以将工具属性栏移动到工作区域中的任何地方，并将它停放在屏幕的顶部或底部。

图 2-9　Photoshop 主窗口

（5）图像编辑窗口。图像编辑窗口即图像显示的区域，在这里用户可以编辑和修改图像，也可以对图像窗口进行放大、缩小和移动等操作。

（6）参数设置面板。窗口右侧的小窗口称为参数设置面板，用户可以使用它们配合图像编辑操作和 Photoshop 的各种功能设置，帮助用户监视和修改图像。面板的右上角有一个小三角图标，单击该图标打开一个弹出式菜单，可以执行与该面板相关的操作或参数设置。选择"窗口"菜单中的命令，可打开或者关闭各种参数设置面板。

（7）状态栏。在图像编辑窗口底部的横条称为状态栏，它能够提供一些当前操作的帮助信息。

3. PhotoImpact

PhotoImpact 是 Ulead 公司的位图处理软件，功能包括网页影像设计、影像特效制作、3D 字形效果、立体对象制作、拟真笔触彩绘、gif 动画制作及多媒体档案管理等。

4. Fireworks

Fireworks 是 Macromedia 公司开发的，用于绘制图形、加工图像、制作动画和网页的软件，它与 Dreamweaver 和 Flash 有网页梦幻组合之称。

Fireworks 是一个将矢量图形处理和位图图像处理合二为一的专业化的 Web 图像设计

软件，使 Web 作图发生了革命性的变化。它可以导入各种图像文件，可以直接在点阵图像状态和矢量图形状态之间进行切换，编辑后生成 PNG 文件，也可以生成其他格式的文件。Fireworks 不同于 FreeHand 和 Photoshop，它并不仅限于创建矢量图或处理位图，而是综合了它们双方的某些特性。为此，Fireworks 拥有两种图形编辑模式：矢量图编辑模式和位图编辑模式。在 Fireworks 中，可以非常方便地在矢量图编辑模式和位图编辑模式之间进行切换。

▶▶ 2.6 视频信息表示

▶ 2.6.1 视频数字化

人的眼睛有一种视觉暂留的生物现象，即人们观察的物体消失后，物体的影像在眼睛的视网膜上会保留一个非常短暂的时间（大约 0.1 s）。利用这一现象，将一系列物体位置或形状变化很小的图像以足够快的速度连续播放，人眼就会感觉画面变成了连续活动的场景。

视频就是一组连续随时间变化的图像，有时也称为活动图像或运动图像。在视频中，一幅幅单独的图像称为帧（frame）。每秒钟连续播放的帧数称为帧率，单位是帧/秒（fps）。典型的帧率有 25 fps 和 30 fps。视频可以配有一个或多个音频轨道，以产生音乐效果。常见的视频信号有电影和电视。

视频数字化是将视频信号经过视频采集卡转换成数字视频文件存储在硬盘中。使用时，数字视频文件从硬盘中读出，再还原成电视图像加以输出。视频采集卡可以接收视频输入端（录像机、摄像机和其他视频信号源）的模拟视频信号，对该信号进行采集、量化，然后压缩编码成数字视频文件。大多数视频采集卡都具备硬件压缩的功能，在采集视频信号时，首先在卡上对视频信号进行压缩，然后通过接口把压缩的视频数据传送到主机上。一般的视频采集卡采用帧内压缩的算法把数字化的视频存储成 AVI 格式文件，较高档的视频采集卡还能直接把采集的数字视频数据实时压缩成 MPEG 格式文件。需要指出的是，视频数字化的概念是建立在模拟视频占主角的时代，现在通过数字摄像机摄录的信号本身已是数字信号。

▶ 2.6.2 视频的压缩及文件格式

数字视频标准主要由 MPEG 制定，这是由国际标准化组织（ISO）和国际电工委员会（IEC）联合成立的专家组，负责制定关于运动图像在不同速率的传输介质上传输的一系列压缩标准，目前，已出台的标准有 MPEG-1、MPEG-2、MPEG-4、MPEG-7 等。

MPEG-1 是 1991 年制定的标准，用于大约 1.5 Mbps 的数字存储媒体的运动图像及其伴音编码，最大压缩比可达 200∶1，处理的是标准交换格式（standard interchange format，SIF）或源输入格式（source input format，SIF）的电视信号，NTSC 制式为 352 像素/行×

240 行/帧×30 帧/秒，PAL 制式为 352 像素/行×288 行/帧×25 帧/秒，压缩后的输出速率在 1.5 Mbps 以下。这个标准主要是针对当时具有这种数据传输率的 CD-ROM 和网络而开发的，其目标是把广播视频信号压缩，能够记录在 CD 光盘上，并能够用单速的光盘驱动器来播放，具有 VHS 的显示质量和高保真立体伴音效果。其音频压缩支持 32 kHz、44.1 kHz、48 kHz 采样，支持单声道、双声道和高保真立体声模式，音频压缩算法可以单独使用。

MPEG 采用的编码算法简称为 MPEG 算法，用该算法压缩的数据称为 MPEG 数据，由该数据产生的文件称为 MPEG 文件，它以 MPG 为文件扩展名。

MPEG-2 标准于 1994 年发布，是一个直接与数字电视广播有关的高质量图像和声音编码标准。MPEG-2 适合 4~15 Mbps 的介质传输，支持 NTSC 制式的 720×480、1 920×1 080 帧分辨率，PAL 制式的 720×576、1 920×1 152 帧分辨率，画面质量达到广播级，适用于高清晰度电视信号的传送与播放，可以根据需要调节压缩比，在图像质量、数据量和带宽之间权衡。在数字广播电视、DVD、VOD（video on demand）、交互电视等方面有广泛应用。

MPEG-4 是一个多媒体应用标准，制定该标准的目标有 3 个，即数字电视、交互式图形应用和交互式多媒体应用。MPEG-4 的传输速率为 4.8~64 kbps，可以应用在移动通信和公用电话交换网上，并支持可视电话、电视邮件、电子报纸和其他低数据传输速率场合。

常用的视频文件格式有以下几种。

1. AVI 格式

AVI（audio video interleaved）是一种音频和视频交叉记录的数字视频文件格式。1992 年年初，Microsoft 推出了 AVI 技术及其应用软件 VFW（video for Windows）。在 AVI 文件中，运动图像和伴音数据是以交织的方式存储的，并独立于硬件设备。AVI 文件按交替方式组织音频和视频数据，使读取视频数据流时能更有效地从存储媒介得到连续的信息。

构成一个 AVI 文件的主要参数包括帧分辨率、帧速、视频与伴音的交错参数和压缩参数等。

（1）帧分辨率：根据不同的应用要求，AVI 的帧分辨率可按 4:3 的比例或随意调整，大到 640×480，小到 160×120 甚至更低。分辨率越高，视频文件的数据量越大。

（2）帧速：帧速也可以调整，不同的帧速会产生不同画面连续的效果。

（3）视频与伴音的交错参数：AVI 格式中每 X 帧交织存储的音频信号，即伴音和视频交替的频率 X 是可调参数，X 的最小值是一帧，即每个视频帧与音频数据交错组织，这是 CD-ROM 上使用的默认值。

（4）压缩参数：在采集原始模拟视频时可以用不压缩的方式，这样可以获得最优秀的图像质量。编辑后应根据应用环境选择合适的压缩参数。

2. RM 格式

RM（real media）格式是 RealNetworks 开发的一种流媒体视频文件格式，RM 可以根据网络数据传输的不同速率制定不同的压缩比率，从而实现在低速率的 Internet 上进行视频文件的实时传送和播放。RM 包含 RealAudio、RealVideo 和 RealFlash 三部分。

（1）RealAudio 简称 RA，用来传输接近 CD 音质的音频数据，达到音频的流式播放。

（2）RealVideo 主要用来连续传输视频数据，它除了能够以普通的视频文件形式播放之外，还可以与 RealServer 配合。首先由 RealEncoder 负责将已有的视频文件实时转换成 RealMedia 格式，再由 RealServer 负责广播 RealMedia 视频文件，在数据传输过程中可以边下载边播放，而不必完全下载后再播放。

（3）RealFlash 是 RealNetworks 和 Macromedia 联合推出的一种高压缩比的动画视频格式，它的主要工作原理基本上和 RealVideo 相同。

3. ASF 格式

ASF（advanced streaming format）格式是由 Microsoft 推出的一种高级流媒体格式，也是一个可以在 Internet 上实现实时播放的标准，使用 MPEG-4 的压缩算法。ASF 应用的主要部件是服务器和 NetShow 播放器，由独立的编码器将媒体信息编译成 ASF 流，然后发送到 NetShow 服务器，再由 NetShow 服务器将 ASF 流发送给网络上所有的 NetShow 播放器，从而实现单路广播、多路播放的特性。ASF 的主要优点是本地或者网络回放、可扩充的媒体类型、可邮件下载，以及良好的可扩展性。

4. DV 格式

DV（digital video）格式是一种国际通用的数字视频标准，由 Sony 和 Panasonic 等 10 余家公司共同开发，可以在一盘 1/4 英寸的金属蒸镀带（MiniDV 格式）上记录高质量的数字视音频信号。经采样及量化后的视频信号数据量很大，为了降低记录成本，可以根据图像本身存在的冗余进行压缩。DV 格式采用压缩算法的压缩比为 5∶1，压缩后视频码流为 25 Mbps。DV 格式对声音可以采用 48 kHz、16 位、双声道高保真立体声记录（质量同 DAT），或 32 kHz、12 位、4 声道立体声记录（质量高于 FM 广播），音频编码方法为 PCM 编码。

▶▶ 2.7 应用案例

▶ 2.7.1 音频文件的噪声处理

1. 提出问题

当在一个嘈杂的环境下录音时，录制的数字音频文件中一定会有噪声，它将影响收听效果。

2. 案例目标

通过专业软件（如 GoldWave）进行处理，降低噪声。

3. 参考样张

噪声也是一些不同振幅和不同频率的声波，只要能够在音频文件中准确选择这些噪声波形并存于剪贴板，GoldWave 音频处理软件就能将其有效去除。图 2-10 给出了选择噪声的方法。噪声一般比正常声波的振幅小，只有放大音频波形窗口的时间标尺后才容易找到。

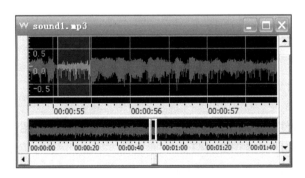

图 2-10　选择噪声

4. 实现方法

操作步骤如下：

（1）启动 GoldWave。GoldWave 音频处理软件是一个绿色免费软件，不需要安装，双击 GoldWave.exe 文件即可启动。在编辑窗口中，选择"文件"→"打开"命令打开一个有噪声的音频文件。

（2）放大音频波形窗口的时间标尺。多次按 Shift+↑ 键，并观察波形变化，找到一段噪声波形并将其选中。单击黄色播放键试听，确认为噪声后按 Ctrl+C 键完成复制。

（3）还原音频波形窗口的时间标尺。多次按 Shift+↓ 键，并观察波形变化，确认已回到初始打开状态，按 Ctrl+A 键全选。

（4）使用剪贴板降噪。选择"效果"→"滤波器"→"降噪"命令，打开降噪窗口，如图 2-11 所示，选择"使用剪贴板"单选按钮，单击"确定"按钮完成降噪。

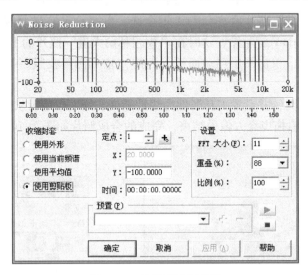

图 2-11　使用剪贴板降噪

（5）保存为一个新的音频文件。选择"文件"→"另存为"命令，弹出"保存声音"对话框，指定保存位置、文件名、类型后单击"保存"按钮。

2.7.2 图像合成

1. 提出问题

完成两幅图像的合成。

2. 案例目标

使用 Photoshop 软件，利用图层蒙版，将校园林荫大道照片（图2-12）和青海湖照片（图2-13）合成为一幅照片（图2-14）。

图2-12 校园林荫大道照片

图2-13 青海湖照片

3. 实现方法

操作步骤如下：

（1）启动 Photoshop，打开两张已准备好的照片。

（2）选择"图像"→"图像大小"命令调整两张照片的大小和分辨率。

（3）选取"青海湖"照片后按 Ctrl+A 键全选，再按 Ctrl+C 键复制。再选中"校园林荫大道"照片后按 Ctrl+V 键粘贴，这时在"校园林荫大道"照片的上面增加了一个图层，显示"青海湖"照片。单击图层浮动面板下面的"增加图层蒙版"按钮并选取这个图层蒙版，如图2-15 所示。

（4）选择渐变工具，并设置工具属性为线性渐变，渐变色带为从黑到白，在合成图像的左边缘按下左键向右拖曳至人像处结束，完成的合成照片如图2-14 所示。

图2-14 合成照片

图2-15 图层浮动面板

2.7.3 配乐电子相册

1. 提出问题

将多张相片存放在一个视频文件里完成连续播放。

2. 案例目标

使用 Premiere 软件，导入相片和音乐。设置视频切换效果，制作一个配乐电子相册视频文件。

3. 参考样张

将相片和音乐素材拖入时间窗口并设置视频切换效果，完成音乐时间匹配后如图 2-16 所示。

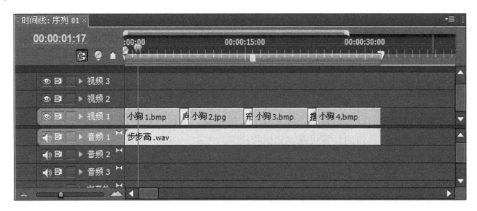

图 2-16　音乐时间匹配

4. 实现方法

操作步骤如下：

（1）素材准备。将制作电子相册的全部素材，如全部的相片文件（格式应为 JPG、BMP、TIF 或 PSD）、音乐文件（格式应为 WAV、MP3 或 WMA）保存在 D 盘的素材文件夹中（预先建成）。

（2）导入素材。Premiere 启动成功后，双击项目窗口中名称下的空白处，打开一个导入对话框，这时选定 D 盘下的素材文件夹。按 Ctrl+A 键或用鼠标拖曳选取全部的文件，单击"打开"按钮，导入全部的素材。素材文件导入后有两种显示方式，即列表视图和图标视图，可通过单击下面的按钮进行切换。不同的视图提供的素材文件信息不同。

（3）安排素材。将全部的相片文件从项目窗口中按显示的先后顺序分别拖向视频 1 轨道，相互之间紧密连接，以便添加切换效果。再将音乐文件从项目窗口中拖向音频 1 轨道。当然根据需要可添加多个音乐文件。

（4）编辑素材。

① 将每张相片文件拖入视频轨道，并持续 5 s，选择"波纹编辑"工具拖动每张相片，同时观察"信息"窗口中的持续时间，调整为增加 3 s。

② 在效果窗口中打开"效果"选项卡，展开视频切换中的 3D 运动文件夹，拖动不同的切换效果至相片的连接部分。当然每两张连接的相片之间可以用相同效果，也可用不同的效果。

③ 通过时间线窗口下面的滑块可浏览相片显示和音乐文件的匹配情况，当音乐文件播放的时间超长了，选择工具窗口中的"剃刀"工具，将多出部分断开，再选择工具窗口中的"选择"工具，选取多余部分后按 Delete 键将其删除。

（5）生成影片。

① 先选中时间线窗口，再选择"文件"→"导出"→"媒体"命令，打开导出设置窗口，可以按照其用途输出为不同格式的文件，这里设置文件格式为 AVI，输出名称可用默认值，视频编解码器选择 PAL DV，其他为默认设置。单击"确定"按钮后将打开 Adobe Media Encoder 对话框。

② 在 Adobe Media Encoder 对话框中单击"开始队列"按钮后，将显示一个输出进度条，显示影片视频、音频、比特率等信息和生成影片所需的时间。

◀▶ 本章小结

了解信息数据的编码对计算机信息处理具有很大的帮助，掌握信息的输入、编码、存储、转换是作为信息时代专业人员所应具备的计算机基本知识和技能。

本章重点介绍了多媒体技术的基本概念和基础知识、多媒体信息数字化、多媒体数据的压缩技术和常见文件格式以及音频处理技术、图像处理技术、视频处理技术。

在本章应用案例中，介绍了声音信息、图像信息的处理方法。值得注意的是：基本的信息数据在数字化以后，会被广泛应用于两个重要的计算机技术平台之上，即桌面（基于 MS Windows 的平台）和网络（基于 Web 的平台）。熟悉这些信息技术的基本性质和应用领域，对学习计算机基础知识有着重要和深远的意义。

◀▶ 习题 2

一、单选题

1. 汉字在计算机系统中存储使用的编码是_____。

A. 输入码   B. 机内码   C. 点阵码   D. 地址码

2. 十进制数 511 转换为八进制数是_____。

A. 777   B. 778   C. 787   D. 776

3. 十进制数 1 385 转换为十六进制数是_____。

A. 586   B. 569   C. D85   D. D55

4. 在下面几个不同进制的数中，最大的数是_____。

A. 二进制数 1 1100 0101   B. 十六进制数 1FE

C. 十进制数 500   D. 八进制数 725

5. 15 MB 是_____字节。

A. 15 728 000   B. 15 728 640   C. 15 000 000   D. 15 728 600

6. 下列字符中，ASCII 码值最大的是_____。

A. k   B. a   C. Q   D. M

7. 1 KB 是_____。

A. 1 024 字节   B. 1 000 字节   C. 1 024 个二进制位   D. 1 000 个二进制位

8. 将十进制数 0.906 25 转换为二进制数是_____。

A. 0.111 01   B. 0.111 11   C. 0.110 11   D. 0.111 10

9. 若对 56 个符号进行二进制编码，则需要_____位二进制码。

A. 4   B. 5   C. 6   D. 7

10. 计算机内的音频必须是_____的。

A. 数字形式   B. 模拟形式   C. 离散   D. 连续

11. 屏幕分辨率为 640×480，则_____。

A. 320×240 的图像占整个屏幕的四分之一

B. 320×480 的图像占整个屏幕的四分之一

C. 640×640 的图像占整个屏幕的四分之三

D. 多大的图像都能显示

12. 适合制作三维动画的工具软件是_____。

A. 3ds Max   B. Photoshop   C. AutoCAD   D. Flash

13. _____是专业化数字视频处理软件。

A. Visual C++   B. 3D Studio   C. Photoshop   D. Adobe Premiere

14. 真彩色图像的颜色数为_____。

A. 2^8 B. 2^{16} C. 2^{24} D. 无数种颜色

15. 高保真声音的频率范围是_____。

A. 20～15 kHz   B. 20～20 kHz   C. 10～20 kHz   D. 10～40 kHz

16. 根据奈奎斯特理论，语音信号的采样频率是_____。

A. 8 000 Hz   B. 11.025 kHz   C. 22.5 kHz   D. 44.1 kHz

17. 高保真立体声的带宽是_____。

A. 3 400 Hz   B. 44.1 kHz   C. 20 kHz   D. 22.05 kHz

18. 下列关于 dpi 的叙述中，正确的是_____。

A. 每英寸的位数   B. 描述分辨率的单位

C. dpi 越高，图像质量越低   D. 每英寸像素点

19. GIF 图形的文件一般比位图文件_____。

A. 小   B. 大   C. 一样大   D. 不具有可比性

20. 使用红、绿、蓝 3 种基本颜色按不同的比例混合得到颜色的模型是_____。

A. RGB   B. HSL   C. CMY   D. CMYK

21. 在颜色的表示中，最容易把颜色区分开的属性是颜色的_____。

A. 色调   B. 饱和度   C. 明度   D. 亮度

22. 彩色打印和印刷中使用的颜色模型是_____。

A. RGB   B. CMYK   C. HSL   D. YUV

23. 图片采用_____文件格式的效果最逼真。

A. BMP   B. GIF   C. JPG   D. VCD

24. 使用以下_____软件可以将 BMP 文件转换为 JPG 文件。

A. Windows 媒体播放器　　　　　　　B. Windows 画图

C. Windows 录音机　　　　　　　　　D. 写字板

25. 下列资料中，_____不是多媒体素材。

A. 光盘　　　　　　　　　　　　　　B. 文本、数据

C. 图形、图像、视频、动画　　　　　D. 波形、声音

26. 计算机的显示器使用的颜色模式是_____。

A. RGB　　　　　　B. Lab　　　　　　C. XYZ　　　　　　D. HSB

27. 要使采样音质达到 CD 音质，采样频率应该大于_____。

A. 11 kHz　　　　　B. 22.050 kHz　　　C. 44.1 kHz　　　D. 48 kHz

二、判断题

1. 54 能用 6 位二进制数表示。　　　　　　　　　　　　　　　　　　（　　）

2. 汉字处理过程中使用多种编码形式，存放在计算机中的是机内码。　（　　）

3. 将二进制数 0.101 01 转换为八进制数是 0.62。　　　　　　　　　　（　　）

4. 一个存储单元只能存放一个二进制位。　　　　　　　　　　　　　（　　）

5. 文件格式即压缩码方法。　　　　　　　　　　　　　　　　　　　（　　）

6. 在音频采样中，声音的质量与采样精度有关。　　　　　　　　　　（　　）

7. 能够处理音频、视频、图像、文字等多种媒体的计算机称为多媒体计算机。（　　）

8. 远程医疗诊断属于网络多媒体应用。　　　　　　　　　　　　　　（　　）

9. 位图图像就是不压缩的图像。　　　　　　　　　　　　　　　　　（　　）

10. 位图的清晰度与图像的存储空间是密切相关的。　　　　　　　　（　　）

11. MPEG、AVI 和 RM 格式的文件存放的都是视频信息。　　　　　　（　　）

12. 多媒体信息的数字化过程就是先离散化信息，再进行加工处理的过程。（　　）

13. AVI 格式是一种只能处理视频的文件格式。　　　　　　　　　　（　　）

14. JPG 是有损压缩格式。　　　　　　　　　　　　　　　　　　　（　　）

15. 我国采用的电视制式是 NTSC 制式。　　　　　　　　　　　　　（　　）

16. 音频播放器与声音文件的格式无关，也就是说，任何格式的声音文件都可以在任何播放器上播放。

　　　　　　　　　　　　　　　　　　　　　　　　　　　　　　　（　　）

17. 自然界中任何一种颜色都可由红、绿、蓝 3 种基本颜色按不同比例混合得到。（　　）

18. 行程编码（RLE）是有损压缩编码。　　　　　　　　　　　　　（　　）

19. GIF 格式的文件只能在网络中使用。　　　　　　　　　　　　　（　　）

三、填空题

1. $(10010010)_2$ 和 $(221)_8$ 是两个不同进制的无符号整数，数值小的是_____。

2. 1 KB 是_____字节。

3. ASCII 码是用_____位二进制码表示一个西文字符。

4. 自己熟悉的音频处理软件有_____、_____。

5. 自己熟悉的图像处理软件有_____、_____。

6. 多媒体技术的特征是_____、_____、_____、_____。

7. 声音数字化的过程包括_____、_____和_____。

8. 音频信号的频率范围是_____。

9. 某图像是 16 位的图像，该图像可以表示_____种不同的颜色。

10. 图像的采样决定了数字图像的_____，量化级别决定了数字图像的_____。

11. 之所以可以进行数据压缩，是因为存在_____。

四、问答题

1. 请关注自己所使用的键盘，看看哪些键上的符号或名称还是陌生的。

2. 请比较智能 ABC、搜狗、微软这 3 种输入法的主要区别。

3. 什么是数字化？计算机中主要的数字化信息有哪几类？

4. 请说明记事本中的"ANSI"编码如何处理中英文编码。

5. 自己使用的计算机中，主要的信息处理工作有哪些？各自使用哪种文字或信息编码？

6. 作为图像信息，位图与矢量图各有哪些优缺点？各自适用哪些场合？

7. 声波文件格式与 MIDI 文件格式在计算机中存储有哪些差别？各适合使用在哪些场合？

8. 除了文字、声音、图像信息外，计算机还可以接受、存储、表达哪些信息数据？

9. Windows 的语音输入有哪些用途和特色？在哪些应用或场合中可以发挥作用？

10. 在计算机中，56 个拼音符号若采用二进制编码来表示，需要多少位？

11. 为什么要压缩多媒体信息？压缩多媒体信息的依据是什么？

12. 解释常用的几种颜色模型。

13. 如何将模拟信号变为数字信号？

14. 有损压缩和无损压缩的主要区别是什么？

15. 常见的音频文件、图像文件、视频文件格式有哪些？

16. 采用 22.1 kHz 的采样频率和 16 位采样深度对 1 分钟的立体声声音进行数字化，需要多大的存储空间？相应的数据传输率是多少？

17. 用 100 dpi 的扫描分辨率扫描一幅 4 英寸×5 英寸的照片，若存为真彩色 BMP 格式，需要多少存储空间？

18. 两分钟双声道、16 位采样位数、22.05 kHz 采样频率声音的不压缩的数据量是多少？

五、实验操作题

1. 用录音机完成编辑。

（1）用录音机打开被编辑的音频文件。

（2）选取一段 30 s 长度的波形。

（3）将选取的波形放大后再添加回音。

（4）用 PCM 22.050 kHz、16 位、立体声音频格式保存。

2. 用录音机完成声音合成。

（1）在网上下载一个超过 1 分钟的 WAV 格式文件，用录音机将其打开，重新录制一段唐诗（内容自定），完成录音后将原来声音多余部分删除，并保存。

（2）下载一个背景音乐，将其编辑成比上一步录制的话音长度稍长后，依据话音音量大小进行调整。

（3）将话音和当前的背景音乐完成混音。

（4）保存为 MP3 格式。

3. 用"画图"软件制作 RGB 色标。

（1）利用 Windows 自带的"画图"软件新建一幅 300 像素×300 像素的彩色图像。

（2）用"椭圆"工具画 3 个相互重叠的正圆。

（3）用"颜色填充"工具给圆的无交叉部分分别填充红、绿、蓝；两两交叉部分分别填充黄、青、品红。

（4）保存为 24 位 BMP 格式文件。

4. 用 GoldWave 录制一段语音，内容自定。

（1）对语音内容进行编辑。选择其中一句话，改变选择部分的音量大小。

（2）完成淡入淡出效果。

（3）添加回声效果。

（4）下载一个音乐文件，进行音量定型后，和语音完成合成。

5. 用 Photoshop 完成图像合成与自由变换。

在网上下载一张风景照片，再准备一张自己的照片。

（1）选取自己的图像，复制或拖到风景照片中。

（2）选择"编辑"→"自由变换"命令完成自由变换。（注意：在不同的图层中完成改变大小、旋转等操作。）

（3）确定好位置后保存。

6. 制作一个个人简历演示文稿。

（1）建立一个演示文稿，不少于5张幻灯片。

（2）第 1 张为标题"个人简历"，进行艺术字设置。

（3）第 2 张为个人简历的文字介绍，并配有一个声音文件。要求是自己配音的有背景音乐的声音文件。

（4）第 3 张为个人标准照片，并配有基本情况（如姓名、年龄、身高、体重、籍贯、学历、爱好等）文字内容。要求照片通过编辑后加入自己的姓名。

（5）第 4 张为个人生活中的照片和自己创作的图像，要求照片一定是和某处风景合成的。

（6）第 5 张插入视频文件，视频内容可以是用摄像头获取的个人简介，也可以是用 Snagit 捕获的个人简介 PPT 视频。

第 3 章
计算机系统与软硬件协同工作

教学资源：
电子教案、微视频、实验素材

本章教学目标

(1) 了解计算机的发展历史。
(2) 了解计算机硬件系统及其性能指标。
(3) 了解图灵机的概念。
(4) 了解操作系统的基本概念和主要功能。
(5) 了解和掌握计算机设备性能测试的基本方法。

本章教学设问

(1) 什么是计算机系统？如何理解一台计算机的基本技术性能？
(2) 计算机的硬件有哪些组成部分？
(3) 图灵机可以实现哪些功能？
(4) 如何针对不同的计算机进行计算性能的比较？
(5) 什么是操作系统？操作系统的主要功能有哪些？
(6) 如何在计算机的海量资源中寻找需要的资源？

▶▶ 3.1 计算机发展简史

▶ 3.1.1 计算工具的进化

1. 早期的计算工具

在古人类曾经生活过的岩石洞里发现的刻痕，说明人类文明发展的早期就有了计算问题的需要和解决能力。考古研究说明，在数的概念出现之后，就开始出现了数的计算。人类最初用手指计算。人有两只手，十个手指头，掰着指头数数就是最早的计算方法。所以人们自然而然地习惯运用十进制记数法。

用手指头计算固然方便，但不能存储计算结果，于是人们用石头、木棒、刻痕或结绳来延长自己的记忆能力。在拉丁语中，"计算"的单词 calculus，其本意就是用于计算的小石子。

计算是基于算法的，所谓算法就是处理数字所依据的一步步的操作过程。即便是最基本的用笔和纸进行的加法也需要算法。

我们的祖先发明的算盘如图 3-1 所示，使用算盘计算时要掌握操作珠子的算法——珠算口诀，就能够很方便地实现各种基本的十进制计算。有一种看法认为，算盘是最早的数字计算机，而珠算口诀则是最早的体系化的算法。

1621 年，英国人甘特（E. Gunter）在一根长约 60 cm 的木尺上，标上对数刻度（对数坐标纸上所用的就是这种刻度）制造出第一把对数刻度尺，开创了模拟计算的先河。甘特计算尺是世界上最早的模拟计算工具。在它的基础上演化出了多种类型的计算尺。

在使用甘特的对数刻度尺进行乘法计算时，刻度尺上的长度要用一把两脚规去测量。英国数学家威廉·奥特雷德（Willian Oughtred）由此设想，要是做出两根对数刻度尺，让它们相互滑动，就可不用两脚规去一一度量了。于是，使乘除计算实现"机械化"的直尺型计算尺就这样问世了（图 3-2）。

图 3-1　算盘

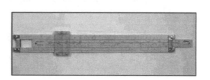

图 3-2　直尺型计算尺

计算工具有两种：一种是模拟式的，即通过长度、面积、电流强度等物理量来表示数值，因此它的准确度依赖模拟物理量的精确度。另一种是数字式的，即以数字表示数值，因此它的准确度取决于计算工具所能处理数字的数量。计算尺属于前一种，是一种模拟计算装置；算盘则属于后一种，是一种数字计算工具。模拟计算装置由于在通用性和精度方面有很大的局限性，最终必然被数字计算装置取代。

从 20 世纪 60 年代起，计算尺就一直作为学生、工程师和科学家的基本计算工具，曾为科学和工程计算做出巨大贡献。

2. 机械式计算器

像算盘、计算尺这样的手动计算器需要使用者应用算法来执行计算。机械式计算器则可以自己实现算法。操作者只需简单地输入计算的数字，然后拉动控制杆或者转动转轮来执行计算。

17 世纪中叶，随着工业革命的开始，各种机械设备被发明出来，人们需要解决的计算问题也越来越多，越来越复杂。在这种背景下，一批杰出的科学家相继开始尝试机械式计算器的研制，并取得了丰硕的成果。

1642 年，法国数学家帕斯卡（B. Pascal）发明了机械的齿轮式加法器（图 3-3），这台加法器的内部有齿轮传动装置，通过手工操作，能进行加减运算，并解决了自动进位这一关键问题。这是人类历史上第一

图 3-3　齿轮式加法器

台机械式计算机，它的设计原理对计算机械的发展产生了持久的影响。在随后的年代中，人们能够在这个领域里始终做着不懈的努力，研究各种计算机器，想方设法扩充和完善这些机械装置的功能。1673 年，德国数学家莱布尼兹（G. W. Leibniz）设计完成了机械乘除器，从而使得机械式计算设备能够完成基本的四则运算。但在整个 17 世纪，这些机械计算器还是一直处于实验室产品阶段，直到 1820 年，真正商品化的机械式计算机才正式出现，而且这时期的计算机都是由手动转动摇杆或者拉动控制杆来驱动的。

1822 年，英国数学家巴贝奇（C. Babbage）尝试设计用于航海和天文计算的差分机，可以由蒸汽动力来操作，这在那个时代是相当尖端的技术。

1834 年，巴贝奇又完成了一项新计算装置的构思。利用它不仅可以进行数字运算，而且还能够进行逻辑运算，巴贝奇把这种装置命名为分析机（图 3-4）。

图 3-4　分析机和穿孔卡片

巴贝奇的分析机大体上有三大部分：其一是齿轮式的"存储库"，每个齿轮可储存 10 个数，齿轮组成的阵列总共能够储存 1 000 个 50 位数。分析机的第二个部分是"运算室"，其基本原理与帕斯卡的转轮相似，用齿轮间的啮合、旋转、平移等方式进行数字运算。为了加快运算速度，他改进了进位装置，使得 50 位数加 50 位数的运算可完成于一次转轮之中。第三部分是以"0"和"1"来控制运算操作的顺序，类似于计算机里的控制器。巴贝奇甚至还考虑到如何使这台机器处理依条件转移的动作，比如，第一步运算结果若是"1"，就接着做乘法；若是"0"，就进行除法运算。此外，巴贝奇也构思了送入和取出数据的机构，即"仓库"和"作坊"，以及在"仓库"和"作坊"之间不断往返运输数据的部件。

虽然由于当时的技术限制，主要零件的误差达不到必要的精度，巴贝奇的分析机最终没有真正取得成功。但计算机历史学家认为，分析机的设计包含了许多现代计算机的概念，包括内存、可编程处理器、输出设备和用户可定义的程序和数据输入。巴贝奇提出了将计算用的程序和数据存储在穿孔卡片上来进行控制，这种卡片后来被应用于第一代电子计算机上。

3. 机械计算到电动计算

19 世纪后期，随着电学技术的发展，计算装置开始从机械向电气控制方向发展。1884 年，美国人霍列瑞斯（H. Hollerith）设计出了一个电子穿孔卡片的制表设备，用穿孔卡片来表示数据，带孔的卡片被送入读卡机中。然后带有金属棒阵列的读卡机，以弱电流技术方式从卡片中读出数据并将其结果制成表格。以穿孔卡片记录数据的思想正是现代软件技术的萌芽。这种计算设备被成功地应用于 1890 年美国的人口普查，使各种数据的计算效率大为提高。制表机的发明是机械计算机向电气技术转变的一个里程碑。霍列瑞斯的制表公司在 1924 年更名为国际商业机器公司（International Business Machines Corporation，IBM公司）。

1939 年，IBM 赞助了一位名叫霍华德·艾肯（Howard Aiken）的工程师，由美国海军提供经费，开始设计 Mark1（图 3-5）。Mark1 采用全继电器代替了齿轮传动的机械机构，长 15 m、高 2.4 m，看上去像一节列车，有 750 000 个零部件，里面的各种导线加起来总长约 800 km，总耗资四五十万美元。Mark1 在很多方面可以说是巴贝奇分析机现代化的翻版，所不同的是用电来代替了蒸汽传动。

Mark1 通过穿孔纸带传送指令，做乘法运算一次最多需要 6 s、除法十几秒。运算速度不算太快，但精确度很高（小数点后 23 位）。

Mark1 的问世标志了现代计算机时代的开始，但是作为一个原型，它和现代计算机还相差甚远。Mark1 是数字的，它使用的是十进制表示方式而非二进制表示方式。

图 3-5　Mark1

4. 数字式电子计算机

1942 年，在宾夕法尼亚大学任教的莫克利提出了用电子管组成计算机的设想，这一方案得到了美国陆军弹道研究所高尔斯特丹的关注。当时正值第二次世界大战之际，新武器研制中的弹道问题涉及许多复杂的计算，单靠手工计算已远远满足不了要求，急需自动计算的机器。于是在美国陆军部的资助下，世界上第一台通用电子数字积分计算机，1943 年开始研制，1946 年完成，取名为 ENIAC（electronic numerical integrator and computer）。设计这台计算机的总工程师埃克特当时年仅 24 岁。

ENIAC 的主频为 0.1 MHz，但这对于完成它的本职工作——计算弹道轨迹，已是绰绰有余。它可以在一秒钟内进行 5 000 次加法运算，3 ms 便可进行一次乘法运算，与手工计算相比速度大大加快，60 s 射程的弹道计算时间由原来的 20 min 缩短到 30 s。

ENIAC 的体积庞大，重达 30 t，占地面积 170 m²。机器中约有 18 800 只电子管，每只电子管约有一个普通 25 W 白炽灯那么大，如图 3-6（a）所示。ENIAC 还有 1 500 个继电器，70 000 只电阻及其他各类电气元件，运行时耗电量很大，每当这个庞然大物工作时都至少需要 200 kW。为了解决电子管的散热问题，ENIAC 的工作现场用两台 8 820 W 的鼓风机，以每分钟 17 m³ 的气流的强风吹个不停，同时又在关键部位挂上温度计、调节器和恒温器。

另外，ENIAC 的存储容量很小，只能存 20 个字长为 10 位的十进位数，而且是用线路连接的方法来编排程序，因此每次解题都要靠人工改接连线，准备时间大大超过实际计算时间，这使当时从事计算的科学家看上去更像在干体力活。如图 3-6（b）所示的就是在 ENIAC 上编程的情形。

尽管如此，ENIAC 的研制成功还是为以后计算机的发展提供了契机，而每克服它的一个缺点，都对计算机的发展带来很大影响，其中影响最大的是"存储程序"思想的采用。将存储程序的设想确立为体系的是美国数学家冯·诺依曼（John von Neumann），其思想是：计算机中设置存储器，把原来通过切换开关和改变配线来控制的运算步骤，以程序方式预先存放在计算机中，将符号化的计算步骤存放在存储器中，然后依次取出存储的内容进行译码，并按照译码结果进行计算，从而实现计算机工作的自动化。后来，计算机的发展正是沿着存储程序思想设计的。

(a) 电子管　　　　　　　　　　(b) ENIAC

图 3-6　ENIAC 和电子管

▶ 3.1.2 案例：使用机械式计算工具

"飞鱼"手摇计算机（图 3-7）出产于上海计算机打字机厂，20 世纪 50 年代末开始生产。当时我国具备计算机生产能力的仅有沪、津、粤三地，于是这项引进的新技术落户上海，并借用上海计算机打字机厂已有的品牌，挂上了飞鱼牌的标志。

在之后很长的一段时间里，手摇计算机是中国最先进的计算装置。从 1956 年研制两弹一星，到 1964 年第一颗原子弹成功爆炸、1967 年第一颗氢弹成功空爆、1970 年第一颗人造卫星升空，手摇计算机担当了最为关键的运算工具。在此之前，计算一条飞机轰炸的曲线轨迹需费时十日之久，启用手摇计算机后，这一过程缩短至三四日。研制进程由此而成倍加速，手摇计算机功不可没。

图 3-7 "飞鱼"手摇计算机

"飞鱼"手摇计算机只能做四则运算、开平方根运算。其各主要部件的功用说明如下：

（1）上字码：表示乘数、商数和次数，共 10 位。当演算乘法时，此处显示出来的数字为乘数，其色黑；当运算除法时，此处显示出来的数字为商数，其色红；当运算加减法时，此处显示出来的数字为次数，即表示有几个数相加或相减。

（2）下字码：表示和数、差数、积数和余数等，共 20 位。下字码和上字码是报数器的主要组成部分。当运算加法时，此处显示出来的为和数；当运算减法时，此处显示出来的为差数；当运算乘法时，此处显示出来的为积数；当运算除法时，此处显示出来的为余数。

（3）数字揿钮小数指针：为四则运算时数字定位之用，它的正确位置应处于两个揿钮的中间。

（4）揿数钮：为四则运算时按置加数、被加数，减数、被减数，乘数、被乘数，除数、被除数之用。为便于识别数字位数，避免差错，揿数钮有两种颜色，从右手起第 1、2 列表示小数，第 3~5 列表示个位、十位、百位数，第 6~8 列表示千位、万位、十万位数，最后两列表示百万、千万位数。

（5）单位消数钮：为清除同一列中被揿下的揿数钮使之复位之用。例如需揿下"1078"错揿为"1278"，只要将揿数的"2"字这一列单位消数钮揿下，即自动调整为"1078"。

（6）移位器柄捏手：为使报数器进位或退位之用。在运算乘法时，此柄自左向右翻180°，报数器即进位；当运算除法时，自右向左翻 180°，报数器即退位。做加减法时，不能翻动。

（7）报数器：为报告运算结果的答数之用。它是整个组件的总称，包括下字码、上字码等。

（8）上字码小数指针：上字码数字定位之用。亦即确定从上字码表示出来的小数和整数的位数之用，它的正确位置应处于两个数字的中间。

（9）下字码小数指针：下字码数字定位之用。亦即确定从下字码表示出来的整数位数和小数之用，它的正确位置处于两个数字的中间。

（10）小摇手：消除报数器上数字之用。此柄顺时针方向摇动，则上字码的数字全部归零；逆时针方向摇动，则下字码的数字全部清除归零。小摇手在停止时的位置应垂直向下。

（11）报数器移动捏手：移动报数器之用。此钮用大拇指、食指和中指提起即可将报数器移置任何需要的位置。

（12）大摇手：此柄运算加法、乘法时顺时针方向摇动，运算减法、除法时逆时针方向摇动。注意：不论顺摇或倒摇均要超过360°。大摇手在停止时摇柄应垂直向上。

（13）加减钮：为使揿数盘上被揿下的揿数钮能自动复位之用。在运算加法、减法时将此钮揿下，大摇手摇转一周，则揿数盘上被揿下的数字即能自动跳起。

（14）乘除钮：为锁住揿数盘上被揿下的揿数钮不被复位之用。在运算乘法、除法时，须先将此钮揿下，然后摇转大摇柄，被揿下的数字钮不会跳起复位。

（15）清数揿钮：为清除揿数盘上被揿下的揿数钮之用。此钮揿下，则揿数盘上被揿下的全部揿数钮就跳起恢复原位。

手摇计算机加法、减法、乘法使用操作如下：

1. 加法运算操作

例如，计算454+383+495＝1 332，具体操作步骤如下：

（1）将报数器向左移足，加减钮揿下，清除报数器上及揿数盘上剩余数字，开始运算。

（2）在揿数盘上看到第一个被加数为3位数字，即从第3位揿数钮起，自左至右，依次揿下454，大摇手顺时针方向摇动，下字码为454，上字码为黑色"1"。

（3）再由原位依次揿下揿数钮加数383，大摇手顺时针方向摇动，下字码为837，上字码为黑色"2"。

（4）以同法再揿下加数495，大摇手顺时针方向摇动，下字码出现1 332，即为和数，上字码黑色"3"即为次数。

2. 减法运算操作

减法运算方法和加法原理相同，但是除被减数是顺摇以外，其他各减数大摇手均为倒摇。先将被减数在揿数盘上揿好，大摇手顺时针方向摇动，使被减数出现在报数器上，再将各减数逐次揿入揿数盘，每揿完一个减数，大摇手顺时针方向摇动，最后在报数器下字码上显示出的即为差数。

例如，计算1 484-387＝1 097，具体操作步骤如下：

（1）将报数器向左移足，加减钮揿下，清除报数器上及揿数盘上剩余数字，开始运算。

（2）在揿数盘上从第4位揿钮起，自左至右依次揿下揿数钮被减数1 484，大摇手顺时针方向摇动，下字码出现被减数1 484，上字码出现黑色"1"即次数。

（3）仍从第 3 位起依次揿下揿数钮减数 387，大摇手逆时针方向摇动，下字码出现差数 1 097，上字码为"0"。

3. 乘法运算操作

乘法的运算方法是在揿数盘上揿下被乘数，并揿下乘除钮，使数字和小数固定，然后将大摇手顺时针方向摇动，使报数器上出现乘数，下字码即为所要求的乘积，在运算时必须先从个位数起，逐位移动报数器到所要求得的乘数为止。

例如，计算 593×431=255 583，具体操作步骤如下：

（1）报数器向左移足，乘除钮揿下，清除全部剩余数字。

（2）将报数器上字码小数指针移到 2、3 之间，因为乘数为两位小数。

（3）被乘数亦两位小数，将揿数盘上小数指针移到 2、3 之间，从右面第 3 位起揿下被乘数 5、9、3。

（4）上字码已定好小数，将报数器上字码个位数移到与揿数盘右上角箭头相对齐，然后将下字码小数指针与揿数盘上小数指针成一直线。

（5）开始运算，将大摇手顺时针方向摇动，从个位开始直到乘数 4、3、1 出现在上字码上，下字码即出现 255 583 的结果。

▶ 3.1.3 电子计算机的发展与未来

1. 计算机的发展历程

计算机的发展经历了大型计算机、微型计算机和计算机网络等不同阶段。在计算机不同的发展阶段中，起决定性作用的是电子元器件种类。所以，计算机发展阶段通常是根据计算机中采用的元器件来划分的，经历了电子管、晶体管、集成电路和超大规模集成电路 4 个阶段。

第一代电子管计算机（1946—1958 年）。它的主要特征是：采用电子真空管及继电器作为逻辑元器件，构成处理器和存储器，并用绝缘导线将它们互连在一起。这使它们的体积比较庞大，运算速度相对较慢，运算能力也很有限。第一代计算机的使用很不方便，输入计算机的程序必须是由"0"和"1"组成的二进制码表示的机器语言，且只能进行定点数运算。由于计算机体积大、运算速度慢、价格昂贵、可靠性差，主要用于科学研究和军事领域。

ENIAC 是一个划时代的产品，它的诞生宣告了人类从此进入电子计算机时代。之后又相继出现了一批用于科学计算的电子管计算机，如 1950 年问世的，首次实现冯·诺依曼的存储程序方式和采用二进制思想的并行计算机 EDVAC；1951 年首次走出实验室投入批量生产的计算机 UNIVAC，以及最终击败竞争对手 UNIVAC 的 IBM701 等。IBM701 计算机由 IBM 在 1953 年研制成功，它的问世奠定了蓝色巨人在计算机产业界的领袖地位。

第二代晶体管计算机（1959—1964 年）。这一阶段的计算机的主要特征是采用晶体管作为电子元器件，内存储器采用磁芯存储器（每颗磁芯存储一位二进制代码），外存储器采用磁盘、磁带等。由于晶体管体积小，因此，计算机的整体体积缩小、功耗降低，提高了可靠性，运算速度提高到每秒钟几十万次，内存容量扩大到几十万字节。伴随计算机硬件技术的发展，软件技术也在迅速提高，出现了操作系统及系统软件，使用高级程序设计语言（如 FORTRAN、COBOL）编程，极大地提高了软件开发效率，应用范围也从科学计算扩大到数据处理和事务管理等领域。

晶体三极管的发明，标志着人类科技史进入了一个新的电子时代。1947 年，贝尔实验室发明了点触型晶体管，1950 年又发明了面结型晶体管。与电子管相比，晶体管具有体积小、重量轻、寿命长、发热少、功耗低、速度快等优点。晶体管的发明及其实用性的研究，为半导体和微电子产业的发展指明了方向，同时也为计算机的小型化和高速化奠定了基础。

1955 年，美国贝尔实验室研制出了世界上第一台全晶体管计算机 TRADIC，它装有 800 只晶体管，功率仅为 100 W，占地约 $0.08\,\mathrm{m}^3$，如图 3-8 所示。

当晶体管作为产品进入市场之后，曾任 IBM 总裁的小沃森（T. Watson）就满腔热情地策划了公司计算机换代的重大举措。他向各地 IBM 工厂和实验室发出指令："从 1956 年 10 月 1 日起，我们将不再设计使用电子管的机器，所有的计算机和打卡机都要实现晶体管化。"

三年后，IBM 全面推出了晶体管化的 7000 系列计算机，其典型产品是 IBM 7090 型计算机（图 3-9），它不仅在体积上比诞生仅一年的 IBM 709 电子管计算机小很多，而且运算速度也提高了两个数量级。

图 3-8　TRADIC 晶体管计算机

IBM 7090 型计算机从 1960—1964 年一直统治着科学计算的领域，并作为第二代电子计算机的典型代表，被永远载入计算机的发展史册。

第二代计算机的成功，除采用了晶体管外，另一个很重要的特点是存储器的革命。

1951 年，王安发明了磁芯存储器（图 3-10），该技术彻底改变了继电器存储器的工作方式和与处理器的连接方法，大大缩小了存储器的体积，为第二代计算机的发展奠定了基础。此项专利技术于 1956 年转让给了 IBM。

图 3-9　IBM 7090 型晶体管计算机

图 3-10　王安发明的磁芯存储器

世界上的首张硬盘是被誉为"硬盘之父"的 IBM 工程师约翰逊（R. Johnson）领导的小组设计完成的。他将磁性材料碾磨成粉末，使其均匀扩散到 24 英寸铝圆盘表面，再将 50 张这样的磁盘安装在一起，构成一台前所未有的超级存储装置——硬盘，容量大约 5 MB，造价超过 100 万美元。硬盘机安装了类似于电唱机的机械臂，可以沿磁盘表面来回移动，随机搜索和存储信息。硬盘处理数据的速度比过去常用的磁带机快 200 倍。世界上第一片以塑料材质为基础的 5 英寸软磁盘，则是由该小组一位叫艾伦·舒加特（A. Shugart）的青年工程师在 1971 年率先研制的。

第一代电子计算机使用的是定点运算制，参与运算的绝对值必须小于 1。而第二代计算机普遍增加了浮点运算，使数据的绝对值可达到 2 的几十次方或几百次方，同时有了专门用于处理外部数据输入输出的处理机，使计算能力实现了一次飞跃。在软件方面，除了机器语言外，开始采用有编译程序的汇编语言和高级语言，建立了子程序库及批处理监控程序，使程序的设计和编写效率大为提高。除科学计算外，计算机开始被用于企业商务。

由于第二代计算机采用晶体管逻辑元器件及快速磁芯存储器，计算速度从第一代的每秒几千次提高到几十万次，主存储器的存储容量从几千字节提高到 10 万字节以上。晶体管计算机经历了从印刷电路板到单元电路和随机存储器、从运算理论到程序设计语言，不断的革新使晶体管计算机日臻完善。1961 年，世界上最大的晶体管计算机 ATLAS 安装完毕。1964 年，我国制成了第一台全晶体管计算机 441-B 型。

第三代集成电路计算机（1965—1970 年）。这一阶段的计算机采用小、中规模集成电路，内存储器采用半导体存储器芯片，存储容量和可靠性有了较大提高，计算机的体积、功耗、重量进一步减少，可靠性进一步提高，运算速度可以达到每秒几百万次，甚至上千万次，计算机已向标准化、模块化、系列化和通用化方向发展。在软件技术方面，操作系统发展逐步成熟（出现了分时操作系统），程序设计技术也有了很大提高（如结构化方法、数据库技术等），为开发大型、复杂软件提供了技术支持。该阶段计算机应用领域主要为信息处理（处理文字及图像等）。

1958 年，美国物理学家基尔比（J. Kilby）和诺伊斯（N. Noyce）同时发明集成电路（图 3-11）。集成电路的问世催生了微电子产业，采用集成电路作为逻辑元器件成为第三代计算机的最重要特征，微程序控制开始普及。此外，系列兼容、流水线技术、高速缓存和先行处理机等也是第三代计算机的重要特点。第三代计算机的杰出代表有 IBM 研制出的 IBM S/360、CDC 的 CDC 6600 及 Cray 的 Cray-1 等。其中，Cray-1 的运算速度达到每秒 1 亿次，共安装了约 35 万块集成电路，占地不到 7 m²，重量约 5 t，其外形看上去像一套开口的沙发圈椅，靠背处立着 12 个一人高的"大衣橱"（图 3-12），它也是第三代巨型计算机的代表。

第四代大规模集成电路计算机（从 1971 年至今）。这个阶段的计算机采用大规模和超大规模集成电路作为电子元器件。内存储器采用半导体集成电路，外存储器为磁盘、光盘，无论是外存还是内存，存取速度和存储容量都有了很大提升，运算速度可以达到每秒钟几亿次。软件方面出现了分布式操作系统、网络操作系统、多媒体系统，在社会应用需求的驱动下，数据库技术、人工智能技术和网络通信技术得到长足发展，软件产业成为新兴的高科技产业，计算机应用拓展到各个领域。

图 3-11　第一片集成电路芯片

图 3-12　Cray-1 巨型计算机

　　这个阶段计算机逐渐开始分化为通用大型机、巨型机、小型机和微型机，出现了共享存储器、分布存储器及不同结构的并行计算机，并相应产生了用于并行处理和分布处理的软件工具和环境。第四代计算机的代表机型 Cray-2 和 Cray-3 巨型机，因采用并行结构而使运算速度达到每秒 12 亿次和每秒 160 亿次。

　　超大规模集成电路（VLSI）工艺的日趋完善，使生产更高密度、高速度的处理器和存储器芯片成为可能。这一代计算机的代表机型有 Fujitsu 的 VPP500、Intel 超级计算机系统 Paragon、SUN 的 10000 服务器、Cray 的 MPP（massively parallel processing，大规模并行处理）及 Thinking Machines 的 CM-5 等。这一代计算机系统的主要特点是大规模并行数据处理及系统结构的可扩展性，这使系统不仅在构成上具有一定的灵活性，而且大大提高了运算速度和整体性能。例如，CM-5 包含了 16 384 个 32 MHz 的处理机、同样数量的 32 MB 的存储器及可执行 64 位浮点和整数操作的向量处理部件，其峰值速度超过每秒 1 万亿次浮点操作。

2. 微型计算机的发展

　　20 世纪 70 年代微型计算机诞生。人们将微型计算机称为个人计算机（personal computer，PC）。微型计算机的诞生在计算机发展史上具有里程碑的意义，它标志着人类社会跨入大众化普及应用计算机的新时代。

　　微型计算机以微处理器为核心，也采用冯·诺依曼体系结构，由运算器、控制器、存储器、输入设备和输出设备 5 大部分组成。现代电子计算机（包括微型计算机）的运算器和控制器被集成在一个芯片上，被称为微处理器。如今，业内通行的标准是以微处理器为标志来划分微型计算机的，如 80286 机、80386 机、80486 机、Pentium 机、PII 机、PIII 机和 PIV 机等。世界上生产微处理器的厂家主要有 Intel、AMD 和 IBM 等，我国也已经研制出具有自主知识产权的"龙芯"微处理器。

　　世界上第一个通用微处理器 Intel 4004 在 1971 年问世，称之为第一代微处理器。按今天的标准衡量，它处理信息的能力很低，但正是这个看起来非常原始的芯片，改变了人们的生活。4004 微处理器包含 2 300 个晶体管，支持 45 条指令，工作频率为 1 MHz，尺寸规格为 3 mm×4 mm。尽管它体积小，但计算性能远远超过 ENIAC，最初售价为 200 美元。

微处理器及微型计算机从 1971 年至今已经历了六个时代，其中具有划时代意义的有如下几个。

1973 年 Intel 推出的 8 位微处理器 Intel 8080，这是第一个真正实用的微处理器。它的存储器寻址空间增加到 64 KB，并扩充了指令集，指令执行速度达到每秒 50 万条指令，同时它还使处理器外部电路的设计变得更加容易且成本降低。除 Intel 8080 外，同时期推出的还有 Motorola 的 MC6800 系列，以及 Zilog 的 Z80 等。

1978 年推出的 Intel 8086/8088 微处理器，是第三代微处理器的标志。其内部包含 29 000 个 3 μm 技术的晶体管，工作频率为 4.77 MHz，采用 16 位寄存器和 16 位数据总线，能够寻址 1 MB 的内存储器。IBM PC 采用的微处理器就是 8088，同时代的还有 Motorola 的 M68000 和 Zilog 的 Z8000。

1985 年研制成功的 32 位微处理器 80386 系列。其内部包含 27.5 万个晶体管，工作频率为 12.5 MHz，后逐步提高到 40 MHz；可寻址 4 GB 内存，并可管理 64 TB 的虚拟存储空间。奔腾（Pentium）微处理器在 2000 年 11 月发布，起步频率为 1.5 GHz，随后陆续推出了 1.4 GHz~3.2 GHz 的 P4 处理器。

世界上第一台微型计算机 Altair8800 是 1975 年 4 月由一家名为 Altair 的公司推出的，它采用 Zilog 的 Z80 芯片作为微处理器。虽说它是 PC 真正的祖先，但其在外形上与今天的 PC 有着天壤之别。它没有显示器，没有键盘，面板上有指示灯和开关，给人的感觉更像是一台仪器箱。

IBM 在 1981 年推出了首台个人计算机 IBM PC，1984 年又推出了更先进的 IBM PC/AT，它支持多任务、多用户，并增加了网络能力，可联网 1 000 台 PC。从此，IBM 彻底确立了在微机领域的霸主地位。

PC 真正的雏形应该是后来的苹果机，它是由苹果（Apple）公司的创始人——乔布斯（S. Jobs）和他的同伴在一个车库里组装出来的。这两个年轻人坚信电子计算机能够大众化、平民化，他们的理想是制造普通人都买得起的 PC。车库中诞生的苹果机在美国高科技史上留下了神话般的光彩。

今天，微型计算机已真正进入千家万户和各行各业，它在功能上、运算速度上都已超过了当年的大型机，而价格却只是大型机的几分之一，真正实现了大众化、平民化和多功能化的设计目标。

微型计算机在诞生之初就配置了操作系统，其后操作系统也在不断发展中。20 世纪 70 年代中期到 80 年代早期，微型计算机上运行的一般是单用户、单任务操作系统，如 CP/M、CDOS（Cromemco 磁盘操作系统）、MDOS（Motorola 磁盘操作系统）和早期的 MS DOS（Microsoft 磁盘操作系统）。20 世纪 80 年代到 90 年代初，微型计算机操作系统开始支持单用户、多任务和分时操作，以 MP/M、XENIX 和后期 MS DOS 为代表。

近年来，微型计算机操作系统得到了进一步发展，以 Windows、UNIX（包括 Linux）、Solaris 和 MacOS 等为代表的新一代操作系统都已具有多用户和多任务、虚拟存储管理、网络通信支持、数据库支持、多媒体支持、应用编程接口（API）支持和图形用户界面（GUI）等功能。

3. 电子计算机的发展方向

20世纪中期，人们虽然预见到了工业机器人的大量应用和太空飞行的出现，但却很少有人深刻地预见计算机技术对人类巨大的潜在影响，甚至没有人预见计算机的发展速度是如此迅猛，如此地超出人们的想象。那么，在新的世纪里，计算机技术的发展又会沿着一条什么样的轨道进行呢？从类型上看，今天的电子计算机技术正在向巨型化、微型化、网络化和智能化4个方向发展。

巨型化并不是指计算机的体积大，而是指具有运算速度高、存储容量大、功能更完善的计算机系统。其运算速度通常在每秒百亿次以上，存储容量超过百万兆字节。巨型机的应用范围已日渐广泛，如在航空航天、军事工业、气象、电子、人工智能等学科领域中发挥着巨大的作用，特别是在复杂的大型科学计算领域中，其他的机种难以与之抗衡。

计算机的微型化得益于大规模和超大规模集成电路的飞速发展。现代集成电路技术已将计算机的核心部件——运算器和控制器，集成在一块大规模或超大规模集成电路芯片上，作为中央处理单元（称为微处理器），使计算机作为PC变得可能。微处理器自1971年问世以来，发展非常迅速，几乎每隔二三年就会更新换代一次，这也使以微处理器为核心的微型计算机的性能不断跃升。现在，除了放在办公桌上的台式微型机外，还有可随身携带的笔记本计算机，以及可以握在手上的掌上电脑等。也许有一天，计算机植入人体也不会仅仅只是梦想。

网络技术在20世纪后期得到快速发展，已经突破了只是"帮助计算机主机完成与终端通信"这一概念。众多计算机通过相互连接，形成了一个规模庞大、功能多样的网络系统，从而实现信息的相互传递和资源共享。今天，网络技术已经从计算机技术的配角地位上升到与计算机技术紧密结合、不可分割的地位，产生了"网络电脑"的概念，它与"电脑联网"不仅仅是文字前后次序的颠倒，而是反映了计算机技术与网络技术真正有机地结合。新一代的PC已经将网络接口集成到主机的母板上，计算机进网络已经如同电话机进市内电话交换网一样方便。如今正在兴起的所谓智能化大厦，其计算机网络布线与电话网络布线在大楼兴建装修过程中同时施工。在先进国家和地区，传送信息的光纤铺到了家门口。这从一个侧面反映了计算机技术的发展已经离不开网络技术的发展。

计算机的智能化就是要求计算机具有人的智能，即让计算机能够进行图像识别、定理证明、研究学习、探索、联想、启发和理解人的语言等，它是新一代计算机要实现的目标。智能计算机是一种具有类似人的思维能力，能"说""看""听""想""做"，能替代人的一些体力劳动和脑力劳动的机器，俗称为机器人（图3-13）。机器人技术近几年发展非常快，并越来越广泛地应用于人们的工作、生活和学习中。

图3-13 智能机器人

4. 计算机的未来

计算机中最重要的核心部件是芯片，芯片制造技术的不断进步是推动计算机技术发展的最根本的动力。目前的芯片主要采用光蚀刻技术制造，即让光线透过刻有线路图的掩膜照射在硅片表面以进行线路蚀刻的技术。当前主要是用紫外光进行光刻操作，随着紫外光波长的缩短，芯片上的线宽将会继续大幅度缩小，同样大小的芯片上可以容纳更多的晶体管，从而推动半导体工业继续前进。但是，当紫外光波长缩短到小于 193 nm（蚀刻线宽 0.18 nm）时，传统的石英透镜组会吸收光线而不是将其折射或弯曲。为此，研究人员正在研究下一代光刻技术（next generation lithography，NGL），包括极紫外（EUV）光刻、离子束投影光刻技术（ion projection lithography，IPL）、SCALPEL（角度限制投影电子束光刻技术）以及 X 射线光刻技术。

然而，以硅为基础的芯片制造技术的发展不是无限的，由于存在磁场效应、热效应、量子效应以及制作上的困难，当线宽低于 0.1 nm 时，就必须开拓新的制造技术。那么，哪些技术有可能引发下一次的计算机技术革命呢？

现在看来可能的技术至少有 4 种：纳米技术、光技术、生物技术和量子技术。应用这些技术的计算机从目前来看达到实用的可能性还很小，但是现有技术不久就可能达到发展的极限，而这些新技术又具有引发计算机技术革命的潜力，这就使它们逐渐成为人们研究的焦点。

（1）光计算机

计算机巨擘们曾向世人宣布，计算机革命业已临近，下一件大事就是光计算机。但是，他们的预测没有言中。实践证明，光处理困难重重，研制光计算机的早期热忱已烟消云散。随着计算机芯片的处理速度越来越快，数据的传送速度替代处理速度成为主要问题。目前，计算机使用的金属引线已无法满足大量信息传输的需要。因此，未来的计算机可能是混合型的，即把极细的激光束与快速的芯片相结合。那时，计算机将不采用金属引线，而是以大量的透镜、棱镜和反射镜将数据从一个芯片传送到另一个芯片。这种传送方式称为自由空间光学技术。

自由空间光学技术的原理非常简单。首先，将硅片内的电子脉冲转换为极细的闪烁光束，"接通"表示"1"，"断开"表示"0"。然后，将数据流通过反射镜和棱镜网络投射到需要数据的地方。在接收端，透镜将每根光束聚焦到微型光电池上，由光电池将闪光再转换为一系列电子脉冲。

光计算机有三大优势。光子的传播速度无与伦比，电子在导线中的运行速度与其无法相比。今天电子计算机的传送速度最高为每秒 10^9 字节，而采用硅—光混合技术后，其传送速度就可达到每秒万亿字节。更重要的是，光子不像带电的电子那样相互作用，因此经过同样窄小的空间通道可以传送更多数据。尤其值得一提的是，光无须物理连接。如能将普通的透镜和激光器做得很小，足以装在微芯片的背面，那么明天的计算机就可以通过稀薄的空气传送信号了。

光计算机发展的关键是要制作出能耗少、体积小、价廉、易于制造的光电子转换器，研究者曾尝试了许多方案，包括发光二极管，其中最佳选择当属多量子阱（MQW）器件——一种电开关快门和一种称为"垂直空腔表面发射激光器"（VCSEL）的微型激光器。这两种器件由砷化镓等半导体化合物制成。其优点是可像硅芯片那样将大量器件制作在一片晶片上。MQW 器件由贝尔实验室首先推出，并且有效解决了 MQW 的激光光源问题。

其次是要研制光计算机的自动定位系统。这个系统中的传感器应监测每个通道，及时发现光束偏离目标的情况，一旦偏离，由微型马达调整反射镜的斜度使之重新恢复到准确位置。

（2）生物计算机

与光计算机相比，大规模生物计算机技术实现起来更为困难，不过其潜力也更大。生物系统的信息处理过程是基于生物分子的计算和通信过程，因此生物计算又常称为生物分子计算，其主要特点是大规模并行处理及分布式存储。基于这一认识，沃丁顿（C. Waddington）在 20 世纪 80 年代就提出了自组织的分子器件模型，通过大量生物分子的识别与自组织，可以解决宏观的模式识别与判定问题。受人关注的 DNA 计算就是基于这一思路的。

但是迄今提出的 DNA 计算模型仅适合做组合判定问题，直接进行数学计算还不方便。电子计算机的蓬勃发展基于图灵机的坚实基础，同样，生物计算机作为一种通用计算机，必须先建立与图灵机类似的计算模型。如果 21 世纪能够解决计算模型问题，生物计算机将展现出令人难以置信的运算速度和存储容量。

除了 DNA 计算外，生物计算还有另一个发展方向，即在半导体芯片上加入生物分子芯片，将硅基与碳基结合起来的混合技术。例如，硅片上长出排列特殊的神经元的"生物芯片"已被生产出来。尽管这些生物计算实验离实用还很遥远，但鉴于 1958 年对集成电路的看法，现在生物计算机的前景不容小觑。

（3）分子计算机

科学家在分子级电子元器件研究领域中取得了进展。该领域的出现有一个前提，就是有可能制造出单个的分子，其功能与三极管、二极管及今天的微电路的其他重要部件完全相同或相似。化学家、物理学家和工程师已经在一系列出色的示范试验中显示：单个的分子能传导和转换电流，并存储信息。

1999 年 7 月，媒体广泛报道了这样一个进展——惠普公司和加州大学洛杉矶分校的研究人员宣布，他们已经制造了一种电子开关，由一层达几百万个之多的有机物（轮烷）分子构成。研究人员通过把若干个开关连接起来，制造出初级的"与"门——这是一种执行基本逻辑操作的元器件。由于每个分子开关中的分子远远超出百万个，因此它们的体积比本来要求的大得多，并且这些开关只转换一次就不能操作了。但是，它们组装成逻辑门具有至关重要的意义。在这项成果发表后一个月左右，耶鲁和里斯两所大学又发表了另一类具有可逆性分子开关的成果。而后成功地研制出一种能够作为存储器用的分子，它可以通过对电子的存储来改变分子的电导率。

虽然有了以上所说的种种进步，分子计算机在前进的道路上仍然是遍地荆棘。制造出单个元器件固然是非常重要的一步，但是在制造出完整的可用的电路之前，还必须解决一系列的重要问题，例如怎样把上百万甚至上亿个各式各样的分子元器件牢固地连接在某种基体的表面上，同时按照电路图所要求的图形把它们准确无误地连接起来。遗憾的是，目前还没有能够满足这种要求的技术。

（4）量子计算机

量子计算机是一种基于量子力学原理的、采用深层次计算模式的计算机。这一模式只由物质世界中一个原子的行为所决定，而不是像传统的二进制计算机那样将信息分为 0 和 1，对应晶体管的开和关来进行处理。在量子计算机中最小的信息单元是一个量子比特（quantum bit）。量子比特不只是开、关两种状态，而是以多种状态同时出现。这种结构对使用并行结构计算机来处理信息是非常有利的。

量子计算机具有的性质是：信息传输可以不需要时间（超距作用），信息处理所需能量可以接近零。

近年来，基于量子力学效应（如量子相干、量子隧穿、库仑阻塞效应等）的固态纳米电子元器件研究取得很大进展。美国劳伦斯伯克利国家实验室的研究人员证实，直径为人头发 1/50 000 的中空纯碳纳米管上存在着原子大小的电子元器件。纳米管元器件理论上早有预言，但这是首次证实这种元器件确实存在。

美国洛斯阿拉莫斯国家实验室的一个小组正在研究量子计算机的原型机，他们使用了一种"量子阱"激光器。这种激光器是用一层超薄的半导体材料夹在另外两层物质中构成的，中间层的电子被圈闭在一个量子平面上，所以只能做二维的运动。而后，贝尔实验室进一步发展了一维的量子导线激光器。科学家们希望从量子导线激光器发展到量子点激光器来获得更好的效果。

量子计算机的另外一个问题是如何连接这些量子元器件。印第安纳州圣母玛丽娅大学的研究小组提出了一个设计方案，其基础构件是 1 个有 4 个量子点的方块。当加进两个电子时，它们便返回到相反的角落。所以这种方块有两种可能的构形：电子或是在它的左上角和右下角，或是在它的右上角和左下角。这正是一个开关所需的情况——通过邻近方块上电子的运动可以使它迅速翻转。这样的方块排列起来可以成为量子计算机内部的"电线"，而且能够实现计算所必须具备的所有逻辑功能。迄今为止，研究小组只设法制出了几对供测试物理现象的量子点。尽管离应用还很遥远，但初步结果是令人鼓舞的。

不论哪种技术被证明是制造量子芯片的最好技术，都还要面对多年艰苦的研究工作。不过，科学家们仍然预见终究有一天，几兆的量子点会叠放在硅片的层面上。这个前景意味着有可能实现针尖上的超级计算机，它已使这种奇特的结构成为量子前沿最热门的新兴领域的一部分。

（5）纳米计算机

纳米（nm）是一个计量单位，$1\ nm = 10^{-9}\ m$，大约是氢原子直径的 10 倍。纳米技术是从 20 世纪 80 年代初迅速发展起来的新的前沿科研领域，最终目标是人类按照自己的意志直接操纵单个原子，制造出具有特定功能的产品。现在纳米技术正从 MEMS（微电子机械系统）起步，把传感器、电动机和各种处理器放在一个硅芯片上来构成一个系统。应用纳米技术研制的计算机内存芯片，其体积不过数百个原子大小，相当于人的头发丝直径的千分之一。纳米计算机几乎不需要耗费任何能源，但其性能却比今天的计算机强大许多倍。

科学家发现，当晶体管的尺寸缩小到 0.1 μm（100 nm）以下时，半导体晶体管赖以工作的基本原理将受到很大限制。研究人员需另辟蹊径，才能突破 0.1 μm，制造纳米级元器件。

目前，计算机使用的硅芯片已经到达物理极限，体积无法太小，通电和断电的频率无法再提高，耗电量也无法再减少。科学家认为，解决这个问题的途径是研制"纳米晶体管"，并用这种纳米晶体管来制作"纳米计算机"。他们估计纳米计算机的运算速度将是现在的硅芯片计算机的 1.5 万倍，而且耗费的能量也要减少很多。这项研究的成功朝着制作超快速纳米计算机的方向前进了一步。

（6）超导计算机

所谓超导，是指有些物质在低于某个温度时，电流流动是无阻力的。1962 年，英国物理学家约瑟夫逊提出了超导隧道效应原理，即由超导体—绝缘体—超导体组成元器件。当两端加电压时，电子便会像通过隧道一样无阻挡地从绝缘介质中穿过去，形成微小电流，而这一元器件的两端是无电压的。约瑟夫逊因此获得了诺贝尔奖。

可是，超导现象发现以后，超导研究进展一直不快，因为，它可望而不可及。实现超导的温度太低，要制造出这种低温，消耗的电能远远超过超导节省的电能。在 20 世纪 80 年代后期，情况发生了逆转，研究超导热突然席卷全世界。科学家发现了一种陶瓷合金在 −238℃ 时，出现了超导现象。科学家还在寻找一种"高温"超导材料，甚至一种室温超导材料。一旦这些材料找到后，人们可以利用它制成超导开关元器件和超导存储器，再利用这些元器件制成超导计算机。

目前制成的超导开关元器件的开关速度已达到几皮秒（10^{-12} s）的高水平。这是当今所有电子、半导体、光电元器件都无法比拟的，比集成电路要快几百倍。超导计算机运算速度比现在的电子计算机快 100 倍，而电能消耗仅是电子计算机的千分之一，如果一台大中型计算机每小时耗电 10 kW，那么，同样一台超导计算机只需一节干电池就可以工作了。

▶▶ 3.2　计算机硬件系统与组成

计算机的各个硬件部分之间都不是孤立的，它们按照计算机的工作原理协调有序地进行工作。

▶ 3.2.1　冯·诺依曼计算机的概念

1. 冯·诺依曼原理

在研制 ENIAC 的过程中，冯·诺依曼提出了通用电子计算机的设计方案，方案中提出了以下 3 个基本要点：

（1）计算机硬件由 5 个基本部分组成。这 5 个部分分别是运算器、存储器、控制器、输入设备和输出设备。

（2）采用二进制。在计算机内部，不论程序和数据都采用二进制代码的形式表示，即只使用"0"和"1"两个数码。

（3）存储程序控制。就是将程序和处理问题所需要的数据均以二进制编码的形式事先按一定顺序存放到计算机的存储器中。程序在运行时，由控制器从内存储器中逐条取出指令，按指令要求完成特定的操作，程序的运行是由控制器和运算器共同完成的，这就是所谓的存储程序控制原理，存储程序控制实现了计算机的自动工作。

冯·诺依曼的上述要点奠定了现代计算机设计的基础，后来人们将采用这种设计思想的计算机称为冯·诺依曼计算机。从 1946 年第一台计算机问世至今，虽然计算机的设计和制造技术都有了极大的发展，但都没有脱离冯·诺依曼提出的存储程序控制的基本原理。

2. 计算机的工作过程

当需要计算机完成某项任务时，首先要将任务分解为若干基本操作的集合，并将每一种操作转换为相应的命令，按一定的顺序组织起来，这就是程序。计算机完成的任何任务都是通过执行程序完成的，能够被计算机识别的命令称为指令，所有指令的集合称为计算机的指令系统，指令系统的功能是否强大、指令类型是否丰富，决定了计算机的处理能力。

计算机的工作过程就是执行程序的过程，程序是由一条条指令组成的。程序通过输入设备，在操作系统的统一控制下送入内存储器，然后由微处理器按照其在内存中的存放地址，依次取出并执行，执行结束后再由输出设备送出。

▶ **3.2.2　硬件系统**

按照冯·诺依曼原理，计算机的硬件由 5 个基本部分组成，分别是运算器、存储器、控制器、输入设备和输出设备，它们之间的关系如图 3-14 所示。

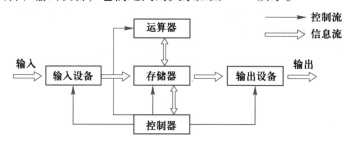

图 3-14　计算机硬件组成原理图

图中的双线箭头表示信息流，代表数据或指令，在计算机内用二进制的形式表示，图中的单线箭头表示控制流，代表控制信号，在计算机内表现为高低电平的形式。下面分别介绍各个组成部分的作用。

1. 运算器

运算器由算术逻辑单元（arithmetic logic unit，ALU）、累加器和一组寄存器等主要部分构成，其中算术逻辑单元完成算术运算和逻辑运算，寄存器是临时保存数据的地方，累加器用来累加和保存数据。

算术运算包括加、减、乘、除等，逻辑运算主要是与、或、非等操作。

2. 控制器

控制器是计算机的指挥系统，它的主要作用是从内存中读取指令并执行指令，协调并控制计算机的各个部件按事先在程序中安排好的指令序列执行指定的操作。

控制器是计算机的指挥系统，而运算器则是计算机内进行计算的核心部分，因此，常将这两部分合称为中央处理单元（central processing unit，CPU）。

如果将这两部分集成到一块集成电路芯片上作为独立的元器件，称为微处理器，这就是微型计算机中最为重要的部件。

3. 存储器

存储器是具有记忆功能的元器件，用于存放程序、需要用到的数据及运算结果，程序中的指令被送到控制器解释并执行，数据则被送到运算器中进行运算，而运算的结果可以被送回存储器中。

对存储器的操作主要有两种：存数和取数。存数就是向存储器中写入数据，存数时，新写入的数据代替原有的数据。取数是从存储器中读出数据，取数时，原有的数据不被清除。存数和取数的操作统称为对存储器的访问。

存储器分为主存储器（也称为内存储器或内存）和辅助存储器（也称为外存储器或外存）两类，中央处理单元只能直接访问内存中的数据，外存中的数据只有先调入内存，才能被中央处理单元访问和处理。

4. 输入设备

输入设备用来向计算机输入命令、程序、文字、数据以及其他形式的信息，例如图形、声音等，它的主要作用是将人们可读的信息转换为计算机可以识别的二进制代码输入到计算机中，常用的输入设备有键盘、鼠标、扫描仪等。

5. 输出设备

输出设备的主要功能是将计算机处理后的二进制结果转换为人们能识别的形式，如文字、图形、声音等，并表现出来，例如在屏幕上显示、在打印机上打印等，常用的输出设备有显示器、打印机、绘图仪、音箱等。

▶ 3.2.3 微型计算机主要部件的性能指标

目前普遍使用的计算机全称为微型电子数字计算机，简称微机，本节将详细介绍微机中常见部件的性能指标。

1. CPU 的性能指标

CPU 是将运算器和控制器集成在一块集成电路芯片中，也称为微处理器。CPU 的主要性能指标如下：

（1）主频。通常所说的计算机运算速度是指计算机每秒钟所能执行的指令条数，即中央处理器在单位时间内平均"运行"的次数。主频也称为时钟频率，是决定计算机的运算速度的重要指标，主频越高，计算机的运算速度越快，主频的单位为赫兹（Hz）。除此之外，主频的单位还有兆赫兹（MHz）或吉赫兹（GHz）等。

（2）字长。字长是指计算机的内存储器或寄存器存储一个字的位数。通常微型计算机的字长有 8 位、16 位、32 位或 64 位。计算机的字长直接影响着计算机的计算精确度。字长越长，用来表示数字的有效数位就越多，计算机的精确度也就越高。目前流行的 CPU

字长已经达到 64 位。

（3）高速缓存。介于 CPU 和内存储器之间的高速小容量存储器。

（4）内核。内核是指在一个处理器上集成多个运算核心，从而提高计算能力。现在越来越多的计算机使用的微处理器芯片中同时具有两个或两个以上的微处理器内核，例如双核、四核或八核等，称为多核处理器，多核处理器比单核处理器速度快。

2. 内存储器的性能指标

内存储器的主要技术指标有存储容量和存取速度：

（1）存储容量。存储容量表示内存中所含的内存单元数量，每个内存单元一般以字节为单位。存储容量通常是指一台微机实际配置的存储器容量，和一根内存条的容量与内存条的数量有关。

（2）存取速度。存取速度可用"存取时间"和"存取周期"这两个时间参数来衡量。存取时间是从 CPU 送出存储器地址到存储器的读写操作完成所经历的时间。存取时间越短，存取速度就越快。存取周期是指连续启动两次独立的存储器操作所需的最小时间间隔，以纳秒（ns）为单位。

3. 高速缓冲存储器的性能指标

随着 CPU 主频的不断提高，内存的存取速度也更快了，而内存的响应速度达不到 CPU 的速度，这样，它们之间就存在速度上的不匹配。为了协调两者之间的速度差别，在这两者之间使用了高速缓冲存储器（Cache）。

Cache 采用双极型静态随机存取存储器，它的访问速度是动态随机存取存储器的 10 倍左右，但容量相对内存要小得多，一般是 128 KB、256 KB 或 512 KB。

Cache 分为两种：CPU 内部的 Cache（L1 Cache）和 CPU 外部的 Cache（L2 Cache）。L1 Cache 称为一级 Cache，是集成在 CPU 内部的，一般容量较小；L2 Cache 称为二级 Cache，是在系统板上的 Cache。在 Pentium 芯片中，L2 Cache 是和 CPU 封装在一起的。

4. 硬盘的主要性能指标

硬盘的特点是存储容量大、价格较低，而且在断电的情况下，硬盘中的信息也可以长期保存。

一个硬盘最主要的性能指标是容量、速度和接口类型。

硬盘的速度一般用转速来衡量，转速决定了硬盘内部的传输率。转速越快，盘面与磁头之间的相对速度就越大，单位时间内读写的数据就越多，因此硬盘读写速度越快。目前硬盘的转速有 7 200 r/min、10 000 r/min 和 15 000 r/min 等。

随着硬盘技术的发展，常用的硬盘容量为 80~1 024 GB。

硬盘的接口主要有 IDE、PATA、SATA 和 SCSI。SATA 接口即串行 ATA 接口（Serial ATA），它采用串行方式传送数据，其数据传输速度是普通 IDE 硬盘的几倍。目前主流主板都支持这种接口的硬盘。SCSI 硬盘的 CPU 占用率较低，数据传输速度快，但价格较高，一般用于服务器等高档计算机系统中。

5. 光盘的性能指标

光盘是用光学方式读写信息的，读取光盘的设备是光盘驱动器，简称光驱。

光驱的性能指标通常有数据传输率和读取时间。具有 150 KB/s 的数据传输率的光驱称为单倍速，记为"1X"，数据传输率为 300 KB/s 的称为 2 倍速光驱，记为"2X"，依此类推。常见的光驱倍速有 36X、40X、50X 等。

读取时间是指光驱接收到命令后，移动光头到指定位置，并把第一个数据读入光驱的缓冲存储器的过程所花费的时间。目前，光驱的读取时间一般为 200~400 ms。

光盘容量与光盘类型相适应，如单个数字视盘（digital video disc 或 digital versatile disk，DVD）盘片上能存放 4.7~17.7 GB 的数据。

6. 可移动外存的性能指标

优盘是一种可移动外存，又称为闪存盘，它采用一种可读写非易失的半导体存储器——闪速存储器（flash memory）作为存储媒介，目前的 flash memory 产品可擦写次数都在 100 万次以上，数据至少可保存 10 年。

优盘的容量有多种选择，通常有 32 GB、64 GB、128 GB 等，可靠性也远高于光盘，为数据安全性提供了更好的保障。

若需要存储的数据量很大，则可使用另一种容量更大的可移动存储设备——移动硬盘。

7. 总线的性能指标

在计算机中，硬件的各部件之间用来有效高速地传输各种信息的通道称为总线（bus），各个组成部件之间通过总线连接，总线的主要作用就是连接各个部件和传递数据信号与控制信号。

（1）总线宽度：也称为总线位宽，是指总线一次操作能传输的二进制数据的位数，单位为 bit（位）。通常说的 32 位总线、64 位总线即是指总线宽度。总线宽度越大，每次通过总线传送的数据越多，总线带宽也越大。

（2）总线时钟频率：总线需要有一个基本时钟脉冲来进行同步操作，其他信号都以这个时钟作为基准。这个时钟脉冲的频率（简称总线频率）描述了总线工作速度的快慢，它说明了总线上单位时间内可传送数据的次数。总线时钟频率越高，单位时间通过总线传送数据的次数越多，总线带宽也就越大。

（3）总线传输速率：总线传送方式的不同，使得每次数据传输所用的时钟周期数也不同。

（4）总线带宽：也称为总线数据传输速率，用总线上单位时间可传送数据量的多少表示。这个指标与前 3 个指标的关系是

总线带宽=总线宽度(字节)×总线时钟频率×总线传输速率

8. 键盘的性能指标

键盘是最常用也是最主要的输入设备。通过键盘，可以将英文字母、数字、标点符号等输入到计算机中，从而向计算机发出命令、输入数据等。自 IBM PC 推出以来，键盘经历了 83 键、84 键和 101/102 键，Windows 95 面世后，在 101 键盘的基础上改进成了 104/105 键盘，增加了两个 Windows 按键，即开始菜单按键🀄和快捷菜单按钮🀫，如图 3-15

所示。为了让人们操作计算机更舒适，又出现了"人体键盘"，键盘的形状非常符合两手的摆放姿势，操作起来特别轻松。

键盘的接口有 AT 接口、PS/2 接口和 USB 接口。

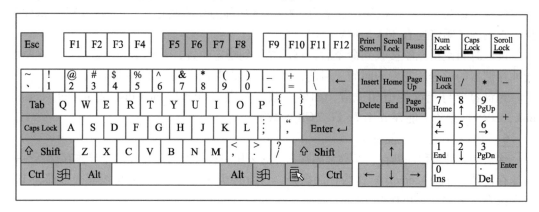

图 3-15　Windows 标准键盘

9. 鼠标的性能指标

鼠标也称为鼠标器，是最基本的输入设备，其上有两个按键或 3 个按键，有些鼠标上还有滚动轮，通过操作鼠标可以快速定位或移动屏幕上的光标，从而实现执行命令、设置参数和选择菜单等操作。

按照工作原理的不同，鼠标可以分为机械式、光电式和光机式。机械式鼠标是最常见的鼠标，其结构简单、价格便宜、操作方便，但准确度、灵敏度都较差；光电式鼠标需要一个专用的平板与之配合使用；光机式鼠标为光学和机械混合结构，不需要专用的平板。

10. 扫描仪的性能指标

扫描仪（图 3-16）是用于图像输入的设备，是一种光机电一体化的输入设备，可以将图片、照片以及各类文稿资料输入到计算机中，进而实现信息处理。

扫描仪的主要性能指标如下：

（1）色彩。色彩又称色彩深度或色彩位数，表示扫描仪所能捕捉和识别的颜色范围。单位是每个像素点的数据位数。

（2）灰度。灰度指扫描仪在扫描图像时，所能识别的图像亮暗的层次级别范围。灰度级越高的扫描仪，所扫描图像的层次就越丰富，图像越清晰真实，效果也就越好。大多数扫描仪的灰度级为 256 级（8 位）、1 024 级（10 位）或 4 096 级（12 位）。

图 3-16　台式扫描仪

（3）分辨率。分辨率表示扫描仪对所扫描的图像细节具有的分辨能力，单位为 dpi。分辨率越高，对图像细节的表达能力就越强，同时所生成的图像文件也越大。常见的扫描仪分辨率为 600~1 200 dpi、1 200~2 400 dpi 和 2 400~4 800 dpi。

（4）接口。接口主要有 3 种类型，分别是并行接口、SCSI 接口和 USB 接口。

（5）扫描幅面。扫描幅面是指扫描仪能够扫描图像的最大面积。一般扫描仪的扫描幅面为 A4（21 cm×29.7 cm），某些专业扫描仪的扫描幅面可以达到 A3（29.7 cm×42 cm）甚至更大。

（6）扫描方式。扫描方式有反射和透射两种。反射方式用于扫描不透明的稿件，如一般的文件、书籍等。透射方式用于扫描透明的稿件，如照相底片、幻灯片等。

11. 显示器的性能指标

显示器的作用是将主机输出的电信号经过处理后转换成光信号，并最终将文字、图形显示出来，显示器要和相应的显示电路即显示卡配合使用。显示器的主要技术指标如下：

（1）显示器尺寸。尺寸是用显示屏幕的对角线来度量的，常用的有 17 英寸、19 英寸和 24 英寸等。

（2）像素。像素是指屏幕上独立显示的点。

（3）点距。点距是屏幕上相邻两个同色像素之间的距离，点距越小，显示出来的图像越细腻，分辨率越高。微机显示器的点距有 0.25 mm、0.28 mm 和 0.31 mm 等。

（4）纵横比。纵横比是指屏幕长度和宽度的比例，CRT 显示器通常都是 4∶3 的。对于 LCD 显示器，以前使用 4∶3 的比较多，近年来 16∶9 或 16∶10 的宽屏使用得越来越多。

（5）分辨率。分辨率是指整个屏幕上水平方向和垂直方向上最大的像素个数，一般用水平方向像素数×垂直方向像素数来表示。例如对于 4∶3 的屏幕，其分辨率有 640×480、800×600、1 024×768 和 1 280×1 024 等；对于 16∶10 的屏幕，其分辨率有 960×600、1 280×800 等。

（6）显示卡。显示卡又称为显示器接口，显示器和主机通过显示卡相连，显示卡由显示控制器、显示存储器和接口电路组成，目前的许多显示卡在显示内存、分辨率和颜色种类上都有较大提高，有的显示卡还加上了专门处理三维图形的芯片组，用来提高三维图形的显示效果和速度。

12. 打印机的性能指标

打印机也是计算机系统的标准输出设备之一，它与主机之间的数据传送方式有并行的，也有串行的。打印机的主要性能指标如下：

（1）分辨率。每英寸打印的点数，它是衡量打印质量的重要指标。不同类型的打印机的打印质量也不同，针式打印机的分辨率较低，一般为 180~360 dpi，喷墨打印机分辨率一般为 300~1 440 dpi，激光打印机的分辨率一般为 300~2 880 dpi。

（2）打印速度。针式打印机的速度用每秒打印字符数（characters per second，cps）表示，针式打印机的打印速度由于受机械运动的影响，在印刷体方式下一般不超过 100 cps，在草稿方式下可以达到 200 cps。喷墨打印机和激光打印机都属于页式打印机，打印速度以每分钟打印页数（pages per minuter，ppm）表示。

（3）打印幅面。针式打印机有两种规格：80 列和 132 列，即每行可打印 80 个或 132 个字符；非击打式打印机幅面一般为 A4、A3 和 B4 等。

▶▶ 3.3 图灵机

▶ 3.3.1 图灵

阿兰·麦席森·图灵1912年生于英国伦敦，1954年逝世于英国的曼彻斯特，他是计算机逻辑的奠基者，许多人工智能的重要方法也源自这位伟大的科学家。他对计算机的重要贡献在于他提出的有限状态自动机，也就是图灵机的概念。对于人工智能，他提出了重要的衡量标准"图灵测试"，即如果有机器能够通过图灵测试，那它就是一个完全意义上的智能机，和人没有区别了。他杰出的贡献使其成为计算机界的第一人，现在人们为了纪念这位伟大的科学家，将计算机界的最高奖定名为"图灵奖"。

图灵奖是计算机界最负盛名的奖项，有计算机界诺贝尔奖之称。图灵奖对获奖者的要求极高，评奖程序也极严，一般每年只奖励一名计算机科学家，只有极少数年度有两名以上在同一方向上做出贡献的科学家同时获奖。每年，美国计算机协会要求提名人推荐本年度的图灵奖候选人，并附加一份200~500字的文章，说明被提名者获奖原因。任何人都可成为提名人，美国计算机协会组成评选委员会对被提名者进行严格评审，并最终确定当年的获奖者。

迄今，获此殊荣的华人仅有一位，他是2000年图灵奖得主姚期智。

▶ 3.3.2 图灵机模型

1. 什么是图灵机

图灵的基本思想是用机器来模拟人们用纸笔进行数学运算的过程，他把这样的过程看作下列两种简单的动作：

（1）在纸上写上或擦除某个符号；

（2）把注意力从纸的一个位置移动到另一个位置。

在运算过程中，人要决定下一步的动作，依赖以下两点：

（1）此人当前所关注的纸上某个位置的符号；

（2）此人当前思维的状态。

为了模拟人的这种运算过程，图灵构造出一台假想的机器，该机器由以下几个部分组成。

（1）一条无限长的纸带（tape）。纸带被划分为一个一个的小格子，每个格子上包含一个来自有限字母表的符号，字母表中有一个特殊的符号表示空白。纸带上的格子从左到右依次被编号为0，1，2，…，纸带的右端可以无限伸展。

（2）一个读写头HEAD。读写头可以在纸带上左右移动，它能读出当前所指格子中的符号，并能改变当前格子中的符号。

（3）一套控制规则TABLE。它根据当前机器所处的状态，以及当前读写头所指格子中的符号来确定读写头下一步的动作，并改变状态寄存器的值，令机器进入一个新的状态。

（4）一个状态寄存器。它用来保存图灵机当前所处的状态。图灵机的所有可能状态的数目是有限的，并且有一个特殊的状态，称为停机状态。

注意：这个机器的每一部分都是有限的，但它有一个潜在的无限长的纸带，因此这种机器只是一个理想的设备。图灵认为这样的一台机器就能模拟人类进行的任何计算过程。

在某些模型中，纸带移动，而未用到的纸带是"空白"的。要进行的指令（如 q_4）扫描到方格上。

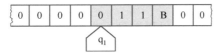

在某些模型中，读写头沿着固定的纸带移动。要进行的指令（如 q_1）作为读写头移动。在这种模型中，"空白"的纸带是为 0 的。有阴影的方格，包括读写头扫描到的空白，标记了 0，1，1，B 的那些方格，和读写头符号构成了系统状态。

$$\fbox{0} \fbox{0} \fbox{0} \fbox{0} \fbox{0} \fbox{0} \fbox{1} \fbox{1} \fbox{B} \fbox{0} \fbox{0}$$
$$q_1$$

图灵机的产生一方面奠定了现代数字计算机的基础；另一方面，根据图灵机的概念，人们还可以看到可计算的极限是什么。也就是说，实际上计算机的本领从原则上讲是有限制的。注意：这里说到计算机的极限，并不是指它不能吃饭、扫地等动作，而是从信息处理角度而言，计算机也仍然存在着极限。这就是图灵机的停机问题。这个问题在图灵看来更加重要，在他的论文中，其实是为了论证图灵停机问题才顺带提出了图灵机模型的。

2. 模拟走直线运动的昆虫的图灵机

假设一个小虫在地上爬，那么如何从信息处理的角度来建立它的模型呢？首先，需要对小虫所在的环境进行建模。不妨假设小虫所处的世界是一个无限长的纸带，这个纸带被分成了若干小的方格，而每个方格都仅仅只有黑和白两种颜色。很显然，这个小虫要有眼睛、鼻子或者耳朵等感觉器官来获得世界的信息，不妨把模型简化，假设它仅仅具有一个感觉器官——眼睛，而且它的视力弱得可怜，也就是说，它仅仅能够感受到所处方格的颜色，这个方格的黑色或者白色的信息就是小虫的输入信息。

另外，还需要为小虫建立输出装置，即让小虫能够动起来。仍然考虑最简单的情况：小虫的输出动作就是在纸带上前进一个方格或者后退一个方格。

仅仅有了输入装置以及输出装置，小虫还不能动起来，原因很简单，它并不知道该怎样在各种情况下选择输出动作，于是就需要给它指定行动的规则（或者说是程序）。假设记小虫的输入信息集合为 $I=\{$黑色，白色$\}$，它的输出可能行动的集合就是 $O=\{$前移，后移，涂黑，涂白$\}$，那么规则集合就是要告诉它在给定输入（比如黑色）情况下，它应该选择什么输出。因而，一个规则集合就是一个从 I 集合到 O 集合的映射。用列表的方式来表示规则集合，如表 3-1 所示。

表 3-1 规 则 集 合

规 则 集 合	输 入	输 出
规则 1	黑色	前移
规则 2	白色	涂黑

假设纸带信息显示"黑黑白白黑……",小虫会怎样行动呢?

第 1 步:小虫在最左边的方格,根据规则 1,读入黑色应该前移。

第 2 步:仍然读入黑,根据规则 1,前移。

第 3 步:这个时候读入的是白色,根据规则 2,应该把这个方格涂黑,而没有其他的动作(假设当前方格仍然没有涂黑,而在下一时刻才把它涂黑)。

第 4 步:当前方格已经是黑色的,因此小虫读入黑色方格,前移。

第 5 步:读入白色,涂黑方格,原地不动。

第 6 步:当前的方格已经被涂黑,继续前移。

第 7 步:读入黑色,前移。

小虫的动作还会持续下去……可以看到,小虫将会不停地重复上面的动作不断往前走,并会把所有的纸带涂黑。

显然,还可以设计出其他的程序(规则)来,然而无论程序怎么复杂,也无论纸带的情况如何,小虫的行为都会要么停留在一个方格上,要么朝一个方向永远运动下去,或者就是在几个方格上来回打转。然而,无论怎样,小虫比起真实世界中的虫子来说,还有一个致命的弱点:那就是如果给它固定的输入信息,它都会给出固定的输出信息!因为程序是固定的,因此,每当黑色信息输入时,它都仅仅前移一个方格,而不会做出其他的反应。

如果进一步更改小虫模型,那么就会有所改进,至少在给定相同输入的情况下,小虫会有不同的输出情况。这就是加入小虫的内部状态!假设黑色方格是食物,虫子可以吃掉它,而当吃到一个食物后,小虫就会感觉吃饱。当读入的信息是白色方格时,虽然没有食物,但它仍然吃饱了,只有当再次读入黑色时,小虫才会感觉饥饿。因而,可以说小虫具有两个内部状态,内部状态的集合记为 $S=\{$饥饿,吃饱$\}$。这样小虫行动时就会不仅根据它的输入信息,而且也会根据它当前的内部状态来决定输出动作,并且还要更改它的内部状态。小虫的这一行动仍然要用程序(规则)控制,只不过与前面的程序比起来,现在的规则集合更复杂,如表 3-2 所示。

表 3-2 较复杂的规则集合

规则集合	读 入		操 作	
	输 入	当前内部状态	输 出	下一刻内部状态
规则 1	黑色	饥饿	涂白	吃饱
规则 2	黑色	吃饱	后移	饥饿
规则 3	白色	饥饿	涂黑	饥饿
规则 4	白色	吃饱	前移	吃饱

表3-2的程序（规则）复杂多了，有4行，原因是不仅需要指定每一种输入情况下小虫应该采取的动作，而且还要指定在每种输入和内部状态的组合情况下小虫应该怎样行动。再来分析小虫在读入"黑白白黑白……"的纸带时会怎样行动。

假定它仍然从左端开始，而且开始的时候小虫处于饥饿状态。

第1步：读入黑色，当前为饥饿状态，根据规则1，把方格涂白，并变成吃饱（相当于把食物吃了，注意吃完后，小虫并没动）。

第2步：当前的方格变成了白色，因而读入白色，而当前的状态是吃饱状态，那么根据规则4前移，仍然是吃饱状态。

第3步：读入白色，当前状态是吃饱，因而会重复第2步的动作。

第4步：仍然重复上次的动作。

第5步：读入黑色，当前状态是吃饱，这时根据规则2应该后移，并转入饥饿状态。

第6步：读入白色，当前为饥饿状态，根据规则3应该涂黑，并保持饥饿状态（注意：小虫似乎自己吐出了食物）。

第7步：读入黑色，当前为饥饿状态，于是把方格涂白，并转入吃饱状态（小虫把刚刚自己吐出来的食物又吃掉了）。

第8步：读入白色，当前为吃饱状态，于是前移，保持吃饱状态。

这时与第4步的情况完全一样，因而小虫会重复5、6、7、8步的动作，并永远循环下去。似乎最后的黑色方格是一个门槛，小虫无论如何也跨越不过去。

小虫的行为比以前的程序复杂了一些，尽管长期来看，它最后仍然会机械地循环或者无休止地重复，然而这从本质上看已经与前面的程序完全不同了。因为当输入给小虫白色信息时，它的反应是不能预测的，它有可能涂黑方格，也有可能前移一格。当然，前提是不能打开小虫看到它的内部结构，也不能知道它的程序，那么所看到的就是一个不能预测的满地乱爬的小虫。如果小虫的内部状态数再增多，那么它的行为会更加不可预测。好了，如果已经彻底搞懂了小虫是怎么工作的，那么就明白了图灵机的工作原理。因为从本质上讲，最后的小虫模型就是一个图灵机！

3. 图灵机模型的形式化描述

一台图灵机是一个七元组：$\{Q, \Sigma, \Gamma, \delta, q0, qaccept, qreject\}$，其中 Q，Σ，Γ 都是有限集合，且满足：

（1）Q 是状态集合。

（2）Σ 是输入字母表，其中不包含特殊的空白符 $\square$。

（3）Γ 是带字母表，其中 $\square \in \Gamma$ 且 $\Sigma \in \Gamma$。

（4）$\delta: Q \times \Gamma \to Q \times \Gamma \times \{L, R\}$ 是转移函数，其中 L，R 表示读写头是向左移还是向右移。

（5）$q0 \in Q$ 是起始状态。

（6）$qaccept$ 是接受状态。

（7）$qreject$ 是拒绝状态，且 $qreject \neq qaccept$。

图灵机 $M = (Q, \Sigma, \Gamma, \delta, q0, qaccept, qreject)$ 将以如下方式工作。

开始时将输入符号串从左到右依次填在纸带的第 $0 \sim n-1$ 号格子上，其他格子保持空白

（即填空白符）。M 的读写头指向第 0 号格子，M 处于状态 q0。机器开始运行后，按照转移函数 δ 所描述的规则进行计算。例如，若当前机器的状态为 q，读写头所指的格子中的符号为 x，设 δ(q,x)=(q',x',L)，则机器进入新状态 q'，将读写头所指的格子中的符号改为 x'，然后将读写头向左移动一个格子。若在某一时刻，读写头所指的是第 0 号格子，但根据转移函数，下一步将继续向左移，这时它停在原地不动。换句话说，读写头始终不移出纸带的左边界。若在某个时刻 M 根据转移函数进入状态 qaccept，则它立刻停机并接受输入的字符串；若在某个时刻 M 根据转移函数进入状态 qreject，则它立刻停机并拒绝输入的字符串。

注意：转移函数 δ 是一个部分函数，换句话说，对于某些 q,x，δ(q,x) 可能没有定义，如果在运行中遇到下一个操作没有定义的情况，机器将立刻停机。

▶ 3.3.3 案例：使用图灵机计算两位二进制数的加法

以下说明图灵机计算加法的过程。开始纸带上内容是一个二进制数的加式，比如 10+10，读写头在最左边的 1 上。首先，图灵机将读写头运动到更左的位置，写下 =。然后运动到最右边，开始向左扫描。读到 1 或 0，通过进入不同的状态记住读到的是 1 还是 0，把已读过的字符记成已读状态。然后往左找 +，找到后再往左找 1 或 0，还是把读过的字符标记成已读状态。找到后凭借进入不同的状态记住已读到的两个加数。而后再往左找 =，找到后在=左边第一个非 0 或 1 的空位写下记住的两个加数的和（如果有进位还要加上进位），之后进入相应状态记住本次相加是否产生进位，带着这个信息往右移，重复加法过程（计算下一位）。如果某一个加数扫描完了，那么之后就相当于把另一个加数剩下的每一位与 0 加。最后两个加数都扫描完了，删除=及其右边的每一个字符。这时纸带上剩下的就是加式的和了。

该图灵机有 29 个状态。

根据表 3-3，解释其具体含义。第 1 行定义图灵机的"输入字符集"，每个字符用逗号隔开（注意：逗号再不能用作输入字符了）。第 2 行定义图灵机的"带字符集"，这个字符集必须包含"输入字符集"的全部字符。"带字符集"默认包含空白符（注意：空白符也再不能用作输入字符或带字符了）。

从第 3 行起，每一行定义一个图灵机的状态。每一行用#分成 5 段，每段的含义分别是：

（1）状态 id，随便一个字符串就行。当然，不能包含#。

（2）这个状态的转移函数（后面详述）。

（3）是否是开始状态，1 是，0 不是。只能有一个状态是开始状态。

（4）是否是接受状态，1 是，0 不是。可以有多个状态是接受状态。

（5）是否是拒绝状态，1 是，0 不是。可以有多个状态是拒绝状态，但不能一个状态既是接受状态又是拒绝状态。

下面说明状态的转移函数。转移函数就是定义一个状态，读到某个带字符后，写下这个字符，向左还是向右移动一个单元，然后进入下一个状态。对每一个带字符，状态都有

一个动作。所以状态的转移函数是用"│"隔开的 n 段，n 是带字符集的数目。每一段用
"："隔开 4 段，分别是：

    （1）读到哪个带字符（没有就是空白符）。

    （2）写下那个带字符（没有就是空白符）。

    （3）向左（L）还是右（R）移动一个。

    （4）进入哪个状态。

    例如，4#::R:4│a:a:R:4│b:b:R:4│.:.:R:4#0#1#0 的含义是：状态 4。不是开始状态，是接受状态，不是拒绝状态。读到空白符，写下空白符，向右移动一格，图灵机进入状态 4。读到 a，写下 a，向右移，图灵机进入状态 4。

    两位二进制数的加法规则集合如表 3-3 所示。

表 3-3　两位二进制数的加法规则集合

```
0,1,+
0,1,+,=,.
1#0:0:L:2│1:1:L:2│+:+:L:2│=:=:L:2│.:.:L:2│::R:q#1#0#0
2#0:0:R:q│1:1:R:q│+:+:R:q│=:=:R:q│.:.:R:q│:=:R:3#0#0#0
3#0:0:R:3│1:1:R:3│+:+:R:3│=:=:R:3│.:.:R:3│::L:5#0#0#0
4#0:0:R:4│1:1:R:4│+:+:R:4│=:=:R:4│.:.:R:4│::L:f#0#0#0
5#0:.:L:7│1:.:L:8│+:+:L:6│=:=:R:q│.:.:L:5│::R:q#0#0#0
6#0:.:L:b│1:.:L:c│+:+:R:q│=:=:R:s│.:.:L:6│::R:q#0#0#0
7#0:0:L:7│1:1:L:7│+:+:L:9│=:=:R:q│.:.:R:q│::R:q#0#0#0
8#0:0:L:8│1:1:L:8│+:+:L:a│=:=:R:q│.:.:R:q│::R:q#0#0#0
9#0:.:L:b│1:.:L:c│+:+:R:q│=:=:L:b│.:.:L:9│::R:q#0#0#0
a#0:.:L:d│1:.:L:e│+:+:R:q│=:=:L:d│.:.:L:a│::R:q#0#0#0
b#0:0:L:b│1:1:L:b│+:+:R:q│=:=:L:b│.:.:R:q│:0:R:3#0#0#0
c#0:0:L:c│1:1:L:c│+:+:R:q│=:=:L:c│.:.:R:q│:1:R:3#0#0#0
d#0:0:L:d│1:1:L:d│+:+:R:q│=:=:L:d│.:.:R:q│:1:R:3#0#0#0
e#0:0:L:e│1:1:L:e│+:+:R:q│=:=:L:e│.:.:R:q│:0:R:4#0#0#0
f#0:.:L:h│1:.:L:i│+:+:L:g│=:=:R:q│.:.:L:f│::R:q#0#0#0
g#0:.:L:l│1:.:L:m│+:+:R:q│=:=:L:p│.:.:L:g│::R:q#0#0#0
h#0:0:L:h│1:1:L:h│+:+:L:j│=:=:R:q│.:.:R:q│::R:q#0#0#0
i#0:0:L:i│1:1:L:i│+:+:L:k│=:=:R:q│.:.:R:q│::R:q#0#0#0
j#0:.:L:l│1:.:L:m│+:+:R:q│=:=:L:l│.:.:L:j│::R:q#0#0#0
k#0:.:L:n│1:.:L:o│+:+:R:q│=:=:L:n│.:.:L:k│::R:q#0#0#0
l#0:0:L:l│1:1:L:l│+:+:R:q│=:=:L:l│.:.:R:q│:1:R:3#0#0#0
m#0:0:L:m│1:1:L:m│+:+:R:q│=:=:L:m│.:.:R:q│:0:R:4#0#0#0
n#0:0:L:n│1:1:L:n│+:+:R:q│=:=:L:n│.:.:R:q│:0:R:4#0#0#0
o#0:0:L:o│1:1:L:o│+:+:R:q│=:=:L:o│.:.:R:q│:1:R:4#0#0#0
p#0:0:L:p│1:1:L:p│+:+:R:q│=:=:R:q│.:.:R:q│:1:R:s#0#0#0
q#0:0:R:q│1:1:R:q│+:+:R:q│=:=:R:q│.:.:R:q│::R:q#0#0#1
r#0:0:R:r│1:1:R:r│+:+:R:r│=:=:R:r│.:.:R:r│::R:r#0#1#0
s#0:0:R:s│1:1:R:s│+:+:R:s│=:=:R:s│.:.:R:s│::L:t#0#0#0
t#0:.:L:t│1:.:L:t│+:.:L:t│=:.:L:r│.:.:L:t│::R:q#0#0#0
```

▶▶ 3.4　软硬件协同工作

▶ 3.4.1　概述

首先从超级计算机"沃森"（Watson）在智力竞赛节目中战胜人类冠军选手的真实事情说起。

2011 年 2 月 14—16 日，在连续 3 天的美国智力竞赛节目 *Jeopardy*（《危险边缘》）中，"沃森"最终击败两位最成功的人类选手詹宁斯和拉特，赢得具有 100 万美元奖金的比赛。这个节目在美国深受欢迎，它在比赛过程中会对参赛者提出各种苛刻的挑战。它需要参与者具有广泛的知识，明白问题中含有的双关语、隐喻和俚语，同时还要有能够迅速反应、按抢答器的能力。竞赛是以现场直播方式在众目睽睽"督战"的公平环境中进行的，而竞赛结果出乎人们预料，以连赢 74 场比赛而著名的詹宁斯在比赛结束之后不得不承认自己失败了。图 3-17 显示了"沃森"在竞赛现场抢答问题的场景。

图 3-17　"沃森"在智力竞赛节目中挑战人类冠军的场景

与人类选手对决的"沃森"是具有超强存储、检索和计算能力的"电脑"。它由 90 台 Power 7 服务器组成（体积接近一个房间），每台服务器拥有 4 个 8 核 Power 7 处理器，使得其能在 3 s 之内检索数亿页的材料并给出答案。"沃森"拥有包括《辞海》和《世界图书百科全书》等数百万份资料的海量数据库，使其具有超出一般人的智慧和知识。"沃森"能够听懂和理解人类语言，它不仅能听懂不同口音的发音，还能理解包括俚语和双关语在内的复杂表述（并能剔除其中一些口误或错误信息）。"沃森"还具有自主学习的能力，能够在抢答问题过程中，根据对手答错的信息，及时调整思路，继续参与问题抢答。"沃森"在与人类比拼智力竞赛时，它受谁的支配和控制呢？显然，人类的控制中枢是大脑，在大脑指挥和控制下，人类会理性、本能地进行思考和行动。那么，计算机的控制中枢是什么？为了竞赛的公平和公正性，"沃森"在智力竞赛过程中要与人类选手一样听取（接收）主持人的提问，理解提问的问题，根据问题进行思考，在思考时检索相关领域的知识及规则，根据汇总信息的可信度决定是否要回答问题，抢答问题时要迅速、准确地按特定按钮，所有这一切，都是在类似人类大脑的控制和指挥下完成的。如此高智商（能战胜常胜冠军）、不可思议（如何模拟人的思维）的大脑到底是什么？

"沃森"的功能还远不止于此。Watson 医疗成立于 2015 年 4 月，吹响了进军医疗行业的号角，IBM 经过一系列的合作与收购，让 Watson 医疗逐渐来到人们面前。东京大学医学院利用 Watson 判断一位女性患有罕见的白血病，而这只用了 10 分钟的时间，患者为一名 60 岁的女性。这位病人的最初诊断结果显示她患了脊髓白血病，但在经历各种疗法后，效果并不明显，根据东京大学医学院研究人员 Arinobu Tojo 的说法，他们利用 Watson 系统来对此病人进行诊断，然后系统通过比对 2 000 万份癌症研究论文，在 10 分钟内得出了诊断结果：患者其实是得了一种罕见白血病。"沃森"想要帮助医生治病可不是那么简单的。首先，它要先阅读所有可参考的医学文献，对于"沃森"来说，它可以在几秒钟内阅读数百万的文字，然后将学到的所有知识应用到新的案例中，并根据它知道的所有医疗知识给医生提供建议。

神奇的"沃森"是不能仅依靠计算机硬件完成这一切工作的。和硬件相比，计算机的软件，即建立在计算机硬件基础上的计算机程序更为灵活多变、功能更强大。计算机必须发挥硬件和软件各自的优势，两者协同工作，方能更好地完成相应的功能。在软硬件之间起桥梁作用的是操作系统。

▶ 3.4.2 认识操作系统

超级计算机"沃森"的"大脑"就是计算机的操作系统。从"沃森"具有的功能看，操作系统是控制、管理计算机按预定目的进行有序工作的指挥机构，它可以控制和指挥计算机所有功能部件（听话、说话、抢答等）、程序（思考、检索、汇总、分析等）、用户（本地的、远程的）和资源（文件、存储器、外部设备等）。

本节将试图从"沃森"具有的功能分析入手，讨论操作系统的有关问题。

1. 操作系统概述

操作系统（operating system，OS）是一组控制和管理计算机软硬件资源，为用户提供便捷使用计算机的程序的集合。操作系统在整个计算机系统中具有极其重要的特殊地位，它不仅是硬件与其他软件系统的纽带，也是用户和计算机之间进行"交流"的界面。经过长期、反复地探索，人们将指挥控制中心的重任赋予操作系统，确立了操作系统在计算机系统中的核心地位及作用。

更通俗地讲，从不同角度观察操作系统，可以得到不同的定义和解释。

从计算机系统层次结构上看，操作系统是在计算机硬件层面上的第一层软件，其他任何软件只有通过操作系统才能对硬件进行操作。从这个意义上讲，操作系统是"软计算机"，如图 3-18 所示。

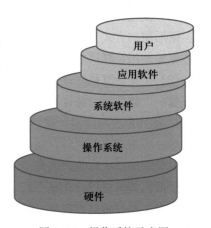

图 3-18　操作系统示意图

从资源管理的角度观察，操作系统是管理计算机系统资源的管家。计算机系统资源包括硬件（CPU、存储器、外部设备等）、软件（程序、进程、文件、数据等）、用户（本地的、远程的、网络的）以及网络资源（IP 地址、域名、URL、Web 页、超链接对象等）。

站在用户角度观察，操作系统是计算机系统的窗口和界面。用户面对的只是一个人性化的"虚拟"计算机平台，用户通过这个平台就可以操作和使用计算机了。而在计算机系统内部，操作系统面对的却是极其复杂的物理部件。即便用户执行的是一个简单的文件复制操作，但对操作系统而言，它却要面临一系列复杂的运算和操作（计算文件存放的地址、长度，找到文件在磁盘中的位置，执行复制操作）。从这个意义上讲，操作系统是对任何用户都非常友好的虚拟计算机平台。

例如，超级计算机"沃森"可以从语音系统平台接收并识别人类语言，它的思考系统可以在智能系统平台上通过引用各种智能算法对问题进行思考、分析和判断，而其抢答系统则在应答处理平台上接收和处理抢答的结果，"沃森"系统的管理人员则可以通过系统控制平台对其系统进行维护和监管。

2. 操作系统的作用

用形象的描述来表达操作系统的作用，可以把它比喻为一个乐团的指挥。作为指挥，他必须熟知每一件乐器的特性、每一个乐手的专长，必须指挥、协调使所有的乐手和乐器都能按照要求发挥自己的作用，从而完成每一首乐曲作品的演奏。操作系统也是如此，它必须调度、分配和管理所有的硬件设备和软件系统统一协调运行，以满足用户实际操作的需求。

操作系统的主要作用体现在以下几个方面：

（1）管理计算机。操作系统要更加合理地组织计算机的工作流程，使软件和硬件之间、用户和计算机之间、系统软件和应用软件之间的信息传输和处理流程准确畅通；更有效地管理和分配计算机系统的硬件和软件资源，使得有限的系统资源能够发挥更大的作用。

（2）使用计算机。操作系统通过各种不同的操作方式（字符界面方式、系统调用方式、图形窗口方式），为用户提供友好、便捷的操作环境和操作界面，以满足不同类型用户方便地使用计算机的需要。

（3）扩充计算机。计算机系统的功能随软件功能的增加而扩充。每当在操作系统之上再覆盖一个软件后，该计算机系统的功能就得以扩充。

3. 操作系统与虚拟计算机

对一般用户而言，所看到的是一个整体的计算机系统。但从系统体系结构的角度看，计算机分为虚拟机和物理机两个部分，如图 3-19 所示。通常把被操作系统包装的计算机称为虚拟机或扩充机。在操作系统的作用下，通过不断增加软件的功能把物理机升级为功能更加强大和完善的虚拟机，使得计算机系统的使用和管理更加方便，计算机资源的利用效率更高，上层的应用程序可以获得比硬件提供的功能更多的支持。

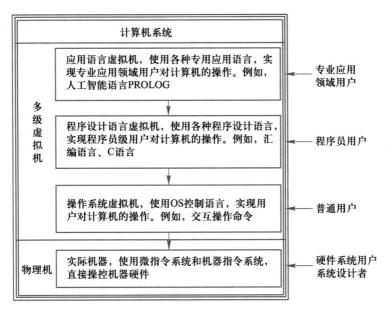

图 3-19 用户、操作系统和虚拟机关系示意图

由此可见，对于普通用户而言，所看到的是操作系统虚拟机，使用操作系统虚拟机的命令语言即可对计算机进行操作。至于操作过程中系统是如何访问和控制硬件设备的，用户根本不用操心，而是由操作系统为用户代劳。例如，超级计算机"沃森"在智力竞赛过程中，接收来自主持人的自然语言提问，经过自己的"思考"，抢答问题并战胜人类选手。在这个过程中，"沃森"内部是如何实现一系列拟人思维和行为动作的，那是"沃森"研究团队要考虑和解决的问题。

3.4.3 操作系统的分类、特征和功能

从上述关于操作系统的描述中，只是了解了操作系统的定义，下面试图从操作系统的分类、特征等方面入手，对操作系统做更进一步介绍。

1. 操作系统的分类

类似计算机系统根据不同应用领域分为多种类型一样，操作系统也分为多种类型。但不论是哪一种操作系统，其基本目的只有一个，即要实现在不同环境下为不同应用目的提供不同形式和不同效率的资源管理，以满足不同用户的操作需要。

（1）按适用面分类

① 专用操作系统：为特定应用目的或特定机器环境而配备的操作系统，包括一些具有操作系统特点的监控程序。例如，用于数控机床的工控机操作系统。

② 通用操作系统：为通用计算机配备的，能为各种计算机用户提供服务的系统。通常提到的操作系统均是指通用操作系统。例如，UNIX、Windows 等。

③ 嵌入式操作系统：运行在嵌入式系统环境中，对各种部件装置等资源进行统一调度、指挥和控制的操作系统。嵌入式操作系统除了具有通用操作系统的基本特性和功能

外，还具有管理所嵌入设备和环境资源的功能。嵌入式操作系统应用范围非常广泛，例如，制造工业、过程控制、通信、仪器、仪表、汽车、船舶、航空、航天、军事装备、消费类产品等方面的应用。例如，WEPOS 是基于 Windows XP 技术而构建的、一种支持各种零售应用、外围设备和服务方案的预配置服务点操作系统。

（2）按任务处理方式分类

① 交互式操作系统：能为用户提供交互操作支持的操作系统。当今，一般通用操作系统都兼有交互式操作系统的功能。例如，UNIX、MS DOS、Linux 等。

② 批处理式操作系统：以成批处理用户程序为特征的操作系统，它是相对交互式操作系统而言的。在批处理方式下，用户只能在一个批次处理完毕后，才能调试程序中可能存在的问题，或获得计算的结果。批处理方式着眼于提高计算机系统效率，而交互式则着眼于方便用户的使用。

（3）按处理器使用特点分类

① 分时操作系统：采用分时技术（将一个 CPU 的运行时间划分为多个细小的时间片，按时间片轮流方式分配给多个程序），使一个处理机为多个用户或多个程序提供服务。分时操作系统一般具有多路性（多个用户或程序使用一个处理机，从宏观上看是多个用户使用一台计算机，从微观上看是各个用户轮流使用同一台计算机）、交互性（多个用户或程序都可以通过交互方式进行操作）、独占性（实际上是多用户共享系统资源，但每个用户都有自己独立的运行环境，似在独占计算机）和及时性（由于系统实现时考虑到及时性，采用了合理的实现算法，使用户平均响应时间尽可能短，从而满足用户的交互操作需求）。

② 实时操作系统：能够在期望的较短时间内即时响应用户要求，并完成用户所需操作的操作系统。实时操作系统是实时控制系统和实时处理系统的统称。实时控制系统用于过程控制。例如，控制飞行器、导弹发射、飞行过程的自动控制系统。实时处理系统主要指对信息进行及时处理。例如，利用计算机预订飞机票、火车票等。实时操作系统除具有分时操作系统的多路性、交互性、独占性和及时性之外，还要具有可靠性要求。在实时操作系统中，一般都要采取多级容错技术和措施（例如，关键部件采用冗余设计作为防备）来保证系统的安全性和可靠性。

（4）按用户数量分类

① 单用户操作系统：只能服务单个用户的操作系统，例如 MS DOS。

② 多用户操作系统：能同时为多个用户服务的操作系统，例如 UNIX。

（5）按硬件支撑环境和控制方式分类

① 集中式操作系统：驻留在一台计算机上或管理一台计算机的操作系统。

② 分布式操作系统：通过网络将大量计算机连接在一起，以获取极高的运算能力、广泛的数据共享，以及实现分散资源管理等功能为目的的一种操作系统。分布式操作系统一般具有的特征是分布性（它集各分散结点计算机资源为一体，以较低的成本获取较高的运算性能）、可靠性（由于在整个系统中有多个 CPU 系统，因此当某一个 CPU 系统发生故障时，整个系统仍旧能够工作）、共享性（可以实现分散资源的深度共享）。

2. 操作系统的基本特征

操作系统具有以下的基本特征：

（1）并发性。操作系统最重要的特征，它是指两个或多个事件在同一时间间隔内发生。在多道程序环境下，并发性是指在同一时刻从宏观上看有多个程序在同时运行；在单道程序系统中，每一时刻只能运行一个程序，从微观上看，多个程序是在以交替方式执行的。

程序的并发执行可以提高系统资源的利用率，它是现代操作必须具备的基本功能和特征，但是也增加了操作系统实现和内部管理的复杂性。

（2）共享性。操作系统既然支持并发处理，那么并发执行的多个程序就必然共享系统的软硬件资源。由于共享资源的属性不同，因此共享方式也不同。对于独享设备（例如，打印机）而言，共享方式是互斥（排他）的，即该独享设备只能在当前正在占用该设备的程序使用完后，才能被其他程序申请使用。而对于共享设备（例如，磁盘），才能实现真正意义上的共享。磁盘作为文件系统管理的存储空间，就允许同时对它进行读（复制文件）、写（创建新文件）操作。

（3）虚拟性。通过虚拟技术把一个物理上的实体变成多个逻辑上的对应物。例如，虚拟处理机、虚拟内存、虚拟外部设备等。虚拟技术是操作系统管理系统资源的重要手段，可提高资源利用率。

在只有一个物理处理机（CPU）的系统中，通过虚拟处理机技术（分时技术），将把一个CPU虚拟为多个逻辑的CPU，使多道程序可以同时执行，给用户的感觉好像是每个程序都有一个CPU在为它服务。同样的道理，虚拟存储技术从逻辑上扩大了存储容量，使得在有限的存储器（例如，512 MB）中可运行大于存储器容量的程序。

（4）异步性。异步性也称不确定性，指进程的执行顺序和执行时间是不确定的。在多道程序系统中，由于资源等因素的限制，使得并发执行的多道程序因所需资源得不到满足而产生走走停停的情况。因此，每个程序何时结束、现有资源能否满足需求等都是不确定的，而这种不确定性增加了系统资源管理、调度和控制的复杂性。

3. 操作系统的功能

操作系统的主要功能包括处理机管理、存储器管理、文件管理、设备管理和用户接口管理。

（1）处理机管理。处理机（CPU）是计算机系统中最重要的硬件资源，任何程序只有占用了处理机才能运行。同时，由于处理机的速度远比存储器的速度和外部设备速度快，只有协调好它们之间的关系才能充分发挥处理机的作用。操作系统可以使处理机在同一段时间内并发地处理多项任务，从而使计算机系统的工作效率得到最大程度的发挥。

（2）存储器管理。当计算机在处理一个任务时，操作系统、用户程序和数据需要占用内存资源，这就需要操作系统进行统一的内存分配与管理，使它们既保持联系，又避免互相干扰。如何合理地使用与分配有限的存储空间，是操作系统对存储器管理的一项重要工作。操作系统按一定原则回收空闲的存储空间，必要时还可以使有用的内容临时覆盖暂时无用的内容，待需要时再把被覆盖的内容从外部存储器调入内存，从而增加可用的内存容量。当内存不够时，它通过调用虚拟内存来保障作业的正常处理。

（3）文件管理。在计算机中所有的信息都是以文件的形式存在的，包括操作系统本身。所谓的文件，就是将逻辑上具有完整意义的信息集合保存在存储设备中，并给它冠以唯一的文件名。例如，一个操作系统的设备驱动程序、一批数据、一个文档、一幅图像、一首乐曲或一段视频都可以作为一个文件。文件是由文件系统来管理的，文件系统是一个可以实现文件按名操作的系统软件。文件系统可以根据用户要求实现对文件的按名操作、按名存取，负责对文件的组织以及对文件存取权限、打印等的控制。

（4）设备管理。随着计算机技术的发展，计算机系统中用户可选用的外部设备越来越多，管理这些系统中的外部设备是操作系统的重要功能之一。设备管理包括控制外部设备和 CPU 之间的通信，按排队策略处理外部设备的请求，在内存中开辟缓冲区暂时存放需要输入输出的数据，以缓解高速 CPU 和低速输入输出设备之间的矛盾，协调管理 CPU 和外部设备之间、设备和设备之间、设备和控制器之间以及控制器和通道之间的信息交换，提高设备的利用率。

（5）用户接口管理。用户操作计算机的界面称为用户接口（或用户界面）。通过用户接口，用户只需进行简单操作，就能实现复杂的应用处理。用户接口有两种类型：命令接口，用户通过交互命令方式直接或间接地对计算机进行操作；程序接口，也称为应用程序接口（application programming interface，API），用户通过 API 可以调用系统提供的例行程序，实现既定的操作。

▶ 3.4.4 常用操作系统

为了对操作系统有一定的感性认识，下面概要介绍典型的操作系统 DOS、Windows、UNIX 和 Linux。

1. DOS

DOS 是磁盘操作系统（disk operating system）的缩写，它是美国 Microsoft 公司为 16 位字长计算机开发的单用户、单任务的个人计算机操作系统。

DOS 有 MS DOS（微软公司产品）和 PC DOS（IBM 公司产品）两个版本，但它们的基本结构是相同的。1981 年 IBM 公司推出第 1 台 PC 时，购买 MS DOS 作为操作系统，并取名为 PC DOS。由于 MS DOS 采取开放策略，吸引大量第三方用户加入到 MS DOS 应用程序的开发行列中来，使得其迅速占据了 PC 的主要市场份额，成为 PC 的主流操作系统。由于 MS DOS 设计时遵循针对微型计算机环境的设计原则，从而保证了 MS DOS 的实用性，也使它具有那个时代鲜明的特点。

（1）系统开销小、效率高。MS DOS 是用汇编语言编写的，因此系统开销小，执行效率高。

（2）用户界面是字符命令行方式。MS DOS 采用的是字符命令行方式的用户界面，用户操作计算机是通过在键盘上输入 DOS 命令实现各种操作的。这个字符界面是由 MS DOS 的外壳（Shell，命令解释处理器 COMMAND.COM）建立和支持的。MS DOS 命令分为两大类：内部命令和外部命令。内部命令的命令程序是以子程序的方式包含在命令解释处理器（常驻内存）中的，用户发出内部命令时，系统自动调用相应的命令程序并执行；外部命令的命令程序以文件形式（文件扩展名为 EXE 或 COM）存放在外存中，用户执行外部命令时，必须指定该命令文件的路径。

（3）文件管理和设备管理是主要功能。由于 MS DOS 是单用户、单任务的操作系统，存储管理和进程管理的功能相对弱化，从而突显了文件管理和设备管理的功能。

（4）系统结构简单、清晰。最基本的 MS DOS 系统是由一个 BOOT 引导程序和 3 个系统文件组成的。这 3 个系统文件是文件管理程序（MSDOS. SYS）、输入输出程序（IO. SYS）及命令解释处理程序（COMMAND. COM）。BOOT 引导程序负责系统的启动。MSDOS. SYS 负责文件的管理和操作，其功能包括文件管理、目录管理、动态存储管理、日期和时间管理、字符设备 I/O 以及磁盘块的读写等。IO. SYS 负责 MS DOS 基本的输入输出操作（为了避免对硬件的依赖，在设计实现输入输出操作系统时提供了两种操作方式：一种是通过命令行方式实现操作；另一种是通过系统功能调用的方式引用固化在 ROM 中的 ROM-BIOS 微指令实现对硬件的操作）。COMMAND. COM 负责解释和处理用户输入的操作命令。

（5）启动系统时通过加载配置定制系统性能。MS DOS 通过 CONFIG. SYS 配置文件启动系统加载、安装外设驱动程序。CONFIG. SYS 文件中通常存放的是安装、配置系统附加功能的命令行，该文件存放在系统盘的根目录中。每当 BOOT 引导程序启动时，就会在系统盘的根目录下找到并打开文件，按文件中的命令行执行相应的特殊化设置操作，以满足不同用户个性化操作的需要。

2. Windows

Windows 是 Microsoft 公司继成功开发了 MS DOS 之后，为高档 PC 开发的操作系统，它是基于图形窗口界面的多任务的操作系统。Windows 操作系统一改 MS DOS 操作系统字符命令行的操作方式，用户只需通过点击鼠标和图标即可实现对计算机的各种复杂操作。如今，Windows 操作系统（家族）已经成为微型计算机的主流操作系统。Windows 操作系统的主要特点如下：

（1）所见即所得的图形用户界面。Windows 把整个显示器屏幕作为一个"桌面"，而把常用的操作程序以图标的形式摆放在桌面上。用户要操作哪个程序，只要用鼠标点击那个程序的图标即可。这种操作方式给用户提供了所见即所得的图形用户界面，使得操作变得更有趣、轻松和自如。用户可以根据自己的需要设置、摆放具有个性化的桌面。在 Windows 环境下，每个应用程序都对应一个独立的窗口，用户可以同时打开多个应用程序窗口，并在各窗口之间轻松地进行切换（点击鼠标即可实现）。所有窗口都是由统一定制的控件组成的，熟悉掌握了一个窗口的操作，对其他窗口的操作就可以无师自通了。

（2）多用户、多任务。早期 Windows 操作系统（Windows 95、Windows 97）是单用户、多任务的操作系统，自 Windows XP 推出后，就具有了多用户、多任务的管理功能，即多个用户可以使用一台计算机做不同的工作而不会相互影响。例如，某个用户以"用户甲"的用户名登录，他一边播放音乐，一边上网浏览信息，同时将搜索到的信息在指定的文档中进行编辑。另一个用户以"用户乙"的用户名登录，他在 VC++环境下编辑并调试两个不同的程序。用户甲和用户乙是以并发方式在互不干扰的情况下使用同一台计算机执行这些操作的。

（3）自适应性的硬件支持，与设备无关。随着计算机技术的发展，硬件平台更趋多样化。Windows 采用自适应的硬件设备驱动程序机制（包含数百种设备驱动程序），可以更有效地支持并满足用户实现对"即插即用"硬件设备的个性化服务需求。例如，用户通过 1394 接口和 USB 接口可以连接各种 U 盘、移动硬盘、打印机、数码相机、鼠标（有线的、无线的）、键盘、个人数字助理（PDA），甚至摄像机等外部设备。

（4）出色的多媒体功能。Windows 操作系统最突出的特点之一就是强大的多媒体功能。在 Windows 中可以进行音频、视频的编辑或播放工作，可以支持高级的显卡、声卡使其声色俱佳。MP3、ASF、SWF 等格式的出现使计算机在多媒体方面更加出色，用户可以轻松地播放最流行的音乐或观看影片。

（5）功能强大且实用的网络功能。Windows 系统（9x 之后版本）中内置了 TCP/IP，有出色的局域网支持功能，用户只需进行一些简单的设置就能上网浏览、收发电子邮件等，而且连网速度快，对脱机浏览支持好，用户可以很方便地在 Windows 中实现资源共享。Windows 操作系统（XP 之后）采用了内置的专利防火墙技术，能够提供更加安全的系统保护功能。

（6）众多的应用程序。在 Windows 下有众多的应用程序可以满足用户各方面的需求。

3. UNIX

UNIX 是通用、交互式、多用户、多任务的操作系统。由于 UNIX 具有强大功能和优良的性能，使之成为被业界公认的工业化标准的操作系统。UNIX 也是能在各种类型计算机（微型计算机、工作站、小型机、巨型计算机及群集等）的各种硬件平台上稳定运行的全系列通用操作系统。

UNIX 是美国 AT&T 公司的贝尔实验室的 Ritchie 和 Thompson 在 PDP 7 小型机上开发的，他们原本目的是为编写程序创建一个友好的工作环境。在设计时，UNIX 充分考虑编程需要的交互式操作、尽可能快的响应速度等因素，同时充分吸取以往操作系统设计和实践中的各种成功经验和教训。即使是以今天的眼光来看 UNIX，它也是一个非常成功的操作系统。从更广义的观点上讲，UNIX 不只是一种操作系统的专用名称，而是开放系统的代名词。UNIX 系统的特性如下：

（1）多用户、多任务。UNIX 可支持多个甚至上百个用户通过终端同时使用一台计算机，每个用户允许同时执行多个任务。

（2）开放性。开放性意味着系统设计、开发遵循国际标准规范，彼此很好兼容，可很方便地实现互连。

（3）功能强大，实现效率高，规模小。UNIX 的内核只有 1 万多行代码，但它强大的系统功能和实现效率是业内公认的。例如，它的目录结构、磁盘空间的管理方法、I/O 重定向和管道功能、为外围设备提供简单一致的接口等。其中的不少功能和实现技术已被其他操作系统借鉴。

（4）具有完备的网络功能。TCP/IP 已经成为 UNIX 系统中不可分割的一部分，通过 TCP/IP，UNIX 可以非常方便地实现与其他系统的连接和信息共享。

（5）支持多处理器功能。UNIX 是最早支持多处理器的操作系统，而且其技术一直领先。UNIX 在 20 世纪 90 年代即可支持 32~64 个处理器，而同期 Windows NT 只支持 1~4 个，Windows 2000 最多支持 16 个。

（6）友好的用户界面。UNIX 提供了包括用户界面、系统调用界面和 GUI 的多种界面。用户界面又称 Shell，它既可以交互方式使用，又可作为程序来使用。系统调用为用户提供了 API，通过 API 可以实现硬件级服务。GUI 支持鼠标操作。由于 UNIX 采用文件和 I/O 设备按字节流方式统一组织的格式，以及向用户隐藏硬件的体系结构，从而使得对文件、I/O 设备以及硬件进行操作的程序便于书写。

（7）可靠的系统安全性。早期 UNIX 满足 C1 级，现代 UNIX 满足 C2 级安全标准。

（8）可移植性好。UNIX 的核心部分 90% 的系统程序是用 C 语言编写的，使之易读、易懂、易修改、易移植到其他计算机系统中。

（9）设备独立性。UNIX 系统把所有外部设备统一作为文件来处理，只要安装了这些设备的驱动程序，使用时可将它们作为文件对待并进行操作。具有设备独立性的 UNIX 允许连接任何种类及任何数量的设备，因此系统具有很强的适应性。

UNIX 系统产品的版本众多，从风格上可分为两大类：BSD 系列和 ATT 系列。BSD 系列主要包括 Mach 系统（卡内基梅隆大学开发，其主要分支有 DEC 公司的 Ultrix 系统、OSF/1 系统、NEXT 公司的 NEXTSTEP 系统）和 SUN 公司的 SunOS 系统。ATT 系列主要包括 Silicon Graphics 公司的 IRIX 系统、HP 公司的 HP UX 系统、SUN 公司的 Solaris 2.x 系统和 Santa Cruz Operation 公司的 Sco UNIX 系统。IBM 公司的 AIX 系统与 BSD 和 ATT 不一样，特别是在系统管理方面。

4. Linux

Linux 操作系统是 UNIX 操作系统的一种克隆系统。从 1991 年诞生至今的 30 多年间，Linux 逐步完善和发展（特别是在服务器、嵌入式、个人操作系统等方面获得了长足的发展），这主要得益于其开放性。

Linux 最初是由芬兰赫尔辛基大学计算机系学生开发的一个系统程序，他的目的是想设计一个代替 Minix（Andrew Tannebaum 教授编写的一个操作系统示教程序）的操作系统，可用于 386、486 或奔腾处理器的个人计算机上，并且具有 UNIX 操作系统的全部功能。由于 Linux 和 UNIX 非常相似，以至于被认为是 UNIX 的复制品。Linux 的设计是为了在 Intel 微处理器上更有效地运行。它的最大特点在于它是一个源代码公开的操作系统，其内核源代码可以免费自由传播。因此，越来越多的商业软件公司和 UNIX 爱好者加盟到 Linux 系统的开发行列中，使 Linux 不断快速地向高水平、高性能发展，在各种硬件平台上使用的 Linux 版本不断涌现，从而为 Linux 提供了大量优秀软件。当初，Linux 只有一万行代码，如今，Linux 已经变成一个稳定可靠、功能完善、性能卓越的操作系统。

Linux 的基本思想有两点：一是"一切都是文件"，二是"每个软件都有确定的用途"。第一条表达的是系统中的所有对象都可以归结为文件，包括命令、硬件和软件、设备、操作系统、进程等。这一点与 UNIX 是相同的，这也就是人们认为 Linux 是基于 UNIX 的一个原因。

Linux 和 UNIX 尽管十分相似，但是毕竟是两个不同的操作系统，它们的主要差异在于以下几点：

（1）最大区别是版权。Linux 是开放源代码的自由软件，而 UNIX 是对源代码实行知识产权保护的传统商业软件。

（2）UNIX 操作系统大多数是与硬件配套的，操作系统与硬件进行了绑定；Linux 则可运行在多种硬件平台上。

（3）Linux 起源于 UNIX，但是 Linux 由于吸取了其他操作系统的优点，其设计思想虽然源于 UNIX，但是要优于 UNIX。

（4）Linux 操作系统的内核是开放的，而 UNIX 的内核并不公开。

（5）在对硬件的要求上，Linux 比 UNIX 低；在系统安装难易度上，Linux 比 UNIX 容易得多；在使用上，Linux 相对没有 UNIX 那么复杂。

Linux 操作系统的诞生、发展和成长过程始终依赖 5 个重要支柱：UNIX 操作系统、Minix 操作系统、GNU 计划（创建完全开放的操作系统计划）、POSIX 标准（UNIX 可移植操作系统接口标准）和 Internet。Linux 特点如下：

（1）开放性。Linux 遵循开放系统互连（OSI）国际标准，与所有按 OSI 国际标准开发的硬件和软件都能彼此兼容，可以方便地实现互连。

（2）开源、完全免费。Linux 是一款开源操作系统，用户可以通过网络或其他途径免费获得并可任意修改其源代码，无偿使用，无约束地传播。这让 Linux 吸引了无数想实现梦想的程序员参与 Linux 的修改和编写工作，他们可以根据自己的兴趣和灵感对其进行改变。

（3）高度的稳定性、可靠性和可扩展性。Linux 采用了一系列先进的安全技术措施（例如，操作权限控制、核心授权、审计跟踪、带保护的子系统等），使得 Linux 具有很高的安全性。另外，Linux 代码完全公开，没留秘密后门，其内核完全透明，任何错误和隐患都能被及时发现并修改，保证了系统的内部安全。Linux 可以数月甚至数年连续运行而无须重新启动。

（4）友好的用户界面。Linux 提供了 3 种界面：字符界面、系统调用界面和图形用户界面。

（5）丰富的网络功能。Linux 是在 Internet 的基础上产生并发展起来的，它在通信和网络功能方面优于其他操作系统。在 Linux 中，用户可以轻松实现网页浏览、文件传输、远程登录、资源共享等网络操作功能。

（6）内核小，对硬件要求低。Linux 可以在 486 DX-66、32 MB 内存的机器上运行。

▶ 3.4.5 操作系统的主要功能

操作系统的主要功能有文件管理、进程管理、存储管理、设备管理以及用户接口5个方面。

1. 文件管理

通常，计算机中存放着成千上万的文件，这些文件保存在外存中，但是处理时却是在主存中的。文件有多种类型，如系统文件、应用文件、用户文件等，用户通过文件名可对指定文件进行操作，如创建、删除、修改、复制、保存、更名等。这里包含了两个重要的概念和事实，即文件组织管理和文件操作。

计算机中对文件的组织管理和操作都是由文件系统完成的。文件是具有文件名的一组相关信息的集合，文件系统是指操作系统中与文件管理有关的软件和数据的集合。从用户角度看，文件系统主要实现了按名存取。当用户要求系统保存一个已命名文件时，文件系统根据一定的格式将用户的文件存放到存储器中的适当位置；当用户要使用文件时，系统根据用户所给的文件名从存储器中找到所要的文件。

从使用者的角度看，文件系统应该具有以下特点：

（1）使用简单便捷。用户在使用文件时，无须考虑文件存放在哪台存储设备的什么位置，只要给出确定的操作命令和正确的文件名（包括文件路径），文件系统就能自动实现对文件的操作。

（2）信息安全可靠。文件系统通过设置各种保护措施来实现对文件的安全操作；通过对文件设置各种特征信息达到对文件信息的保护；通过对使用文件的用户设置各种不同类型的操作权限（如"隐藏""只读""修改""执行"等），限制用户对文件的操作方式来达到对文件信息的保护。

（3）实现信息共享。文件系统通过提供文件共享机制，即通过对文件并发控制机制，使一个文件可以同时被多个用户使用。例如，教师在网站上提供一份教学大纲，可供 N 个学生同时下载共享。

从操作系统管理资源的角度看，文件系统应具有以下功能：

（1）解决如何组织和管理文件，实现文件的"按名存取"。用户按文件名进行操作，系统则是对文件实体进行操作，文件系统自动完成由文件名到文件实体的对应操作。

（2）提供文件的共享功能及保护措施。文件系统实现用户要求的各种操作，包括文件的创建、修改、复制、删除等。

2. 进程管理

学习进程管理必须要明确程序和进程这两个概念的区别和联系。"程序"是为实现特定目的而用计算机语言编写的一组有序指令；"进程"是执行的程序，是系统进行资源调度和分配的一个独立单位。

进程具有以下6个基本特性：

（1）动态性。进程是"活着"（运行着）的程序，它是具有生命周期的，表现在它由"创建"而产生，由"调度"而执行，因得不到资源而"暂停"，最后由"撤销"而消亡。

（2）并发性。引入进程的目的就是为了程序的并发执行，以提高资源的利用率。

（3）独立性。进程是一个能独立运行的基本单位，也是进行资源分配和调度的独立单位。

（4）异步性。不同进程在逻辑上是相互独立的，均具有各自的运行"轨迹"。对单CPU系统而言，任何时刻只能有一个进程占用CPU。进程获得所需要的资源就可以执行，得不到某种资源时就暂停执行。因此，进程具有"执行→暂停→执行"这样走走停停的活动规律。

（5）结构特征。为了管理进程，系统为每个进程创建一套数据结构，记录该进程有关的状态信息。通过数据结构中状态信息的不断改变，人们才能感知进程的存在、运行和变化。

（6）制约性。由于系统资源受限，多个进程在并发执行过程中相互制约。

进程在其生存周期内，由于受资源制约，其执行过程是间断性的，因此进程状态也是不断变化的。一般来说，进程有以下3种基本状态：

（1）就绪状态。进程已经获得了除CPU之外所必需的一切资源，一旦分配到CPU，就可以立即执行。在多道程序环境下，可能有多个处于就绪状态的进程，通常将它们排成一队，称为就绪队列。

（2）运行状态。进程获得了CPU及其他一切所需资源，正在运行。对单个CPU系统而言，只能有一个进程处于运行状态；在多处理机系统中，则可能有多个进程处于运行状态。

（3）阻塞状态。由于某种资源得不到满足，进程运行受阻，处于暂停状态，等待分配到所需资源后，再投入运行。处于阻塞状态的进程也可能有多个，也将它们组成排队队列。

处于就绪状态的进程，在调度程序为其分配了CPU后，该进程即可执行，这时它由就绪状态转变为运行状态。正在运行的进程在使用完分配的CPU时间片后，暂停执行，这时它又由运行状态转变为就绪状态。如果正在执行的进程因运行所需资源得不到满足时，执行受阻，再由运行状态转变为阻塞状态。当在阻塞状态的进程获得了运行所需资源时，它就又由阻塞状态转变为就绪状态。进程的3种基本状态之间的关系如图3-20所示。

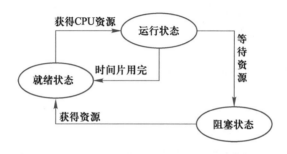

图3-20　进程状态转换示意图

综上所述，程序和进程是截然不同的两个概念，它们的主要差异如下：

（1）程序是"静止"的，它描述的是静态的指令集合及相关的数据结构，所以程序是无生命的；进程是"活动"的，它描述程序执行的动态行为，进程是由程序执行而产生的，随执行过程结束而消亡，所以进程是有生命周期的。

（2）程序可以脱离机器长期保存，即使不执行的程序也是存在的。而进程是执行着的程序，当程序执行完毕，进程也就不存在了。进程的生命是暂时的。

（3）程序不具有并发特征，不占用 CPU、存储器及输入输出设备等系统资源，因此不会受到其他程序的制约和影响。进程具有并发性，在并发执行时，由于需要使用 CPU、存储器、输入输出设备等系统资源，因此受到其他进程的制约和影响。

（4）进程与程序不一一对应。一个程序多次执行，可以产生多个不同的进程；一个进程也可以对应多个程序。

3. 存储管理

存储管理不仅仅是给要运行的程序分配空间，而且还必须考虑：多个程序的调入分配、大程序的存储分配和管理、程序保护、程序装入的地址空间变换等问题。

操作系统中存储管理是指对内存空间的管理。由于程序运行和数据处理都是在内存中进行的，所以内存和 CPU 一样也是一种重要的资源。如何对内存进行有效管理，不仅直接影响内存资源的利用率，而且还影响系统的性能。

存储管理主要有以下几个功能：

（1）存储分配。按分配策略和分配算法分配内存空间。

（2）地址变换。将程序在外存空间中的逻辑地址转换为内存空间中的物理地址。

（3）存储保护。保护各类程序（系统的、用户的、应用程序的）及数据区免遭破坏。

（4）存储扩充。解决在小的存储空间中运行大程序的问题，即虚拟存储问题。

下面具体介绍这 4 个功能：

（1）存储分配。存储分配主要考虑如何提高空间利用率问题。常用的存储分配方式有 3 种：① 直接分配。程序员在编写程序时，在源程序中直接使用主存的物理地址。这种方式对用户要求高，使用不方便，容易出错，空间利用率不高。早期主要使用这种分配方式。② 静态分配。在程序装入前，一次性申请程序所需的地址空间，存储空间确定后在整个程序执行过程中不再改变。要求整个程序必须一次性整体装入，若内存空间不够，则不能执行。这种方式简单，但存储空间利用率低，在多道程序系统中难于实现内存的共享。③ 动态分配。在程序被装入主存或执行过程中，才确定存储空间的分配。在程序执行过程中，可以根据需要对存储空间提出动态申请。不要求程序一次性整体装入，装入的程序在执行过程中，其相应位置可以发生变化。这种方式管理复杂，但存储空间利用率高，容易实现主存资源的共享。在多道程序系统中，主要采用动态分配方式。

（2）地址变换。在用各种程序设计语言编写的源程序中规定，必须用符号名来定义被处理的数据，将其称为符号名空间。源程序经编译后产生目标程序，它是以逻辑地址存放的（不是实际运行的地址），被称为逻辑地址空间。当程序运行时要装入内存，则要将逻辑地址转换成内存中的物理地址，称其为物理地址空间。

（3）存储保护。在计算机中运行的全部程序（包括系统程序、应用程序和用户程序）都存放在内存中。为了确保各类程序在各自的存储区内独立运行，互不干扰，系统必须提供安全保护功能。作为安全保护的一种措施，存储保护就是把各类程序的实际使用区域分隔开，使得各类程序之间不发生有意或无意的损害行为。这种分割是靠硬件实现的。用户程序只能使用用户区域的存储空间，而系统程序则使用系统区域的存储空间。

（4）存储扩充。在计算机中内存空间是有限的，要想处理大和复杂的程序，就要想方设法扩充内存空间。也就是说，如何在有限的内存空间中处理大于内存容量的程序。自动覆盖技术、交换技术等是扩充存储空间常用的方法。

自动覆盖技术的主要思想是：将大的程序划分为在内存空间中可以容纳的、独立的逻辑程序段，每次只调入其中的一个程序段运行。后面调入的程序段覆盖当前程序段弃用的内存空间，以此达到扩充内存空间的目的。

交换技术的要点是：可以根据需要将运行的程序在内存、外存之间进行调入或调出的交换。即把执行了一段时间、因故暂停的进程由系统调出内存，以文件的形式存入外存，而将下一个程序装入内存运行。交换技术是对自动覆盖技术的改进，其目的是为了更加充分地利用系统的各种资源。

4. 设备管理

现代计算机系统中，外部设备的种类和数量越来越多。例如，超级计算机"沃森"就是由 90 台服务器组成的，这还不包括其他的外部设备。有效地管理这些设备是操作系统的重要功能之一。设备包括各种输入输出（I/O）设备、控制器和通道等。设备管理的任务就是负责控制和操纵所有 I/O 设备，实现不同类型的 I/O 设备之间、I/O 设备与 CPU 之间、I/O 设备与通道和 I/O 设备与控制器之间的数据传输，使它们能协调地工作，为用户提供高效、便捷的 I/O 操作服务。

（1）设备管理的目的。① 方便用户操作；② 提高设备利用率和处理效率；③ 设备独立于用户程序。

（2）设备分类。按观察问题的不同角度，I/O 设备可以分为不同的类型。按资源分配分类，I/O 设备可分类为独享设备（指在一段时间内只允许一个用户访问的设备，如打印机）、共享设备（指在一段时间内允许多用户同时访问的设备，如磁盘）和虚拟设备（指通过虚拟技术将慢速独享设备模拟成高速共享设备，供多个用户使用）。按数据组织和存取方式分类，I/O 设备可分为字符设备和块设备。字符设备是指以字符为单位进行存取的设备，如键盘、打印机等；块设备是以数据块为单位存取的设备，如磁盘、光盘等。

（3）设备控制器。计算机的 I/O 设备一般包含机械部分和电子部分。电子部分被称为设备控制器，它负责在 CPU 和 I/O 设备之间传输数据，机械部分负责实现 I/O 的操作。

（4）通道。在现代计算机系统中，把专门负责 I/O 操作的处理机称为通道。由于引入通道，使得 CPU 和通道、通道和通道、通道和控制器之间以及通道和设备之间充分并行工作，从而使 I/O 系统形成了一个完整、独立的系统部件。通道、控制器和设备之间的关系如图 3-21 所示。

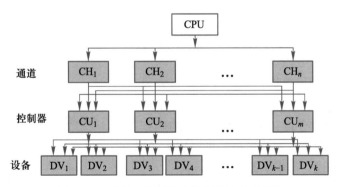

图 3-21　通道、控制器和设备的关系示意图

（5）设备管理的功能。为实现设备的有效管理，设备管理程序通常具有以下功能：

① 建立设备管理数据记录。记录并管理系统中的 I/O 设备、控制器、通道的状态信息。

② 设备分配。根据用户请求按既定分配策略和算法，分配 I/O 设备、控制器、通道，同时管理 I/O 设备、控制器、通道的排队队列。

③ 缓冲区管理。为缓解 CPU 处理高速度和 I/O 处理低速度的矛盾，设立缓冲区，使得 CPU 和 I/O 设备之间通过缓冲区来传送数据。缓冲区管理包括缓冲区的建立、分配与释放等。

④ 实现 I/O 操作。通过调度、执行通道程序或 I/O 驱动程序，实现 I/O 设备的操作。

5. 用户接口

操作系统为计算机硬件和用户之间提供了交流的界面。用户通过操作系统告诉计算机执行什么操作，计算机系统为用户提供执行各种操作的服务，并按用户需要的形式返回操作结果。用户和计算机之间的这种交流构成完整的、人机一体的系统，这个系统称为用户接口。

（1）系统调用。在计算机系统中，用户不能直接管理系统资源，所有资源的管理都是由操作系统统一负责的。但是，这并不是说用户就不能使用系统资源，实际上用户可以通过系统调用的方式使用系统资源。这种在程序中实现的系统资源的使用方式被称为系统调用，或者称为应用编程接口。目前的操作系统都提供了功能丰富的系统调用功能。

不同操作系统所提供的系统调用功能有所不同。常见的系统调用分类如下：

① 文件管理包括对文件的打开、读写、创建、复制、删除等操作。

② 进程管理包括进程的创建、执行、等待、调度、撤销、进程间传递消息等操作。

③ 设备管理用于请求、启动、分配、运行、释放各种设备的操作。

④ 存储管理包括存储的分配、释放、存储空间的管理等操作。

（2）用户接口分类。随着操作系统功能不断扩充和完善，用户接口更加人性化，呈现出更加友好的特性。目前，人机之间的用户接口有两种主要类型：直接用户接口通过交互方式的用户界面进行人机对话；间接用户接口通过批作业或程序的方式完成人机交流，如图 3-22 所示。

用户接口又分为命令接口、图形用户接口以及网络用户接口。

用户与计算机之间进行交流的接口方式主要有5种：

① 命令界面。为用户提供的是以命令行方式进行对话的界面，例如 MS DOS。用户通过在终端上输入简短、有隐含意义的命令行，实现对计算机的操作。这种方式对熟练用户而言，操作简捷，可节省大量时间。但是，对初学者来说，很难掌握。

② 菜单界面。为用户提供一系列可用的选项，用户通过快捷键方式输入字母或数字选择指定项，或是通过单击鼠标的方式来选择指定的选项。这种方式操作简单易用，但对于复杂的多级列表选择可能会很费时间。

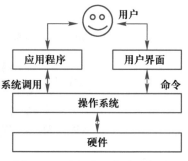

图 3-22　人机交互方式示意图

③ 图形用户界面。以窗口、图标、菜单和对话框的方式为用户提供图形用户界面，例如，Apple Macintosh 系统和 Windows 系统。用户通过点击鼠标的方式进行相关的操作。这种方式易于理解、学习和使用。然而，与命令方式相比，图形用户界面消耗了大量 CPU 时间和系统存储空间。

④ 专家系统界面。专家系统界面也称语音激活界面，它可以通过识别自然语言进行操作。这种方式的关键元素包括语音识别、语音数据输入和语音信息的输出。自然语言处理需要有大内存和高速 CPU 的强大计算机系统支持。显然，专家系统界面是未来用户接口技术发展的方向。

⑤ 网络形式界面。网络形式界面是随 Internet 的普及应运而生的界面形式。它采用基于 Web 的规范格式，对于有上网浏览经历的用户来说，这种操作无须任何培训。

▶▶ 3.5　应用案例

▶ 3.5.1　计算机硬件的基准测试

基准（benchmark）是计算机行业常用的术语，指在"同等"条件（同样的数据集、同样的程序）下，看哪一种硬件的执行效率最高或速度最快（也有做软件的基准的，目前暂不讨论）。

人们经常讨论的问题是：每秒几百万次的计算速率意味着什么？有那么多计算需要在这么短时间内做完吗？

人们还关心另外一个问题，如果测试一辆汽车，可以借用飞机场的跑道，将汽车开到其设计的极限速度（经常看到汽车杂志组织这些活动）。那么，计算机如何可以像汽车一样，借助某种手段，把 CPU 的"极速"跑出来。

还有一个问题，计算机在运行大计算量程序时，高负荷下微处理器会散发热量，这个热量究竟有多大？芯片温度有多高？由于新型的微处理器一般都有温度传感器，人们希望了解微处理器的工作温度与负载的关系，在可能的情况下，优化处理器运行的工作条件。

解决上述问题，需要以下一些工具：

（1）能够充分发挥计算机处理功能的应用程序（一般系统程序显然很难做到这一点）。

（2）观测和记录微处理器工作负载的系统程序（Windows 下的任务管理器可以部分做到，但可观测的时间周期有限）。

（3）观测微处理器工作温度的系统程序。

（4）可以调节微处理器工作条件的系统程序。

在 Internet 上可以找到这类工具，例如，rightmark 网站上提供的一系列测试工具软件，其中包括 CPU RightMark Lite、RightMark CPU Clock Utility（RMClock）、RM Gotcha！等。此外，ClockGen、SoftFSB 也提供类似功能。

1. 微处理器基准测试

CPU RightMark Lite 是一款测试微处理器性能基准的程序，对处理器的性能在不同的计算任务条件（如物理过程的数值模拟和三维图形问题的解决）下进行客观测量。它着重测试浮点运算单元（float point unit，FPU）/单指令多数据流（single instruction multiple data，SIMD）载荷和 CPU/内存性能的同步。

该程序的基准检测工作原理是运行一个全功能矢量动画的绘制软件，随机安排几百个物体（本例为球体）在一个模拟空间中相对运动，并在一个视窗（分辨率可以设置，如 1 024×768）中描述测试物体的纹理、光线照射及阴影的动态变化。注意：其中可设置的参数包括显示场景的分辨率、测试周期、测试模式、纹理、阴影、天空背景、三维线形过滤到 CPU 的扩充指令集（如 SSE3）等，如图 3-23 所示。设置完成后可以运行，结果包括

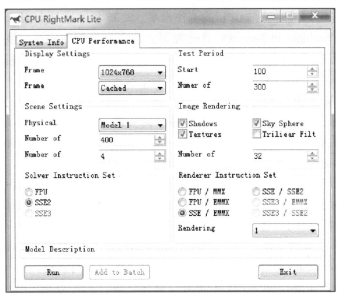

图 3-23 CPU RightMark Lite 设置界面和参数

在该微处理器处理能力下，程序每秒处理的帧数（frame per second，FPS）。由于该图形动态变化的计算量极大，可以非常形象、客观、有效地刻画出计算机微处理器的整体工作能力。一台 2005 年出厂的 Sony 笔记本电脑，微处理器型号为 Intel Pentium M（1.7 GHz/RAM 1 GB），只能跑出 0.6 FPS，如图 3-24 所示。

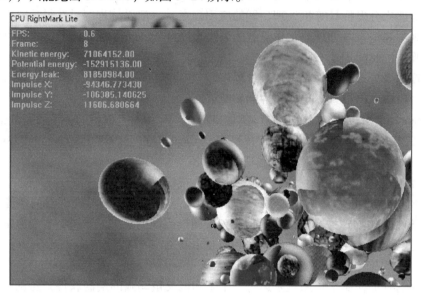

图 3-24　CPU RightMark Lite 运行结果（局部）

2. 微处理器工况检测

RightMark CPU Clock Utility（RMClock）是一款小巧的图形化应用程序，RMClock 依靠 CPU 内负责电源管理的特别模块寄存器（MSR），可以实时检测 CPU 的当前工作频率、功耗、使用率，还可以随时调整 CPU 的工作水平。3.35 版本支持 Intel Core 2 系列处理器（四核 Yorkfield、Wolfdale 和 Penryn）等处理器。在自动管理模式下，该程序可以随时监测处理器的使用率并动态调整工作频率、功耗和电压，使其符合当前性能需要水平，实现根据目前系统负载决定自身输出效能的处理器工作模式，避免资源浪费。

图 3-25 是 RMClock 的操作主界面，可以显示处理器的多项常规信息，如 CPU 的名称、代号、修订号、电源管理特性、核心频率、降频调温和 CPU/OS 的负载等数据，以及处理器电压的当前值、启动值、最小值、最大值。如果用户计算机使用的是多核处理器，可以在窗口底部切换，以观察不同处理器内核的工作情况。

由于并非所有工作都必须把 CPU 的全部"马力"动员起来，尤其是一般的文档处理、数据输入工作，因此，完全可以把 CPU 的工作状态进行人为调整。例如，出差在外，使用笔记本电脑从事一般的事务工作时，希望电池支持的时间可以更长一些，则可以通过 RMClock 将笔记本电脑的工作方式设置成"Power saving"，也就是节电模式，或者可以设置成"Run HLT command when OS Idle"，即当操作系统空闲时自动关机（再使用时需要重新启动）。但是，若需要使用 3D 软件输出效果视频时，则可以把 CPU 的工作方式设为"Maximal performance"，也就是使用 CPU 最强性能。

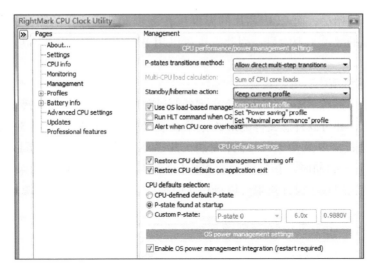

图 3-25　RMClock 的主界面

　　对于提供了温度测试的微处理器或主板，RMClock 还提供了微处理器芯片温度的实时检测，这样，用户在进行基准测试或大运算量计算时，可以实时检测微处理器温度变化情况，最为重要的是，通过对笔记本电脑的散热等性能进行监测，同时调整微处理器的钟频或性能参数，来降低微处理器的温度，达到节省电力、延长电池使用时间的目的。通过图 3-26 可以清楚地看到，一旦 CPU RightMark Lite 开始运行，就像一辆跑车上了机场跑道，CPU 将全负荷运行，时钟频率一直处在 CPU 的极限值（1 596 MHz），CPU 和操作系

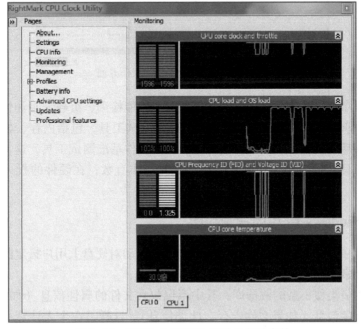

图 3-26　RMClock 运行时 CPU 的各种参数

统的资源几乎消耗殆尽，而 CPU 芯片的温度也在逐步上升。这样的测试放在笔记本电脑上进行，其升温的效果尤为明显。因此，也可以用 RMClock 测试笔记本电脑 CPU 芯片的升温和散热工况。

3. 微处理器负荷检测与记录

RM Gotcha!（原称 RMspy）是一个小型的测试程序，负责记录微处理器的负载、内存资源的空闲情况，并可以日志文件的形式记录在硬盘中，操作界面如图 3-27 所示。该实用程序的特点是只需要几个 CPU 时钟周期，几乎不影响检测结果。所以，可以在运行 CPU RightMark Lite 的同时，在后台运行 RM Gotcha!，将基准测试的结果记录在文件中。这个程序对一些应用程序设计效果可以进行实时检测，用以判断各种资源的占用和程序算法的优化效果等。

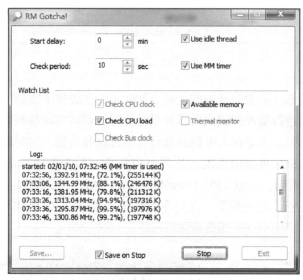

图 3-27　RM Gotcha! 的操作界面

以上 3 个程序可以解决微处理器的功能驱动、性能检测、负载记录和性能调控 4 个问题。实际上，RightMark 项目还提供了大量的硬件测试工具，包括内存、显卡等。对计算机硬件性能有兴趣的读者可以到该网站寻求相关的硬件基准测试工具，这样，才能在寻求正确的计算机工具来解决相关问题的时候，做到心中有数；在硬件的投入上，做到有的放矢。

▶ 3.5.2　Windows 10 中的搜索功能

Windows 10 中的搜索功能，可在计算机空闲时自动对硬盘上用户指定的文件夹进行扫描，并创建文件索引。

这种文件索引类似小型的数据库，其中不仅包含文件的属性信息（如文件名），而且包含文件中的文字信息（如果文件中存在此类信息）。这样，在个人计算机闲置时，在对所有被索引位置建好索引后，当需要对文件内容进行搜索时，就直接在索引数据库中进行查找，而不需要反复检索硬盘上的所有文件。

这样做的好处是：把对文件系统的检索变为对索引信息数据库的检索，这种在数据库中进行的查询，速度比在文件系统中快。例如，硬盘上保存了 50 GB 文档数据，需要在这些数据中搜索内容中包含的关键字。如果不创建索引，那么每次搜索时，系统都要检查这 50 GB 文件的内容，不仅会影响系统运行性能，而且往往需要等待很长时间才能找到所需的结果。而如果创建了索引，并在索引信息中进行搜索，那就简单多了。因为索引信息可以理解为一个数据库，因此在创建索引时，其中的内容已经过适当优化，进行搜索时对系统运行速度的影响小，而且很快就能看到搜索结果。

1. "开始" 菜单中的搜索框

"开始" 菜单中的搜索功能不仅可以搜索硬盘上的文件，而且可以搜索安装的程序，以及浏览器的历史记录。与其他方式的搜索类似，"开始" 菜单中的搜索功能也是动态进行搜索的，例如，将 "Windows 10" 作为关键字进行搜索，那么在输入关键字的前几个字母，如 "Win" 时，搜索工作就已经开始了，并且会立刻显示出匹配的结果。随着关键字的完善，搜索结果也将更加准确，并最终精确反映出用户需要搜索的内容。有时，甚至不需要输入完整的关键字，想要的结果就会跃然而出。

在图 3-28 所示的例子中，原本希望使用 "office" 作为关键字进行搜索，但从图中可以看出，只输入了 "offic" 字样后，想要的内容就已经出现了。而且在结果列表中，所有符合条件的内容都被列在不同的类别下，且字母不区分大小写。

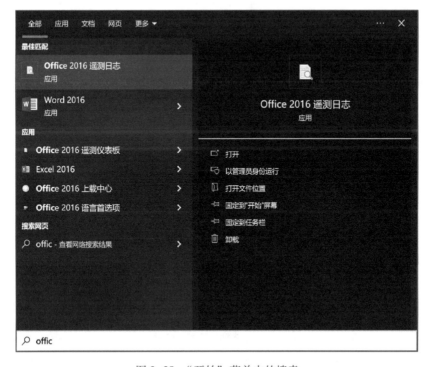

图 3-28　"开始" 菜单中的搜索

除了可以用于搜索内容外，"开始"菜单中的搜索框还起到了老版本 Windows 中"运行"对话框的作用。例如，用户可能已经习惯了打开"运行"对话框，输入"cmd"并按 Enter 键，打开 DOS 命令行窗口。但在 Windows 10 中，默认情况下"开始"菜单中没有显示"运行"命令，取而代之的就是搜索框。对于希望运行的命令，只要直接在搜索框中输入即可。同样，程序名称的输入也是动态提示的，有时并不需要输入完整的名称就能获得想要的结果。

2. 视窗中的搜索框

在"文件资源管理器"或"控制面板"窗口的右上角也有一个搜索框，通过该搜索框不仅可以实现对不同范围内容进行搜索，而且还可以设置更复杂的搜索条件。

例如，对 C 盘中的内容进行搜索，可以首先进入 C 盘的根目录，然后在搜索框中输入搜索关键字，如"＊.doc"搜索扩展名为 doc 的文档。

在搜索结果中会用黄色突出显示搜索到的关键字，这样可以方便用户更好地寻找结果，如图 3-29 所示。另外，"保存搜索"命令可将搜索条件保存成虚拟文件夹，这样以后如果需要使用相同条件再次搜索时，只要双击这个虚拟文件夹即可。

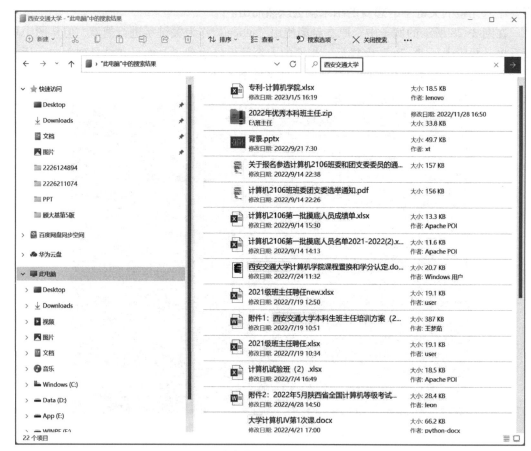

图 3-29　搜索结果中的关键字突出显示

3. 使用查询条件

搜索内容时，还可以设置搜索的条件。例如，在图 3-30 中，单击"高级选项"列表，选中"压缩的文件夹"选项，然后在搜索框中输入"大学计算机 OR 2022"，此时找到的结果中有压缩文件。

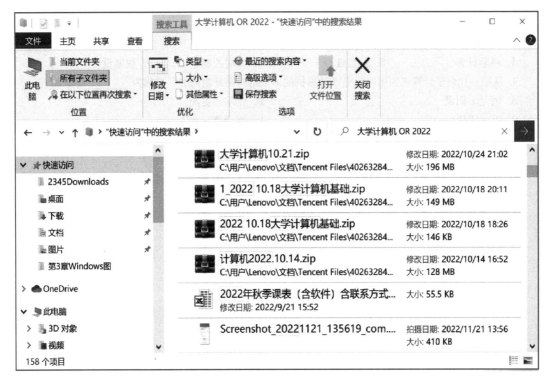

图 3-30　使用查询条件的搜索结果

◆▶ 本章小结

本章首先介绍了计算工具的进化、电子计算机的发展与未来、计算机硬件系统的构成，以及如何使用特定的指标来评价计算机的性能。

计算机软件是计算机存在的灵魂。对于计算机软件，用户必须适应它自然进化和不断革新的传统，甚至不断预期它的变革，只有这样，才有可能站在计算机技术发展的前沿并占据主动，真正享受新的变革带来的种种优越和便利。

本章阐述的系统软件是计算机技术的核心内容之一，对所有行业的计算机应用都有普遍的意义，也是用好应用软件的基础。应用软件的所有操作都是在操作系统的控制、监管下完成的。从用户的角度看，OS 是用户与计算机硬件系统的接口；从资源管理的角度看，OS 是计算机系统资源的管理者。OS 主要作用及目的就是提高系统资源的利用率，提供友好的用户界面，创造良好的工作环境，从而使用户能够灵活、方便地使用计算机，使整个计算机系统能高效地运行。

◀▶ 习题 3

一、单选题

1. 计算机的发展经历了从电子管到超大规模集成电路等几代的变革，各代主要基于＿＿＿＿＿＿的变革。

A. 处理器芯片　　　　B. 操作系统　　　　C. 元器件　　　　D. 输入输出系统

2. 早期计算机的主要应用是＿＿＿＿＿。

A. 科学计算　　　　B. 信息处理　　　　C. 实时控制　　　　D. 辅助设计

3. 从第一代电子计算机到第四代电子计算机的体系结构都是相同的，被称为＿＿＿＿＿体系结构。

A. 阿兰·图灵　　　　　　　　　　B. 比尔·盖茨

C. 冯·诺依曼　　　　　　　　　　D. 克劳德·香农

4. 64 位微型计算机系统是指＿＿＿＿＿。

A. 内存容量 64 MB　　　　　　　　B. 硬盘容量 64 GB

C. 计算机有 64 个接口　　　　　　D. 计算机字长为 64 位

5. CPU 主要由运算器与控制器组成，下列说法正确的是＿＿＿＿＿。

A. 运算器主要负责分析指令，并根据指令要求进行相应的运算

B. 运算器主要完成对数据的运算，包括算术运算和逻辑运算

C. 控制器主要负责分析指令，并根据指令要求进行相应的运算

D. 控制器直接控制计算机系统的输入与输出操作

6. 下列存储器中，访问速度最慢的是＿＿＿＿＿。

A. Cache　　　　　　B. 硬盘　　　　　　C. ROM　　　　　　D. RAM

7. 计算机的内存储器相比外存储器＿＿＿＿＿。

A. 价格便宜　　　　　　　　　　B. 存储容量大

C. 读写速度快　　　　　　　　　D. 读写速度慢

8. 目前微型计算机中采用的逻辑元器件是＿＿＿＿＿。

A. 小规模集成电路　　　　　　　B. 中规模集成电路

C. 大规模和超大规模集成电路　　D. 分立元件

9. 微型计算机中，运算器的主要功能是进行＿＿＿＿＿。

A. 逻辑运算　　　　　　　　　　B. 算术运算

C. 算术运算和逻辑运算　　　　　D. 复杂方程的求解

10. 下列存储器中，存取速度最快的是＿＿＿＿＿。

A. 软磁盘存储器　　　　　　　　B. 硬磁盘存储器

C. 光盘存储器　　　　　　　　　D. 内存储器

11. 下列打印机中，打印效果最佳的一种是＿＿＿＿＿。

A. 点阵打印机　　　　B. 激光打印机　　　　C. 热敏打印机　　　　D. 喷墨打印机

12. 微型计算机中，属于控制器功能的是＿＿＿＿＿。

A. 存储各种控制信息　　　　　　B. 传输各种控制信号

C. 产生各种控制信息　　　　　　D. 输出各种信息

13. 微型计算机配置高速缓冲存储器是为了解决＿＿＿＿＿。

A. 主机与外设之间速度不匹配的问题

B. CPU 与辅助存储器之间速度不匹配的问题

C. 内存储器与辅助存储器之间速度不匹配的问题

D. CPU 与内存储器之间速度不匹配的问题

14. 下列叙述中，属于 RAM 特点的是_____。

A. 可随机读写数据，断电后数据不会丢失

B. 可随机读写数据，断电后数据将全部丢失

C. 只能顺序读写数据，断电后数据将部分丢失

D. 只能顺序读写数据，断电后数据将全部丢失

15. 下列设备中，属于输入设备的是_____。

A. 声音合成器　　　　B. 激光打印机　　　　C. 光笔　　　　D. 显示器

16. 下列设备中，既能向主机输入数据，又能接收主机输出数据的是_____。

A. 显示器　　　　　　B. 扫描仪　　　　　　C. 磁盘存储器　　　D. 音响设备

17. 运算器又称为_____。

A. 算术运算部件　　　B. 逻辑运算部件　　　C. 算术逻辑部件　　D. 加法器

18. 以下对程序描述不正确的是_____。

A. 程序是可执行代码的集合　　　　　　B. 程序是求解问题逻辑步骤的描述

C. 程序是进程的静态形式　　　　　　　D. 程序可以使用不同语言描述

19. 以下是应用软件的是_____。

A. TCP/IP 系统　　　B. 光盘驱动程序　　　C. 图像处理软件　　D. Java 编译系统

20. 下列关于操作系统性能与系统资源关系的叙述中，正确的是_____。

A. 内存越大越好　　　B. USB 接口越多越好　C. CPU 越快越好　　D. 合理配置硬件

21. 正在执行磁盘写操作的进程，突然遇到磁盘满的情况，这时进程状态由_____。

A. 运行→就绪　　　　　　　　　　　　B. 运行→阻塞

C. 运行→死机　　　　　　　　　　　　D. 运行→未知

22. 下列关于软件安装和卸载的叙述中，正确的是_____。

A. 安装软件就是把软件直接复制到硬盘中　　B. 卸载软件就是将指定软件删除

C. 安装不同于复制，卸载不同于删除　　　　D. 安装就是复制，卸载就是删除

23. 下列关于用户接口的叙述中，正确的是_____。

A. 图形用户界面最好，用户操作简单易学　　B. 不同应用环境采用不同用户接口

C. 字符命令行方式最好，操作效率高　　　　D. 程序调用方式最好，可实现特定操作

二、判断题

1. 英文缩写 RAM 的中文含义是随机存取存储器。 ( )

2. 微型计算机的主频是衡量计算机性能的重要指标，它指的是数据传输速度。 ( )

3. 硬盘、U 盘和 CD-ROM 均为计算机的硬件。 ( )

4. 一个存储单元只能存放一个二进制位。 ( )

5. 衡量打印机的主要技术指标是分辨率和打印速度。 ( )

6. 没有操作系统的计算机被称为"裸机"。 ( )

7. 文件系统是可以实现对文件进行"按名操作"的系统。 ( )

8. 在具有 128 MB 内存的计算机中，用户只能运行小于 128 MB 的应用程序。 ( )

9. 程序和进程是一一对应的，即一个程序只能对应一个进程。 ( )

三、填空题

1. 世界上第一个通用微处理器_____于 1971 年问世，被称为第一代微处理器。

2. 首先提出在电子计算机中存储程序概念的科学家是_____。

3. 没有软件的计算机称为_____。

4. 某微型计算机的运算速度为 2 MIPS，则该微机每秒执行_____条指令。

5. CPU 是_____的简称，由_____和_____组成。

6. 一个完整的计算机系统由_____和_____组成。

7. 在断电后其中信息会丢失的内存储器是_____。

8. 进程在其生命周期过程中有 3 种状态，分别是运行状态、_____和_____。

9. UNIX 是_____ 用户、_____ 任务的操作系统。

10. 可执行文件的扩展名为_____，文本文件的扩展名为_____。

四、问答题

1. 计算机的发展经历了哪些阶段？

2. 最初发明计算机的目的是什么？试举例说明，现代计算机的用途与早期的计算机的不同之处。

3. 未来计算机的发展方向是什么？

4. 请关注自己所使用的键盘，看看哪些键上的符号或名称还是陌生的？

5. 试列举计算机发展过程中，哪 3 位科学家发挥了重要作用？简述他们的主要贡献。

6. 简述冯·诺依曼的"存储程序"的基本思想。

7. 简述计算机的工作原理。

8. 按读写方式可将光盘分为哪些类型？

9. 常用的外存储器有哪些？各有什么特点？

10. 衡量计算机性能的主要技术指标有哪些？

11. 计算机的主要应用有哪些方面？

12. 某个硬盘有 15 个磁头，8 894 个柱面，每道 63 个扇区，每个扇区 512B，计算该硬盘的容量。

13. 除了键盘、鼠标、显示器外，列出其他一些常用的输入输出设备。

14. 光驱上的性能指标"36X"表示什么含义？

15. 试对比分析字符命令接口和图形用户接口的区别和特点。

16. 试简述进程和程序的区别和联系。

五、实验操作题

1. 如果要自己组装一台台式机，必须选购的组件有哪些？

2. 在当地的计算机销售商处收集一些不同品牌、不同配置的计算机的宣传单，对收集的资料进行分析，将配置中所列的指标和教材中介绍的各个硬件进行对比，了解这些硬件的型号、指标、规格等情况。

3. 在当地的计算机销售商处收集一些不同品牌、不同配置的计算机的宣传单，对收集的资料做如下分析：

（1）不同品牌配置相同的计算机之间价格的差异。

（2）同一品牌不同配置的计算机的差异。

4. 在 Internet 上通过百度搜索目前微机中使用的内存条的规格、常用的品牌、价格范围。

5. 在 Internet 上通过百度搜索目前使用的 U 盘的容量、不同容量的 U 盘的价格。除了容量外，U 盘的其他性能指标还有哪些?

6. 在 Windows 操作系统下，通过控制面板中的"数据源（ODBC）"链接指定数据库文件 Test. mdb，通过运行 Link_db. exe 命令，测试是否链接成功。

注：本实验提供 Test. mdb 数据库文件和 Link_db. exe 命令。

7. 安装打印机驱动程序。

注：打印机厂家和型号自选。

8. 分别用字符命令接口、图形用户接口和程序调用接口 3 种方式启动计算器（Calc. exe）程序。

注：本实验提供程序调用接口的命令（程序）为 p_call. exe。

9. 使用 Windows 中的"磁盘碎片整理"程序清理本地计算机系统的磁盘碎片。

10. 修改本地计算机系统中的虚拟存储器为系统允许的最大值。

第4章

计算机网络与信息共享

教学资源：
电子教案、微视频、实验素材

本章教学目标

(1) 了解计算机网络的基本概念与理论。

(2) 了解因特网的物理结构与工作模式。

(3) 了解因特网对社会和人类发展的影响。

(4) 掌握因特网的接入技术。

(5) 掌握因特网的地址构成和资源定位。

(6) 掌握网络信息检索的方法。

(7) 掌握基本的网络资源发布方法。

(8) 掌握网站和网页的创建和编辑方法。

(9) 掌握网页中文本格式和段落格式的设置方法。

(10) 掌握图片的插入和编辑方法。

(11) 掌握表格的创建和编辑方法。

(12) 掌握超链接的创建方法。

(13) 掌握 Windows 10 中服务器的配置方法。

本章教学设问

(1) 为什么需要了解网络的概念和基本构成？

(2) 如何能够成为网络资源的生产者？

(3) URL 的作用是什么？有哪些重要的组成要件？

(4) 网络地址可以用哪些方式表达？各自有哪些特点？

(5) URL 与网络地址之间存在什么关系？有何区别？

(6) 因特网有哪些重要的接入方式？如何选择？

(7) 局域网有什么应用特色？对网络资源的访问有何影响？

(8) 网页中的文本可以设置哪些属性？

(9) 网页中的超链接可以链接的目标有哪些？

(10) 如何在 Windows 10 中设置 Web 服务器？

(11) 如何在 Windows 10 中设置 FTP 服务器？

计算机网络是计算机技术和通信技术相互结合形成的，是计算机应用的一个重要领域，也是目前发展非常迅猛的领域，特别是 Internet 的迅速发展，使得计算机网络的应用已经渗透到社会生活的方方面面，并且正在影响着人们的工作方式和生活方式，本章介绍网络的基本概念、Internet 的基本应用、网络信息检索和网络信息安全。

▶▶ 4.1 网络概述

目前，关于计算机网络并没有一个标准而统一的定义，一般说来，计算机网络是指利用通信设备和通信线路，将分布在不同地理位置上的、具有独立功能的多个计算机系统连接起来，在网络软件的管理下实现数据交换和资源共享的系统，这里的网络软件包括网络通信协议、信息的交换方式和网络操作系统等。

计算机网络的功能主要体现在 3 个方面，即信息交换、资源共享和分布式处理：

（1）信息交换。计算机网络为分布在不同地理位置的计算机用户提供信息交换和快速传送的手段，在不同计算机之间交换不同类型的信息，如文字、声音、图像、视频等。

（2）资源共享。这里的资源包括硬件、软件和数据等，资源共享是指在计算机网络中，各计算机的资源可以被其他的计算机使用，这是网络的一个重要功能，目的是提高资源的利用率。

（3）分布式处理。当网上某台计算机的任务过重时，可以将其部分任务转交给其他空闲的计算机处理，从而均衡计算机的负担。

▶ 4.1.1 网络的产生和发展

和其他事物的发展一样，计算机网络的发展历史也经历了从简单到复杂、从低级到高级的过程。在这一过程中，计算机技术与通信技术紧密结合，相互促进，共同发展，最终产生了计算机网络。它的发展可以分为以下 4 个阶段。

1. 以单台计算机为中心的远程联机系统

1954 年，以单台计算机为中心的远程多终端互联系统诞生，如图 4-1 所示。这类系统中的计算机（也称主机）和终端之间通过通信线路和通信设备连接起来，把计算机技术和通信技术结合起来，形成了计算机网络的雏形。

系统中终端用户通过终端机向主机发送数据运算处理的请求，主机处理后又将结果返回给终端机，而且终端用户要存储的数据存储在主机中，终端机不具有处理和存储能力。当时的主机负责两个方面的任务：一是负责终端用户的数据处理和存储，二是负责主机与终端之间的通信。

第一代计算机网络是以单个主机为中心、面向终端设备的网络结构。由于终端设备不能为主机提供服务，因此终端设备与主机之间不提供资源共享，网络功能以数据通信为主。这一时期典

图 4-1　单台计算机为中心的远程联机系统

型的计算机网络是 20 世纪 60 年代初美国航空公司与 IBM 公司联合开发的飞机订票系统，它由一台主机和覆盖全美范围的 2 000 多个终端组成，而终端只包含显示器和键盘。

2. 多台计算机通过线路互联的计算机网络

为了克服第一代计算机网络的缺点，提高网络的可靠性和可用性，人们开始研究将多台计算机相互连接的方法。第二代网络是从 20 世纪 60 年代中期到 70 年代中期，随着计算机技术和通信技术的进步，利用通信线路将多台主机互联系统相互连接起来，形成了以多主机为中心的网络，为终端用户提供服务，如图 4-2 所示。

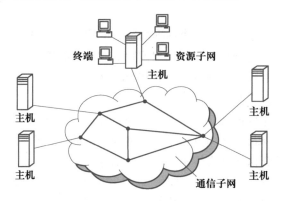

图 4-2　多台主机互联系统

在第二代网络中，实现网络通信功能的设备及其软件的集合称为网络的通信子网，而把网络中实现资源共享功能的设备及其软件的集合称为资源子网。这样，可以从逻辑功能上将计算机网络分为通信子网和资源子网两个部分。

通信子网是由用于信息交换的结点计算机和通信线路组成的独立的数据通信系统，它承担全网的数据传输、转接、加工和变换等通信处理工作。网络结点提供双重作用：一方面作为资源子网的接口，同时也可作为对其他网络结点的存储转发结点。由于存储转发结点提供了交换功能，所以数据信息可在网络中传送到目的结点。

资源子网提供访问的能力，资源子网由主机、终端控制器、终端和计算机所能提供共享的软件资源和数据源（如数据库和应用程序）构成。主机通过一条高速多路复用线或一条通信链路连接到通信子网的结点上。

第二代计算机网络与第一代计算机网络的区别主要表现在两个方面：其一，网络中的通信双方都是具有自主处理能力的计算机，而不是终端机；其二，计算机网络功能以资源共享为主，而不是以数据通信为主。这一时期的网络又称为"面向资源子网的计算机网络"，典型的代表是美国国防部高级研究计划署开发的 ARPANET，ARPANET 被认为是 Internet 的前身，它的成功标志着计算机网络的发展进入了一个新的阶段。

3. 具有统一的网络体系结构、遵循国际标准化协议的计算机网络

这一阶段主要解决计算机网络之间互联的标准化问题，要求各个计算机网络具有统一的网络体系结构，目的是实现网络与网络之间的互相连接，包括异型网络的互联。

经过 20 世纪 60 年代及 70 年代前期的发展，几个大的计算机公司制定了自己的网络技术标准，最终促成了国际标准的制定。20世纪70年代末，国际标准化组织（ISO）成立了专门的工作组来研究计算机网络的标准，在吸收不同厂家网络体系结构标准化经验的基础上，制定了方便异种计算机互联和组网的开放系统互联参考模型（open systems interconnect reference model，OSI-RM），这一标准促进了计算机网络技术的发展。

20世纪80年代，局域网络技术十分成熟，同时，也出现了以TCP/IP为基础的全球互联网——因特网（Internet），随后，Internet在世界范围内得到了广泛应用。Internet是最大的国际性网络，遍布全世界的各个角落，与之相连的网络、网上运行的主机不计其数，而且还在飞快地增加。

4. 以下一代互联网络为中心的新一代网络

以下一代互联网为中心的新一代网络成为新的技术热点，它是全球信息基础设施的具体实现，通过采用分层、分面和开放接口的方式，为网络运营商和网络业务提供一个平台，在这个平台上提供新的业务。目前，IPv6（Internet protocol version 6）技术为发展和构建高性能、可扩展、可管理、更安全的下一代网络提供了理论基础。

4.1.2 传输介质

传输介质是连接网络上各个站点的物理通道。网络中采用的传输介质分为有线传输介质和无线传输介质两大类。

1. 有线传输介质

有线传输介质主要有同轴电缆、双绞线、光纤。

（1）同轴电缆。同轴电缆的结构如图4-3所示，同轴电缆可分为两种基本类型：基带同轴电缆和宽带同轴电缆，局域网中常使用的是基带同轴电缆，它适合数字信号传输，基带同轴电缆又可分为细缆和粗缆两种。

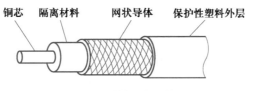

图4-3　同轴电缆的结构

同轴电缆由两个导体组成：一个空心圆柱形导体（网状）围裹着一个实心导体。内部导体可以是单股的实心导线，也可以是多股导线；外部导体可以是金属箔，也可以是编织的网状线。

（2）双绞线。双绞线是最廉价而且使用最为广泛的传输介质，连接计算机终端的双绞线电缆通常包含2对或4对双绞线。为了便于安装使用，双绞线电缆中的每一双绞线对都按一定的色彩标示，最常用的4对双绞线电缆的色彩标记方法为：1-白蓝-蓝、2-白橙-橙、3-白绿-绿、4-白棕-棕。

双绞线电缆分为非屏蔽双绞线和屏蔽双绞线两大类，非屏蔽双绞线结构如图4-4所示，屏蔽双绞线结构如图4-5所示，屏蔽双绞线具有良好的抗干扰能力和较高的传输速率。

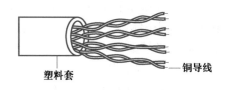

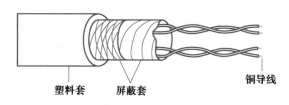

图 4-4　非屏蔽双绞线结构　　　　　　　图 4-5　屏蔽双绞线结构

双绞线按传输质量分为 1 类到 5 类，局域网中常用的为 3 类和 5 类双绞线，3 类双绞线最大带宽为 16 Mb/s，5 类双绞线最大带宽为 155 Mb/s。

双绞线电缆主要用于星状网络拓扑结构，即以集线器或网络交换机为中心、各计算机均用一根双绞线与之连接。这种拓扑结构非常适用于结构化综合布线系统，可靠性较高。任一连线发生故障时，不会影响网络中的其他计算机。

（3）光纤。在大型网络系统的主干网或多媒体网络应用系统中，几乎都采用光导纤维（简称光纤）作为网络传输介质，光纤的结构如图 4-6 所示。

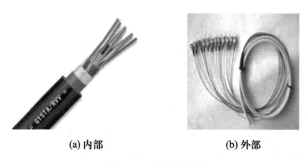

(a) 内部　　　　　　　　　　(b) 外部

图 4-6　光纤的结构

相较于其他的传输介质，光纤最主要的优点是低损耗、高带宽和高抗干扰性。目前光纤的数据传输率已达 2.4 Gb/s，更高速率的 5 Gb/s、10 Gb/s 甚至 20 Gb/s 的系统也正在研制过程中。光纤的传输距离可达上百公里。

2. 无线传输介质

最常用的无线传输介质有微波、红外线、无线电、激光和卫星。目前无线传输介质的带宽最多可以达到几十兆比特每秒，如微波为 45 Mbps，卫星为 50 Mbps。无线传输介质的主要优点是受地理环境的限制较小、可用于远距离传输，其主要缺点是容易受到障碍物和天气的影响。

▶ 4.1.3　网络的拓扑结构

人们将计算机网络中的计算机称为结点，将连接结点的线路称为链路，网络的拓扑结构就是指构成网络的结点与通信线路之间的几何连接关系，这种关系反映了网络中各实体间的结构关系。按连接方式的不同，网络拓扑结构一般分为星状、树状、总线型、环状和网状等，如图 4-7 所示。

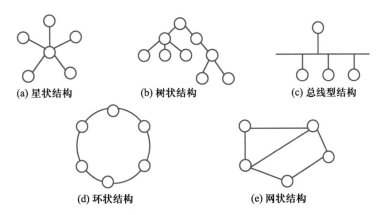

(a) 星状结构   (b) 树状结构   (c) 总线型结构

(d) 环状结构   (e) 网状结构

图 4-7　网络的拓扑结构

1. 星状结构

星状结构的主要特点是集中式控制或集中式连接，每个结点通过点对点通信线路与中心结点连接，中心结点控制全网的通信，任何两个结点间的通信都要通过中心结点。星状结构的优点是建网容易，控制和维护相对简单；缺点是对中心结点依赖大。

2. 树状结构

在树状结构中，结点之间按照层次进行连接，信息交换主要在上下层结点之间进行。结构形状像一棵倒置的树，顶端为根，从根向下分支，每个分支又可以延伸出多个子分支，一直到树叶。树状结构的优点是易于扩展，故障也容易分离；缺点是整个网络对根结点的依赖性太大，如果网络的根结点发生故障，整个系统就不能正常工作。当树状结构中只有根结点和一层子结点时，就变成了星状结构，因此，可以将星状结构看作是树状结构的特例，或将树状结构看成是星状结构的扩展。

3. 总线型结构

总线型结构是局域网中最为常用的一种结构，在这种结构中，有一条公共的信息传输通道，称为总线，所有结点都与公用总线连接。总线型结构中没有中央控制结点，因此必须采取某种介质访问协议来控制结点对总线的访问，从而保证在一段时间内只允许一个结点传送信息，从而避免信息冲突。总线型结构简单灵活，可扩充性好，成本低，安装使用方便，但是实时性较差，不适宜大规模的网络。

4. 环状结构

环状结构用通信线路将各结点连接成一个闭合的环，信息从一个结点发出后，沿着通信链路在环上按一定方向一个结点接一个结点地传输。环状网上各个结点的地位和作用是相同的，采用令牌协议进行介质访问控制，没有竞争现象，因此在负载较重时仍然能传送信息；缺点是网络上的响应时间会随着环上结点的增加而变慢，而且当环上某一结点有故障时，整个网络都会受到影响。

5. 网状结构

网状结构的控制功能分散在网络的各个结点上，网上的每个结点都有若干条路径与网络其他结点相连,这样即使一条线路出现故障,也能通过其他线路传输,网络仍能正常工作。这种结构可靠性高,但网络控制比较复杂。

以上的5种拓扑结构中,总线型、星状和环状在局域网中应用得较多,网状和树状结构在广域网中应用得较多。

4.1.4 计算机网络的分类

可以从不同的角度按不同的方法对计算机网络进行分类,如按网络规模分类、按距离远近分类、按使用的传输介质分类等。

1. 按网络的规模和距离分类

按照连网的计算机之间的距离和网络覆盖地域范围的不同,可以将网络分为局域网、广域网和城域网三类。

(1)局域网。局域网(local area network,LAN)覆盖范围通常为几米到十几千米,用于有限的范围内,如一个实验室、一幢建筑物、一个单位的各种计算机、终端与外部设备的互连,是具有较高数据传输率(10 Mbps~10 Gbps)、低误码率的高质量数据传输服务。局域网通常是为了使一个单位、企业或一个相对独立范围内的计算机相互通信,共享某些外部设备,如高容量硬盘、激光打印机、绘图仪等,互相共享数据信息而建立的。

(2)广域网。广域网(wide area network,WAN)覆盖范围一般为几十千米到几千千米,跨省、跨国甚至跨洲。广域网可以将多个局域网连接起来,网络的互连形成了更大规模的互连网,可使不同网络上的用户能相互通信和交换信息,实现了局域资源共享与广域资源共享的结合,其中因特网就是典型的广域网。

(3)城域网。城域网(metropolitan area network,MAN)的覆盖范围介于局域网与广域网之间,基本上是一种大型的局域网,通常使用与局域网相似的技术。

2. 按网络使用的传输介质分类

按传输介质不同,可以将计算机网络分为有线网和无线网两大类。

(1)有线网。有线网是指采用双绞线、同轴电缆和光纤等作为传输介质的网络,目前大多数的计算机网络都采用有线方式组网。

(2)无线网。无线网是指采用微波、红外线等作为传输介质的网络,目前的无线网络技术发展非常迅速,应用也非常普及。

4.1.5 数据通信的技术指标

描述数据通信的基本技术指标主要有数据传输速率、带宽和误码率。

1. 数据传输速率

数据传输速率是指每秒钟传输的二进制位数,用来表示网络的传输能力,单位为位每秒,记作 b/s(bit per second)。b/s 的倒数表示发送一比特所需要的时间。例如,如果数据的传输速率是 1 000 000 b/s,那么传输 1 比特的信号所需要的时间是 0.001 ms。除了 b/s 之外,常用的数据传输速率单位还有 kb/s、Mb/s 和 Gb/s,它们之间的关系如下:

$$1 \text{ kb/s} = 10^3 \text{ b/s}$$

$$1 \text{ Mb/s} = 10^6 \text{ b/s}$$
$$1 \text{ Gb/s} = 10^9 \text{ b/s}$$

2. 带宽

对于传输的信号，带宽是指所传输信号的最高频率与最低频率之差，即频率的范围，其单位为 Hz、kHz、MHz、GHz 等。对于传输信道，带宽则表示传输信息的能力。

由于传输信息的最大传输速率和带宽之间存在密切的关系，所以在网络技术中常用带宽来表示数据传输速率，带宽越宽，传输速率也就越高，因此，带宽与速率几乎成为同义词，例如，可以将网络的"高传输速率"用"高带宽"来描述，人们常说的宽带网指的就是传输速率较高的网络。

3. 误码率

误码率 Pe 是指数据传输过程中的出错率，它在数值上等于传输出错的二进制位数 Ne 与传输的总的二进制位数 N 之比，即误码率采用下面的公式计算：

$$Pe = Ne/N$$

传输速率或带宽用来表示传输信息的能力，而误码率则用来表示通信系统的可靠性。

▶ 4.1.6 网络连接的硬件设备

网络连接的硬件设备包括局域网的组网设备和网络的连接设备。

1. 局域网的组网设备

局域网的组网设备包括网络接口卡、交换机、无线 AP 等。

（1）网络接口卡。网络接口卡简称网卡，如图 4-8 所示，用来将计算机和通信电缆连接起来，所以每台连接到局域网上的计算机都要安装一块网卡，网卡的作用是通信处理、数据转换和电信号的匹配。目前的绝大多数微机主板上都已集成了网卡的功能。

（2）交换机。交换机是局域网基本的连接设备，它的主要功能是提供多个双绞线或者其他传输介质的连接端口，每个端口和结点连接，构成物理上的星状结构，图 4-9 是使用交换机构成的局域网。

图 4-8　网络接口卡

（3）无线 AP。无线 AP 也称为无线访问点（access point）或无线桥接器，是有线局域网和无线局域网（wireless LAN，WLAN）的桥梁，装有无线网卡的主机可以通过无线 AP 连接到有线局域网中。具体到设备，无线 AP 可以指单纯的无线接入点，也可以指无线路由器等设备。作为单纯的接入点，它是一个无线交换机，起到无线发射的功能，将从双绞线传送过来的网络信号转换为无线信号进行发送，形成无线网络的覆盖。

不同型号的无线 AP 具有不同的发射功率，从而形成不同的覆盖范围，通常无线 AP 最大可以覆盖 300 m 的范围。使用无线 AP 可以在不方便架设有线局域网的地方构建无线局域网，也可以方便地构成临时网络。

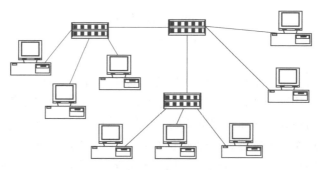

图 4-9　使用交换机构成的局域网

2. 网络的连接设备

（1）调制解调器。调制解调器（modem）是个人计算机通过电话线接入因特网的必要设备。在计算机内部处理的是数字信号，而在电话线上传输的是模拟信号，因此，在向网络发送数据时，要将数字信号转换成模拟信号，这一过程称为调制；从网络接收数据时，则要将模拟信号还原成数字信号，这一过程称为解调，调制解调器具有调制和解调两种功能。调制解调器有内置和外置两种，外置调制解调器在计算机机箱之外使用，它的一端连接到计算机上，另一端连接到电话插口上，内置调制解调器是一块电路板，插到主板的插槽上。

（2）网桥。网桥用于实现类型相同的局域网之间的互联，从而扩大局域网的覆盖范围。

（3）路由器。路由器是实现局域网和广域网互连的主要设备，它的作用是将处在不同地理位置的局域网、城域网、广域网或主机互联起来。路由器根据输送数据的目的地址，将数据分配到不同的路径中，如果有多条路径，则根据路径的工作状况选择合适的路径。

▶▶　4.2　网络协议和网络体系结构

计算机网络由多个互联的相互独立的计算机组成。由于不同厂家生产的计算机类型不同，操作系统、信息表示方法等都存在差异，它们之间的通信就需要遵循共同的规则和约定，网络协议是网络通信的语言。

网络协议（network protocol）是网络上计算机通信时为进行数据交换而制定的规则、标准或约定，网络协议规定了通信双方互相交换数据或者控制信息的格式、所应给出的响应和所完成的动作以及它们之间的时序关系。一个网络协议主要由以下 3 个要素组成。

（1）语法：描述数据与控制信息的结构或格式。

（2）语义：控制信息的含义、需要做出的动作及响应。

（3）时序：规定了各种操作的执行顺序。

一般来说，协议的实现是由软件和硬件分别或配合完成的，有的部分由联网设备来承担。

由于计算机网络涉及不同的计算机、软件、操作系统、传输介质等，要实现相互通信是非常复杂的。为了实现复杂的网络通信，在制定网络协议时采用了分层的概念，通过分层可以将庞大而复杂的问题转换为若干个简单的问题，以便处理和解决。采用分层结构后，网络的每一层都具有相应的同层协议，相邻层之间也有层间协议。人们将计算机网络的各层协议和层间协议的集合称为网络体系结构。典型的网络体系结构有 OSI 和 TCP/IP。

1. OSI 体系结构

OSI 是国标标准化组织（ISO）于 1984 年制定的计算机网络标准，称为开放系统互联参考模型，即 OSI 参考模型，它将计算机网络的体系结构自上而下分为 7 层：应用层、表示层、对话层、传输层、网络层、数据链路层和物理层，如图 4-10 所示。

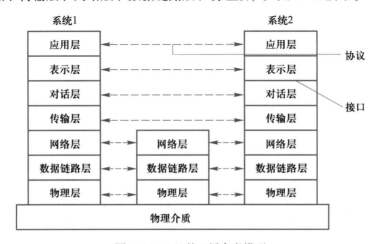

图 4-10　OSI 的 7 层参考模型

在 7 层模型中，每一层都建立在下一层的基础上，利用下一层的服务来实现自身的功能，并向上一层提供服务。最高的第 7 层没有需要服务的上一层，最低的第一层没有可利用服务的下一层。两个系统进行通信时，通信是由所有对等层之间的通信一起协同完成的。层与层之间是接口，它包括下面一层要提供哪些服务和上面一层如何使用这些服务。各层的主要功能如下：

（1）应用层。在这一层上，用户只需关心正在交换的信息，不需要知道信息传输的技术，因此，应用层的功能只是处理双方交换来往的信息。

（2）表示层。在两个应用层上的用户所用的代码、文件格式、显示终端类型不需要一致，这些由表示层来处理。另外，表示层还包括数据的压缩与解压。

（3）对话层。通信的双方需要互相识别，称为建立对话关系，所以需要命名约定和编址方案，地址不能相重。对话层还要保证对话按照规则有序地进行。

（4）传输层。对话层知道通话伙伴的地址和名字，但不需要知道对方具体在哪里，正如人们给远方的亲友写信，需要知道收信人的地址，但不一定知道他具体在什么地方。而传输层就可以提供端到端的传输服务，传输层的另一个功能是进行流量控制，使信息传输的速度不超过对方接收的能力。

（5）网络层。网络层具体负责传输的路径，包括选择最佳路径，避开拥挤的路径，即通常所说的路由选择。

（6）数据链路层。不论选择什么路径，一条路径总由若干路径段组成，信息是从这些路径段上一段段传过去的。在计算机网络中，这种路径段介质可以是电话线、电缆、光纤、微波等。数据链路层就负责在连接的两台计算机之间正确地传输信息。该层利用一种机制保证信息不丢失、不重复；接收方对于收到的信息予以答复，发送方经过一段时间未接到答复则重发，等等。

（7）物理层。物理层负责线路的连接，并把需要传送的信息转变为可以在实际线路上运动的物理信号，如电脉冲。信号电平的高低、插头插座的规格、调制解调器都属于这一层。

模型中低 3 层归于通信子网范畴，高 3 层归于资源子网范畴，传输层起着衔接上 3 层和下 3 层的作用。

2. TCP/IP 体系结构

国际标准化组织（ISO）为实现计算机网络互联制定了开放系统互联参考标准（OSI），但 OSI 缺乏足够多的产品支持，这样人们选择了 TCP/IP 作为实现异种机互联的工业标准。这是一个在国际标准 ISO/OSI 尚未完全被采纳时，用户和厂家共同承认的标准。

TCP/IP 只是众多比较完善的网络协议中的一种，它是 Internet 使用的网络体系结构。TCP/IP 给出了独立于厂商硬件的数据传送格式及规则。由于它独特的硬件独立性，所以迅速被众多系统使用，范围越来越广。例如，UNIX、Windows NT 和 Netware 等均支持 TCP/IP。TCP/IP 模型共有 4 个层次：应用层、运输层、网络层和网络接口层，各层及包含的主要协议如图 4-11 所示。由于 TCP/IP 体系结构在设计时就考虑要与具体的物理传输媒体无关，所以在 TCP/IP 的标准中并没有对数据链路层和物理层做出规定，而只是将最低一层取名为网络接口层。

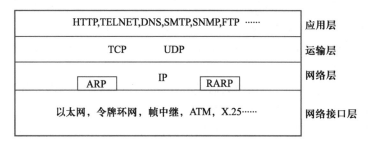

图 4-11　TCP/IP 模型

TCP/IP 各层的主要功能如下：

（1）应用层。应用层是 TCP/IP 的最高层，应用程序通过该层使用网络，该层与 OSI 的高 3 层对应。这一层包含了很多为用户服务的协议，主要的协议有以下几种。

① 简单邮件传送协议（simple mail transfer protocol，SMTP），负责因特网中电子邮件的传递。

② 超文本传送协议（hypertext transfer protocol，HTTP），提供 WWW 服务。

③ 远程网络协议，实现远程登录功能，人们常用的电子公告牌系统 BBS 使用的就是这个协议。

④ 文件传送协议（file transfer protocol，FTP），用于交互式文件传输，下载软件使用的就是这个协议。

⑤ 网络新闻传送协议（network news transfer protocol，NNTP），为用户提供新闻订阅功能，它是一种功能强大的新闻工具，每个用户既是读者又是作者。

⑥ 域名系统（domain name system，DNS），负责域名到 IP 地址的转换。

⑦ 简单网络管理协议（simple network management protocol，SNMP），负责网络管理。所有的标准网络管理程序都使用 SNMP。

在上面的协议中，网络用户经常使用的协议有 SMTP、HTTP、FTP、NNTP。另外，还有许多协议是最终用户不需要了解但又必不可少的，如 DNS、RIP/OSPF 等。随着计算机网络技术的发展，新的应用层协议不断出现。

（2）运输层。运输层提供传输控制协议（transmission control protocol，TCP）和用户数据报协议（user datagram protocol，UDP），该层与 OSI 的传输层对应，该层的实体是主机，即主机到主机的协议。

TCP 是面向连接的、可靠的传输协议。它把报文（message）分解为多个段（segment）进行传输，这里的报文是一段完整的信息，如一段文本、一幅图像等，在目的站再重新装配这些段，必要时重新发送没有收到的段。

UDP 是无连接协议，数据传送单位是分组（packet），分组是一个有固定长度的信息单位。由于对发送的分组不进行校验和确认，因此它是"不可靠"的，可靠性由应用层协议保证。由于 UDP 的协议开销少，因此在很多场合得到应用，如 IP 电话等。

（3）网络层。本层提供无连接的传输服务（不保证送达），它的主要功能是寻找一条能够把数据报送到目的地的路径。它对应 OSI 的网络层，该层用于网络的互联。网络层最主要的协议是无连接的因特网协议（Internet protocol，IP）。与 IP 配合使用的还有以下协议：

① 因特网控制报文协议（Internet control message protocol，ICMP），提供消息传递的功能。

② 地址解析协议（address resolution protocol，ARP），为已知的 IP 地址确定在局域网中相应的 MAC 地址，即网卡地址。

③ 反向地址解析协议（reverse address resolution protocol，RARP），根据 MAC 地址确定相应的 IP 地址。

（4）网络接口层。该层处理数据的格式化以及将数据传输到网络。

Internet 采用的体系结构称为 TCP/IP 参考模型，由于在 Internet 上广泛使用，TCP/IP 成为事实上的工业标准。随着因特网的普及，TCP/IP 模型获得了巨大的发展。

▶▶ 4.3 因特网及其应用

在全世界范围内，将多个网络连接在一起实现资源共享形成的网络称为 internet（第一个字母小写），即互联网，显然，它是网络的网络。目前使用的全球最大的互联网是在美国的 ARPANET 基础上发展而来的，称为 Internet（第一个字母大写），即因特网。

▶ 4.3.1 Internet 概述

1. Internet 提供的服务

随着 Internet 的迅速发展，其提供的服务种类非常多，以下是几个基本的服务：

（1）电子邮件。电子邮件（E-mail）是因特网上最早提供的服务之一，只要知道了双方的电子邮件地址，通信双方就可以利用因特网收发电子邮件，用户的电子邮箱不受用户所在地理位置的限制，主要优点就是快速、方便、经济。

（2）文件传输。文件传输是指在因特网上进行各种类型文件的传输，也是因特网最早提供的服务之一。简单地说，就是让用户连接到一个远程的被称为 FTP 服务器的计算机上，查看远程计算机上有哪些文件，然后将需要的文件从远程计算机复制到本地计算机，这一过程称为下载，也可以将本地计算机中的文件送到远程计算机上，这一过程称为上传。FTP 服务分为普通 FTP 服务和匿名 FTP 服务，普通 FTP 服务对注册用户提供文件传输服务，而匿名 FTP 服务向任何因特网用户提供特定的文件传输服务。

（3）远程登录。远程登录（telnet）是指因特网上一台主机的用户使用远地计算机的登录账号（用户名和口令）与其相连，直接调用远地计算机的资源。

（4）WWW。WWW（World Wide Web）是因特网上的多媒体信息查询工具，通过交互式浏览来查询信息，它使用超文本和超链接技术，可以按任意的次序从一个文件跳转到另一个文件，从而浏览和查阅所需的信息，这是因特网中发展最快和使用最广的服务。

（5）即时消息和网上聊天。即时消息（instant message，IM）是一个终端服务，允许两人或多人使用软件即时传递信息，配合耳麦和摄像头等设备还可以进行语音和视频交流。

（6）公告板系统。公告板系统（bulletin board system，BBS）是 Internet 上的一种电子信息服务系统，它提供的公告板就像平时见到的黑板一样，按不同的主题分成多个布告栏。在每个布告栏中，用户可以阅读他人关于某个主题的观点，也可以将自己的言论贴到布告栏中供其他人阅读和评论，布告栏成为人们相互交流的一个场所。在阅读和参与的过程中，如果要与某个用户单独交流，可以将言论直接发送到这个用户的电子信箱中。在BBS 中，参与交流的用户打破了空间、时间的限制，在交谈时，无须考虑参与者的年龄、学历、性别、社会地址、财富、健康等，而只关心自己感兴趣的话题。

（7）博客。博客（blog）是网络日志（weblog）的简称，是继 BBS、QQ 之后出现的又一种网络交流方式，用户可在个人博客网站上发表各种看法。

除了以上这些服务，Internet 提供的服务还有新闻组（Usenet）、文件查询（Archive）、菜单检索（Gopher）、聊天室、网络电话、网上购物、电子商务等。

随着 WWW 技术的出现和推广，以及网络上提供的服务的不断增加，Internet 面向商业用户和普通用户开放，接入到 Internet 的国家越来越多，连接到 Internet 上的用户数量和网络上完成的业务量也急剧增加，这时，Internet 面临的资源匮乏、传输带宽的不足等问题变得越来越突出。

为解决这一问题，1996 年 10 月，美国 34 所大学提出了建设下一代因特网（next generation Internet，NGI）的计划，即第二代 Internet 的研制。第二代 Internet 也称为 Internet2，它的最大特征就是使用 IPv6 来逐渐取代 IPv4，目的是彻底解决互联网中 IP 地址资源不足的问题。Internet2 还解决了带宽不足的问题，其初始的运行速率可以达到 10 Gbps，这样，多媒体信息可以实现真正的实时交换。

2. Internet 的工作原理

Internet 的工作原理主要包括以下内容：

（1）统一的通信规则。Internet 连接了世界上不同国家与地区使用着不同硬件、不同操作系统与不同软件的计算机，为了保证这些计算机之间能够畅通无阻地交换信息，必须有统一的通信规则，这就是 TCP/IP。

（2）分组交换。TCP/IP 采用的通信方式是分组交换技术，也就是说，将网络中每一台计算机所要传输的数据划分成若干个大小相同的信息小组，每个小组称为一个数据包，TCP/IP 的基本传输单位是数据包。计算机网络为每台计算机轮流发送这些数据包，直到发送完毕为止。这种分割总量、轮流发送的规则称为分组交换。分组交换能够使多台计算机共享通信线路，提高了通信效率。

（3）C/S 模式。C/S 即客户机/服务器（client/server），是由客户机、服务器构成的一种网络计算环境，它把应用程序分成两部分：一部分运行在客户机上；另一部分运行在服务器上，两者各司其职，如图 4-12 所示。目前，Internet 许多应用服务，如 E-mail、WWW、FTP 等都采用这种模式，这种模式大大减少了网络数据传输量，具有较高的效率，能够充分实现网络资源共享。

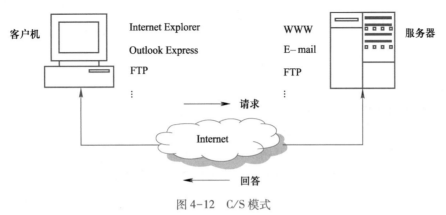

图 4-12　C/S 模式

C/S 模式可以简化应用系统的程序设计过程，特别是可以使客户程序与服务程序之间的通信过程标准化。正因为如此，Internet 上的同一种服务往往有许多种不同的客户程序和不同的服务程序，这些程序因为是按照相同的通信协议设计的，故而可以在不同的硬件环境和操作系统环境下运行，且有效地进行通信。

B/S（browser/server，浏览器/服务器）模式是 C/S 模式的一种特例。在这种模式下，用户工作界面通过万维网浏览器来实现，极少部分事务在前端使用浏览器（browser）实现，主要事务在服务器端（server）实现，这样就大大简化了客户端计算机的负荷，减轻了系统维护、升级的成本和工作量。

把客户程序和服务程序放在不同的主机上（也可以放在相同的主机上）运行可以实现数据的分散化存储和集中化使用。这意味着可以降低应用系统对硬件的技术要求（如内存、磁盘容量和 CPU 速度等），使各种规模的计算机（包括最普通的微机）都可以作为 Internet 的主机使用。

（4）P2P 模式。P2P（peer to peer，对等网络）是网络应用和服务的另一种形式，又称为对等网技术。在理想情况下，P2P 在各结点之间直接进行资源和服务的共享，而不像 C/S 那样需要服务器的介入。在 P2P 网络中，每个结点都是对等的，同时充当服务器和客户机的角色。当需要其他结点的资源时，两个结点直接创建连接，本地结点是客户端；而为其他结点提供资源时，本机又成了服务器。

▶ 4.3.2 IP 地址和域名系统

1. IP 地址

为保证在 Internet 上准确地将数据传送到网络上指定的目标，Internet 上的每一台主机、服务器或路由器都必须有一个在全球范围内唯一的地址，这个地址称为 IP 地址，由各级因特网管理组织负责分配给网络上的计算机。根据 TCP/IP 标准，IP 地址由 32 位二进制数组成，例如，下面是一个 32 位二进制数组成的 IP 地址：

11001010 01110101 10100101 00100100

为便于使用，将这 32 位二进制数每 8 位（即每个字节）一组转换为十进制整数，然后将这 4 个整数用圆点隔开，这种表示方法称为 IP 地址的点分十进制写法。例如，上面的 IP 地址可以写成以下的点分十进制形式：

202.117.165.36

显然，组成 IP 地址的 4 个整数中，每个整数的范围都是 0~255。

32 位的 IP 地址中包含了网络标识（地址）和主机标识（地址）两个部分，即

IP 地址=网络标识+主机标识

处于同一个网络内的各结点，其网络标识是相同的，主机标识规定了该网络中的具体结点，网络标识和主机标识这两部分各自所占的位数由 IP 地址的类型决定。

根据网络规模和应用的不同，可以将 IP 地址分为 A~E 5 类，这些类型可以通过第一个十进制数的范围来确定，IP 地址的分类如表 4-1 所示。

表 4-1 IP 地址的分类

分 类	第一个十进制数的范围	主机标识的位数	每个网络中主机的数量
A	1~126	24	$2^{24}-2$
B	128~191	16	$2^{16}-2$，即 65 534
C	192~223	8	$2^{8}-2$，即 254
D	224~239		
E	240~254		

这 5 类地址中，主要使用的是 A、B 和 C 类，D 类地址用于多目的地址发送，E 类地址保留。

A 类地址的网络数较少，全球共有 126 个，每个网络中最多可有 $2^{24}-2$ 台主机，此类地址一般分配给具有大量主机的网络用户。

具有 B 类地址的网络，每个网络中最多可有 65 534 台主机，此类地址一般用于具有中等规模主机数量的网络用户。

C 类地址的网络数量较多，每个网络中最多可以有 254 台主机，此类地址一般分配给具有小规模主机数量的网络用户，国内高校的校园网大多数使用的是 C 类地址。

如图 4-13 所示为 A、B 和 C 类地址的组成。

图 4-13 A、B 和 C 类地址的组成

对于网络地址，要求如下：

（1）不能以十进制数 127 开头，它保留给内部诊断返回函数。

（2）第一个字节不能为 255，它用作广播地址。

（3）第一个字节不能为 0，它表示本地主机，不能传送。

对于主机地址，要求如下：

（1）主机地址部分必须唯一。

（2）主机地址部分的所有二进制位不能全为 1，它用作广播地址。

（3）主机地址部分的所有二进制位不能全为 0。

IP 地址又分为公有地址和私有地址，公有地址（public address）由因特网信息中心（Internet network information center，InterNIC）负责，这些 IP 地址分配给注册并向 InterNIC 提出申请的组织机构，通过它直接访问因特网。私有地址（private address）属于非注册地址，专门为组织机构内部使用。

以下是保留的内部私有地址。

① A 类：10. 0. 0. 0~10. 255. 255. 255。

② B 类: 172. 16. 0. 0~172. 31. 255. 255。

③ C 类: 192. 168. 0. 0~192. 168. 255. 255。

下列的 IP 地址形式具有特殊的意义，所以不能分配给具体的某台主机。

① 每一个字节都为 0 的 IP 地址 (0.0.0.0) 对应当前主机。

② 每一个字节都为 1 的 IP 地址 (255.255.255.255) 是当前子网的广播地址。

③ 凡是以 "11110" 开头的 E 类 IP 地址都保留用于将来和实验使用。

④ IP 地址中不能以十进制数 "127" 作为开头，该类地址中的 127. 0. 0. 1 ~ 127. 255. 255. 255 用于回路测试，如 127. 0. 0. 1 可以代表本机 IP 地址，用 "http: // 127. 0. 0. 1" 就可以测试本机中配置的 Web 服务器。

⑤ 网络 ID 的第一个 8 位组不能全为 "0"，全 "0" 表示本地网络。

2. 域名系统

由于数字表示的 IP 地址对用户来说不便记忆，为便于人们记忆和书写，从 1985 年起，Internet 在 IP 地址的基础上向用户提供域名系统（domain name system，DNS）服务，即用名字来标识接入 Internet 中的计算机。例如，西安交通大学的 Web 服务器的域名是 www. xjtu. edu. cn，它对应的 IP 地址是 202. 117. 0. 13。

域名是不区分字母大小写的，域名和 IP 地址的作用是相同的，都是用来表示主机的地址的，它们之间的转换通过域名服务器来完成。为便于管理和避免重名，域名采用层次结构，整个域名由若干个不同层次的子域名构成，它们之间用圆点（.）隔开，从右到左分别是顶级域名、二级域名……直到主机名，即下面的形式:

主机名 . 三级域名 . 二级域名 . 顶级域名

各个域名分别代表不同级别，其中级别最低的域名写在最左边，级别最高的顶级域名则写在最右边。例如，域名 mail. xjtu. edu. cn 表示西安交通大学的电子邮件服务器，其中 mail 为服务器名，xjtu 为西安交通大学域名，edu 为教育科研机构域名，最高域名 cn 为国家域名。

顶级域名采用国际上通用的标准代码，代码分为两类，分别是组织机构和地理代码。组织机构是美国的组织机构名，地理代码是美国以外的其他国家和地区的名称，常用的标准代码如表 4-2 所示。

表 4-2　常用的顶级域名标准代码

组织机构代码	组织机构名称	地理代码	名　称
com	商业组织	cn	中国
edu	教育机构	jp	日本
gov	政府机关	uk	英国
mil	军事部分	kr	韩国
net	主要网络支持中心	de	德国
org	其他组织	fr	法国
int	国际组织	ca	加拿大

因特网国际组织后来又新增加了 7 个组织型顶级域名：firm（公司企业）、store（销售公司或企业）、web（突出 WWW 活动的单位）、arts（突出文化娱乐活动的单位）、rec（突出消遣娱乐活动的单位）、info（提供信息服务的单位）、nom（个人）。

根据《中国互联网络域名注册暂行管理办法》规定，我国的第一级域名是 cn，第二级域名也分为组织机构域名和地区域名，其中组织机构域名有 6 个，分别是：ac 表示科研院校及科技管理部分，gov 表示国家政府部门，org 表示各社会团体及民间营利组织，net 表示互联网络、接入网络的信息和运行中心，com 表示工商和金融等企业，edu 表示教育单位；地区域名是 34 个行政区域名，例如，bj 表示北京市、sh 表示上海市、tj 表示天津市、cq 表示重庆市、zj 表示浙江省等。

在二级域名下又划分三级域名，如此形成树形的多级层次结构，如图 4-14 所示。

图 4-14　Internet 的域名结构

3. 物理地址

物理地址即网卡地址。每一个物理网络中的主机都安装了网卡，每块网卡都有一个全球唯一的地址，它存储在网卡的 ROM 中，这个地址称为网卡地址（MAC 地址）或物理地址。网卡地址一般为一组 12 位的十六进制数，其中前 6 位代表网卡的生产厂商，后 6 位是由生产厂商自行分配给网卡的唯一编号。

在访问因特网时，通常使用的是域名。为了将信息发送到对方的主机上，就必须先把域名映射为 IP 地址，由于大量的计算机运行在局域网中，只有将地址转换为物理地址才能继续通信，所以局域网中的通信需再把 IP 地址映射为相应的物理地址。人们称前者为域名解析，称后者为地址解析。域名解析由域名服务器完成，而地址解析则由 TCP/IP 中的地址解析协议（ARP）和反向地址解析协议（RARP）完成。

4. IPv6

通常所说的"IP 地址"是指 IPv4 地址，它是给每个连接在因特网上的主机分配一个在全世界范围唯一的 32 位的地址。但是，IPv4 随着应用范围的扩大，也面临着越来越不容忽视的危机，如地址匮乏等。

IPv6 是"Internet protocol version 6"的缩写，也被称作下一代因特网协议，它是用来替代 IPv4 的一种新的 IP 协议，是为了解决 IPv4 所存在的一些问题和不足而提出的，同时它还在许多方面提出了改进。采用 IPv6 的网络将更具扩展性、更安全，并更容易为用户提供优质的服务，几乎无限的地址容量是发展 IPv6 最直接的理由，可以使得未来交互式多媒体、家庭网络和终端对终端应用等新型业务使用的每个设备都可以拥有唯一的永久 IP 地址。

▶ 4.3.3　Internet 常用的接入方法

Internet 的接入方式是指将主机连接到 Internet 的各种不同方法，通常有通过电话线的方式和通过局域网的方式，这里先介绍 ISP 的概念。

因特网服务提供商（Internet service provider，ISP）是 Internet 的接入媒介，也是 Internet 服务的提供者，要想接入 Internet，就要向 ISP 提出连网请求。在选择 ISP 时，需要考虑以下几个问题：

（1）ISP 提供的接入方式。

（2）收费的方式和标准。

（3）ISP 提供的带宽。

（4）ISP 提供的服务，如 WWW、FTP、E-mail 等。

1. 电话线接入

通过电话线接入 Internet 对个人和小单位来说是最经济、最简单的一种方式。使用电话线接入的发展过程，经历过普通电话拨号、ISDN 和 ADSL 等不同方式。其中普通的电话拨号方式不能兼顾上网和通话；综合业务数字网（ISDN）接入技术使上网和通话互不耽误，但速率低；非对称数字用户线（asymmetric digital subscriber line，ADSL）接入技术，其非对称性表现在上、下行速率的不同，下行高速地向用户传送视频和音频信息。

在这 3 种电话线接入方式的不同发展阶段采用的技术中，前两种已无法满足目前速率的要求，目前普遍采用的是 ADSL 方式。ADSL 是一种使用普通电话线提供宽带数据业务的技术，在理论上可以提供1 Mb/s 的上行速率和 8 Mb/s 的下行速率。

2. 局域网接入

对于具有局域网（如校园网）的单位和小区，用户可以通过局域网的方式接入 Internet，这是最方便的一种方法。通过局域网的方式接入 Internet 要安装网卡和配置 TCP/IP 参数。

网卡的主要作用是连接局域网中的计算机和局域网的传输介质，它是连接网络的基本部件，通常选择 10/100 Mb/s 自适应、具有双绞线接口 RJ-45 的网卡。网卡采用标准的 PCI 总线，直接将其插入到计算机主板的插槽上，然后安装网卡的驱动程序，目前也有许多网卡是集成到主板上的。

在校园网的网络中心办理了入网手续后，网络中心会分配给用户入网所需的各个参数，这些参数包括 IP 地址、子网掩码、默认网关、DNS 服务器地址等，可以在操作系统中对这些参数进行配置。

3. 专线接入

专线入网是以专用线路为基础，需要专用设备，连接费用相对较高，主要适合企业与团体。在专线集团内部的个人，可以通过内部局域网以较高的速度连接 Internet，享受网络信息服务。可以选择的专线有 DDN 数据专线、光纤等。

4. 有线电视线路接入

在传统的有线电视网络中，一个有线电视广播站通过分布式的同轴电缆和放大器将有线电视信号传到各家各户。光纤可以接到各住宅小区，然后再用闭路电缆接到各住户。也可以通过有线电视线路接入 Internet，这种方法称为混合光纤同轴线缆（hybrid fiber coaxial，HFC）接入。有线电视线路接入时需要一种特殊的被称为线缆调制解调器（Cable-Modem）的设备来支持网络接入。

5. 无线接入

随着手机、掌上电脑、笔记本电脑的普及，人们对无线上网的需求越来越大。无线接入网络使用无线电波连接移动端系统和基站，端系统包括便携式计算机和带解调器的 PDA 等，再从基站接入路由器。在无线信号覆盖区域内，从固定地点到时速 100~260 km/s 的各种无线移动数据终端，均可通过移动数据通信平台进入各种数据通信网络，实现各类数据的通信。无线接入网络主要有以下 3 种实现方式：

（1）无线局域网。无线用户与几十米半径内的基站（无线接入点）之间传输/接收分组，基站与有线的因特网连接，为无线用户提供连接到有线网络的服务。

（2）移动卫星通信系统。这种方式可以真正实现任何时间、任何地点、任何人的移动通信。卫星接入系统可以为全球用户提供大跨度、大范围、远距离的漫游和机动灵活的移动通信服务，是陆地移动通信系统的扩展和延伸，在边远的地区、山区、海岛、受灾区、远洋船只、远航飞机等通信方面具有独特的优越性。

（3）4G 和 5G 网络。4G 是指第四代移动通信技术，与 3G 相比，它以更高的速率支持语音、数据和流媒体传输。我国的中国移动、中国电信和中国联通分别使用 TD-LTE 技术、FDD-LTE 技术支持 4G 网络。5G 与 4G 相比，最大的优势在于高速率、低时延、大容量等。5G 速率是 4G 的 10 倍以上，时延却是 4G 的十分之一。

▶ **4.3.4 万维网**

1. 万维网的概念

万维网是建立在因特网上的全球性的、交互的、超文本、超媒体的信息查询系统。万维网由三部分组成：浏览器、Web 服务器和超文本传送协议（HTTP），其中浏览器是客户端的应用程序，它的工作过程如下：

① 浏览器向 Web 服务器发出请求。

② Web 服务器向浏览器返回其所要的万维网文档。

③ 浏览器解释该文档，并按照一定的格式将其显示在屏幕上。浏览器与 Web 服务器之间使用 HTTP 进行通信。

（1）网页和超文本标记语言。网页又称为 Web 页，各个 WWW 网站的所有信息都以网页的形式保存。每个网页都是采用超文本标记语言（hypertext markup language，HTML）编写的，HTML 的代码文件是一个纯文本文件（即 ASCII 码文件），通常以 html 或 htm 为文件扩展名。

制作网页主要有两种方法：一是使用文本编辑软件，如记事本直接编写 HTML 源代码；二是使用网页制作软件，常用的网页制作工具软件有 FrontPage、Dreamweaver 等，它们是可视化的网页设计和网站管理工具，支持最新的 Web 技术。网站上所有的网页通过链接的形式联系起来，一个网站上的第一个网页称为主页，它是网站的门户和入口。

（2）统一资源定位符。统一资源定位符（uniform resource locator，URL）是 Internet 中用来确定资源地址的方法。这里的"资源"是指在 Internet 中可以被访问的任何对象，包括文件、文件目录、文档、图像、声音、视频等，当然，也包括网页文件。URL 通常由 5 部分组成：协议、主机、端口、路径和文件名，一般格式如下：

<协议>://<主机>:[<端口>]/<路径>/<文件名>

其中：

① 协议是指不同服务方式，如超文本传送协议、文件传送协议、流媒体协议等。

② 主机是指存放该资源的主机，主机可以使用 IP 地址标识，也可以使用域名标识。

③ 端口是 TCP/IP 中定义的服务号，对于常用的服务端口可以省略，常见的标准服务端口号有 WWW-80、FTP-21、Telnet-23。

④ 路径是文件在主机中的具体位置，通常由一系列的文件夹名称构成。

例如，西安交通大学主页的超文本传送协议的 URL 表示如下：

http://www.xjtu.edu.cn/index.html

意思是使用 HTTP 访问主机 www.xjtu.edu.cn 上的网页文件 index.html。

（3）超文本和超链接。超文本是指 WWW 的网页中不仅含有文本，还包含声音、图像和视频等多媒体信息，同时，还包含作为超链接的文本、图像和图标等。这些超链接通过颜色和字体的改变与普通文本区别开来，含有指向其他 Internet 信息的 URL 地址。将鼠标移到超链接上，鼠标指针变成一个手形状，单击该链接，Web 即根据超链接所指向的 URL 地址跳到不同站点或不同文件。在 Internet 中，各种信息通过超链接的方法连接起来。

2. 网络信息检索

在因特网这个巨大的信息库中，如何查找自己需要的信息是上网时经常遇到的问题，因为人们不可能也没有必要知道某类信息所在的网站的具体地址，这时，可以采用信息检索的方法来查找信息，使用的工具是网络搜索引擎（search engine）。搜索引擎是因特网上具有查询功能的网页的统称，国内外有很多网站提供了搜索引擎的功能，在使用搜索引擎搜索信息时，可以使用其提供的高级搜索功能，目的是缩小检索范围、提高检索速度。

国内的搜索引擎有新浪、搜狐、百度等。百度是全球最大的中文搜索引擎，2000 年 1 月创立于北京中关村。百度提供的互联网搜索产品及服务，包括以网络搜索为主的功能性搜索，以贴吧为主的社区搜索，针对各区域、行业所需的垂直搜索、MP3 搜索，以及门户频道、IM 等，全面覆盖了中文网络世界的搜索需求。

下面通过搜索有关"四级英语学习"的内容，说明百度的使用方法。在百度主页中间的空白栏中输入检索的关键字"英语学习"，然后单击"百度一下"按钮，这时，屏幕显示搜索的结果，如图4-15所示，从图中可以看出，搜索到的与"英语学习"有关的网页数量是非常多的。浏览器窗口下方显示"百度为您找到相关结果约100,000,000个"。

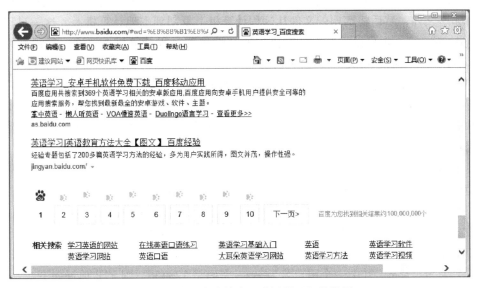

图4-15　在百度中搜索"英语学习"的结果

为缩小搜索结果的范围，可以将搜索的关键字再具体一些，这次输入"英语学习四级"，然后单击"百度一下"按钮，这时，搜索的结果如图4-16所示。与刚才搜索的结果相比，这一次搜索结果的范围大大缩小了，窗口下方提示"百度为您找到相关结果约13,400,000个"。

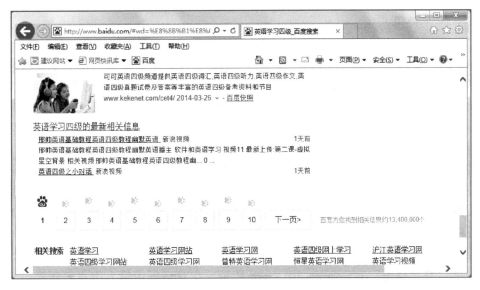

图4-16　缩小搜索范围的结果

▶ **4.3.5 文件传输**

文件传输是指在因特网上进行各种类型文件的传输，也是因特网最早提供的服务之一。简单地说，就是让用户连接到一个远程的称为 FTP 服务器的计算机上，查看远程计算机上有哪些文件，然后将需要的文件从远程计算机上复制到本地计算机上，这一过程称为下载（download），也可以将本地计算机中的文件送到远程计算机上，这一过程称为上传（upload），文件传输采用文件传送协议（FTP）。

FTP 的主要作用是使用户连接到某个远程计算机上，该远程计算机已经运行了 FTP 服务器程序，因此称为 FTP 服务器，而用户的机器则称为客户机。FTP 服务分为普通 FTP 服务和匿名 FTP 服务，普通 FTP 服务对注册用户提供文件传输服务，而匿名 FTP 服务向任何因特网用户提供特定的文件传输服务。

1. FTP 的访问控制

使用 FTP 时，首先要知道 FTP 服务器的地址，其一般格式如下：

ftp://用户名:密码@ FTP 服务器的 IP 地址或域名/路径/文件名

格式中必须输入的是 FTP 的域名与 IP 地址之一，其他各部分都可以省略。用户名和密码是在 FTP 服务器中创建的允许访问该服务器的用户账号信息，例如，如果某个 FTP 服务器的域名为 abc.com，其中一个用户名为 xyz，密码是 123456，则 FTP 地址如下：

ftp://xyz:123456@ abc.com

FTP 服务器使用用户账号来控制用户对服务器中指定文件夹的访问，对于一些公共的信息和文件，访问时不一定都要用户名和密码，这时可以使用匿名 FTP 服务，也就是不需要账号的访问。为了保护 FTP 服务器的安全，通常使用匿名 FTP 访问时，只允许用户下载文件而不能上传文件，就算是允许上传，也只能上传到某个指定的文件夹。

2. FTP 的使用

在客户端使用 FTP 有 3 种形式，分别是 FTP 命令行、浏览器和 FTP 下载工具。

（1）FTP 命令行方式。使用 FTP 命令行方式，要先将系统切换到"命令提示符"方式，然后在提示符后直接输入 FTP 的命令，例如，FTP 是进行会话的命令，QUIT 或 BYE 是结束会话的命令，GET 是下载命令，PUT 是上传命令等。在 FTP 提示符后输入 HELP 命令，则可以显示 FTP 的各条命令，如图 4-17 所示。FTP 的命令有 40 多条，显然，要记住这些命令及命令中的参数并不容易，因此较少使用。

（2）浏览器方式。使用浏览器进行 FTP 操作时，直接在浏览器的地址栏中输入 FTP 地址即可，如果输入地址时省略了用户名和密码，则输入地址后弹出一个对话框，提示用户输入用户名和密码。例如，假定要访问的 FTP 服务器的 IP 地址是 202.117.207.198，则在地址栏中输入以下的地址：

ftp://202.117.207.198/

这时弹出"登录身份"对话框，如图 4-18 所示。在对话框中输入用户名和密码，然后单击"登录"按钮，如果输入正确，登录成功后在浏览器中显示该 FTP 站点中的文件

图 4-17　FTP 的命令

夹和文件。在指定的 FTP 文件夹中右击要下载的文件夹或文件，弹出快捷菜单，在快捷菜单中选择"复制到文件夹"命令，指定保存路径后单击"确定"按钮，就可以将文件夹或文件下载到本地硬盘的指定文件夹中。在许多网页中也包含了 FTP 的链接，如果在这些网页中直接单击链接，也可以使用 FTP 服务，但这时只能下载文件而不能上传文件。

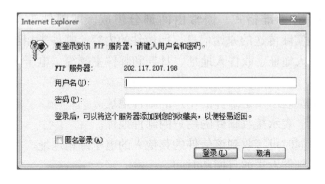

图 4-18　"登录身份"对话框

　　（3）FTP 下载工具。使用 FTP 命令行或浏览器下载文件时，在没有完成下载（如还剩下5%）时，如果网络连接突然中断，在网络恢复连接之后，已经下载的95%将前功尽弃，下载操作只能重新开始，如果希望在网络恢复连接之后只需要下载剩余部分，即实现断点续传，就要使用专门的 FTP 下载工具，这类工具较多，常用的有 CuteFTP、GetRight、LeapFTP 和迅雷等。

电子邮件（E-mail）是 Internet 上最基本、使用最多的服务之一。电子邮件不仅使用方便，而且还具有传递迅速和费用低廉的优点。现在的电子邮件不仅可以传送文字信息，而且可以传输声音、图像、视频等内容。

一个电子邮件系统主要由 3 个部分组成：用户代理、邮件服务器和电子邮件使用的协议。其中的用户代理是客户端的程序；邮件服务器是电子邮件系统的核心构件，其功能是发送和接收邮件，同时还要向发信人报告邮件传送的情况。

1. 电子邮箱

使用因特网的电子邮件系统的每个用户要有一个电子邮箱，每个电子邮箱有一个唯一的可以识别的地址，这就是电子邮箱地址（E-mail 地址）。电子邮箱地址格式如下：

用户名@ 用户邮箱所在主机的域名

由于一个主机的域名在 Internet 中是唯一的，而每一个邮箱名（用户名）在该主机中也是唯一的，因此在 Internet 上每个人的电子邮箱地址都是唯一的。

任何一个用户可以将电子邮件发送到某个电子邮箱中，而只有电子邮箱的拥有者才有权限打开信箱，然后阅读和处理信箱中的信件。发信人可以随时在网上发送邮件，该邮件被送到收件人的邮箱所在的邮件服务器，收件人也可以随时在连接因特网后，打开自己的信箱阅读信件，发送方和接收方不需要同时打开计算机，因此，在因特网上收发电子邮件是不受地域或时间限制的。

2. 电子邮件的格式

邮件的结构是一种标准格式，通常由两部分组成，即邮件头（header）和邮件体（body）。邮件体就是实际传送的原始信息，即信件的内容，邮件头相当于信封，包括的内容主要是邮件的发件人地址、收件人地址、日期和邮件主题等。电子邮件一般都包含以下几项内容：

（1）发件人地址。表示发送邮件的用户的邮件地址。

（2）收件人地址。表示接收邮件的用户的邮件地址。

（3）抄送。表示同时可接收到该信件的其他人的电子邮箱地址。

（4）日期。显示邮件发送的日期和时间。

（5）主题。邮件的主题是对邮件内容的一个简短的描述。如果每个邮件都能写一个主题来概括其内容，那么，当收件人浏览邮件目录时，就可以很快知道每个邮件的大概内容，便于选择处理，节约时间。

上述几项中，收件人地址、抄送和主题要求发件人填写，发件人地址和日期通常是由程序自动填写的。除了邮件头和邮件体外，邮件中还有一个重要的组成部分，就是附件，附件是一个或多个独立的文件，文件可以是程序、声音、图形、文本等不同类型的信息。

3. 用户代理

用户代理是用户和电子邮件系统的接口，大多数的代理都使用图形窗口界面来发送和接收邮件。这类软件很多，例如，Windows XP 及以前版本中的 Outlook Express（简称 OE）就是最为常用的用户代理程序，除此之外，还有 Foxmail、Outlook 等。用户代理程序应具有以下基本功能：

（1）撰写信件。为用户提供方便编辑邮件的环境。

（2）显示信件。能很方便地在计算机屏幕上显示来信以及来信附件中的文件。

（3）处理信件。发送和接收邮件，以及能根据情况按照不同方式对来信进行处理，如删除、存盘、打印、转发、过滤等。

4.4 网页制作

Dreamweaver 是可视化的网页制作和 Web 管理程序，该软件通过友好的图形界面和多种工具，可以方便地进行网页的制作和网站的创建，也可以将制作的网页发布到指定的站点上，并且在发布之后还可以随时更新站点的内容，本节讲述 Adobe Dreamweaver CC 2019 创建网站和网页的方法。

4.4.1 创建本地站点

Dreamweaver 启动后，在窗口中执行"站点"→"新建站点"命令（图 4-19），可以打开"站点设置对象"对话框，如图 4-20 所示。

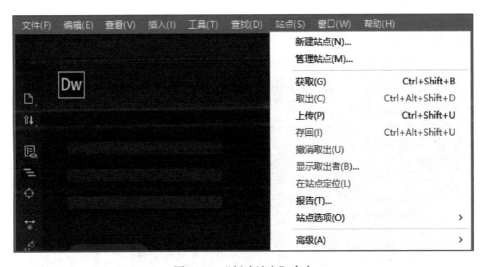

图 4-19 "新建站点"命令

在对话框中的"站点名称"文本框中，输入新建网站的名称，例如"Mywebsite"，在"本地站点文件夹"文本框中输入网站所在的路径，也可以单击该文本框右侧的文件夹图标，在弹出的对话框中设置路径，最后单击"保存"按钮完成网站的创建。

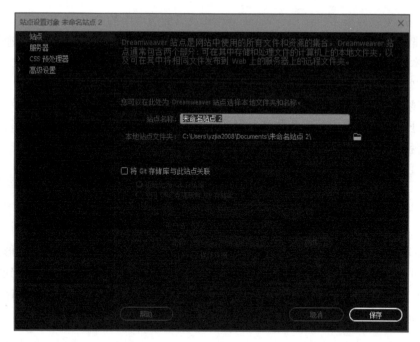

图 4-20 "站点设置对象"对话框

▶ 4.4.2 创建网页

1. 创建空白网页

在 Dreamweaver 窗口中，执行"文件"→"新建"命令，可以打开"新建文档"对话框，如图 4-21 所示。

图 4-21 "新建文档"对话框

在"新建文档"对话框中进行如下操作：

（1）在"文档类型"子选项中选择" </>HTML"选项。

（2）在右侧窗格"标题"文本框中输入网页的标题。

（3）在右侧窗格"文档类型"中选择"HTML5"。

单击"创建"按钮，即可创建一个空白的 HTML 网页，同时进入网页编辑窗口，如图 4-22 所示。

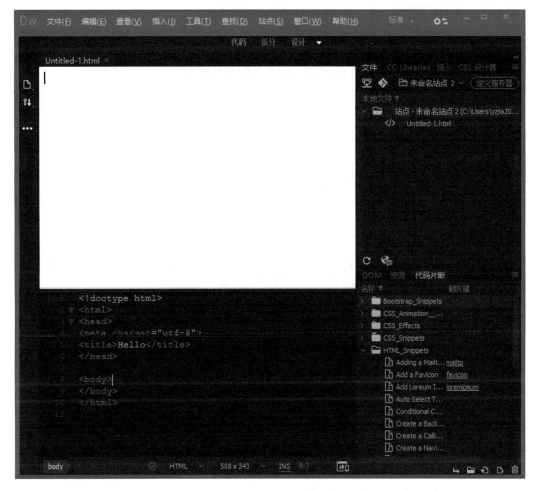

图 4-22　网页编辑窗口

创建了一个空白的网页后，就可以向该网页中添加各种不同的元素，例如文本、图形、表格、表单、超链接等，也可以对添加的元素进行格式设置，例如文本的字体、字号，表格的宽度和高度等。

2. 网页编辑区的视图方式

在网页编辑窗口上方有 3 个按钮，用来在网页编辑区的 3 种视图方式之间进行切换，单击"设计"按钮右侧的下拉箭头，还可以在"实时视图"和"设计"视图之间进行切换（图 4-23）。

（1）设计视图。设计视图是一个可视化的网页编辑环境，在该视图中看到的内容就与在浏览器中浏览网页时看到的内容一样，操作时就像在 Word 中那样直接输入文字、插入表格或图像等各种网页元素，也可以为元素设置属性，例如文字的字体、字号等，在该视图方式下编辑的网页由 Dreamweaver 自动生成 HTML 源代码。

图 4-23　网页编辑区中
视图方式的切换按钮

（2）拆分视图。拆分视图是在一个窗口中同时显示设计视图和代码视图，在对网页进行编辑时，网页代码和网页浏览的结果同步显示在两个视图中。

（3）代码视图。代码视图实际上是一个文本编辑器，在该视图方式下，可以显示、查看网页的 HTML 源代码，也可以在 HTML 方式下直接对源代码进行编辑，源代码包括 HTML、各种脚本语言和服务器语言。

在图 4-22 中，网页编辑区的上方是设计视图，下方是代码视图。

（4）实时视图。实时视图相当于该文件在系统默认浏览器下的显示状态。

在编辑网页时，可以随时在这几种视图中进行切换，这几种视图方式只是改变了网页的显示方式，对网页的内容没有任何影响。

3. 网页文档的基本操作

对于网页文档，可以进行的操作有新建、打开、保存、关闭等，这些操作都可以在"文件"菜单（图 4-24）中完成。

（1）保存网页。保存网页有 3 种方式："保存""另存为"和"保存全部"。

执行"文件"→"保存"命令，如果当前网页是首次保存，系统会弹出"另存为"对话框，在对话框中可以设置文档的保存位置和文件名，设置后单击"保存"按钮即可。如果不是首次保存，则将当前正在编辑的网页内容保存到文件中。

在向网页添加元素或编辑网页的过程中，随时可以单击"保存"按钮将所做的修改保存。

（2）打开网页。要打开一个已经存在的网页，可以执行"文件"→"打开"命令，系统会弹出"打开文件"对话框，在该对话框中选择要打开的网页，然后单击"打开"按钮即可。

如果要打开的是最近使用过的网页，可以执行"文件"→"打开最近的文件"命令，在其子命令中

图 4-24　"文件"菜单

选择某个要打开的文件名。

（3）关闭网页或网站。执行"文件"→"关闭"命令，可以关闭当前正在编辑的网页，执行"文件"→"关闭网站"命令，可以关闭当前打开的网站以及该网站子目录下的所有网页文件。

（4）预览网页。通常在设计视图中看到的网页效果和在浏览器中的效果是相同的，在实际使用时可能有一些差别，使用网页预览功能可以方便地查看网页在浏览器中的实际效果。

在实际预览时，可以指定用于预览的浏览器和浏览器的分辨率。

执行"文件"→"实时预览"命令，级联菜单中列出了已设置的浏览器和默认的浏览器以及不同的分辨率，直接在级联菜单中进行选择即可。

不同的屏幕分辨率下预览的效果也会不同，所以应在不同的分辨率下都进行预览才能得到较好的效果。

如果要使用系统默认的浏览器进行预览，也可以直接按 F12 键。

4. 设置网页的属性

网页的属性包括网页的标题、网页中文本和背景的颜色、页边距和编码方式等。

执行"文件"→"页面属性"命令，打开"页面属性"对话框，如图 4-25 所示，对话框中有如下 6 类属性，分别用来设置网页不同的属性。

（1）外观（CSS）：设置网页的文本颜色、背景颜色等。

（2）外观（HTML）：设置网页的背景图片、链接的颜色和页面的边距等。

（3）链接（CSS）：设置链接的字体、大小、颜色等。

（4）标题（CSS）：设置各级标题，以及标题的字体、字号和颜色等。

（5）标题/编码：设置网页的标题、文档类型、编码使用的字符集（例如 UTF-8、GB18030-2022、GB2312-1980）等。

图 4-25 "页面属性"对话框

（6）跟踪图像：设置图像的透明度等。

▶ 4.4.3 网页中文本的编辑

文本是网页中最基本的组成元素，在网页中输入文本和在其他的文字处理软件中输入文本的方法是一样的，首先在编辑窗口中定位要输入文本的位置，然后输入文本的内容，对输入的文本也可以进行各种编辑操作，例如查找、替换等，使用"查找"菜单（图 4-26）中的命令可以进行查找和替换。

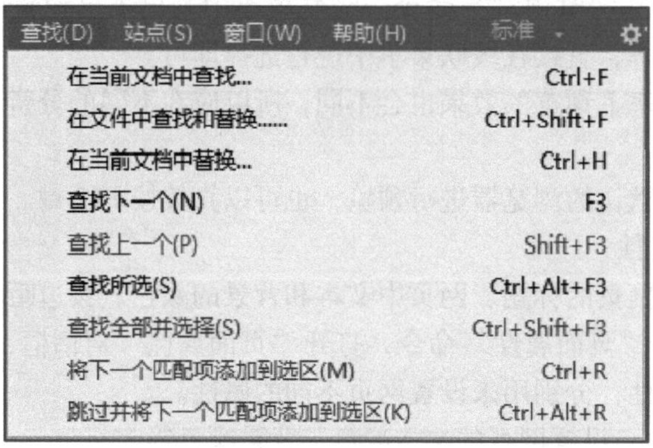

图 4-26　"查找"菜单

1. 查找

执行"查找"→"在当前文档中查找"命令，在代码编辑区下方显示"查找"的功能区，在查找区的文件框中输入要查找的字符串，例如"hello"，则在代码编辑区中查找到的字符串用不同的颜色显示（图 4-27）。

图 4-27　"查找"操作

单击功能区"任何标签"右侧的下拉箭头，可以选择输入要查找的 HTML 标记命令。

2. 查找和替换

执行"查找"→"在文件中查找和替换"命令，在窗口中弹出"查找和替换"对话框。

在查找框中输入要查找的字符串，例如"hello"，在替换框中输入要替换的字符串，例如"你好"（图4-28），单击"替换全部"按钮后，所有文档中查找到的字符串用指定的字符串替换。

图4-28 "查找和替换"对话框

3. 在当前文档中替换

执行"查找"→"在当前文档中替换"命令，在代码编辑区下方显示"替换"的功能区，在查找区的文本框中输入要查找的字符串，例如"hello"，在替换框中输入要替换的字符串，例如"你好"，则在当前文件中查找到的字符串用指定的字符串替换（图4-29）。

图4-29 在当前文档中查找和替换

4. 设置文本格式

网页中的文本可以设置文本格式和段落格式。

文本格式包括设置文本的粗体、斜体、下画线等。设置时在网页的"设计"视图中选中要设置格式的文本，然后执行"编辑"→"文本"命令，在打开的级联菜单（图 4-30）中进行设置。图 4-31 显示了设置的标记命令和设置后的效果。

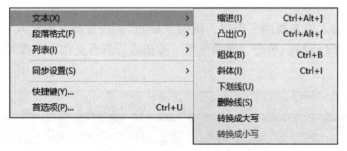

图 4-30　设置文本格式的级联菜单

图 4-31　设置的标记命令和设置后的效果

5. 设置段落格式

设置某个段落的段落格式时，先选中该段落或将光标定位到该段落中，然后执行"编辑"→"段落格式"命令，在弹出的级联菜单（图 4-32）中设置不同的标题级别，图 4-33 所示为设置段落格式的标记命令和设置效果。

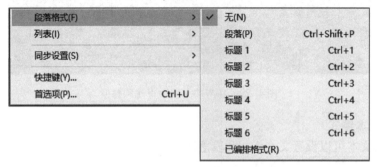

图 4-32　"段落格式"级联菜单

图 4-33　设置段落格式的命令及设置效果

4.4.4　插入图片

图片是网页中重要的元素之一，向网页中插入的图片文件通常有 3 种格式，分别是 JPEG、GIF 和 PNG，这 3 类文件的共同特点是压缩率较高，文件的尺寸较小，相应的下载速度较快。

Dreamweaver 中插入的图片可以来自图片文件，图片文件可以是操作系统自带的，也可以是使用其他图形编辑软件创建的。向网页中插入图片的操作过程如下：

（1）将插入点定位到要插入图片的位置。

（2）执行"插入"→"image"命令，打开"选择图像源文件"对话框（图 4-34）。

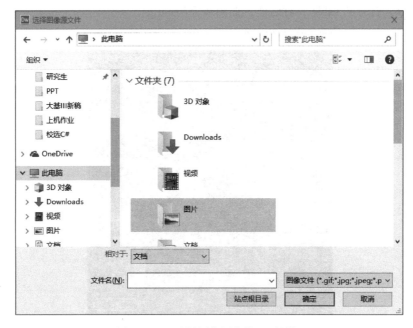

图 4-34　"选择图像源文件"对话框

（3）在对话框中选择图片文件所在的位置和文件名，然后单击"确定"按钮。这时，弹出提示对话框（图4-35），提示是否将选中的图片复制到网站的根文件夹中，单击"是"按钮后，图片被插入到网页中，插入图片后的效果如图4-36所示。

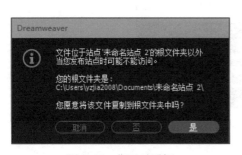

图4-35 提示对话框

图4-36 插入图片的效果

▶ 4.4.5 编辑表格

表格同样也是网页中的重要元素，它是网页布局的重要工具。

一个完整的表格由表格框架和表格中的内容组成，其中表格框架由若干行、若干列的单元格组成，表格的格式包括单元格的高度、宽度、边框、间距等。

1. 插入表格

在设计视图中，将光标定位在网页中要插入表格的位置，然后执行"插入"→"Table"命令，打开"Table"对话框，如图4-37所示。

图4-37 "Table"对话框

在该对话框中，可以对要插入的表格的各种属性进行设置，例如行数、列数、表格宽度、边框粗细、单元格间距等，其中最基本是行数和列数，设置后单击"确定"按钮即可。图 4-38 是设置后的 3 行 4 列的表格。

图 4-38　设置后的表格

2. 输入单元格内容

向表格的单元格中输入的可以是文本、图片、动画等各种网页元素，输入方法与向网页中输入内容的方法是一样的，在输入元素时先定位到要输入内容的单元格。

3. 编辑表格

对完成的表格可以根据需要进行各种编辑操作，主要包括行、列、单元格的插入和删除，单元格的合并与拆分。

（1）插入操作有插入行、插入列和插入单元格。

（2）删除操作同样有删除行、删除列和删除单元格。

（3）合并单元格是将多个相邻的单元格合并为一个单元格，合并时，先选定要合并的多个单元格。

对表格进行编辑时，先选中表格或单元格，然后执行"编辑"→"表格"命令，在其级联菜单（图 4-39）中选择相应的命令，也可以右击，在弹出的快捷菜单中选择相应的命令。

图 4-40 是将表格右上方 4 个单元格合并后的效果。

拆分一个单元格时，可右击该单元格，然后在快捷菜单中执行"表格"→"拆分单元格"命令，这时打开"拆分单元格"对话框，如图 4-41 所示。

显示代码提示(H)	Ctrl+H	选择表格(S)	
代码折叠(S)	>	将行转换成表	
快速标签编辑器(Q)...	Ctrl+T	合并单元格(M)	Ctrl+Alt+M
链接(L)	>	拆分单元格(P)...	Ctrl+Alt+Shift+T
表格(T)	>	插入行(N)	Ctrl+M
图像(I)	>	插入列(C)	Ctrl+Shift+A
		插入行或列(I)...	
模板属性(P)		删除行(D)	Ctrl+Shift+M
重复项(E)	>	删除列(E)	Ctrl+Shift+-
代码(D)	>	增加行宽(R)	
文本(X)	>	增加列宽(A)	Ctrl+Shift+]
段落格式(F)	>	减少行宽(W)	
列表(I)	>	减少列宽(U)	Ctrl+Shift+[
同步设置(S)	>	清除单元格高度(H)	
		清除单元格宽度(T)	
快捷键(Y)...		转换宽度为像素(X)	
首选项(P)...	Ctrl+U	转换宽度为百分比(O)	
		将高度转换为像素	
		将高度转换为百分比	
		排序表格(S)...	

图 4-39 "编辑"→"表格"命令的级联菜单

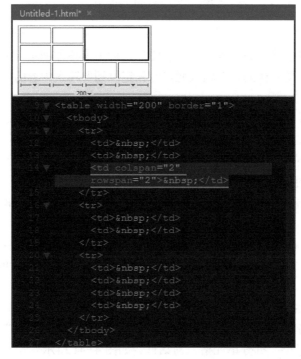

图 4-40 合并单元格

图 4-41 "拆分单元格"对话框

在对话框中可以选择将单元格拆分成列或拆分成行，然后设置拆分后的列数或行数，最后单击"确定"按钮即可。

4. 设置表格格式（属性）

对于表格，可以设置的格式有行高、列宽、对齐方式、背景等，这些操作可以在表格"属性"对话框中完成，方法是右击单元格，在弹出的快捷菜单中执行"属性"命令，即可打开表格"属性"对话框，如图 4-42 所示。

图 4-42 表格"属性"对话框

对于表格大小、行高、列宽的设置，也可以简单地通过拖动鼠标来完成。

5. 设置单元格格式（属性）

设置单元格格式可以针对单元格、行、列或整个表格，所以在设置格式之前先要进行选择，再右击单元格，在弹出的快捷菜单中执行"属性"命令，打开单元格"属性"对话框，如图 4-43 所示，对话框中包含了单元格属性的设置，例如对齐方式、边框、背景等。

图 4-43 单元格"属性"对话框

▶ 4.4.6 超链接

使用超链接可以在一个网页中方便地跳转到指定的目标，这个目标可以是其他的站点、网页、同一网页中的不同位置、一个图片、一个应用程序、某个电子邮箱的地址等。

用来创建链接的对象可以是一段文本，也可以是一个图片，将光标移动到某个有超链接的位置时，光标会显示出手的形状，单击该对象时可以跳转到该链接的目标对象。

1. 创建超链接

创建超链接的操作步骤如下：

（1）在网页中选中作为超链接的文本或图片。

（2）执行"插入"→"Hyperlink"命令，打开"Hyperlink"对话框。

（3）在对话框中的"链接"文本框中输入链接的目标，如图 4-44 所示，然后单击"确定"按钮。

图 4-44 "Hyperlink"对话框

添加超链接后的编辑窗口如图 4-45 所示。

图 4-45 插入超链接后的编辑窗口

如果是对文本创建了超链接，则插入了超链接后的文本变成带有下画线的蓝色文本。

在"Hyperlink"对话框中，"链接"文件框中如果输入 mailto：电子邮件地址，则可以链接到某个邮箱地址。链接到邮件地址后，在网页中单击该链接时，将会打开邮件编辑器，向设置的电子邮件地址发送编辑的邮件。

在"Hyperlink"对话框中，单击"链接"文本框右侧的文件夹图标，可以打开"选择文件"对话框，在对话框中可以选择本机上的某个文件作为链接的目标。

2. 编辑超链接

选择已经创建的超链接，执行"编辑"→"链接"命令，使用其级联菜单（图 4-46）

中的命令可以对链接进行更改目标或移除。

图 4-46 "链接"命令的级联菜单

▶▶ 4.5 服务器的配置

为了测试网站的发布效果，需要将计算机设置为 Web 服务器，为此，需要安装 Microsoft 的 Internet 信息服务（Internet information services，IIS）程序。IIS 程序也有不同的版本，下面以 Windows 10 中的 IIS 为例，说明 IIS 的安装、配置以及网页的发布。

1. 安装 IIS

（1）打开"控制面板"窗口，如图 4-47 所示。

（2）在"控制面板"窗口中单击"程序"链接，打开"程序"窗口，如图 4-48 所示。

（3）单击"启用或关闭 Windows 功能"链接，打开"Windows 功能"窗口，如图 4-49 所示。

图 4-47 "控制面板"窗口

（4）勾选"Internet Information Services"复选框，如图 4-50 所示。再勾选其中的"万维网服务"复选框，并在其下的"安全性"选项组中勾选"Windows 身份验证""基本身份验证"等复选框，然后在"应用程序开发功能"选项组中勾选"ASP. NET"复选框。

图 4-48 "程序"窗口

图 4-49 "Windows 功能"窗口

（5）单击窗口中的"确定"按钮，系统进行安装，安装要经过一段时间。

2. 设置网站路径

IIS 安装后，系统默认的 Web 网站在系统盘上，其路径是 inetpub\wwwroot，将创建的网站文件夹移动到该路径下即可进行网页的发布。

也可以在其他路径中设置网站，这里假定网站在 E:\myweb 下，设置方法如下：

（1）在控制面板中打开"管理工具"窗口，如图 4-51 所示。

图 4-50　设置 IIS 选项

图 4-51　"管理工具"窗口

（2）选择"Internet Information Services（IIS）管理器"选项，打开"Internet Information Services（IIS）管理器"窗口，如图 4-52 所示。

图 4-52 "Internet Information Services（IIS）管理器"窗口

（3）在窗口中右击"网站"选项，在弹出的快捷菜单中选择"添加网站"命令，这时弹出"添加网站"对话框，如图 4-53 所示。

图 4-53 "添加网站"对话框

（4）在对话框中输入网站名称，如"我的个人网站"，指定物理路径，这里设置为"E：\myweb"，单击"确定"按钮，这时网站创建完成。

默认情况下，重新启动计算机时将自动启动站点，右击新设置的站点，在弹出的快捷菜单的"管理网站"级联菜单（图4-54）中可以对网站进行"启动""重新启动"或"停止"等操作。停止站点将停止 Internet 服务，并从计算机内存中卸载 Internet 服务。启动站点将重新启动或恢复 Internet 服务。

3. 测试发布网页

（1）在"E：\myweb"目录下创建一个简易的网页，如图4-55所示。

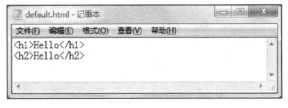

图4-54 "管理网站"级联菜单　　　　图4-55 简易的网页

（2）将该网页命名为 default.html。

（3）打开浏览器，在地址栏中输入"http：//localhost/default.html"。这时，浏览器中显示的内容如图4-56所示，表明网页发布成功。

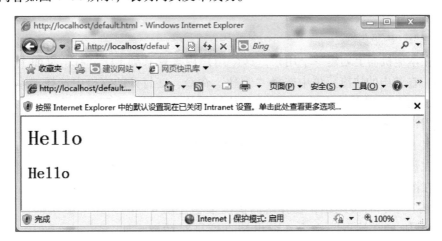

图4-56 网页的发布

验证设置的 Web 服务器是否处于活动状态，还有更简单的方法，就是启动浏览器后，在地址栏中输入"http：//localhost/"，并按 Enter 键。如果 Web 服务器是打开的并处于运行状态，会看到如图 4-57 所示的页面。

图 4-57　测试 Web 服务器

4. 建立 FTP 服务器

（1）在本地机器上创建一个用户，这个用户用来登录到 FTP。右击桌面上的"计算机"图标，在弹出的快捷菜单中选择"管理"命令，在打开的窗口中选择"本地用户和组"选项，右击"用户"选项，在弹出的快捷菜单中选择"新用户"命令，在打开的窗口中输入用户名和密码，再单击"创建"按钮。

（2）在 D 盘新建"FTP 上传"和"FTP 下载"两个文件夹，然后在每个文件夹中放不同的文件。

（3）在图 4-52 所示的"Internet Information Services（IIS）管理器"窗口中，右击网站，在弹出的快捷菜单（图 4-58）中选择"添加 FTP 站点"命令，弹出站点信息对话框，如图 4-59 所示。

（4）在对话框中描述站点信息，描述可以根据自己的需要填写，"物理路径"设置为"D:\FTP 上传"，然后单击"下一步"按钮，弹出绑定和 SSL 设置对话框，如图 4-60 所示。

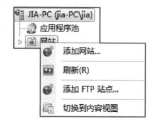

图 4-58　快捷菜单

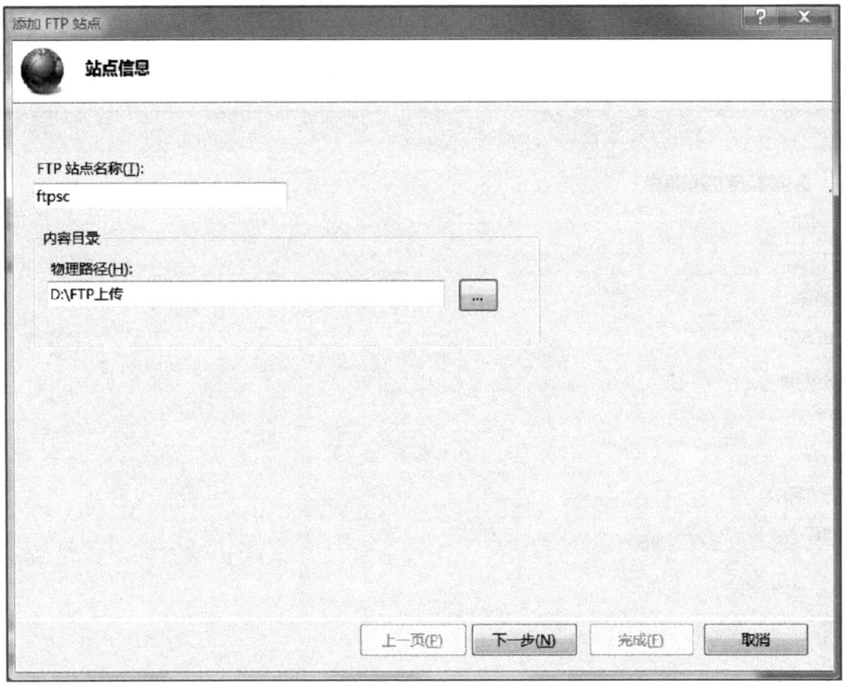

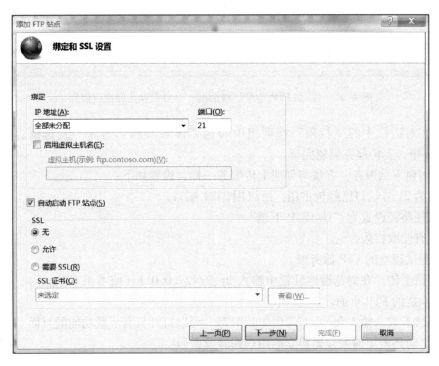

图 4-59 "添加 FTP 站点"对话框——站点信息

图 4-60 "添加 FTP 站点"对话框——绑定和 SSL 设置

（5）在对话框中输入自己的 IP 地址，端口默认使用 21，然后单击"下一步"按钮，弹出身份验证和授权信息对话框，如图 4-61 所示。

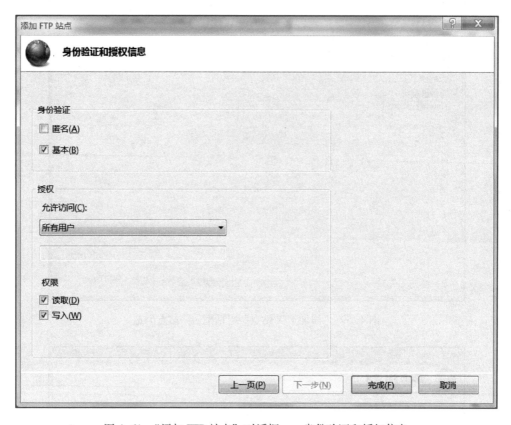

图 4-61 "添加 FTP 站点"对话框——身份验证和授权信息

（6）在对话框中的"权限"选项组中勾选"读取"和"写入"复选框，然后单击"完成"按钮，上传服务创建完毕。

（7）创建下载服务，方法与创建上传服务一样，设置如下：

① 因为 21 号端口已经被占用，所以用 2121 端口。

② 物理路径设置为"D:\FTP 下载"。

③ 只有读取权限。

（8）测试建立的 FTP 服务器。

① 测试上传。在浏览器地址栏中输入 ftp://127.0.0.1（或本机 IP 地址），可以打开具有上传功能的 FTP 页面。

② 测试下载。输入 ftp://127.0.0.1:2121，可以打开只有下载功能的页面。

登录之前还需要输入开始建立的用户账号及密码。

▶▶ 4.6 应用案例

▶ 4.6.1 使用 DOS 命令查看网络状态

在"命令提示符"窗口下，分别执行 ping、nbtstat、netstat 命令，可以查看网络状态，这几个命令的主要功能如下。

1. ping

ping 命令用来检查网络是否通畅，显示网络连接速度。因为互联网上的机器都有唯一确定的 IP 地址，给目标 IP 地址发送一个数据包，对方就要返回一个同样大小的数据包，根据返回的数据包可以确定目标主机是否存在。在"命令提示符"窗口中输入"ping/？"，按 Enter 键，可以显示出全部的参数。该命令的常用参数如下。

（1）-t：表示将不间断向目标 IP 发送数据包，直到强迫停止发送。

（2）-l：定义发送数据包的大小，默认为 32 个字节，最大定义到 65 500 个字节。

（3）-n：定义向目标 IP 发送数据包的次数，默认为 3 次。

ping 命令中的目标主机可以是 IP 地址，也可以是主机域名。

2. nbtstat

nbtstat 命令可以得到远程主机的 NETBIOS 信息，如用户名、所属的工作组、网卡的 MAC 地址等，该命令的常用参数如下。

（1）-a：使用这个参数时，只要知道远程主机的机器名称，就可以得到它的 NETBIOS 信息。

（2）-A：这个参数也可以得到远程主机的 NETBIOS 信息，但需要知道它的 IP 地址。

（3）-n：列出本地机器的 NETBIOS 信息。

3. netstat

这是一个用来查看网络状态的命令，该命令的常用参数如下。

（1）-a：查看本地机器的所有开放端口，可以知道机器打开的服务等信息。

（2）-r：列出当前的路由信息，告诉用户本地机器的网关、子网掩码等信息。

操作过程如下。

（1）单击"开始"→"所有程序"→"附件"→"命令提示符"命令，打开"命令提示符"窗口，如图 4-62 所示。

（2）输入"ping 202.117.207.198 -n 3"，按 Enter 键后如图 4-63 所示，显示结果表明目标主机 202.117.207.198 是存在的。

（3）输入"nbtstat-A 202.117.35.153"，按 Enter 键后如图 4-64 所示，这个结果可以确定目标主机 202.117.35.153 的用户名、所属的工作组、网卡的 MAC 地址。

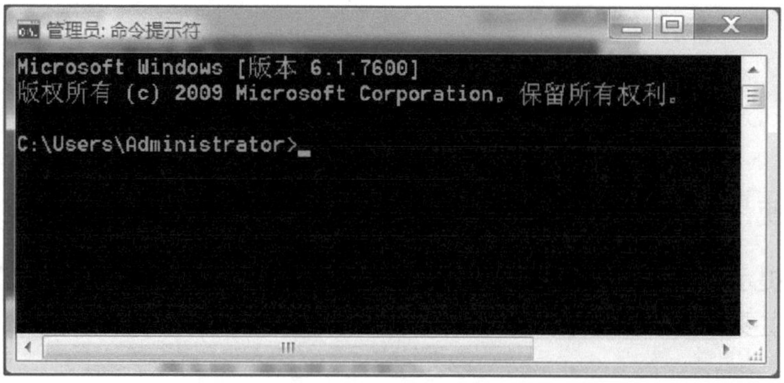

图 4-62 "命令提示符"窗口

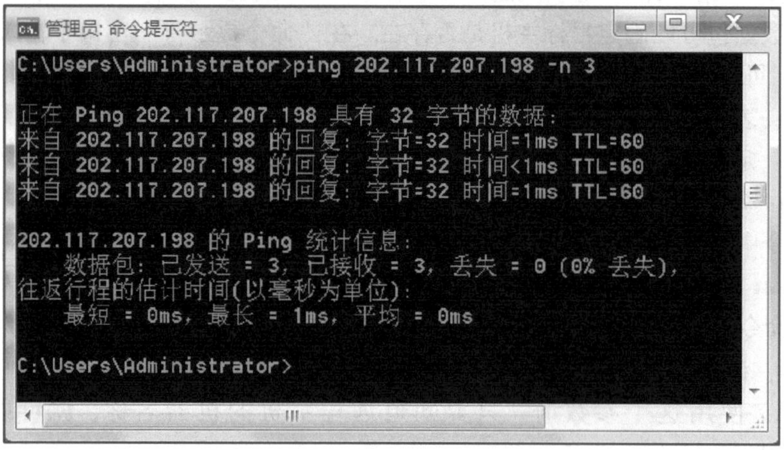

图 4-63 ping 命令结果

图 4-64 nbtstat 命令结果

（4）输入"netstat –r"，按 Enter 键后如图 4-65 所示，结果显示本地机的网关、子网掩码等信息。

图 4-65　netstat 命令结果

4.6.2　检测和了解计算机的网络状态

Process-X 是一款功能强大的进程管理工具，其前身为"Windows 进程管理器"。作为全新升级版，Process-X 改善并加强了各方面的功能，变得更加强大和成熟，具有进程管理及信息查询、系统服务管理配置及优化、启动项管理、网络连接管理及流量监控、系统信息实时监视等多种功能。用户可以从官方网站进行下载，软件无须安装，下载解压后，双击可执行文件即可运行，运行后的窗口界面如图 4-66 所示。

Process-X 窗口左侧为一排功能菜单按钮，通过"功能菜单"还可以显示或隐藏功能按钮；右侧为软件主窗口，用以显示进程的详细信息；界面上方还有一个搜索框，内置了百度、谷歌及雅虎 3 种搜索引擎，可以让用户通过互联网查找相关进程更加详细的信息；下方的功能按钮可以结束一个进程或刷新列表。

使用这个软件，可以在用户启动网络应用程序之前，了解计算机操作系统内有多少网络相关的进程在与网络交换数据，并且了解这些进程的性质：是常规应用软件（如 Flash Player）、杀毒软件（如 360 安全卫士）、操作系统本身上网更新，还是恶意的进程。

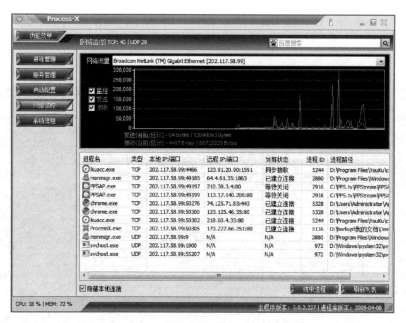

图 4-66　Process-X 窗口

▶ **4.6.3　用 CuteFTP 上传和下载文件**

使用 CuteFTP 软件可以设置多个账户，也可以方便地上传文件夹。假定已经安装了 CuteFTP，或下载了无须安装的绿色版 CuteFTP，建立和清华大学的连接，操作过程如下：

（1）启动 CuteFTP 软件，如图 4-67 所示。

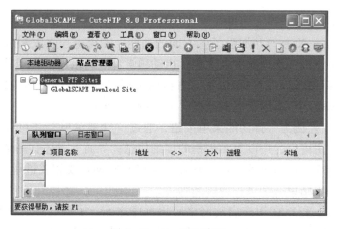

图 4-67　CuteFTP 窗口

（2）单击工具栏中的"新建"按钮，弹出"站点属性"对话框。

（3）在"常规"选项卡的"标签"文本框中输入"清华大学"，在"主机地址"文本框中输入 ftp.tsinghua.edu.cn，在"登录方式"选项组中选择"匿名"单选按钮。

设置后的对话框如图 4-68 所示，单击"确定"按钮完成连接的建立，建立的连接如图 4-69 所示。

图 4-68　设置匿名登录服务器

图 4-69　新建的连接

（4）单击"清华大学"，在 CuteFTP 软件窗口的右边将显示当前的连接状态，左边显示当前主机的本地驱动器，如图 4-70 所示。

图 4-70　连接到清华大学

（5）双击"相应法规"文件夹后，再选中要下载的文件，选择"文件"菜单中的"下载"命令（或用鼠标左键将文件拖向左边的窗口），即可将选中的文件下载到当前主机的 C 盘根目录下，如果要下载至当前主机的其他文件夹中，需在下载前先确定路径。

◆▶　本章小结

　　本章主要介绍了网络的基础知识、网络协议和体系结构、Internet 的基本概念和应用等，另外，还介绍了网页制作和服务器的配置等软件的使用。

◀▶ 习题 4

一、单选题

1. 按通信距离划分，计算机网络可以分为局域网、城域网和广域网，下列网络中属于局域网的是_____。

    A. Internet   B. CERNET   C. Novell   D. CHINANET

2. 下列各邮件信息中，属于邮件服务系统在发送邮件时自动加上的是_____。

    A. 收件人的 E-mail 地址   B. 邮件体内容

    C. 附件   D. 邮件发送的日期和时间

3. 关于电子邮件，下列说法错误的是_____。

    A. 发送电子邮件需要 E-mail 软件支持

    B. 发件人必须有自己的 E-mail 账号

    C. 收件人必须有自己的邮政编码

    D. 必须知道收件人的 E-mail 地址

4. 一台计算机要连入 Internet，必须安装的硬件是_____。

    A. 调制解调器或网卡   B. 网络操作系统

    C. 网络查询工具   D. WWW 浏览器

5. 在网络中，信息传输速率的单位是_____。

    A. 帧/秒   B. 文件/秒   C. 位/秒   D. 米/秒

6. 下列各项中，不能作为 IP 地址的是_____。

    A. 202.96.0.1   B. 202.110.7.12

    C. 112.256.23.8   D. 159.226.1.18

7. 网上的站点通过点到点的链路与中心站点相连，具有这种拓扑结构的网络称为_____。

    A. 因特网   B. 星状网   C. 环状网   D. 总线型网

8. 因特网中的 IP 地址规定用 4 组十进制数表示，每组数字的取值范围是_____。

    A. 0~127   B. 0~128   C. 0~255   D. 0~256

9. 接入 Internet 的每一台主机都有一个唯一的可识别地址，称为_____。

    A. URL   B. TCP 地址   C. IP 地址   D. 域名

10. 调制解调器（modem）是电话拨号上网的主要硬件设备，它的作用是_____。

    A. 将计算机输出的数字信号调制成模拟信号，以便发送

    B. 将输入的模拟信号调制成计算机的数字信号，以便发送

    C. 将数字信号和模拟信号进行调制和解调，以便计算机发送和接收

    D. 为了拨号上网时，上网和接听电话两不误

11. 下列各指标中，_____是数据通信系统的主要技术指标之一。

    A. 重码率   B. 传输速率   C. 分辨率   D. 时钟主频

12. 计算机网络中常用的有线传输介质有_____。

    A. 双绞线、红外线、同轴电缆   B. 同轴电缆、激光、光纤

    C. 双绞线、同轴电缆、光纤   D. 微波、双绞线、同轴电缆

13. 连接到 WWW 页面的协议是_____。

    A. HTML   B. TCP/IP   C. HTTP   D. SMTP

14. 通过 Internet 发送或接收电子邮件（E-mail）的首要条件是应该有一个电子邮箱（E-mail）地址，它的正确形式是_____。

    A. 用户名@域名　　　　B. 用户名#域名　　　　C. 用户名/域名　　　　D. 用户名．域名

15. 以下各项中，不属于网络协议主要组成要素的是_____。

    A. 语法　　　　　　B. 语义　　　　　　C. 优先级　　　　　　D. 时序

16. 关于客户机/服务器应用模式，以下说法正确的是_____。

    A. 由服务器和客户机协同完成一项任务　　　B. 将应用程序下载到本地执行

    C. 在服务器端，每次只能为一个客户服务　　　D. 许多终端共享主机资源的多用户系统

17. 第二代计算机网络的主要特点是_____。

    A. 计算机—计算机网络　　　　　　B. 以单机为中心的联机系统

    C. 国际网络体系结构标准化　　　　　　D. 各计算机制造厂商网络结构标准化

18. 为了建立计算机网络通信的结构化模型，国际标准化组织制定了开放系统互联参考模型，其英文缩写为_____，它把通信服务分成_____个标准组，每个组称为一层。

    A. OSI-RM，7　　　　　　B. OSI-EM，7

    C. OSI-RM，5　　　　　　D. OSI-EM，5

19. 关于 OSI 参考模型，以下说法正确的是_____。

    A. 每层之间相互直接通信　　　　　　B. 物理层直接传输数据

    C. 数据总是由物理层传输到应用层　　　　　　D. 真正传输的数据很大，而控制头很小

20. 域名服务器中存放了 Internet 主机的_____。

    A. 域名　　　　　　B. IP 地址

    C. 域名和 IP 地址　　　　　　D. E-mail 地址

21. HTML 编写的文档称为_____，其扩展名为_____。

    A. 纯文本文件，txt　　　　　　B. 超文本文件，html 或 htm

    C. Word 文档，doc　　　　　　D. Excel 文档，xls

22. 形式为 202.117.35.170 的 IP 地址属于_____IP 地址。

    A. A 类　　　　　　B. B 类　　　　　　C. C 类　　　　　　D. D 类

23. 以下几个网址中，可能属于香港某一教育机构的网址是_____。

    A. www.xjtu.edu.cn　　　　　　B. www.whitehouse.gov

    C. www.sinA.com.cn　　　　　　D. www.cityu.edu.hk

24. 以下 URL 写法正确的是_____。

    A. http://www.xjtu.edu.cn\index.htm　　　　　　B. http:\\www.xjtu.edu.cn\index.htm

    C. http//www.xjtu.edu.cn/index.htm　　　　　　D. http://www.xjtu.edu.cn/index.htm

25. 以下不是 WWW 的组成部分的是_____。

    A. Internet　　　　　　B. Web 服务器　　　　　　C. 浏览器　　　　　　D. HTTP 协议

26. 在万维网中，网页是采用_____语言制作的。

    A. C++　　　　　　B. Pascal　　　　　　C. HTML　　　　　　D. HTTP

二、判断题

1. IP 地址和域名是一一对应的。　　　　　　　　　　　　　　　　　　　（　　）

2. 主机—终端的连接系统以数据通信为主。　　　　　　　　　　　　　　（　　）

3. 总线型拓扑结构的网络中，各结点与中心结点连接。　　　　　　　　　（　　）

4. 广域网就是因特网。 （　　）

5. 无线路由器属于无线 AP。 （　　）

6. OSI 的低 3 层属于资源子网，高 3 层属于通信子网。 （　　）

7. IP 协议是 TCP/IP 网络层中的协议。 （　　）

8. UDP 是面向连接的协议。 （　　）

9. IP 地址的主机部分全为 0，表示广播地址。 （　　）

10. 域名 COM 表示商业机构。 （　　）

三、填空题

1. Internet 服务提供商的英文缩写是_____。

2. Telnet 是 Windows 提供的支持因特网的实用程序，称为_____。

3. 与 Web 站点和 Web 页面密切相关的一个概念称为"统一资源定位符"，它的英文缩写是_____。

4. Internet 用_____协议实现各网络之间的互联。

5. 在计算机网络中，表示数据传输可靠性的指标是_____。

6. Internet Explorer 是 Windows 提供的实用程序，称为_____。

7. 在 OSI 参考模型中，_____起着衔接上 3 层和下 3 层的作用。

8. 中国教育和科研计算机网的简称是_____。

9. 按拓扑结构分类，计算机网络可以分为树状网、网状网、环状图、星状网和_____网。

10. 电子邮件是由邮件头部和_____两部分组成的。

11. ISO 的开放系统互联参考模型（ISO/OSI）将计算机网络的体系结构分成_____层。

12. World Wide Web 的中文简称是_____。

13. 局域网简称为_____，广域网简称为_____。

14. 计算机网络中常用的有线传输介质包括_____、_____和_____。

15. 万维网 WWW 的 3 个组成部分是_____、_____和_____。

16. IPv4 的 IP 地址是一个_____位的二进制数。

17. 计算机网络是_____技术和_____技术结合的产物。

18. 计算机网络按照其规模大小和延伸距离远近划分为_____、_____和_____。

19. 网络协议主要由 3 个要素组成，它们是_____、_____和_____。

20. TCP/IP 模型由低到高的 4 层分别是_____、_____、_____、_____。

四、问答题

1. 什么是计算机网络？计算机网络的发展经历了哪几个阶段？计算机网络在逻辑上可以分为哪几部分？

2. 按网络覆盖的范围不同，计算机网络可以分为哪几类？它们各自的特点是什么？校园网一般属于哪类网络？

3. 什么是网络协议？网络协议的基本要素有哪些？什么是网络体系结构？网络分层设计的目的是什么？

4. TCP/IP 模型分为哪几层？属于应用层的协议有哪些？TCP/IP 主要应用于哪种网络中？

5. 什么是因特网的物理结构？简述因特网的工作模式。

6. 计算机网络中使用的传输介质有哪些？

7. 什么是 IP 地址？简述 IP 地址的分类特点。

8. 什么是 DNS？因特网的顶级域名分成哪几类？

9. 什么是 MAC 地址？测试本地计算机的 MAC 地址。

10. 什么是 ISP？作为 ISP 应具备哪些条件？

11. 接入因特网的基本方式有哪几种？

12. 什么是搜索引擎？常用的搜索引擎有哪些？

五、实验操作题

1. 创建网站。

在 D 盘上创建一个名为"MyWeb"的网站，然后观察网站编辑使用的各种视图。

2. 创建网页及格式化。

在网上搜索自己感兴趣的信息，如计算机等级考试，英语四、六级等，以搜索的信息为基础创建一个网页 test.html，要求网页中文本有不同的显示级别，对不同级别的文本设置不同的格式，文本至少要有 4 段。

3. 在网页中插入图片。

从网上下载一幅图片，将其插入到 test.html 中，并设置环绕方式为左环绕。

4. 在网页中插入表格。

向网页中插入如图 4-71 所示格式的表格。

学号	图书号	借期
06010001	AK01	79
06010001	AK02	15
06010001	AK03	56
06010002	AK01	12
06010003	AK01	65
06010003	AK02	100

图 4-71　在网页中插入的表格

5. 插入超链接。

在网页中创建以下链接：

（1）链接到西安交通大学的网站。

（2）链接到百度。

第 5 章

问题求解与算法设计

教学资源：
电子教案、微视
频、实验素材

本章教学目标

  (1) 理解程序、软件、计算机语言及编译、解释等概念。
  (2) 了解问题求解的基本过程。
  (3) 了解常见程序设计语言的特性。
  (4) 理解算法的基本概念和常用算法的描述工具。
  (5) 掌握使用 3 种基本控制结构描述算法的方法。
  (6) 掌握 Python 语言的基本用法。

本章教学设问

  (1) 程序和软件有何联系？
  (2) 低级语言与高级语言有何特点？
  (3) 编译方式与解释方式的区别是什么？
  (4) 算法与程序之间的关系是什么？
  (5) 描述算法的常用工具有哪些？
  (6) 描述算法有哪些基本控制结构？
  (7) 设计、编制软件要经过哪些步骤？

▶▶ 5.1 程序设计语言概述

  首先思考一个问题：计算机与家用电器的根本区别是什么？计算机能完成预定的任务是硬件和软件协同工作的结果，而计算机之所以比电视机、DVD 机、计算器等电子设备功能灵活，是因为人们可以根据需求随时随地编写软件，然后在计算机上运行该软件来满足需求（或完成任务）。也就是说，同样的硬件配置，加载不同的软件就可以完成不同的工作。这就是计算机与家用电器的根本区别。计算机的"能力"随着时间推移在不断增强，20 世纪 40 年代计算机能进行"科学计算"，60 年代计算机能进行"信息管理"，80 年代计算机能进行"企业管理"，新世纪计算机能进行"电子商务""电子政务"。今后的计算机和物联网结合其能力无可限量，具有空前的信息容纳能力、高速的信息传递能力、有力的信息组织与检索能力，普遍的可连接性（时间、地点、设备），多种多样的信息媒体，消除了人们交流的时空限制、媒体限制、语言限制，互联网将为人类社会提供无与伦比的创新机会与发展空间。本节介绍程序和软件的基本概念。

▶ **5.1.1　程序与软件**

在日常生活中，做任何事情或工作都有一定的步骤，例如，要打电话，先要选择什么工具，假设有手机、公用电话、家庭电话、办公室电话等可供选择，然后拨电话号码，拨通后开始通话，通话完毕挂机。又如要报考研究生，首先要填写报名单，交报名费和照片，复习功课，领准考证，按时参加各课程考试，得到录取通知书，到录取学校报到注册等。这些都是按一系列的顺序进行的步骤，缺一不可，次序错了也不行。这就是工作程序或流程。显然程序的概念应该是很普遍的，简单地说，日常生活中的程序是指按一定的顺序安排的一系列操作。

随着计算机技术的发展和普及，"程序"成为计算机的专有名词。计算机程序指的是为完成某一个任务或解决某一个特定问题而采用某一种计算机语言编写的指令集合。指令是指计算机可以执行的操作或动作。任何计算机程序都具有下列共同特性：

（1）目的性。程序的目的是为实现某个目标或完成某个功能。

（2）确定性。程序中的每一条指令都是确定的，而不是含糊不清或模棱两可的。

（3）有穷性。一个程序不论规模多大，都应当包含有限的操作步骤，能够在一定时间范围内完成。

（4）有序性。程序的执行步骤是有序的，不可随意更改程序执行顺序。

对于软件目前还没有一个精确定义，通常认为软件指计算机程序、方法和规则、相关的文档资料以及在计算机上运行时所必需的数据。由此可见，软件≠程序。

从另一种角度讲，软件是指可运行的思想和内容的数字化。思想包含算法、规律、办法（由程序承担）；内容包含图形、图像、数据、声音、视频、文字等数据。用比特数字表示信息的能力是极为强大的，最强大之处在于表达人的思想。人的思想是无限的，所以，利用数字进行创造的可能性也是无限的。只要对比特进行处理、传输、存储，就几乎能解决一切信息问题。

▶ **5.1.2　程序设计语言**

自然语言是人类互相交流的工具，不同的语言（如汉语、英语、俄语）描述的形式各不相同。程序设计语言是人与计算机交流的工具，是用来书写计算机程序的工具。人们使用计算机，让计算机按人们的意志进行工作，就必须采用计算机能够识别和理解，并且人也能够理解的语言。目前经过标准化组织产生的程序设计语言有近千种，最常用的程序设计语言不过十几种。

1. 程序设计语言的分类

对程序设计语言的分类可以从不同的角度进行，如面向机器的程序设计语言、面向对象的程序设计语言、面向过程的程序设计语言等。其中，最常见的分类方法是根据程序设计语言与计算机硬件的联系程度将其分为3类，即机器语言、汇编语言和高级语言。前两类依赖于计算机硬件，有时统称为低级语言；高级语言与计算机硬件关系较小。因此，可以说，程序设计语言的演变经历了由低级向高级发展的过程。

（1）机器语言。以计算机所能理解和执行的，以"0"和"1"组成的二进制编码表示的命令，称为机器指令。这是所有语言中唯一能被计算机直接理解和执行的指令。

机器指令由操作码和操作数组成，具体的表现形式和功能与计算机系统的结构关联。机器语言就是直接用机器指令的集合作为程序设计手段的语言。机器语言的优点是计算机能够直接识别、执行效率高，缺点是难记忆、难书写、编程困难、可读性差且容易出现编写错误。机器语言是面向机器的语言，因机器而异，可移植性极差。

试阅读并理解以下机器代码（十六进制）：

A10000

0306C800

A3CC00

（2）汇编语言。为了克服机器语言的缺点，人们采用了助记码与符号地址来代替机器指令中的操作码与操作数。如用 ADD 表示加法操作，用 SUB 表示减法操作，且操作数可用二进制、八进制、十进制和十六进制数表示。这种表示计算机指令的语言称为汇编语言。汇编语言也是一种面向机器的语言，但计算机不能直接执行汇编语言程序，用它编写的程序，必须经过汇编程序翻译成机器指令后才能在计算机上执行。目前，由于它比机器语言可理解性好，比其他语言执行效率高，许多系统软件的核心部分仍采用汇编语言编制。

上面的机器代码，用助记符改写后便于理解（汇编指令代码）：

mov ax,en1

add ax,com1

mov sum1,ax

（3）高级语言。所谓高级语言就是更接近自然语言、数学语言的程序设计语言。它是面向应用的计算机语言，其优点是符合人类叙述问题的习惯，而且简单易学。目前的大部分语言都属于高级语言，其中使用较多的有 Visual Basic、Python、FORTRAN、COBOL、C、C++、Java 等。

用 C++语言完成前面的代码的功能，可写为

sum1＝en1+com1；

目前，高级语言正朝着非过程化发展，即只需告诉计算机"做什么"，"怎样做"则由计算机自动处理。高级语言的发展以更加方便用户使用为宗旨。

2. 程序的编译与解释

在计算机语言中，除机器语言之外的其他语言书写的程序，都必须经过翻译或解释，变成机器指令，才能在计算机中执行。因此，计算机上能提供的各种语言，必须配备相应

语言的"编译程序"或"解释程序"。通过"编译程序"或"解释程序"使人们编写的程序能够最终得到执行的工作方式，分别称为程序的编译方式和解释方式。

（1）编译方式。编译是指用高级语言编写的程序（又称为源程序、源代码），经编译程序翻译，形成可由计算机执行的机器指令程序（称为目标程序）的过程。如果使用编译型语言，必须把程序编译成可执行代码。因此，编制程序需要 3 步：写程序、编译程序和运行程序。一旦发现程序有错误，哪怕只是一个错误，也必须修改后再重新编译，然后才能运行。幸运的是，只要编译成功一次，其目标代码便可以反复运行，并且不再需要编译程序的支持就可以运行。

编译方式的优点主要有以下两个方面：

① 目标程序可以脱离编译程序而独立运行。

② 目标程序在编译过程中可以通过代码优化等手段提高执行效率。

其缺点如下：

① 目标程序调试相对困难。

② 目标程序调试必须借助其他工具软件。

③ 源程序被修改后必须重新编译连接生成目标程序。

典型的编译型语言有 C、C++、Pascal、FORTRAN 等。

（2）解释方式。解释是将高级语言编写好的程序逐条解释，翻译成机器指令并执行的过程。它不像编译方式那样先把源程序全部翻译成目标程序后再运行，而是将源程序解释一句立即执行一句，然后再解释下一句。

解释方式的优点如下：

① 可以随时对源程序进行调试，有的解释语言即使程序有错误也能运行，执行到错误的语句再报告。

② 调试程序手段方便。

③ 可以逐条调试源程序代码。

其主要缺点如下：

① 被执行程序不能脱离解释环境。

② 程序执行进度慢。

③ 程序未经代码优化，工作效率低。

典型的解释型语言有 BASIC、Java 等，但现在也都有了编译功能。

无论是编译程序还是解释程序，都需要事先送入计算机内存中，才能对源程序（也在内存中）进行编译或解释。为了综合上述两种方法的优点，克服缺点，目前，许多编译软件都提供了集成开发环境（IDE），以方便程序设计者。所谓集成开发环境是指将程序编辑、编译、运行、调试集成在同一环境下，使程序设计者既能高效地执行程序，又能方便地调试程序，甚至是逐条调试和执行源程序。

▶ 5.1.3 程序设计的概念

当用户使用计算机来完成某项工作时，将会面临两种情况：一种情况是可借助现成的应用软件完成，如文字处理使用 Word，表格处理使用 Excel，科学计算选择 MATLAB，绘制图形使用 Photoshop 等；另一种情况是，没有完全合适的软件可供使用，这时就需要使用计算机语言编制程序来完成特定的功能，这就是程序设计。

实现同样一个功能，可以设计不同的程序。例如，求 3 个数 A、B、C 中的最大数，可以按 3 种求解方法编写程序。方法一：先求 A 和 B 的最大数，再与 C 进行比较，从而产生最大数；方法二：先求 B 和 C 中的最大数，再与 A 比较，从而产生最大数；方法三：先求 A 和 C 的最大数，再与 B 比较，从而产生最大数。

程序设计是指具有一种知识背景的人，为具有另一种知识背景的人进行的创造性劳动。设计是一种影射，设计过程是把实用知识影射到计算知识。这就要根据需求进行程序设计，在能够快速正确开发出满足要求的程序的前提下，开发出的程序应当尽可能追求时空效率，即程序运行速度快，程序所占用的存储空间小。现代程序设计方法更强调设计出来的程序便于阅读和理解。

为了有效地进行程序设计，应当至少具有两个方面的知识：一是掌握一门程序设计语言的语法及其规则；二是掌握解题的步骤或方法，换句话说，在拿到一个需要求解的问题后，如何设计分解成一系列的操作步骤。

▶▶ 5.2　问题求解的基本过程

计算机程序设计就是用计算机语言编写一些代码（指令），来驱动计算机完成特定的功能，也就是说，用计算机能理解的语言告诉计算机如何工作。一般而言，程序设计过程包括 5 个阶段工作：问题描述（或定义、分析）、算法设计、程序编制、调试运行以及整理文档。整个开发过程都要编制相应的文档，以便管理。

功能完善的商业程序一般都是比较大的，一个字处理软件就包含 75 万行代码，而按照美国国防部的标准，少于 10 万行代码称为小程序，超过 100 万行代码才是大程序。为便于理解，这里以微小的程序作为例子来介绍程序设计的概念。下面就以求任意两个正整数的最大公因数为例，介绍程序设计的一般过程。

▶　5.2.1　问题描述

在计算机能够理解一些抽象的名词并做出一些智能的反应之前，必须要对交给计算机的任务做出定义，并最终翻译成计算机能识别的语言。问题定义的方法很多，但一般包括以下 3 个部分：

（1）输入。也就是已知什么条件，如学生姓名、学号、英语成绩、计算机基础成绩等，这些已知数据是通过键盘输入，还是通过其他方式输入。另外，每项数据的类型也要定义清楚，如成绩是整数还是小数。

（2）处理。也就是希望计算机对输入信息做什么加工。例如，可以对各个学生的英语成绩、计算机基础成绩求和，并找出总分最高的学生作为第一名；也可以统计单科成绩不及格的学生人数；还可以统计平均成绩不及格的学生人数。

（3）输出。也就是希望得到什么结果，如在屏幕上打印出第一名的总分及姓名，或者输出按平均成绩由小到大排序的学生清单。

当问题复杂时，问题定义会变得非常复杂，这时需要借助一些原则、方法和工具。所谓问题定义是将待解决问题分析界定清楚，即计算机解决问题的可行性研究。实际上就是回答以下具体问题：

（1）待解决的是什么问题？

（2）是否能够解决？

（3）能解决到什么程度？

（4）原始数据如何得到？

（5）最后结果如何反映？

（6）在什么软硬件环境下解决问题？

（7）需要多长时间，多少经费和人员？

（8）效益如何？

就两个正整数求最大公因数问题定义分析如下：

（1）给定两个正整数 P 和 Q，求同时能够整除 P 和 Q 的整数（又称为因数），且是最大的因数，数学上称为最大公因数。

（2）P 和 Q 只能是正整数的子集，因为计算机存储器的空间是有限的，所以表示和处理的整数也只能是有限位数的整数。

（3）P 和 Q 的数值通过键盘输入。

（4）最大公因数的结果显示在屏幕上。

▶ 5.2.2 算法设计

问题描述确定了未来程序的输入、处理、输出（input，process，output，IPO），但并没有具体说明处理的步骤，而算法（algorithm）则是对解决问题步骤的描述。算法是根据问题定义中的信息得来的，是对问题处理过程的进一步细化，但它不是计算机可以直接执行的，只是编制程序代码前对处理思想的一种描述，如求最大公因数问题的一种可能的算法是古希腊数学家欧几里得给出的，其具体求解步骤如下。

步骤1：任意输入两个数，放入 P 和 Q 中。

步骤2：如果 $P<Q$，交换 P 和 Q。

步骤3：求出 P/Q 的余数，放入 R 中。

步骤4：如果 $R=0$，则执行步骤8，否则执行下一步。

步骤5：令 $P=Q$，$Q=R$。

步骤6：再计算 P 和 Q 的余数，放入 R 中。

步骤7：执行步骤4。

步骤8：Q 就是所求的结果，输出结果 Q。

事实上还会有其他求解方法，同样的问题定义可以有不同的算法（即使是用笔和纸来工作，也一样需要制定一个处理步骤，并一步步来执行）。而不同的算法可能有不同的效率，这就涉及算法的时间效率和空间效率。对于复杂问题，算法设计的好坏就显得更重要了。

对于初学者来说，算法和程序的概念容易混淆，并且弄不清楚算法要详尽到什么程度才合适。例如，"输入 P 和 Q"应如何执行？其实算法的处理思想与实现算法的语言关系不大，但其详尽程度则与语言密切相关。例如，从键盘接收一个输入，对 C 语言来说，就是一条语句，而对汇编语言来说，则需要 10 条左右的语句；还有像求一个数的 $\arcsin(x)$ 值，如果语言中没有相应的函数，则需要用如下公式来求解：

$$\arcsin(x) = x + \frac{x^3}{2 \cdot 3} + \frac{1 \cdot 3 \cdot x^5}{2 \cdot 4 \cdot 5} + \cdots + \frac{(2n)!}{2^{2n}(n!)^2(2n+1)} x^{2n+1} + \cdots$$

这时，就应描述相应的处理过程，以便编程实现。如果对语言的语法、功能都很清楚，算法只要能表达处理思想即可。通常对算法的详尽程度没有硬性规定。

5.2.3 程序编制

问题描述和算法设计已经为程序设计规划好了蓝本，下一步就是用真正的计算机语言表达了。求两个正整数的最大公因数，采用 Python 语言编写的程序如下：

```
m = int(input('请输入第一个正整数:'))
n = int(input('请输入第二个正整数:'))
if m<n:
    m,n = n,m
while n! = 0:
    r = m%n
    m = n
    n = r
print('最大公因数是',m)
```

运行结果如图 5-1 所示。

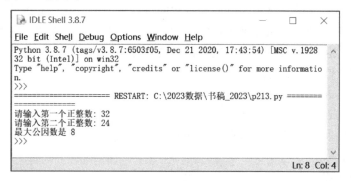

图 5-1 求两个正整数的最大公因数

必须要说明的是，每一种语言都需要一本书（甚至几本书）来详细介绍，本章并不打算涉及过多的语言细节，但有一些概念需要解释。

1. 程序语言的语法和语义

不同的计算机语言表现形式千差万别，但有些功能的定义是有共性的，如给一个数赋值、比较两个数的大小以及在屏幕上显示文字等，通俗地说，这种实质上的功能描述称为语义，对于同一种功能（相同语义），不同语言的区别主要表现在语法（词法）上，如赋值的表示：

sum1:=en1+com1   //这是 Pascal 的语句

sum1=en1+com1;   //这是 C++的语句

又如，表示"如果英语成绩和计算机基础成绩都大于60，就显示姓名、合计"，C++的语句如下：

if(en1>60 && com1>60)

        cout << "英语成绩和计算机基础成绩都大于60:"<<name1<<sum1;

而 BASIC 的语句如下：

IF en1>60 AND com1>60 THEN

        PRINT name1,sum1

END IF

可以看出，不同的语言用不同的符号表达了完全相同的含义。但很多时候，语言的功能差异比较大，例如，在 C++和 Pascal 中的指针处理功能，在很多语言中就没有对等的体现，而在 Prolog 中的谓词完成的推理功能，则是大多数语言无法简单实现的。

2. 程序执行的起始点

程序从什么地方开始执行，不同的语言处理有所不同。在 C++程序中，程序会从 main 函数的第一条语句开始执行，而不论 main 函数处于程序的什么位置（如果没有 main 函数，则无法运行）；在 BASIC 程序中，程序从第一条语句开始执行，不论它是什么（这应当是最直观、最容易理解的方式了）；Visual Basic 中程序从什么地方开始运行，需要由程序员设置，理论上可以从任何过程或表单开始。

3. 子程序（Subprogram）

对于很小的程序（如只有十多行的程序），程序怎么组织显得并不重要，但对于成千上万行的程序就不一样了（设想一下，连续10万行代码，如果连成一片怎么管理）。在几乎所有的语言中，子程序都是最低一级的组织单位。其处理思想是：将一个程序分成若干个小程序块，每一个小程序块（子程序）完成相对单一的功能，由一个头程序调用子程序，最终形成一个树形结构，这样就将一个庞大的功能拆分成若干相对简单的功能（像积木块搭房子一样）。例如，求两个正整数中的较大者的 VB 程序（函数）调用如图5-2所示。

不同的语言对于子程序的定义是不同的。在 C++中只有函数的定义形式，函数可以定义为有返回值和无返回值，而在 Pascal、Visual Basic 等语言中，有过程（无返回值）和函数（有返回值）两种形式，但是概念上都属于子程序，用于管理程序块。图5-2中的函数 MyMax 在 Visual Basic 中定义如下：

Public Function MyMax(a As Integer,b As Integer) As Integer

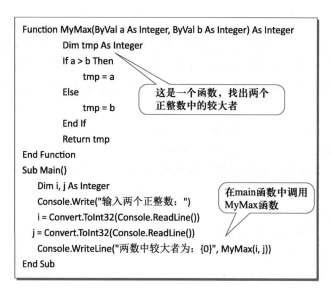

图 5-2　VB 的函数调用

而在 Ada 语言中，则需如下定义：

function MyMax（a：INTEGER；b：INTEGER）return INTEGER；

4. 程序的执行顺序

程序从起始点开始，按照程序员书写的顺序一条条执行指令。第一条语句先执行，接下来是第二条……一直到最后程序结尾。如果遇到一个子程序，则中断当前程序而转去执行子程序，执行完返回刚才的断点继续执行。程序的执行过程如图 5-3 所示。

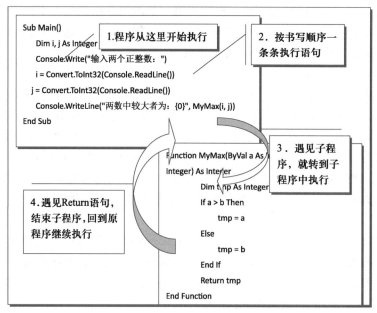

图 5-3　程序的执行过程

除了顺序执行外，程序执行还有选择、循环等多种控制结构，控制结构将在 5.3.3 介绍。

▶ 5.2.4 调试运行

程序编制可以在计算机上进行，也可以在纸张上书写，但最终要运行，就必须输入计算机，并经过调试，以便找出语法错误和逻辑错误，然后才能正确运行。不同语言的运行环境差距很大（详见后面的语言分类），但调试纠错这一步都是必须有的，上述求两个正整数中的最大公因数的 Python 程序如图 5-4 所示。

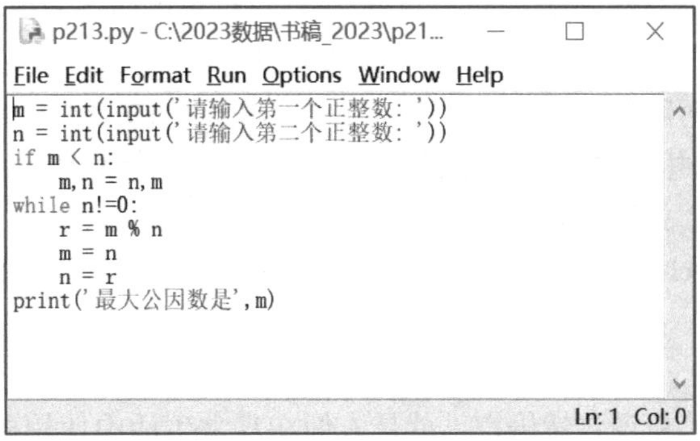

```
p213.py - C:\2023数据\书稿_2023\p21...   —   □   ×
File Edit Format Run Options Window Help
m = int(input('请输入第一个正整数: '))
n = int(input('请输入第二个正整数: '))
if m < n:
    m,n = n,m
while n!=0:
    r = m % n
    m = n
    n = r
print('最大公因数是',m)
                                        Ln: 1 Col: 0
```

图 5-4　求两个正整数的最大公因数

一般来说，语言的检查功能只能查出语法错误，即程序是否按规定的格式书写，但更为困难的是排除逻辑错误，如找两数中较大者若用如下语句：

　　if a>b：

　　　　tmp = a

　　else：

　　　　tmp = a

就有逻辑错误，因为总是找到第一个数，在有些情况下得不到正确结果。不幸的是，语法检查不能报告此类错误，这就需要程序员反复运行所编程序，输入各种各样的测试数据，找到程序的逻辑错误。

▶ 5.2.5 整理文档

对于微小程序来说，有没有文档不怎么重要，但对于一个需要多人合作，并且开发、维护较长时间的软件来说，文档就是至关重要的。文档记录程序设计的算法、实现以及修改的过程，保证程序的可读性和可维护性。一个有 5 万行代码的程序，在没有文档的情况下，即使是程序员本人在 6 个月后，也很难记清其中某些程序是完成什么功能的。

程序中的注释就是一种文档，并不要求计算机理解它们，但可被读程序的人理解，这就足够了。例如，BASIC 的注释用 REM 开头，而 C++的注释则用//开头，但效果是一样的。对算法的各种描述也是重要的文档。

▶▶ 5.3　算法设计初步

算法是指解决某个问题的方法（或步骤）。在日常生活中，有许许多多算法的例子。

例如，建筑蓝图可以看成是算法，建筑工程师设计出建筑物的施工蓝图，建筑工人根据蓝图施工就是执行算法；乐谱可以看成是算法，作曲家创作一首乐曲就是设计一个算法，演奏家按照乐谱演奏就是执行算法；菜谱（或食谱）可以看成是算法。当人们要应用计算机求解问题时，需要编写出使计算机按人们意愿工作的程序。编写程序事先要进行算法设计，然后再根据算法用某一种语言编写出程序，最后计算机执行这个程序。

显然，算法设计直接影响计算机求解问题的成功与否。为了让计算机有效地解决问题，首先要保证算法正确，其次要保证算法的质量。评价一个算法的好坏主要有两个指标：算法的时间复杂度和空间复杂度。算法的时间复杂度，是指依据算法编写出的程序在计算机中运行时间的快慢；算法的空间复杂度，是指算法在运行过程中临时占用存储空间的大小。

描述算法有许多方式和工具，例如自然语言、伪代码、流程图、盒图、PAD 图（problem analysis diagram）、结构化语言等。本节仅介绍自然语言和流程图方式描述算法。

▶ 5.3.1 自然语言描述算法

所谓自然语言，就是人们在日常生活中使用的语言，如汉语、英语、日语和俄语等。对初学者来说，用自然语言描述算法最为直接，没有语法、语义障碍，容易理解。但用自然语言描述算法文字冗长，不够简明，尤其会出现含义不太明确的情况，要根据上下文才能判断出正确的含义。

上节介绍的欧几里得的求解算法描述，就是自然语言描述形式，下面探讨如何采用自然语言描述求 1+3+5+7+…+999 的算法。比较容易想出的第一种求解方法是从头至尾一个数一个数地相加，其求解步骤如下。

步骤 1：让变量 SUM=0。

步骤 2：让变量 J=1。

步骤 3：计算 SUM+J，结果仍放在 SUM 中，即让 SUM=SUM+J。

步骤 4：让 J=J+2。

步骤 5：如果 J 不大于 999，返回执行步骤 3，否则执行下一步。

步骤 6：输出结果 SUM 的值。

注意：上述算法中步骤 3 至步骤 5 重复执行了 499 次，这在程序中称为循环执行。另外，步骤 5 是一个逻辑判断，判断的结果导致两种可能的执行流程：一种是向上循环执行；另一种是向下执行，这在程序中称为选择执行。

对于求 1+3+5+7+…+999 的算法，还可以有其他计算方法求解。例如，从尾至头一个数一个数地相加，只要修改上面算法步骤 2、步骤 4 和步骤 5 即可实现求解。又如，直接利用公式计算，即只要计算(1+999)×999/4，算法只有 3 步：先计算加法，再计算乘除，最后输出结果。因此，算法设计是非常灵活的，在保证正确求解问题的前提下，追求算法效率。也就是说，设计出时间复杂度和空间复杂度都较优的算法。

从上述算法中不难总结出算法的特性如下：

（1）有穷性。一个算法应包含有限的操作步骤，而不能是无限个操作步骤。如果是无限个操作步骤，则人力和计算机都无法解决问题。

（2）确定性。算法中的每一个步骤都应当是确定的，而不应当是含糊的、模棱两可的。尤其不能有两种或两种以上含义。例如，"两个正整数 P 和 Q 的余数"，这样叙述就有二义性，不确定究竟是谁除谁得到的余数。

（3）有效性（可行性）。算法中的每一个步骤都应当能有效地执行，并得到确定的结果。例如，如果 B=0，就无法有效执行 A/B。另外，结果的正确性很重要，一个算法叙述了有限个步骤，每一步骤也是确定的，但却不能产生正确结果，就不能称其为算法。

（4）有零个或多个输入。所谓输入是指在执行算法时，需要从外界取得必要的信息。一个算法也可以没有输入。

（5）有一个或多个输出。算法的目的是求解，"解"就是输出。没有输出的算法是没有意义的。

▶ 5.3.2 流程图描述算法

所谓用流程图来描述算法，就是采用一些图形来表示不同的操作，通过组合这些图形符号来表示算法。用流程图表示算法，直观形象、简洁清晰、易于理解。美国国家标准协会（American National Standard Institute，ANSI）规定的流程图基本符号如图 5-5 所示。

前面用自然语言描述了计算 1+3+5+…+999 的算法，采用流程图如何描述呢？有两种算法流程：一是直接利用公式计算；二是循环相加每一项数据。具体两种流程图描述如图 5-6 和图 5-7 所示。

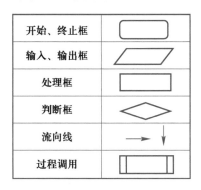

图 5-5　流程图基本符号

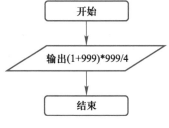

图 5-6　公式计算求和

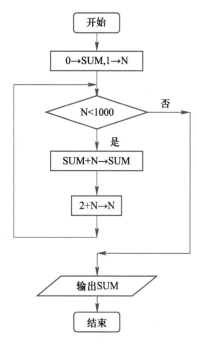

图 5-7　非公式计算求和

在画流程图（即设计算法）时，往往会出现一张纸由上而下画满了，但算法描述还未结束的情况，这时候就要将连接点符号画在纸张的底部，然后在另一张纸的头部也画同样的连接点符号。这就意味着两张算法流程图被拼接起来，形成一幅完整的流程图。当然，也会出现纸张左右画满的情况，这时候也需要用连接点符号。判断框有一个入口、两个出口，两个出口的条件总是截然相反的，若一个代表条件成立，则另一个代表条件不成立。只要在两个出口流向线的旁边标注清楚即可。

▶ 5.3.3 3种基本控制结构

在每个模块设计中，可使用3种基本控制结构：顺序、选择和循环，通过这3种基本控制结构的组合、嵌套来设计任何算法。换句话说，任何算法都可以通过使用这3种基本结构组合、派生出来。

顺序结构是最自然的顺序，由前到后执行。所谓由前到后执行，是指位置处在前面的操作或模块执行完毕后，才能执行紧跟其后的操作或模块。顺序结构流程图如图5-8所示。

选择结构是根据逻辑条件成立与否，选择执行模块1或者模块2。虽然选择结构比顺序结构稍微复杂一些，但是仍然可以将其整个作为一个新的程序模块：一个入口（从顶部进入模块开始判断）、一个出口（无论是执行了模块1还是模块2，都应从选择结构框的底部出去）。换句话说，选择结构是指根据设定的条件来选择将要执行的步骤或模块，这些步骤或模块位置都处在条件的后面。选择结构又分3种形式：一路选择、二路选择和多路选择。二路选择结构流程图如图5-9所示。

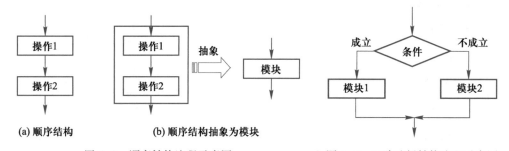

图5-8　顺序结构流程示意图　　　　图5-9　二路选择结构流程示意图

循环结构首先判断条件是否成立，如果成立则执行模块，反之则退出循环结构。执行完模块后再去判断条件，如果条件仍然成立，则再次执行内嵌的模块，循环往复，直至条件不成立时退出循环结构。与顺序和选择结构相同，循环结构也可以抽象为一个新的模块。根据循环条件设立位置的不同，循环结构分为当型循环和直到型循环两种结构。

当型循环结构流程图如图5-10所示。

直到型循环结构流程图如图5-11所示。

下面采用选择结构设计计算三角形面积的算法，即当使用海伦公式计算三角形面积时，必须保证任何两条边之和大于第三边。具体流程图如图5-12所示。

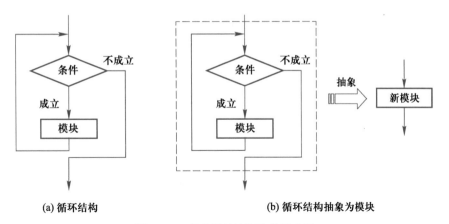

(a) 循环结构 (b) 循环结构抽象为模块

图 5-10　当型循环结构流程示意图

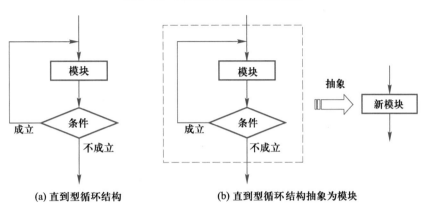

(a) 直到型循环结构 (b) 直到型循环结构抽象为模块

图 5-11　直到型循环结构流程示意图

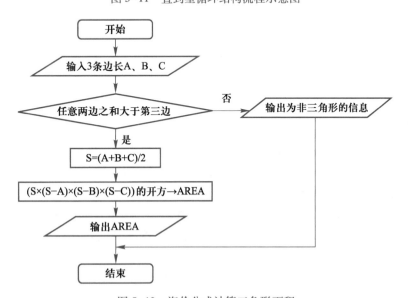

图 5-12　海伦公式计算三角形面积

下面采用循环结构描述求解 $1-\dfrac{1}{2}+\dfrac{1}{3}-\dfrac{1}{4}+\dfrac{1}{5}-\dfrac{1}{6}+\cdots+\dfrac{1}{99}-\dfrac{1}{100}$ 的算法，具体算法流程图如图 5-13 所示。

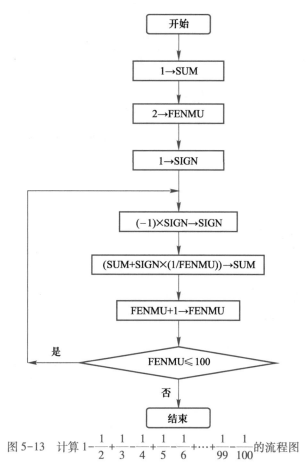

图 5-13　计算 $1-\dfrac{1}{2}+\dfrac{1}{3}-\dfrac{1}{4}+\dfrac{1}{5}-\dfrac{1}{6}+\cdots+\dfrac{1}{99}-\dfrac{1}{100}$ 的流程图

▶ 5.3.4 算法设计实例

【例 5-1】 设计百鸡问题的算法流程图。设公鸡每只 5 元，母鸡每只 3 元，小鸡 3 只 1 元。今用 100 元买鸡 100 只，问公鸡、母鸡、小鸡各多少只？这就是百鸡问题。

算法思路：由于公鸡最多只能买 20 只，而母鸡最多只能买 33 只，所以采用穷举法，就是把这个问题的公鸡、母鸡，以及小鸡可能出现的每一种组合都判断一次。符合题意的就输出，不符合题意的就跳过，寻找下一种组合情况继续判断。具体算法流程图描述如图 5-14 所示。

【例 5-2】 设计计算 $1\times(-3)\times5\times(-7)\times\cdots\times(-99)$ 的算法流程图。

具体算法流程图如图 5-15 所示。

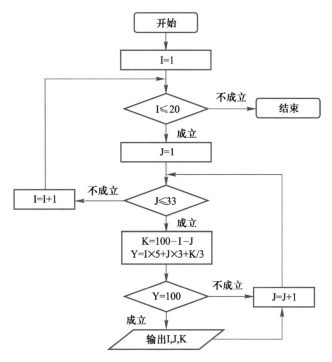

图 5-14 百元买百鸡问题算法流程图

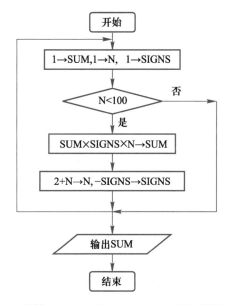

图 5-15 计算 1×(−3)×5×(−7)×⋯×(−99) 的算法流程图

【例 5-3】 设计分段函数

$$y = \begin{cases} 2x+1, & x \geqslant 0 \\ -x, & x < 0 \end{cases}$$

的算法流程图。具体算法流程图如图 5-16 所示。

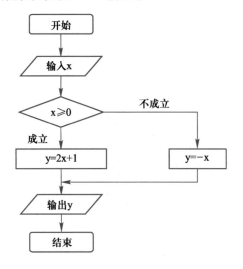

图 5-16 分段函数的算法流程图

【例 5-4】 设计计算圆周率的算法流程图。

圆周率计算公式为 $\dfrac{\pi}{4}=1-\dfrac{1}{3}+\dfrac{1}{5}-\dfrac{1}{7}+\cdots$，具体流程图描述如图 5-17 所示。

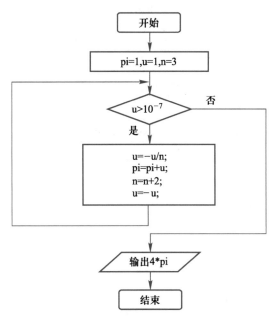

图 5-17 计算圆周率的算法流程图

▶▶ 5.4 Python 语言基础

Python 语言是一种简单易学且功能强大的程序设计语言，其功能丰富多彩、编程方式灵活多样，它既可以像 C++、Java 等语言一样用于常规的程序设计，也可以像 ASP. NET、PHP 等语言一样用于网站（或网页）设计，还可与其他高级语言（如 C 或 C++）编写的程序互相调用，Python 还可以被用作定制应用程序的一门扩展语言。

Python 是一种开放源代码的解释性高级语言，相比于其他高级语言来说，其中的关键字、表达式以及语句的一般形式等更为接近人所惯用的自然语言或数学语言。使用 Python 语言编程时，既可以像其他高级语言那样先编辑好源程序文件，再调用解释器来解释执行，也可以通过命令行方式直接执行。Python 还可以与其他高级语言混合编程。

▶ 5.4.1 数据的表示及输入输出

数据是程序中参与运算（计算或其他操作）的对象，大体上可分为常量和变量两大类。常量是直接写出来的数字、字符或字符串等运算对象；变量是用符号表示的运算对象，程序中可按需要改变其值。

Python 语言提供了多种不同形式的运算符（如四则运算符），以便用户构造相应的表达式。Python 还预定义了许多具有各种功能的函数，以便用户实现现有运算符无法执行的运算。

1. 常量与变量

常量和变量都是组成程序的元素，Python 语言中称为对象。Python 3 中对象有 6 个标准的数据类型：Number（数字）、String（字符串）、List（列表）、Tuple（元组）、Set（集合）和 Dictionary（字典）。其中，Number（数字）、String（字符串）和 Tuple（元组）为不可变数据；List（列表）、Set（集合）和 Dictionary（字典）为可变数据。

（1）字面量（常量）。字面量就是指字面意义上的常量。例如，数字 2 就是一个字面量，它所表示的是固定不变的字面意义上的值。又如数字 15、1. 823、10. 25E-3 或者字符串" Howareyou" " It'sasquare!"等，都是可以按照字面意义使用的常量。

（2）Number（数字）。Python 3 中支持 4 种类型的数字：整数（int）、浮点数（float）、布尔数（bool）和复数（complex）。例如：

① -1、0 和 29 都是整数，0xE8C6 是十六进制整数。

② 8. 23 和 19. 3E-4 都是浮点数（带小数点的实数），其中字母 E 表示 10 的幂，19. 3E-4 表示 $19.3×10^{-4}$。

③ Python 3 中，bool 是 int 的子类，bool 的两个值 True 和 False，可以和数字相加，True==1、False==0。

④ (-5+4j) 和 (2.3-4.6j) 都是复数。

（3）字符串。字符串是字符的序列，由英文的单引号、双引号或者三引号定界，同时使用反斜杠"\"转义特殊字符。

① 使用单引号的字符串。这种字符串中所有的空白（空格或制表符）都按原样保留。例如，'Quotemeonthis'就是一个字符串。

② 使用双引号的字符串。这种字符串与使用单引号的字符串用法相同，例如，"What's yourname?"也是一个字符串。

③ 使用三引号（'''或"""）的字符串。3 个连续引号标记的内容称为文档字符串。利用三引号，可以指示一个多行的字符串；还可以在三引号中自由地使用单引号和双引号。文档字符串可以方便地保留文本中的换行信息，用来在代码中书写大段的说明很方便，所以它经常用于块注释。例如：

doc1 = """ namezhang
tel8765234
"""

doc1 = """ SpringFestivalisnotonlyatimeforfamilyreunions，butitalsobringswithitastringofentertainment，fromtraditionaltomodern.
    PiYing，or" shadowplay" usedtobeoneofthemostpopularperformingartsacrossChina.
    Combiningfinearts，opera，musicanddrama，it'sseenbysomeasarudimentaryformofthemotionpicture.
"""

④ 转义符的使用。如果一个字符串中包含一个单引号或者双引号，则需要使用转义符"\"来表示它。例如，字符串'What\'syourname？'中第 2 个单引号前面的"\"，表示它就是单引号而不是字符串的标识符。另外，使用 r 可以让"\"不发生转义，例如，r" this is a line with \n"中\n 会显示，并不是换行。

⑤ 用运算符"+"实现字符串的连接运算，例如：

s0 = "Python"
s1 = 'C++'
s2 = s0+" " +s1
print(s2)

输出结果为

Python C++

⑥ 用运算符"∗"实现字符串的重复运算，例如：

sss = "Python"
sss = sss ∗ 3
print(sss)

输出结果为

PythonPythonPython

⑦ Python 中的字符串有两种索引方式：从左往右索引以 0 开始，从右往左索引以-1 开始。

⑧ Python 没有单独的字符类型，一个字符就是长度为 1 的字符串。

（4）变量的赋值。一个变量就是一个参与运算的数据，由一个变量名标识出来，其值保存在若干个内存单元中。Python 中的变量不需要声明，但每个变量都必须在使用之前赋值，变量赋值以后该变量才会创建。在 Python 中，变量就是变量，它没有类型，通常所说的"类型"是变量所指向内存中对象的类型，一个变量可以随时赋予不同类型的值。"＝"用来给变量赋值，等号运算符的左边是变量名，右边是存储在变量中的值。

例如，语句：

X＝8

定义了变量 X，赋予其值 8，并根据赋予的值确定 X 为整型变量。

语句：

X＝9.9

为 X 变量重新赋值为 9.9，并将其变为浮点型变量。

语句：

Y＝X+10

则计算表达式 X+10，将其值赋予左式的变量 Y，并确定 Y 为浮点型变量。

Python 还允许同时为多个变量赋值。例如，语句：

X＝Y＝Z＝1

创建一个整型对象，值为 1，从右向左赋值，3 个变量被赋予相同的数值。

Python 也支持为多个对象指定多个变量。例如，语句：

X，Y，Z ＝ 1，2，"python"

两个整型对象 1 和 2 分别分配给变量 X 和 Y，字符串对象分配给变量 Z。

（5）标识符的命名。标识符是用于标识某种运算对象的名字。例如，赋值语句：

yNumber＝9.6

左式的变量名"yNumber"就是符合 Python 语法的标识符。标识符还可以标识函数名、类名等运算对象。在命名标识符时，要遵循以下规则：

① 第一个字符必须是字母表中的字母（大写或小写）或者下画线（_）。

② 其他部分可以由字母（大写或小写）、下画线（_）或数字（0~9）组成。

③ Python 标识符对大小写是敏感的。例如，name 和 Name 是两个不同的标识符。

（6）注释

① 单行注释。Python 中的单行注释以"#"开头。

② 多行注释。Python 中的多行注释可以用多个"#"开头，也可用 3 个单引号或 3 个双引号将多行注释括起来。例如：

```
#第一个注释
#第二个注释
'''
    第三注释
    第四注释
'''
"""
    第五注释
    第六注释
"""
```

2. 数据的输入输出

（1）数据的输入。从键盘输入数据使用 input 函数，其一般形式为

<变量名>=input(<提示信息>)

其中，"变量名"为符合 Python 语法的标识符，"提示信息"为由双引号、单引号括起来的字符串或由字符串运算符连接起来的字符串表达式。

例如，语句：

sName＝input("请输入学生的姓名：")

功能是在屏幕上显示提示信息"请输入学生的姓名："，等待用户输入一串字符并将其赋予 sName 变量。语句：

Math＝int(input("请输入数学成绩："))

功能是在屏幕上显示提示信息"请输入数学成绩："，等待用户输入一个数字。Python 系统将该数字作为数码（0，1，2，…，9）组成的字符串，int()函数会将这个字符串转换为整型数，并将其赋予 Math 变量；还可以用 float()或 complex()函数将输入的字符串转换为实数或复数。语句：

sClass＝input("请问第"+str(3)+"个学生属于哪个班级？")

功能是在屏幕上显示提示信息"请问第 3 个学生属于哪个班级？"，等待用户输入一串字符并将其赋予 sClass 变量。该语句 input 函数中有一个由连接运算符"+"连接起来的字符串表达式，其中使用了 str()函数，将自变量 3 转换为字符"3"，并与它前面和后面的字符串连接为一个长字符串。

（2）数据的输出。数据的输出使用 print()函数，其一般形式为

print(<表达式列表>)

其中"表达式列表"是用逗号隔开的表达式。

例如，语句：

X＝6

print("结果：",3,X,3+X)

运行结果为

结果：3　6　9

默认情况下，print 语句执行过后会自动换行，为使多个 print 语句的输出能够连续，可以在"表达式列表"中包含"end="""表达式来实现。

例如，语句：

X＝6

print("结果：",end="")

print(3,X,3+X)

运行结果为

结果：3　6　9

3. 常用函数

为了完成数据输入、计算及其他各种操作，常需要使用各种函数。Python 中预定义了

许多函数，可以通过函数名以及相应的参数（自变量）来调用它们，从而实现必要的功能。例如，可以调用 input( )函数进行键盘输入，调用 print( )函数实现输出等。

（1）工厂函数。某种特定的运算需要使用正确的运算对象，否则，这种运算将会无法进行或得出错误的结果。例如，下面两个语句：

x = input("请输入一个整数:")

print(x+1)

运行时发生了错误，显示了如图 5−18 所示的信息。

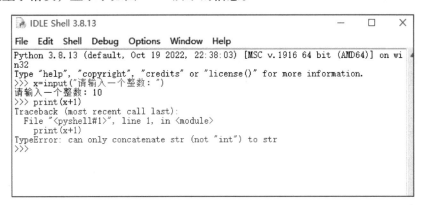

图 5 −18　程序运行时产生的错误信息

可以看到，提示有 int 对象和 str 对象混用的类型错误。原因是 input( )函数接收了键盘输入的数字，并把它作为一个字符串赋予 x 变量，使得表达式 x+1 因为数据类型不匹配（试图将字符串与数字相加）而发生错误。

使用工厂函数可以解决这类问题，下面是调用工厂函数的几个例子。

type(<表达式>)	#获得表达式的数据类型
int('34')	#转换为整数
int('1101',2)	#将二进制字符串转换为十进制整数
float('43.4')	#转换为浮点数
str(34)	#转换为字符串
bin(43)	#将十进制整数转换为二进制数

（2）数学函数。为了进行求幂、三角函数等各种数学运算，需要调用 Python 标准库中的 math 模块，方法是在使用数学函数之前，先在程序中包含语句行：

import math

此后，便可使用该模块中提供的数学函数了。下面是调用数学函数的几个例子：

math. log10(10)	#以 10 为底的对数
math. sin(math. pi/2)	#正弦函数,单位弧度
math. pi	#常数 pi
math. exp(8)	#e 的 8 次幂
math. pow(32,4)	#32 的 4 次幂

math. sqrt(2)	#2 开平方
math. cos(math. pi/3)	#余弦函数
math. fabs(-32. 90)	#求绝对值
math. factorial(n)	#求 n 的阶乘

在编辑窗口中，输入"math."，将光标移到"."上稍停，可以打开 math 列表，看到可使用的所有数学函数。

4. 运算符与表达式

运算是对数据进行加工的过程，运算的不同种类用运算符来描述，而参与运算的数据称为操作数，由运算符和操作数构成表达式。简单的表达式是单个的常量、变量和函数，复杂的表达式则是将简单表达式用运算符组合起来而构成的。

（1）运算符。表 5-1 中列出了 Python 语言中可以使用的运算符。

表 5-1　Python 语言的运算符

运算符	名称	说　　　明	例　　　子
+	加	两个对象相加	3+5 得到 8, 'a'+'b'得到'ab'
-	减	得到负数或是一个数减去另一个数	-5.2 得到一个负数, 50 - 24 得到 26
*	乘	两个数相乘或是返回一个被重复若干次的字符串	2 * 3 得到 6, 'la' * 3 得到'lalala'
* *	幂	返回 x 的 y 次幂	3**4 得到 81（即 3 * 3 * 3 * 3）
/	除	x 除以 y	4/3 得到 1（整数的除法得到整数结果）。4.0/3 或 4/3.0 得到 1. 333 333 333 333 333 3
//	整除	返回商的整数部分	4//3.0 得到 1.0
%	取模	返回除法的余数	8%3 得到 2, -25.5%2. 25 得到 1. 5
<<	左移	把一个数的比特向左移一定数目（每个数在内存中都表示为比特或二进制数字，即 0 和 1）	2<<2 得到 8（2 按比特表示为 10）
>>	右移	把一个数的比特向右移一定数目	11>>1 得到 5（11 按比特表示为 1011），向右移动 1 比特后得到 101，即十进制的 5
&	按位与	数的按位与	5 & 3 得到 1
|	按位或	数的按位或	5|3 得到 7
^	按位异或	数的按位异或	5 ^ 3 得到 6
~	按位翻转	x 的按位翻转是-(x+1)	~5 得到 6
<	小于	返回 x 是否小于 y 的真假。所有比较运算符返回 1 表示真，返回 0 表示假，与特殊的变量 True 和 False 等价	5<3 返回 0（即 False），3<5 返回 1（即 True）比较可以被任意连接：如 3<5<7 返回 True

运算符	名称	说　　明	例　　子
>	大于	返回 x 是否大于 y 的真假	5>3 返回 True。如果两个操作数不都是数字，则先将它们转换为一个共同的类型再比较；否则，结果总是返回 False
<=	小于或等于	返回 x 是否小于或等于 y 的真假	x=3；y=6；x<=y 返回 True
>=	大于或等于	返回 x 是否大于或等于 y 的真假	x=4；y=3；x>=y 返回 True
==	等于	比较对象是否相等	x=2；y=2；x==y 返回 True。x = 'str'；y='stR'；x==y 返回 False。x='str'；y='str'；x==y 返回 True
!=	不等于	比较两个对象是否不相等	x = 2；y = 3；x!=y 返回 True
not	布尔"非"	如果 x 为 True，返回 False。如果 x 为 False，返回 True	x=True；not y 返回 False
and	布尔"与"	如果 x 为 False，x and y 返回 False；否则返回 y 的计算值	x = False；y = True；x and y 返回 False。在此，Python 不会计算 y，因为它知道这个表达式的值肯定是 False（因为 x 是 False）。这个现象称为短路计算
or	布尔"或"	如果 x 是 True，返回 True；否则返回 y 的计算值	x = True；y = False；x or y 返回 True。短路计算在这里也适用

（2）运算符的优先级。Python 中的运算符十分丰富。当一个表达式中出现多个运算符时，就要考虑运算顺序问题。表 5-2 列出了 Python 中各种运算符的优先级：从最低的优先级（最松散地结合）到最高的优先级（最紧密地结合）。建议使用圆括号来对运算符和操作数进行分组，以便明确地指出运算的先后顺序。

表 5-2　运算符的优先级

运　算　符	描　　述	优　先　级
lambda	Lambda 表达式	↑ 低
or	布尔"或"	
and	布尔"与"	
not	布尔"非"	
in，not in	成员测试	
is，is not	同一性测试	
<，<=，>，>=，!=，==	比较	
|	按位或	
^	按位异或	
&	按位与	

运 算 符	描 述	优 先 级
<<, >>	移位	
+, −	加法与减法	
*, /,%	乘法、除法与取模	
+x, −x	正负号	
~x	按位翻转	
* *	幂	
x. attribute	属性参考	
x[index]	下标	
x[index:index]	寻址段	
f(arguments, ...)	函数调用	
(expression, ...)	绑定或元组显示	
[expression, ...]	列表显示	
{key: datum, ...}	字典显示	
'expression,...'	字符串转换	高

（3）运算顺序。具有相同优先级的运算符在表达式中按照从左向右的顺序计算，通常可以使用圆括号改变运算次序。

【例 5-5】混合多种运算符的复杂表达式。

X=6

C1='A'

C2='B'

L=False

Result= X+1>10 or C1+C2>'AA' and not L

print(Result)

运行结果为 True，其中表达式

X+1>10 or C1+C2>'AA' and not L

的运算过程大致如下：

① X+1 得 7,C1+C2 得'AB'。

② X+1>10 得 False,C1+C2>'AA'得 True。

③ not L 得 True,True and True 得 True,False or True 得 True。

▶ **5.4.2 程序的控制结构**

程序中经常需要根据条件来确定某个语句是否执行或者某些语句的执行顺序，这种判断可以使用 if 语句（分支语句）来完成。程序中可能还需要反复执行某些语句，可以使用循环语句来完成。while 语句和 for 语句是常用的循环语句。

1. 分支语句

if 语句的一般形式为

if <条件>:

    <if 语句块>

else:

    <else 语句块>

其中，"条件" 不需要加括号（如 a==b），但后面的 ":" 必不可少；else 后也有一个必不可少的冒号。if 语句块、else 语句块要以缩进的格式书写。因为 Python 中，缩进量相同的表示同一层级语句。

if 语句的功能是：判断条件，如果 "条件" 为真（即条件表达式为逻辑真值），则执行 if 语句块的语句；否则执行 else 语句块的语句。else 部分可以省略。

例如，语句：

if x>=0:

    y=2*x+1

else:

    y=-x

功能是：当变量 x 的值大于或等于 0 时，计算 2x+1 并将其值赋予 y；否则计算 -x，并将其值赋予 y。

注意：也可以用表达式 2*x+1 if x>=0 else -x 来实现同样的功能。

又如，语句：

if Name=="王大中":

    print("找到了:", Name)

功能是：当变量 Name 的值为 "王大中" 时，输出其值及前导提示信息。

if 语句中还可以包含多个条件，从而构成两个以上的多分支结构，if <条件>之后的其他条件用 elif 引出。

【例 5-6】程序中的多分支结构。

例如购物时，应付的货款数常会根据所购数量而享受相应的折扣，这可以通过多分支结构实现。

```
if __name__ == '__main__':
    n=float(input('请输入物品件数:'))
    p=float(input('请输入物品单价:'))
    if n<10:
        money=n*p              #10 件以下原价
    elif n<20:
        money=n*p*0.9          #10~20 件 9 折
```

```
    elif n<30:
        money = n * p * 0.85          #20~30 件 8.8 折
    elif n<60:
        money = n * p * 0.8           #30~60 件 8 折
    else:
        money = n * p * 0.75          #60 件以上 75 折
    print('您应付', money, '元！')
```
该程序的运行结果如图 5-19 所示。

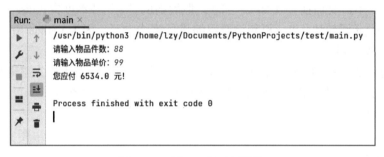

图 5-19　例 5-6 的运行结果

2. while 语句

while 语句是一种常用的循环语句，其一般形式为

while　<条件>:

　　<循环体>

其中，"条件"后有一个冒号，"循环体"要使用缩进的格式。While 语句的功能是：当"条件"成立时，执行循环体，然后再次检验"条件"，如果还成立，再次执行循环体，如此循环往复，直到"条件"不成立时跳出循环，转去执行后面的其他语句。

例如，语句：

```
if __name__ == '__main__':
    x = 1
    Sum = 0
    while x<=100:
        Sum = Sum+x
        x = x+1
    print(Sum)
```

运行结果为：5050。其中 while 语句中嵌入了条件 "x<=100"，循环体中包含两条语句。当条件成立时，先将 x 的值累加到 Sum 变量中，然后 x 加 1 得到新的值。如果新的 x 值超出了 100，则跳出循环，转而执行后面的 print 语句。

【例 5-7】 求 $Sum = \dfrac{1}{1\times2} - \dfrac{1}{2\times3} + \dfrac{1}{3\times4} - \dfrac{1}{4\times5} + \ldots - \dfrac{1}{(n-1)\times n} + \dfrac{1}{n\times(n+1)} - \ldots$，要求当 $\dfrac{1}{n\times(n+1)} <$

0.000 1 时终止。

进行级数求和时,可以按照"累加器"的算法来编写程序。这种程序的基本结构相同,个体差别主要在循环结束的条件和当前项的计算方法。书写条件时,应尽量简短且易于理解。

```python
if __name__ == '__main__':
    n = 1
    Sum = 0
    flag = 1
    while n * (n+1) <= 1000:            #当 1/(n * (n+1)) >= 0.0001 时,继续求累加和
        Sum = Sum + flag * 1/n/(n+1)    #累加当前项
        n = n+1                         #项数加 1
        flag = -flag                    #改变符号,准备累加下一项
    print("累加和:", Sum)
    print("项数:", n)
```

本程序的运行结果如图 5-20 所示。

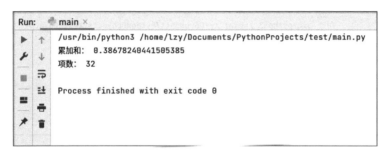

图 5-20 例 5-7 的运行结果

3. for 语句

for 语句也可用于实现循环结构,可看作遍历型循环,即逐个引用指定序列中的每个元素,引用一个元素便执行一次循环体,遍历了序列中的所有元素之后终止循环。for 语句的一般形式为

```python
for  <循环变量>  in  <序列>:
    <循环体>
```

例如,语句:

```python
for Char in 'shell':
    print(ord(Char), end=' ')
```

运行结果如图 5-21 所示。

实际程序中,常需要使用以下形式的 for 语句:

```python
for  <循环变量>  in  range(N1, N2, N3):
    <循环体>
```

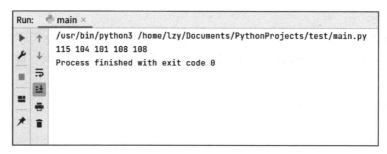

图 5-21　for 语句的运行结果

其中，N1 表示起始值，N2 表示终止值，N3 表示步长。"循环变量"依次取从 N1 开始，间隔 N3，直到 N2-1 终止的值，并执行"循环体"。例如，语句：

```
if __name__ == '__main__':
    for i in range(3, 20, 3):
        print(i, end=',')
```

运行结果如图 5-22 所示。

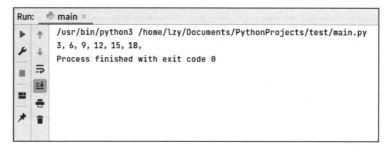

图 5-22　for 语句的运行结果

又如，语句：

```
if __name__ == '__main__':
    for i in range(9, 3, -1):
        print(i, end="  ")
```

运行结果如图 5-23 所示。

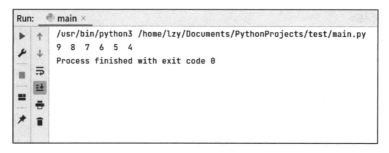

图 5-23　for 语句的运行结果

语句输出了一个序列的数，而这个序列是使用内建的 range()函数生成的。range()函数的步长若未给，默认为 1，例如，range(1,6)输出的序列为[1, 2, 3, 4, 5]。因此：

for i in range(3, 20, 3)

等价于

for i in [3,6,9,12,15,18]

这就如同把序列中的每个数（或对象）逐个赋予 i，且每赋值一次便按照新的 i 值来执行一次循环体（循环中嵌入的语句）。

在循环体中，可使用 break 语句来中止循环（跳出本循环，转去执行循环语句之后的其他语句）；还可以使用 continue 语句来跳过当前循环体中的剩余语句，然后继续进行下一轮循环。

【例 5-8】 统计字符串的小写字母。

本例给出的字符串中大小写字母混杂在一起，最后以数字结尾。在统计小写字母个数的过程中，需要在遇到大写字母时跳过执行统计功能的语句，并在遇到数字时终止循环。

```
if __name__ == '__main__':
    k = 0
    for Char in 'NewStaff98':
        if Char >= '0' and Char <= '9':
            break              #遇到数字时中止循环
        if Char >= 'A' and Char <= 'Z':
            continue           #遇到大写字母时中止本次循环
        k = k + 1
    print("小写字母个数:", k)
```

运行结果如图 5-24 所示。

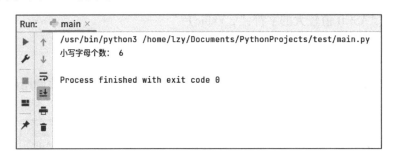

图 5-24　例 5-8 的运行结果

4. 用户自定义函数

函数可简单地看作是具有特定功能，且可作为一个模块使用的一组语句。需要时，使用函数的名字即可调用函数的功能，从而避免重复编写函数内语句的麻烦。函数可以反复调用，每次调用时都可以提供不同的数据作为输入，实现基于不同数据的标准化处理。

程序中使用的函数大体分为两大类：一类是系统中自带的函数，可以通过函数名及参数来直接调用，前面使用的 ord、print 等都是这种函数；另一类是用户自己定义的函数。

（1）函数的定义及调用。定义函数的一般形式为

def　　<函数名>（<形参表>）：

　　　　<函数体>

函数定义由 def 关键字引出，后跟一个函数名和一对圆括号。圆括号中可以包含一些逗号隔开的变量名（称为形式参数），最后以冒号结尾。下面是一组称为函数体的缩进格式的语句。如果函数有返回值，直接使用

return　　<表达式>

将其值赋予函数名。

【例 5-9】 求两个数的最大值。

本例首先定义一个求两个数最大值的通用函数，然后多次调用该函数求两个指定常数、字符或变量的最大值。

```
#函数的定义
def Max(a,b):
    if a>=b:
        return a
    else:
        return b
#函数的调用
if __name__ == '__main__':
    Value = Max(98, 91)                #两个数字作为实际参数调用函数
    print("较大的数:", Value)
    Value = Max('a', 'A')              #两个字母作为实际参数调用函数
    print("ASCII 值较大的字符:", Value)
    x = 86
    y = 90
    print("较大的数:", Max(x, y))       #两个变量作为实际参数调用函数
```

运行结果如图 5-25 所示。

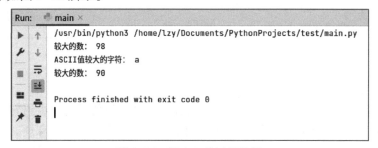

图 5-25　例 5-9 的运行结果

（2）使用函数的优点。编程时之所以使用函数，主要是基于以下两个方面的考虑：

① 降低编程的难度。在求解一个较为复杂的问题时，可将其分解成一系列简单的小问题，有些仍不便求解的小问题还可以再划分为更小的问题。当所有问题都细化到足够简单时，就可以编写求解各个小问题的函数，然后再通过调用函数及其他相应处理来解决较高层次的问题。

② 代码重用。函数一经定义，便可在一个程序中多次调用，或可用于多个程序中。函数还可以放到一个模块中供其他用户使用，避免重复劳动，提高工作效率。

▶▶ 5.5 迭代、递归、分解方法

▶ 5.5.1 迭代方法

1. 迭代概述

迭代（iterative）方法是将计算问题构造成某个迭代函数公式，然后利用该迭代公式进行反复迭代计算，得到一个迭代序列，在这个序列中存在计算问题的解。迭代法也称为辗转法，是一种不断用变量的旧值递推新值的过程。

例如，对于求解函数方程 $f(x)=0$ 的根这类问题，$f(x)$ 是单变量 x 的函数，它可以是 n 次方的代数多项式，也可以是超越函数。为了构造方程求根的迭代公式，通常将方程 $f(x)=0$ 改写成等价形式 $x=g(x)$，则求 x^* 满足 $f(x^*)=0$ 等价于求 x^* 使 $x^*=g(x^*)$，俗称 x^* 为 $g(x)$ 的不动点。若已知方程的一个近似根 x_0，代入 $g(x)$ 中，求得 $x_1=g(x_0)$，如此反复迭代，可得到迭代序列：

$$x_{k+1}=g(x_k) \quad (k=0,1,2,\cdots)$$

如果对初始近似值 x_0，迭代序列 $\{x_k\}$ 有极限

$$\lim_{k\to\infty} x_k = x^*$$

则称迭代过程收敛，x^* 就是 $g(x)$ 的不动点，也是方程 $f(x)=0$ 的根。

例如，方程

$$f(x)=x^3-x-1=0$$

可以形成如下两种迭代的 $g(x)$，前者是收敛的，后者是发散的：

$$x=\sqrt[3]{1+x}$$
$$x=x^3-1$$

因为前者从 1.5 开始迭代得到的收敛的序列如下：

$x_0=1.5$	$x_1=1.375\ 21$	$x_2=1.330\ 86$
$x_3=1.325\ 88$	$x_4=1.324\ 94$	$x_5=1.324\ 76$
$x_6=1.324\ 72$	$x_7=1.324\ 72$	$x_8=1.324\ 72$

后者从 1.5 开始迭代得到的发散的序列如下：

$$x_0 = 1.5 \qquad x_1 = 2.375 \qquad x_2 = 12.39 \qquad \cdots$$

显然原方程化为迭代方程的形式不同，得到的迭代序列有的收敛，有的发散，只有构造出收敛的迭代方程才有意义。所以关键是推导出收敛的迭代方程。

根据上述原理，只要方程 $f(x)$ 能够化为收敛的迭代方程 $g(x)$，则可运用循环控制流程计算出迭代序列，具体算法流程图如图 5-26 所示。

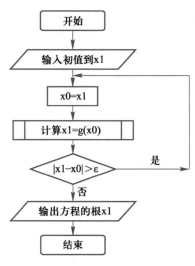

图 5-26　迭代算法流程图

图中"计算 x1 = g(x0)"采用过程框，是因为 $g(x)$ 可能会是很复杂的函数公式，需要相当多的计算步骤。ε 表示计算精度，一般是相对较小的数值，如精确到小数点后 6 位，则 ε 是 10^{-7}。

2. 牛顿迭代法

上面所述迭代法的核心是求得收敛的迭代方程，对有些方程来说，不太容易构造收敛的迭代方程，下面介绍的牛顿迭代法不需要构造收敛的迭代方程。

设方程为 $f(x) = 0$，若 $f(x)$ 的导数不为 0，即 $f'(x) \neq 0$，则有

$$x_{k+1} = x_k - \frac{f(x_k)}{f'(x_k)} \qquad (k = 0, 1, 2, \cdots)$$

牛顿迭代法的具体算法流程图如图 5-27 所示。

下面介绍如何求一个正整数的平方根的算法。假设计算

$$x = \sqrt{A}$$

牛顿迭代公式为

$$x_{n+1} = \frac{(x_n + A/x_n)}{2}$$

牛顿迭代公式结束条件为

$$|(x_{n+1} - x_n)/x_{n+1}| < \varepsilon$$

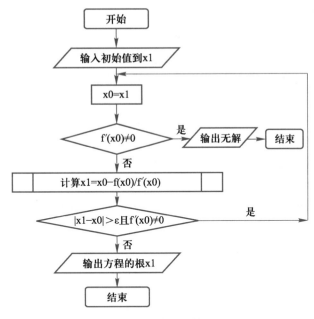

图 5-27　牛顿迭代法的算法流程图

牛顿迭代法的主要思路是：循环求出一个数列 $x_1, x_2, \cdots, x_n, x_{n+1}$，直到 x_n 与 x_{n+1} 的相对误差小于 10^{-7}（计算精确到小数点后 6 位）。具体算法步骤如下。

第 1 步：输入整数 A。

第 2 步：如果 A≥0，执行第 3 步，否则输出不能计算的信息，结束算法。

第 3 步：x1＝1。

第 4 步：x0＝x1。

第 5 步：计算 x1＝(x0+A/x0)/2。

第 6 步：如果 $\left| (x1-x0)/x1 \right| < \varepsilon$，执行第 7 步，否则执行第 4 步。

第 7 步：输出结果 x1，结束算法。

牛顿迭代法的局限性在于要求 $f'(x) \neq 0$。

▶ 5.5.2　递归方法

1. 递归的定义

递归（recursion）是计算机科学的一个重要概念，递归方法是程序设计中的有效方法，采用递归编写程序能使程序变得简洁和清晰。

用自己定义自己，或自己表达自己的一类函数、过程、语言结构得出问题的解的方法称为递归。简而言之，递归就是用自己定义自己。

在数学和计算机科学中，递归是指由一种（或多种）简单的基本情况定义的一类对象或方法，并规定其他所有情况都能被还原为其基本情况。例如，某人祖先的递归定义：某人的双亲是他的祖先（基本情况）。某人祖先的双亲同样是某人的祖先（递归步骤）。

斐波那契数列是典型的递归案例：Fib(1) = 0 [基本情况]；Fib(2) = 1 [基本情况]；对所有n>2的整数，Fib(n) = Fib(n-1)+Fib(n-2) [递归定义]。从这个递归定义中不难推算出斐波那契数列前 15 项数值：{ 0,1,1,2,3,5,8,13,21,34,55,89,144,233,377 }。

数学上 n! 的定义就是递归定义：0! = 1 [基本情况]，对所有 n>1 的整数，n! = n×(n-1)! [递归定义]。从这个递归定义中不难推算出 6! = 720。

一种便于理解的心理模型认为，递归定义是按照"先前定义的"同类对象来定义对象的。例如，怎样才能移动 100 个箱子？答案：首先移动一个箱子，并记下它移动的位置，然后再去解决较小的问题，即怎样才能移动 99 个箱子。最终，问题将变为怎样移动一个箱子，而这是已经知道该怎么做的。

递归算法设计是把求解的问题转换为规模缩小的同类问题的子问题，然后递归（或重复）子问题的求解过程，直到问题的解能被完全求出来为止。

2. 递归算法描述

图 5-28 是求斐波那契数列第 N 项数值的流程图。

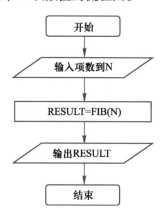

图 5-28　求斐波那契数列第 N 项数值的流程图

在图 5-28 中，FIB(N)的计算流程图如图 5-29 所示。

读者可以仿照求斐波那契数列的流程图，设计出求解 N! 的流程图。

下面探讨梵天塔（Hanoi 塔）问题的求解方法。根据古印度神话，在贝拿勒斯的神庙里安放着一个铜板，板上插有 3 根一尺长的宝石针。印度教的主神梵天在创造世界的时候，在其中的一根针上摆了由小到大共 64 片中间有空的金片。无论白天和黑夜，都有一位僧侣负责移动这些金片，规则是一次只能将一片金片移到另一根针上，并且在任何时候以及在任一根针上，小片永远在大片的上面。当所有的 64 片金片都由最初的那根针移到另一根针上时，世界就会在一声霹雳中消失。现在要设计一个算法实现按规则移动金片，图 5-30 中用 A、B 和 C 表示 3 根针。

如果只有 1 片金片，谁都会移动。那么理想的移动方法如下：

第 1 位僧侣让第 2 位僧侣将 63 片金片移到另一根针上，他只移动一片金片，完成任务。

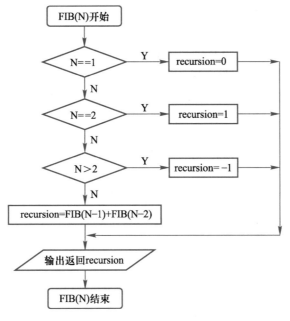

图 5-29　FIB(N)的计算流程图

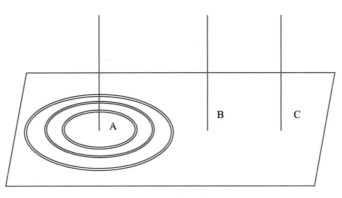

图 5-30　梵天塔问题示意图

第 2 位僧侣让第 3 位僧侣将 62 片金片移到另一根针上，他只移动一片金片，完成任务。

第 3 位僧侣让第 4 位僧侣将 61 片金片移到另一根针上，他只移动一片金片，完成任务。

……

第 63 位僧侣让第 64 位僧侣将 1 片金片移到另一根针上，他只移动一片金片，完成全部任务。

显然神庙里不可能存在 63 位有本事的僧侣，所以说这是理想化的移动方法。事实上，当只有 1 片金片时，只要直接将金片从 A 针移到 C 针上即可。当 $n>1$ 时，就需要借助另外一根针来移动。将 n 片金片由 A 移到 C 上可以分解为以下几个步骤。

（1）将 A 上的 $n-1$ 片金片借助 C 针移到 B 针上。

（2）把 A 针上剩下的一片金片移到 C 针上。

（3）最后将剩下的 $n-1$ 片金片借助 A 针由 B 针移到 C 针上。

注意步骤（1）和（3）与整个任务类似，但涉及的金片只有 $n-1$ 个了。步骤（2）很容易实现，这是一个典型的递归算法。图 5-31 描述如何将 A 针上的 64 片金片借助 B 针移动到 C 针上，并且移动过程完全符合规则。

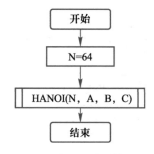

图 5-31　64 片金片移动算法流程图

图 5-31 中的过程框 HANOI(N,A,B,C)具体细化如图 5-32 所示。

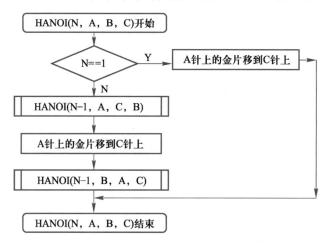

图 5-32　HANOI(N,A,B,C)算法流程图

根据图 5-31 和图 5-32 的算法，采用 Python 语言编写的程序如下：

```python
def move(ori, desti):
    print("From", ori, "to", desti)
def hanoi(n, p1, p2, p3):
    if n == 1:
        move(p1, p3)
    else:
        hanoi(n-1, p1, p3, p2)
```

```
    move(p1, p3)
    hanoi(n-1, p2, p1, p3)
  hanoi(5, "A", "B", "C")
```

运行这个程序，当 n 为 4 时，需要移动 15 次金片。当 n 为 5 时，需要移动 31 次，具体移动步骤如表 5-3 所示。

表 5-3　移动 4 片金片与 5 片金片的步骤

4 片金片移动步骤	5 片金片移动步骤
From A to B	From A to C
From A to C	From A to B
From B to C	From C to B
From A to B	From A to C
From C to A	From B to A
From C to B	From B to C
From A to B	From A to C
From A to C	From A to B
From B to C	From C to B
From B to A	From C to A
From C to A	From B to A
From B to C	From C to B
From A to B	From A to C
From A to C	From A to B
From B to C	From C to B
	From A to C
	From B to A
	From B to C
	From A to C
	From B to A
	From C to B
	From C to A
	From B to A
	From B to C
	From A to C

4 片金片移动步骤	5 片金片移动步骤
	From A to B
	From C to B
	From A to C
	From B to A
	From B to C
	From A to C

显然，随着金片数增加，移动步数会迅速增加。实际上，当 64 片金片全部由 A 针移到 C 针上，共需 $2^{64}-1$ 步。假定神庙里的僧侣以每秒 1 次的速度日夜不停地移动金片，则需要 5 800 亿年才能完成。假设使用每秒 100 万次移动步骤的计算机来模拟这个过程，也需要 58 万年。

在一批整数中寻找最大整数，这个问题求解也可采用递归方法。设一批整数存放在 A[I]，A[I+1]，A[I+2]，…，A[J]数组中，可以采用递归思路寻找最大数。设函数 MAX(A,I,J)能求出最大数：如果 I=J，则 A[I]为最大数，否则 A[I]与 MAX(A,I+1,J) 比较大小来确定最大数。请读者尝试设计具体的算法流程图。

3. 递归算法的优劣

递归算法通常把一个大型复杂的问题转换为与原问题相似的规模较小的同类问题来求解，递归策略只需少量的程序就可描述出解题过程所需的多次重复计算，大大减少了程序的代码量。递归的能力在于用有限的语句来定义对象的无限集合。用递归思想写出的程序往往十分简洁易懂。

一般来说，递归需要有边界条件、递归前进段和递归返回段。当边界条件不满足时，递归前进；当边界条件满足时，递归返回。

递归就是在过程或函数中调用自身，在使用递归策略时，必须有一个明确的递归结束条件，称为递归出口。一般设计递归算法时应把握如下 3 条准则：

（1）必须包含一种递归的一般形式。

例如：$N! = N \times (N-1)!$。

例如：N 个元素的最大值，用第一个元素与 $N-1$ 个元素的最大值比较。

（2）必须包含一种以上的非递归的基本形式。

例如：$0!=1$ 或 $1!=1$。

例如：一个元素的最大值等于该元素本身。

（3）基本形式能够结束递归。

递归算法一般用于解决以下 3 类问题：

（1）数据的定义是按递归定义的（如 Fibonacci 函数）。

（2）问题解法按递归算法实现（如回溯）。

（3）数据的结构形式是按递归定义的（如树的遍历、图的搜索）。

递归的缺点：递归算法解题的运行效率较低；在递归调用的过程中，系统需要为每一层的返回点、局部量等开辟栈来存储，递归次数过多容易造成栈溢出等。

递归是很好的求解问题的方法，可以很好地描述一个算法的原理。对于算法的描述、表现和代码结构理解，递归都是不错的选择。但是有时候尽量不要用递归实现，而是转换成非递归实现。因为有些问题求解，非递归实现相比递归实现速度上能提升 1/3。理论上而言，所有递归算法都可以用非递归算法来实现，例如，求 $n!$ 和斐波那契数列等问题都可以采用非递归算法实现问题求解。

迭代和递归大部分可以相互转换。如果递归是自己调用自己，迭代就是 A 不停地调用 B，递归中一定有迭代，但迭代中不一定有递归。能用迭代就不用递归，因为递归要耗费大量空间。

▶ 5.5.3　分解方法

1. 分解的起因

计算机网络及计算机硬件的发展速度非常迅猛，两者的速度和存储容量不断提高，成本急剧下降。但程序员要解决的计算问题却变得更加复杂，程序的规模越来越大，出现了一些需要几十甚至上百人年（"人年"是度量软件开发工作量的一种单位，一个人年表示一个人工作一年的工作量）的工作量才能完成的大型软件，远远超出了程序员的个人能力。这类程序必须由多个程序员密切合作才能完成。由于以前的程序设计方法很少考虑程序员之间交流协作的需要，所以不能适应新形势的发展，因此编出的软件中的错误随着软件规模的增大而迅速增加，造成调试时间和成本迅速上升，甚至许多软件尚未出品便因故障率太高而宣布报废。

社会大量需求、生产成本高、生产过程控制复杂、生产效率低等因素构成软件生产的恶性循环，由此产生"软件危机"。软件危机是指在计算机软件的开发和维护过程中遇到的一系列严重问题。具体地说，软件危机主要体现在以下几个方面：

（1）软件开发进度难以预测，拖延工期几个月甚至几年的现象并不罕见，这种现象降低了软件开发组织的信誉。

以丹佛新国际机场为例，该项目就其规模和硬件水准之高堪称现代工程的一个奇迹。机场规模是曼哈顿机场的两倍，宽为希思机场的 10 倍，可以全天候同时起降 3 架喷气式客机。投资 1.93 亿美元的地下行李传送系统，总长约 34 km，行驶着 4 000 台遥控车，可按不同线路在 20 家不同的航空公司柜台、登机门和行李领取处之间发送和传递行李。支持该网络系统的是 5 000 个电子眼、400 台无线电接收机、56 台条形码扫描仪和 100 台计算机。按原定计划要在 1993 年万圣节前启用，但一直到 1994 年 6 月，机场的计划者还无法预测行李系统何时能达到可使机场开放的稳定程度。

（2）软件开发成本难以控制，投资一再追加，令人难于置信，往往是实际成本比预算成本高出一个数量级。而为了赶进度和节约成本所采取的一些权宜之计，又往往损害了软件产品的质量，从而不可避免地引起用户的不满。

（3）软件产品的功能难以满足用户需求。开发人员和用户之间很难沟通，矛盾很难统一。往往是软件开发人员不能真正了解用户的需求，而用户又不了解计算机求解问题的模式和能力，双方无法用共同熟悉的语言进行交流和描述。在双方互不充分了解的情况下，就仓促上阵设计系统，匆忙着手编写程序，这种"闭门造车"的开发方式必然导致最终的产品不符合用户的实际需要。

（4）软件产品的质量无法保证，系统中的错误难以消除。软件是逻辑产品，质量问题很难以统一的标准度量，因而造成质量控制困难。软件产品并不是没有错误，而是盲目检测很难发现错误，而隐藏下来的错误往往是造成重大事故的隐患。

IBM 公司的 OS/360 系统在开发过程中遭受的挫折就是一个典型的例子。系统由4 000 多个模块组成，共有约 100 万条指令，工作量是 5 000 个人年，开发费用达数亿美元，但人们在程序中发现了2 000 个以上的错误。该系统的负责人 Brooks 曾生动地描述了在开发过程中遇到的困难："……像巨兽在泥潭中做垂死挣扎，挣扎得越猛，泥浆就沾得越多，最后没有一只野兽能逃脱淹没在泥潭中的命运……程序设计就是这样一个泥潭，一批批程序员在泥潭中挣扎……没有人料到问题竟会这样棘手。"

研究表明，每 6 个新的大型软件系统投入运行，就有两个其他系统被淘汰。软件开发项目的开发时间平均超出计划时间的 50%，软件项目越大，情况就越坏。在所有大型系统中，大约有 3/4 的系统有运行问题，要么不像预料的那样起作用，要么就根本不能使用。

（5）软件产品难以维护。软件产品本质上是开发人员的代码化的逻辑思维活动，他人难以替代。除非是开发者本人，否则很难及时检测、排除系统故障。为使系统适应新的硬件环境，可能会根据用户的需要在原系统中增加一些新的功能，但这又有可能增加系统中的错误。

（6）软件通常缺少适当的文档资料。计算机软件是程序和相关文档资料的统称，文档资料是软件必不可少的重要组成部分。实际上，软件的文档资料是开发组织和用户之间的权利和义务的合同书，是系统管理者、总体设计者向开发人员下达的任务书，是系统维护人员的技术指导手册，是用户的操作说明书。缺乏必要的文档资料或者文档资料不合格，将给软件开发和维护带来许多严重的困难和问题。

（7）软件开发生产率的提高速度不及社会需求的增长率。软件产品"供不应求"的现象，致使不能充分利用现代计算机硬件提供的巨大潜力。

软件危机的表现还远不止这些。如今，业界人士已达成共识，只有改革现有软件开发方法，才有可能解决软件危机，才能从根本上提高软件开发的生产率，才能真正满足信息化、数字化、网络化社会对计算机应用的需求。

有危机就会有革命。1968 年，E. W. Dijkstra 首先提出"goto 语句是有害的"，向传统的程序设计方法提出了挑战，从而引起人们对程序设计方法讨论的普遍重视，许多著名的计算机科学家参加了这场论战。结构化程序设计方法正是在这种背景下产生的。结构化程序设计的基本观点是：随着计算机硬件性能的不断提高，程序设计的目标不应再集中于充分发挥硬件的效率方面，如程序占用存储器空间大小、程序运行速度快慢等。新的程序设计方法应以能设计出结构清晰、可读性强、易于分工合作编写和调试为基本目标。

结构化程序设计方法认为：好的程序具有层次化的结构，应该采用"逐步求精"的方法，通过使用顺序、选择和循环 3 种基本控制结构来设计算法。换句话说，任何算法都可以通过使用这 3 种基本控制结构组合、派生出来。

结构化程序设计方法是以模块化设计为中心的，将待开发的软件系统划分为若干个相互独立的模块，使每一个模块的工作变得单纯而明确，为设计一些较大的软件打下良好的基础。由于模块相互独立，因此在设计其中一个模块时，不会受到其他模块的牵连，并可将原来较为复杂的问题化简为一系列简单模块的设计。模块的独立性还为扩充已有的系统、建立新系统带来了方便，因为人们可以充分利用现有的模块作积木式的扩展。按照结构化程序设计方法设计出的程序具有结构清晰、可读性好、易于修改和容易验证的优点。

结构化程序设计方法是采用"自顶向下，逐步求精"的设计思想和"单入口单出口"的控制结构。自顶向下、逐步求精的程序设计方法从问题本身开始，经过分解形成若干子问题模块，逐步细化，将解决问题的步骤分解为由基本程序结构模块组成的结构化程序框图；"单入口单出口"的思想认为一个复杂的程序，如果它仅是由顺序、选择和循环 3 种基本控制结构通过组合、嵌套构成，那么这个新构造的程序一定是一个单入口单出口的程序。据此就很容易编写出结构良好、易于调试的程序来。

2. 模块化准则

把软件划分为一些单独命名和编程的元素，这些元素称为模块。不分模块的程序是无法理解、无法管理、无法维护的程序。凡是使用计算机编程的人均自觉或不自觉地将程序划分为模块。一般程序设计语言都提供建立模块的机制。划分模块的过程就称为模块化。

一个软件划分为多少个模块才合适，这是一个模块化程度的问题。人们从求解问题的复杂性与工作量的关系出发，研究软件系统划分模块个数的最佳值。

设 $C(X)$ 是关于问题 X 的复杂性，$E(X)$ 是完成问题 X 的工作量，设有两个问题 $P1$ 和 $P2$。

若　　$C(P1)>C(P2)$，即 $P1$ 比 $P2$ 复杂

　　　　$E(P1)>E(P2)$，即 $P1$ 比 $P2$ 用的工作量多

则　　$C(P1+P2)>C(P1)+C(P2)$，即组合比单个复杂

　　　　$E(P1+P2)>E(P1)+E(P2)$

组合问题工作量大于单个问题的工作量之和，这也就是单个木棍容易折断，而一捆木棍很难折断的道理。从上述原理可知，当遇到综合复杂的计算问题时，将计算问题分解成若干模块，则工作量减少。但分解的模块越多，工作量是否越少？回答是否定的，因为分解到一定程度，模块之间的接口工作量就上升（如模块之间信息数据通信量增大），从而使总的求解问题代价上升，如图 5-33 所示。

从图 5-33 中不难看出：总代价呈马鞍形，一个软件系统划分模块数目的最佳值是存在的，但这个最佳值没有方法求出。从另一个角度来看，心理学研究表明，一个模块的语句数量最好为 30~50 条，也就是一页纸能写下模块的所有语句。模块太大，人们难以理解，编程和测试效率都不高；模块太小，又会使整个软件系统过于零碎，模块之间通信量加大，选取模块大小要适中，以期达到最好效果。

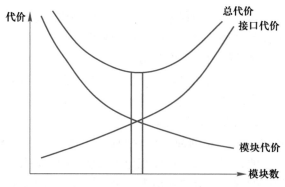

图 5-33　模块化程度

下面以验证哥德巴赫猜想为例，说明结构化程序设计方法的基本思想。哥德巴赫猜想是数论中的一个著名难题，是由法国数学爱好者克里斯蒂安·哥德巴赫于 1742 年在给著名数学家欧拉的一封信中提出的。哥德巴赫猜想可以表述为：任何一个大于或等于 4 的偶数均可以表示为两个素数之和。尽管这个问题看来如此简明清晰，但多年来，虽有无数数学家为其呕心沥血、绞尽脑汁，却始终无人能够证明或者证伪这个猜想。将这个问题作为一个练习，在有限的范围内验证哥德巴赫猜想：编写一段程序，验证大于 4，小于某一上限 M 的所有偶数是否都能被分解为两个素数之和。如果一旦发现某个偶数不能被分解为两个素数之和，则证实哥德巴赫猜想是错误的；否则证实哥德巴赫猜想在所给的范围内成立。

首先画出代表解决该问题的模块，如图 5-34 所示。

然后根据题意对图 5-34 的模块进行分解，其思路如下：逐个生成由 4~M 的所有偶数，一一验证其是否能够被分解为两个素数之和。具体方法是定义一个变量 X，令其初值等于 4，然后每次在 X 上加 2，以产生各偶数并验证 X 是否可以被分解为两个素数之和，直到 X 不小于 M 为止。显然，这是一个循环结构，其流程图如图 5-35 所示。

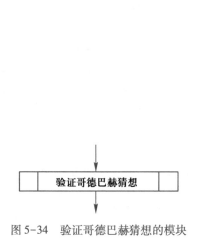

图 5-34　验证哥德巴赫猜想的模块

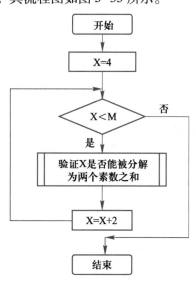

图 5-35　细化图 5-34 的流程图

从图 5-35 中可以看出，最内层是两个顺序排列的算法流程模块，它们一起构成了循环结构的内嵌模块。循环模块又和最前面的模块构成了顺序结构。

图 5-35 中的框图还是相当粗糙的，因为如何"验证 X 是否能被分解为两个素数之和"并不清楚，因此应继续对这个问题进行分解。"验证 X 是否能被分解为两个素数之和"的步骤可以这样考虑：首先用 X 减去最小的素数 2，然后看其差是否仍为素数，如果是，则验证结束，可以打印出该偶数的分解表达式。否则，换一个更大的素数，再看 X 与这个素数的差是否为素数。如果不是，则仍进行循环，直到用于检测的素数已经大于 $X/2$，而 X 与其差仍不是素数。这时即可宣布一个伟大的发现：哥德巴赫猜想不成立！

图 5-36 给出了过程模块"验证 X 是否能被分解为两个素数之和"的进一步分解。这里引入了一个新的变量 P，用于存放已经生成的素数。

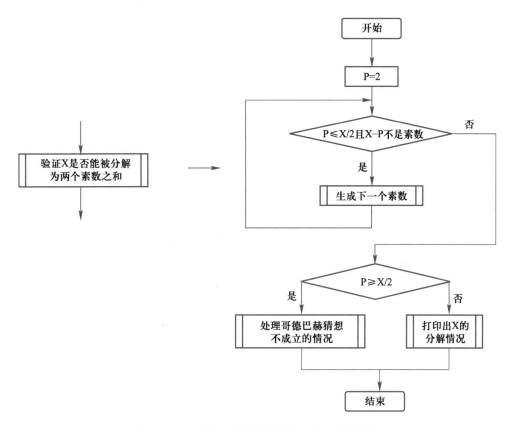

图 5-36　验证 X 是否能被分解为两个素数之和

图 5-36 中有 3 个过程模块："生成下一个素数""打印出 X 的分解情况"和"处理哥德巴赫猜想不成立的情况"，还可以继续分解。关于"生成下一个素数"过程框的进一步细化流程图如图 5-37 所示。

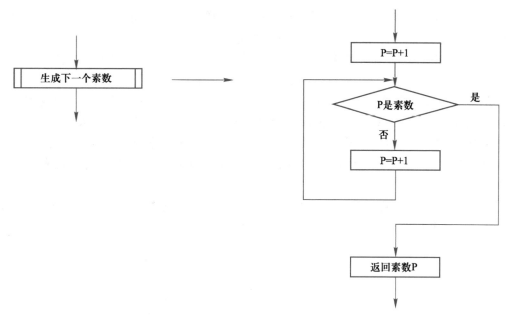

图 5-37 "生成下一个素数"的流程图

在图 5-36 和图 5-37 中，还有处理框需要进一步细化。实际上，在大多数程序设计语言中，条件"X-P 不是素数"和"P 是素数"并不能简单地写成一个表达式，也需要进一步细化分解。读者可以尝试描述判断任何给定的一个正整数是否为素数的流程图。

以上过程可以总结如下：首先从题目本身开始，找出解决问题的基本思路，并将其用结构化框图表示出来。这个框图非常粗糙，仅仅是一个算法的轮廓，但可以作为进一步分析的基础。接下来就应该对框图中比较抽象的、用文字描述的程序模块做进一步的分析细化，每次细化的结果仍用结构化框图表示。最后，对如何求解问题的所有细节都弄清楚了，就可以根据这些框图直接写出相应的程序代码。这就是所谓的"自顶向下，逐步求精"的程序设计方法。在分析的过程中，用结构化框图表示解题思路的优点，是框图中的每个程序模块与其他程序模块之间的关系非常简明，每次可以只集中精力分解其中的一个模块，而不影响整个程序的结构。

3. 分解与并行计算

为了提高计算机的利用率、运行速度和系统的处理能力，并行处理技术已得到广泛使用，程序的并发执行成为现代操作系统的一个基本特征。在大多数计算问题中，仅要求操作在时间上是部分有序的。一些操作必须在其他操作之后执行，另外一些操作却可以并行执行。如图 5-38 所示，设有 N 个程序，它们的执行步骤和顺序相同，都是 I_i（输入）、C_i（计算）、P_i（输出）。其先后次序是：当第 1 个程序的 I_1 执行完毕、执行 C_1 时，输入机空闲，这时可以执行第 2 个程序的 I_2；在时间上，操作 C_1 和操作 I_2 是重叠的。C_1 和 I_2 在 T_1 时刻、P_1、C_2 和 I_3 在 T_2 时刻、P_2 和 C_3 在 T_3 时刻都是并发执行的。

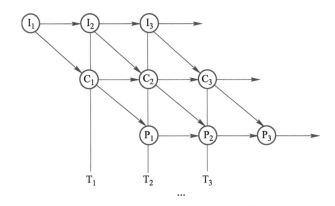

图 5-38　并行计算的先后次序

程序的并发执行是指若干个程序段同时在系统中运行，这些程序段的执行在时间上是重叠的，一个程序段的执行尚未结束，另一个程序段的执行已经开始。这些程序段被独立运行和管理，在操作系统中被称为"进程"。

下面就探讨牛顿迭代法求方程 $f(x)=0$ 的根的并行计算的两种算法。设牛顿迭代公式如下：

$$x_{k+1}=x_k-\frac{f(x_k)}{f'(x_k)} \quad (k=0,1,2,\cdots)$$

可以分别设计两个进程的同步并行算法和异步并行算法。

（1）同步算法：将每次迭代分成 3 个计算单元，分别计算 $f(x_k)\to f_k$，$f'(x_k)\to f'_k$，$x_k-f_k/f'_k\to x_{k+1}$ 及检验精度，将计算分为两个进程 P1 及 P2，假定计算 $f'(x_k)$ 的时间比计算 $f(x_k)$ 的时间长，则两个进程或其中一个进程必出现等待继续计算所需数据的情况，表 5-4 与表 5-5 说明两种同步算法的运行过程。

表 5-4　第一种同步算法的运行过程

P1 进程	P2 进程
$f(x_0)\to f_0$	$f'(x_0)\to f'_0$
等待 f'_0	
$x_0-f_0/f'_0\to x_1$ 检验精度	等待 x_1
$f(x_1)\to f_1$	$f'(x_1)\to f'_1$
等待 f'_1	
$x_1-f_1/f'_1\to x_2$ 检验精度	等待 x_2

表 5-5　第二种同步算法的运行过程

P1 进程	P2 进程
$f(x_0) \to f_0$	$f'(x_0) \to f_0'$
等待 x_1	$x_0 - f_0/f_0' \to x_1$ 检验精度
$f(x_1) \to f_1$	$f'(x_1) \to f_1'$
等待 x_2	$x_1 - f_1/f_1' \to x_2$

（2）异步算法：引入 3 个公用变量 t_1、t_2、t_3，分别表示 $f(x)$、$f'(x)$ 及 x 在计算中的当前值，仍假定计算 $f'(x)$ 比 $f(x)$ 更费时间，表 5-6 说明了两个进程的异步算法的运行过程。

表 5-6　异步算法的运行过程

P1 进程	P2 进程
$f(t_3) \to t_1$	$f'(t_3) \to t_2$
$t_3 - t_1/t_2 \to t_3$，检验	
$f(t_3) \to t_1$	$f'(t_3) \to t_2$
$t_3 - t_1/t_2 \to t_3$，检验	
$f(t_3) \to t_1$	$f'(t_3) \to t_2$
$t_3 - t_1/t_2 \to t_3$，检验	

进程 P1 更新 t_1 与 t_3，且检验 $t_1 = 0$，$t_2 = c \neq 0$，$t_3 = x_0$，前 3 个近似值如下：

$$x_1 = x_0 - f(x_0)/c$$
$$x_2 = x_1 - f(x_1)/f'(x_0)$$
$$x_3 = x_2 - f(x_2)/f'(x_1)$$

其一般关系如下：

$$x_{k+1} = x_k - \frac{f(x_k)}{f'(x_k)} \quad (k = 0, 1, 2, \cdots, j < k)$$

当 $k \to \infty$ 时，$j \to \infty$，这与传统的牛顿迭代法不同，它是一种混乱迭代，其收敛性要另外证明。由于计算 $f'(x)$ 比 $f(x)$ 更费时间，所以，只要 $f'(x)$ 计算出新值就用于迭代，由于异步算法不需要等待，故更节省时间。

现代计算机系统中 CPU 的多核结构也是为了提高运行效率，关键是如何将计算问题分解为若干程序模块，以便充分利用 CPU 的多核去并行计算，提高求解问题的整体效率。

并行计算（parallel computing）是指在并行机上，将一个应用分解成多个子任务，分配给不同的处理机，各个处理机相互协同，并行地执行子任务，从而达到提高求解效率（如速度），或者扩大求解应用问题的规模的目的。

并行计算必须具备以下 3 个基本条件：

（1）并行机。并行机至少包含两台或两台以上处理机，这些处理机通过互联网相互连接，相互通信。

（2）应用问题具有并行度。也就是说，应用问题可以分解为多个子任务，这些子任务可以并行地执行。将一个应用问题分解为多个子任务的过程，称为并行算法的设计。

（3）并行编程。在并行机提供的并行编程环境中，具体实现并行算法，编制并行程序，并运行该程序，从而达到并行求解应用问题的目的。

这里举一个简单的例子来说明并行计算，假设有 N 个数据包被分布存储在 P 台处理机中，P 台处理机并行执行 N 个数据包的累加和。首先，各个处理机累加它们各自拥有的局部数据包，得到部分和。然后，P 台处理机执行全局通信，累加所有部分和，得到全局累加和。

又如，计算机中的"计算器"程序，界面如图 5-39 所示。

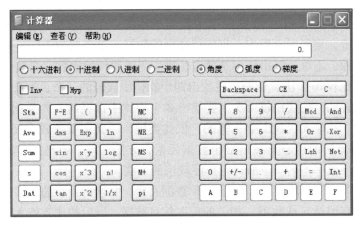

图 5-39　"计算器"程序界面

事实上，"计算器"程序将不同用户的各种可能的计算问题分解成一个个简单的计算功能，如正弦函数 $\sin x$、余弦函数 $\cos x$、对数函数 $\log x$ 等，让用户自主灵活地选择计算求解。$\sin x$ 功能按钮是利用下面公式进行计算的：

$$\sin x = x - \frac{x^3}{3!} + \frac{x^5}{5!} - \frac{x^7}{7!} + \cdots + \frac{(-1)^n x^{2n+1}}{(2n+1)!} \quad (n = 0,1,2\cdots,\text{要求误差小于 } 10^{-7})$$

假设每个功能按钮都是一台独立的处理机，那么"计算器"程序就可以想象为一个并行计算系统。

▶▶ 5.6 应用案例

▶ 5.6.1 数据排序

1. 排序问题定义

人们在日常生活中常常将物品有规律地摆放，例如，水果由小到大摆放，图书按书名或学科顺序排列等。将物品按照某种规律顺序排列称为排序，排序的根本目的是能够根据实际需要方便快捷地拿取物品。

计算机经常被用来把数据清单排列成有序的顺序，如按字母、数字或日期等排序。如果使用了错误的方法，即使是在高速的计算机上运行，都可能需要很长的时间进行排序。假设含 n 个数据的序列为 $\{R_1, R_2, \cdots, R_n\}$，其相应的排序码为 $\{K_1, K_2, \cdots, K_n\}$。所谓排序，就是将数据元素按排序码非递减（或非递增）的次序排列起来，形成新的有序序列的过程。在计算科学中，"排序"通常是指将某一列表中的信息数据按字母或数值顺序排列。

选择排序的具体步骤是：先在待排序的 N 个数据元素中，通过两两比较找出最小的一个元素，然后在余下的 $N-1$ 个数据元素中找出最小的一个，它是升序排列中的第二个，将其放在相应位置，重复以上操作，直到待排序的数据元素个数为 1 时，结束排序。仔细分析选择排序过程，不难计算出使用这种方法排序需要比较的次数。要找出 N 个数据元素的最小值，需要比较 $N-1$ 次。例如，要找出两个物体中较轻的一个，需要比较 1 次，要找出 5 个物体中最轻的，需要比较 4 次。要找出 8 个物体中最轻的，需要比较 7 次，比较 6 次找出第二轻的，比较 5 次找出第三轻的，依此类推，总共需要比较 7+6+5+4+3+2+1 = 28 次。选择排序方法的核心是找出最小数据元素，方法简单、容易操作，但比较次数较多，也就是说排序效率不高。下面讨论排序较快的方法。

分析选择排序方法不难发现，对于 N 个数据元素，要选出最小的元素，需要比较 $N-1$ 次。每次比较没有记录（或利用）相关的排序信息数据，以后的比较就无法利用这些信息数据。而快速排序恰恰相反，先选出一个数据元素，以它为基准，以后每次比较都记录相关信息数据（比基准数据元素小），这样排序的效率自然能得到提高。快速排序过程如图 5-40 所示。

实际上，快速排序效率取决于随机挑选了哪一个基准数据元素。因为以基准数据元素将待排序元素划分为两组，划分的组有可能十分不均匀。不均匀的划分会增加比较的次数。如果每组基准元素恰恰是这组元素的中间元素，那么排序比较次数最少，效率最高。如果每组基准数据元素都是最小的元素，那么快速排序方法比较次数等同于选择排序方法。

2. 选择排序算法设计

假设待排序的 N 个数据放在 $A[0], A[1], \cdots, A[N-1]$ 中，先设计两个粗略的选择排序算法流程图，如图 5-41 所示。

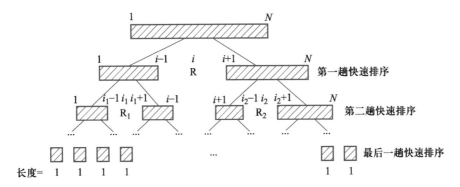

图 5-40　快速排序过程示意图

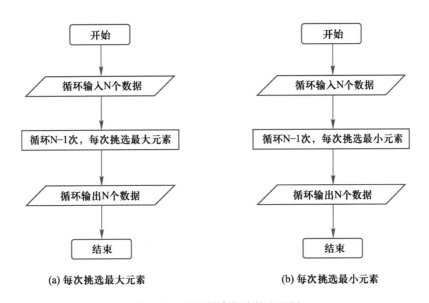

(a) 每次挑选最大元素　　　　　(b) 每次挑选最小元素

图 5-41　选择排序粗略的流程图

在细化"循环 N-1 次，每次挑选最大/最小元素"框时，先设计在 N 个元素中挑选最大或最小元素，然后再在外层添加 $N-1$ 次循环控制流程。

假设排序元素为 N 个，完整的选择排序算法流程图如图 5-42 所示。

根据选择排序流程图，采用 Python 语言编写的程序如下：

```
def SortList(list1):
    for i in range(0, len(list1)):
        min = i
        for j in range(i+1, len(list1)):
            if list1[j] < list1[min]:
```

$$min = j$$

$$list1[i], list1[min] = list1[min], list1[i]$$

$$list1 = [66, 77, 33, 22, 99, 11, 88, 0, 120, -3]$$

print("排序前的", len(list1), "个整数为:", list1)

SortList(list1)

print("排序后的", len(list1), "个整数为:", list1)

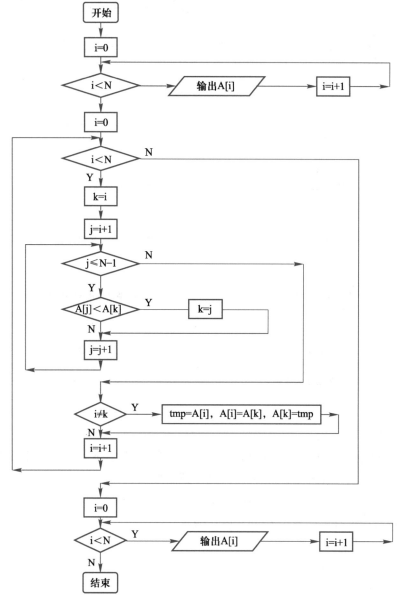

图 5-42　选择排序算法完整的流程图

程序运行结果如图5-43所示。

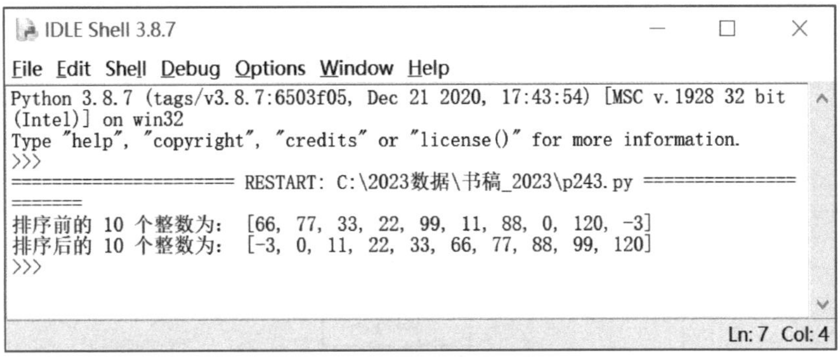

图 5-43　选择排序的程序运行结果

3. 冒泡排序算法设计

在选择排序算法中，挑选最大元素或最小元素时，采用逐个比较来确定最大元素或最小元素。事实上，还可以采用如下方法来挑选最大元素或最小元素。

在 a[0]到 a[N-1]的数组内，依次比较两个相邻元素的值。若 a[J]>a[J+1]，则交换 a[J]与 a[J+1]，J 的值取为 0,1,2,…,N-2。经过这样一趟冒泡，就把 N 个数中最大的数放到 a[N-1]中。然后再在 N-1 个元素中采用同样方法产生次最大元素，放到 a[N-2]中。依此类推，经过 N-1 轮的冒泡后就产生了排序序列。

下面给出对数据序列{35,22,16,19,22}应用冒泡排序算法的排序过程。

初始状态： 35　22　16　19　[22]
第 1 趟 ： 22　16　19　22　[35]
第 2 趟 ： 16　19　22　22　[35]
第 3 趟 ： 16　19　22　22　[35]
第 4 趟 ： 16　19　22　22　[35]

下面给出 100 个数据元素的冒泡算法的具体流程，如图5-44所示。

根据冒泡排序流程图，采用 Python 语言编写的程序如下：

```python
def bubble_sort(list2):          #定义冒泡排序函数
    for i in range(0, len(list2)-1):
        swap_test = False
        for j in range(0, len(list2)-i-1):
            if list2[j] > list2[j+1]:
                list2[j], list2[j+1] = list2[j+1], list2[j]    #交换
                swap_test = True
            if swap_test == False:break
list2 = [50, 87, 12, 61, 98, 17, 8, 5, 64, 4]
```

print("排序前的", len(list2), "个整数为:", list2)
bubble_sort(list2)
print("排序后的", len(list2), "个整数为:", list2)

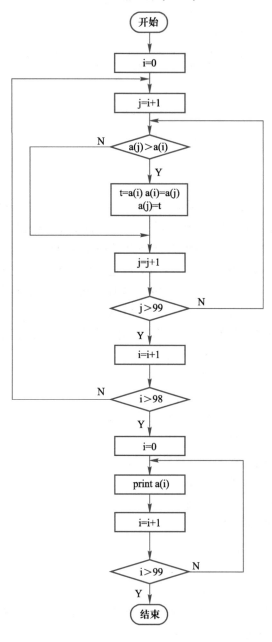

图5-44 冒泡排序完整的流程图

程序运行结果如图 5-45 所示。

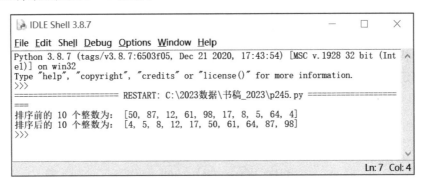

图 5-45　冒泡排序的程序运行结果

5.6.2　数据查找

1. 数据查找问题定义

在给出查找定义之前，先介绍关键字的概念。所谓关键字（keyword），就是数据元素中可以标识该数据元素的数据项，如列车时刻表中每个数据元素里的车次数据项，学生成绩单中每个数据元素里的学号数据项、姓名数据项等。而像性别这样的数据项，其查找意义不大，可不作为关键字。另外，关键字有时不是单个数据项，而是由若干数据项组合而成的，例如，学号+姓名、车次+火车种类都是关键字。

查找就是根据给定的关键字值，在一组数据元素中确定一个关键字值等于给定值的数据元素。若存在这样的数据元素，则称查找成功；否则称查找不成功。一组待查数据元素的集合又称为查找表。

查找某个数据元素依赖于该数据元素在查找表中所处的位置，即该查找表中数据元素的组织方式。按照数据元素在查找表中的组织方式来决定所采用的查找方法；反过来，为了提高查找效率，又要求数据元素采用某些特殊的组织方式来存储。因此，在研究各种查找方法时，必须先弄清各种查找方法适用的组织方式。

下面探讨折半查找方法。

假设待查的关键字序列是(11,16,37,51,55,76,88,90,101,105)，采用折半查找方法，mid 为待查数据元素序列的下标，对序列中 10 个元素的查找过程如下：

mid=(1+10)MOD 2：查找到元素 55

　　mid=(1+4)MOD 2：查找到元素 16

　　或者 mid=(6+10)MOD 2：查找到元素 90

　　　　mid=(1+1)MOD 2：查找到元素 11

　　　　或者 mid=(3+4)MOD 2：查找到元素 37

　　　　或者 mid=(6+7)MOD 2：查找到元素 76

　　　　或者 mid=(9+10)MOD 2：查找到元素 101

$$mid = (4+4)\,MOD\,2:查找到元素\,51$$
$$或者\;mid = (7+7)\,MOD\,2:查找到元素\,88$$

以上过程可以用一棵二叉树来描述折半查找的规律，如图 5-46 所示。这棵二叉树又称为折半查找判定树。从判定树上可知，查找某一个元素所要进行的比较次数，等于该元素结点在判定树中的层数。

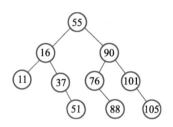

图 5-46　折半查找示意图

折半查找方法中确定中间位置是用范围值除以 2，然而我国著名数学家华罗庚教授提出了优选法理论，其中黄金分割法是 0.618。如果乘 0.618 来确定中间位置，则效率更高。

2. 数据折半查找算法设计

如果所有待查的数据元素按关键字递增（或递减）有序排列，则可以采用一种高效率的查找方法——折半查找（或称为二分查找）。

折半查找的基本思想：由于查找表中的数据元素按关键字有序（假设递增有序）排列，则在查找时可不必逐个顺序比较，可采用跳跃式的比较，即先与"中间位置"的元素关键字值比较，若相等，则查找成功；若给定值大于"中间位置"的关键字值，则在后半部继续进行折半查找；否则在前半部进行折半查找。

折半查找的过程是：先确定待查元素所在区域，然后逐步缩小区域，直到查找成功为止。设待查元素所在区域的下界为 low，上界为 high，则中间位置 $mid = (low+high)/2$。

（1）若此元素关键字值等于给定值，则查找成功。

（2）若此元素关键字值大于给定值，则在区域 mid+1~high 内进行折半查找。

（3）若此元素关键字值小于给定值，则在区域 low~mid-1 内进行折半查找。

值得注意的是：折半查找效率虽然较高，但必须先将待查数据进行排序。这是折半查找方法的前提条件或代价。

折半查找算法步骤的伪代码描述如下：

（1）设置查找区间初值，设下界 low=0，上界 high=length-1。

（2）若 low≤high，则计算中间位置 $mid = (low+high)/2$。

（3）若 key<data[mid]，则设 high=mid-1 并继续执行步骤（2）。

若 key>data[mid]，则设 low=mid+1 并继续执行步骤（2）。

若 key=data[mid]，则查找成功，返回目标元素位置 mid+1（位置从 1 计数）。

（4）若当 low=high 时，key!=data[mid]，则输出查找失败的信息，结束查找。

假设待查元素为 N 个，折半查找算法流程图如图 5-47 所示。

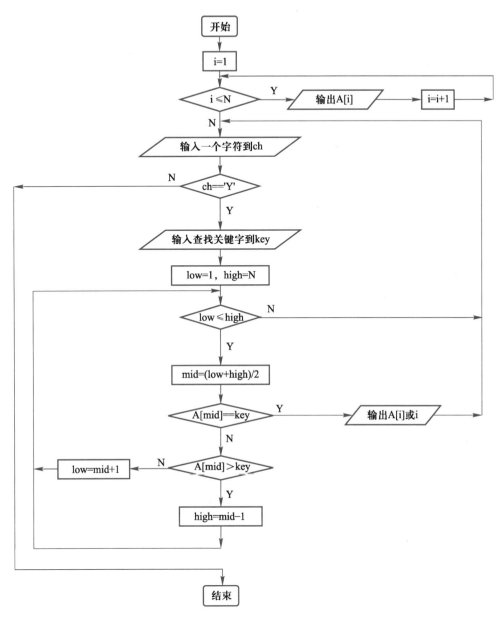

图 5-47　折半查找算法的流程图

根据折半查找流程图，采用 Python 语言编写的程序如下：

```
import os
import sys
import math
def halfSearch(arr, find):
    mid = 0
```

```python
        low = 0
        high = len(arr) - 1
        while(low<=high):
            mid = (low + high)//2
            if(arr[mid] == find):
                print("查到！在数列第", mid + 1, "个位置")
                return
            else:
                if(find > arr[mid]):
                    low = mid + 1
                else:
                    high = mid - 1
        print("未查到")
        return None
if __name__ == "__main__":
    arr = [11, 16, 37, 51, 55, 76, 88, 91 110, 150]
    print("待查数据元素序列为:", arr)
    find = int(input("输入需要查找的元素值:"))
halfSearch(arr, find)
```

程序运行结果如图 5-48 和图 5-49 所示。

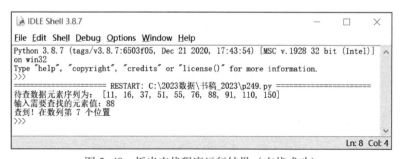

图 5-48　折半查找程序运行结果（查找成功）

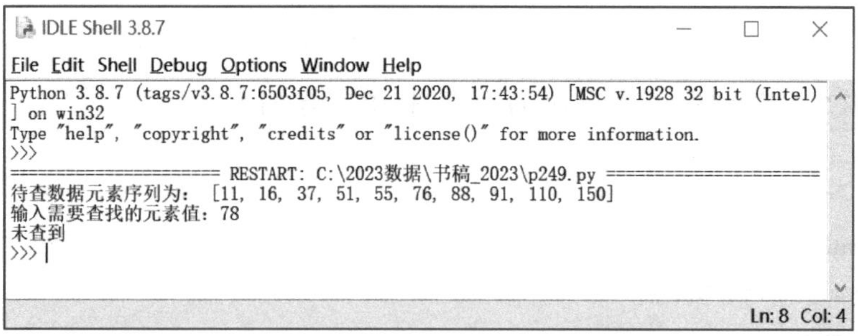

图 5-49　折半查找程序运行结果（查找不成功）

◀▶ 本章小结

程序和软件是两个截然不同的概念。程序设计过程包含 5 个步骤：问题定义、算法设计、程序编写、调试运行、整理文档。算法设计是对问题求解方法的抽象，可以采用流程图或自然语言描述算法。算法有 5 个特性：有穷性、确定性、可行性、零个或零个以上输入、一个或一个以上输出。3 种基本控制结构为：顺序结构、选择结构、循环结构。

◀▶ 习题 5

一、单选题

1. 以下程序的运行结果是_____。

x = "acc "
y = 3
print(x + y)

A. acc   B. acc acc

C. TypeError：…   D. acc 3

2. 以下程序的运行结果是_____。

import math
print(math.floor(5.5)+math.trunc(9.9)+int(1.8))

A. 13   B. 15

C. 17   D. 19

3. 以下程序的运行结果是_____。

x = {1:'1', 2:'2', 3:'3'}
x = {}
print(len(x),type(x))

A. 1 <class 'set'>   B. 1 <class 'dict'>

C. 0 <class 'dict'>   D. 0 <class 'list'>

4. 以下程序的运行结果是_____。

str=['abcdef', '12345', '上下左右来去', 'start 上北下南左东右西']
print(str[-1][-1]+str[0][3]+str[3][9])

A. 西 d 南   B. 西 d 左

C. sd 左   D. 下标超界错

5. 以下程序的运行结果是_____。

L=[1, 2, 3, 4, 5, 6]
L.append([7,8,9,10,11])
L1=L.pop()
print(len(L),' ',max(L1))

A. 6   10   B. 6   11

C. 11   6   D. 11   11

6. 以下程序的运行结果是_____。

L=['Amir', '_Chales', 'Dao', '', 'Ceo']

```
if L[1][1]+L[1][5]+L[2][2] in L:
    print(10==10 and 10)
else:
    print(10>10 or−1)
```

A. True   B. False

C. 10   D. −1

7. 以下程序的运行结果是_____。

```
x=0
y=1
a=x if x>y else y
if a<x:
    print("a")
elif a==x:
    print("b")
else:
    print("c")
```

A. none   B. a

C. b   D. c

8. 以下程序的运行结果是_____。

```
for i in range(2):
    print(i,end=',')
for i in range(4,6):
    print(i,end=',')
```

A. 0, 1, 4, 5,   B. 1, 2, 4, 5, 6,

C. 2, 4, 6,   D. 0, 1, 2, 4, 5, 6,

9. 以下程序的运行结果是_____。

```
x=30
y="60"
z=90
sum=0
for i in (x,y,z):
    if isinstance(i, int):
        sum+=i
print(sum)
```

A. 90   B. 120

C. 150   D. 180

10. 以下程序的运行结果是_____。

```
def simpleFun():
    "This is a cool simple function that returns 1"
    return 1
```

print(simpleFun.__doc__[15:21])

A. simple   B. cool

C. func   D. function

11. 以下程序的运行结果是_____。

```
def addItem(xList):
    xList += [1]
myList = [1,2,3,4,5,6]
addItem(myList)
print(len(myList))
```

A. 6   B. 7

C. 8   D. 9

12. 以下程序的运行结果是_____。

```
nName = []
def addOne(name):
    if not (name in nName):
        nName.append(name)
addOne('zhang')
addOne('wang')
addOne('zhang')
print(len(nName))
```

A. 0   B. 1

C. 2   D. 3

13. 以下程序的运行结果是_____。

```
def showHeader(str):
    print("+++%s+++" % str)
showHeader.category = 1
showHeader.text = "some info"
showHeader("%d %s" % (showHeader.category, showHeader.text))
```

A. +++1 some info+++   B. +++%s+++

C. 1   D. some info

14. 以下程序运行后，在"选择（0/1/2/其他）？"之后输入 1，显示的结果是_____。

```
def getInput():
    print("0: start")
    print("1: stop")
    print("2: reset")
    x = input("选择(0/1/2/其他)? ")
    try:
        num = int(x)
        if num>2 or num<0:
            return None
```

```
            return num
    except：
            return None
num＝getInput( )
if not num：
    print( "invalid" )
else：
    print( "valid" )
```

A. 1 　　　　　　　　　　　　B. 2

C. valid 　　　　　　　　　　 D. invalid

二、填空题

1. print(int(3.96)，round(3.96,0)，math. floor(3.96)）输出的结果是_____。

2. print(hex(16)，bin(10)）输出的结果是_____。

3. print(3-4j，abs(3-4j)）输出的结果是_____。

4. 数学表达式 $\sin 30° + \dfrac{5-e^x}{\sqrt{2x-1}} - \ln(3x)$ 的 Python 表达式为_____。

5. 当 x，y＝_____时，print(x+y＝＝y+x)输出的是 True。

6. 当 x，y＝_____时，print(min(x,y)＝＝min(y,x))输出的是 True。

7. 当 string＝"abc 一二三 12345"时，print("%s" % string[6:9])输出的是_____。

8. 当 x＝90 时，语句 print('通过' if x>=60 else '淘汰')输出的是_____。

三、程序设计题

1. 输入三角形 3 条边，判断能不能构成三角形，能则求解（代入海伦公式计算）并输出三角形的面积。

2. 输入所购买的商品的单价和个数，然后按以下折扣率计算并输出应付款金额：

（1）10 件以上 9 折（90%）。

（2）20 件以上 85 折（85%）。

（3）35 件以上 80 折（80%）。

（4）50 件以上 75 折（75%）。

3. 输入一门课中 10 个学生的成绩，找出并输出最高成绩。

4. 定义一个计算长方体体积的函数，然后输入长方体的长、宽和高，调用自定义函数来计算并输出长方体的体积。

第 6 章

数据库技术基础

教学资源:
电子教案、微视
频、实验素材

本章教学目标

(1) 掌握数据库管理系统的基本概念。

(2) 了解数据库系统的体系结构。

(3) 理解数据模型的分类与特点。

(4) 掌握关系数据库中的键和完整性约束规则。

(5) 掌握 Access 中数据库和表的操作。

(6) 掌握建立表间关系的方法。

(7) 掌握各种查询的创建方法。

本章教学设问

(1) 如何进行信息的综合?

(2) 如何保证数据的有效性?

(3) 如何保证某些数据不重复?

(4) 如何保证数据之间满足一定的约束关系?

(5) 如何对数据进行不同的查询和统计?

▶▶ 6.1 数据库技术概述

本节从介绍数据管理技术的发展开始,引出数据库的概念。

▶ 6.1.1 数据管理技术的发展

信息是指现实世界中事物的存在方式或运动状态的反映,数据则是描述现实世界事物的符号记录形式,是利用物理符号记录下来的可以识别的信息,这里的物理符号包括数字、文字、图形、图像、声音和其他的特殊符号。

数据和信息之间的关系非常密切,可以这样说,数据是信息的符号表示或载体,信息则是数据的内涵,是对数据的语义解释。从数据处理的角度来看,信息是一种被加工成特定形式的数据，这种数据形式是数据接收者希望得到的，因此，数据处理是指将数据转换成信息的过程。

数据处理包括对各种形式的数据进行收集、存储、加工和传输等一系列的活动。其目的之一是从大量原始的数据中抽取、推导出对人们有价值的信息，然后利用信息作为行动和决策的依据。数据处理可以借助计算机保存和管理复杂的、大量的数据，以便人们能够方便而充分地利用这些宝贵的信息资源。

数据管理是指对数据的组织、分类、编码、存储、检索和维护等环节的操作，显然，数据管理是数据处理的核心。随着计算机硬件、软件技术的不断发展，数据管理也经历了由低级到高级的发展过程，这个过程大致经历了人工管理、文件系统和数据库系统 3 个阶段。

1. 人工管理阶段

这一阶段是在 20 世纪 50 年代以前，那时的计算机主要用于数值计算。当时的硬件中，外存只有纸带、卡片、磁带，没有直接存取设备；当时的软件没有操作系统以及管理数据的软件，事实上也就没有形成软件的整体概念；处理的数据量小，由用户直接管理，数据之间缺乏逻辑组织，数据依赖特定的应用程序，缺乏独立性，如图 6-1 所示。

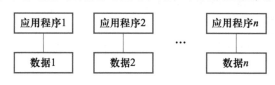

图 6-1　人工管理阶段

这一时期数据管理的主要特点如下：

（1）数据与程序不可分割，没有专门的软件进行数据管理，数据的存储结构、存取方法和输入输出方式完全由程序员完成。

（2）数据不保存，应用程序在执行时输入数据，程序结束时输出结果，随着处理过程的完成，数据与程序所占空间也被释放，这样，一个应用程序的数据无法被其他程序重复使用，因此，不能实现数据共享。

（3）各程序所用的数据彼此独立，数据之间没有联系，程序和程序之间存在大量的数据冗余。

2. 文件系统阶段

20 世纪 50 年代后期到 60 年代中期，硬件设备中出现了磁鼓、磁盘等直接存取数据的存储设备。软件技术也得到较大的发展，出现了操作系统和各种高级程序设计语言，操作系统中有了文件管理模块专门负责数据和文件的管理，并且也出现了高级语言，如Fortran、ALGOL、COBOL 等，计算机的应用领域扩大到了数据处理。

操作系统中的文件管理模块把计算机中的数据组织成相互独立的数据文件，系统可以按照文件的名称对文件中的记录进行存取，并可以实现对文件的修改、插入和删除，如图 6-2 所示。

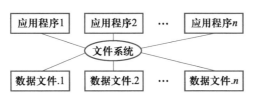

图 6-2　文件系统阶段

这一时期的主要优点如下：

（1）程序和数据分开存储，数据以文件的形式长期保存在外存储器上，程序和数据有了一定的独立性。

（2）数据文件的存取由操作系统通过文件名来实现，程序员不必关心数据在存储器上的具体存储方式，以及在内外存之间交换数据的具体过程。

（3）一个应用程序可使用多个数据文件，而一个数据文件也可以被多个应用程序所使用，这在一定程度上实现了数据共享。

但是，当数据管理的规模扩大后，要处理的数据量剧增，这时，文件系统的管理方法就暴露出如下的缺陷：

（1）数据冗余性，这是由于文件之间缺乏联系，造成每个应用程序都有对应数据文件，从而有可能造成同样的数据在多个文件中重复存储。

（2）由于数据的冗余，在对数据进行更新时极有可能出现同样的数据在不同的文件中的更新不同步，造成数据不一致性。

因此，文件处理方式适合处理数据量较小的情况，对于大规模数据的处理，需要使用数据库的方法。

3. 数据库系统阶段

20 世纪 60 年代后期开始，计算机硬件、软件的快速发展，促进了数据管理技术的发展，先是将数据进行有组织、有结构地存放在计算机内形成数据库文件，然后又有了对数据进行统一管理和控制的软件系统，这就是数据库管理系统，如图 6-3 所示。

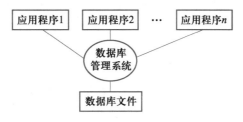

图 6-3　数据库系统阶段

这一时期的主要特点如下：

（1）数据以数据库文件的形式保存，在建立数据库时，以全局的观点组织数据库中的数据，这样，可以最大限度减少数据的冗余。

（2）数据和应用程序之间彼此独立，具有较高的数据独立性，数据不再面向某个特定的应用程序，而是面向整个系统，从而实现数据的共享，数据成为多个用户或程序共享的资源，并且避免了数据的不一致性。

（3）数据库中的数据按一定的数据模型进行组织，这样，数据库系统不仅可以表示事物内部数据之间的关系，也可以表示事物与事物之间的联系，从而反映现实世界事物之间的联系。

（4）对数据库进行建立、管理、维护有了专门的软件，这就是数据库管理系统，数据库管理系统在对数据库的使用同时还提供了各种控制功能，如并发控制功能、数据的安全性控制功能和完整性控制功能。

▶ 6.1.2 数据库系统

1. 数据库系统中常用的概念

（1）数据库（database，DB）。数据库是指按某种特定的组织方式，将数据以文件形式保存在存储介质上，这样，在数据库文件中，不仅包含数据本身，而且也包含数据之间的联系。数据的组织是按特定的数据模型进行的，从而保证有最小的冗余度，常见的数据模型有层次模型、网状模型和关系模型。

（2）数据库管理系统（database management system，DBMS）。数据库管理系统是对数据库进行管理的系统软件，它以统一的方式管理和维护数据库，接受和完成用户提出的访问数据的各种请求，数据库管理系统是数据库系统中最重要的软件系统，是用户和数据库的接口，应用程序通过数据库管理系统和数据库打交道，所以，用户不必关心数据的结构。

数据库管理系统的功能可以分为两个方面：一是数据管理功能，用来管理和维护数据库；二是开发应用程序的功能，也就是说，通过数据库管理系统可以开发满足用户需要的应用系统，它是开发管理信息系统的重要工具。常用的数据库管理系统软件有 Access、SQL Server、Oracle、MySQL、DB2、Sybase、Informix 等。

（3）应用程序。这里的应用程序是指系统开发人员使用数据库管理系统以及数据库资源开发的、应用于某一个实际问题的应用软件，如库存物品的管理系统、财务管理系统、学生成绩管理系统、图书馆图书借阅管理系统、工资管理系统等。

（4）数据库管理员（database administrator，DBA）。数据库管理员的主要任务是负责维护和管理数据库资源，确定用户需求，以及设计、实现数据库。

（5）数据库系统（database system，DBS）。数据库系统是指拥有数据库技术支持的计算机系统，它可以实现有组织地、动态地存储大量相关数据，提供数据处理和信息资源共享服务。一个完整的数据库系统由硬件、数据库、数据库管理系统、操作系统、应用程序、数据库管理员等部分组成。

2. 数据库管理系统的主要功能

数据库管理系统是数据库系统的核心，主要目的就是保证用户方便地共享数据资源，不同的数据库管理系统对硬件环境、软件环境的要求不同，其内部的组成和功能也不完全相同，但通常都具有以下几个主要部分。

（1）数据定义。DBMS 提供了数据定义语言（data definition language，DDL），用户通过它可以方便地对数据库中的相关内容进行定义。例如，可以定义数据库、定义和修改数据表的结构、设置数据完整性约束条件。

（2）数据操纵。DBMS 提供了数据操纵语言（data manipulation language，DML），可以实现对数据库中数据的基本操作。例如，实现对数据库中数据的插入、修改、删除和查询等基本操作。

（3）运行控制。这是 DBMS 的核心部分，它包括并发控制、安全性检查、完整性约束条件的检查和执行、数据库的内部维护（如索引的自动维护）等。所有数据库的操作都要在这些控制程序的统一管理下进行，以保证数据的安全性、完整性以及多个用户对数据库的并发使用，这里的并发控制是指处理多个用户同时使用某些数据时可能产生的问题。

（4）建立和维护数据库。数据库的建立包括数据库初始数据的输入、转换功能，数据库的维护包括数据库的转储、恢复功能，以及数据库的重新组织功能和性能监视、分析功能等。这些功能通常是由一系列的实用程序完成的。

▶ 6.1.3 数据模型

在数据库中，数据的组织是按特定的结构进行的，这种结构就是数据模型，常见的数据模型有层次模型、网状模型和关系模型。

1. 层次模型

层次模型是指用树形结构组织数据，用来表达数据之间的多级层次。在树形结构中，每个事物或实体被表示为一个结点，其中整个树形结构中只有一个最高层次的结点，其余结点有而且仅有一个上级结点，每个结点可以没有下级结点，也可以有多个下级结点，上级结点和下级结点之间形成了一对多的联系。在现实世界中，存在着大量的可以用层次结构表示的实体，如国家的行政区域结构、单位的行政组织机构、家族的辈分关系等。

以层次模型为基础的数据库管理系统，其典型代表是 IBM 公司的 IMS（information management system）。

2. 网状模型

网状模型中用图表示数据之间的关系，它突破了层次模型的两个限制：一是允许一个结点有多于一个的上级结点；二是可以有一个以上的结点没有上级结点。

网状模型可以表示数据之间多对多的联系，但数据结构的实现比较复杂。例如，如果将全国的各个城市看作不同的结点，则各个城市之间是否直接通航的关系就可以用网状的结构表示。再如，在 Internet 上，WWW 服务中的基本信息单位是网页，各个网页之间的联系也可以用网状的结构来表示。

网状模型的典型代表是 DBTG 系统，它是 20 世纪 70 年代数据系统语言协会下属的数据库任务组（database task group，DBTG）提出的一个系统方案，也称为 CODASYL 系统。

3. 关系模型

美国 IBM 公司的研究员 E. F. Codd 于 1970 年发表了题为《大型共享系统的关系数据库的关系模型》的论文，首次提出了数据库系统的关系模型。在关系模型中，可以表达实体之间的先后关系（即线性关系），如果将每个实体从上到下排列成行，由于每个实体包括若干个数据，这些数据又构成了若干列，这样，关系模型中每个实体的数据之间的联系可以用二维表格的形式来形象地表示。在实际的关系模型中，操作的对象和运算的结果都用二维表来表示，每一个二维表代表了一个关系。

显然，在这 3 种模型中，关系模型的结构是最为简单的。

▶▶ 6.2 关系模型和关系数据库

以关系模型为基础的数据库有其完备的关系代数理论基础，又有说明性的查询语言支持，并且模型简单、使用方便，因此得到广泛应用。以关系模型为基础的数据库管理系统称为关系型数据库管理系统。

▶ 6.2.1 关系模型的概念

前面讲过，关系模型以二维表的形式描述相关的数据和它们之间的关系，图 6-4 所示的学生情况表就是一个关系，该二维表由 8 行 4 列组成，组成的关系名为 student。

学生情况表				关系名：student
学号	姓名	性别	年龄	字段
20110001	张林	男	21	
20110002	李红	女	19	
20110003	周强强	男	18	
20110004	耿火	男	22	记录
20110005	王雨亮	男	20	
20110006	陈丽	女	17	
20110007	郑华	女	18	
20110008	胡月	女	20	

图 6-4　关系模型的组成

在使用关系模型时，经常用到如下一些术语：

（1）字段。在描述关系的二维表中，垂直方向上的每一列在数据库管理系统软件中称为一个字段，每一个字段都有一个字段名。例如，学生情况表中有 4 个字段，字段名分别是"学号""姓名""性别"和"年龄"。

（2）域。域是指各个字段的取值范围，例如，一门课程的成绩为 0~100 分，在校学生的年龄一般为 14~25 岁，性别字段取值分别是"男"或"女"。

（3）表结构。二维表中的第一行是组成该表的各个字段的名称，在具体的数据库文件中，还应该详细地指出各个字段的类型、取值范围和宽度等，这些都称为字段的属性，一个表中所有字段的名称和属性的集合称为该表的结构。

（4）记录。二维表中从第二行起的每一行在数据库文件中称为一条具体的记录，图 6-4 中的学生情况表由 4 个字段 8 条记录组成。一个完整的二维表由表结构和记录两部分组成，在进行创建表和修改表的操作时，都要先分清是对表结构进行的操作，还是对记录进行的操作。

（5）字段值。二维表中行和列的交叉位置的值称为字段值，例如，第二条记录的年龄字段值为 19。

（6）关系模式。关系模式是指对关系结构的描述，通常可以简记为如下的格式：

关系名（属性 1，属性 2，属性 3，…，属性 n）

或下面的格式：

$R(A1, A2, \cdots, An)$

如果用 U 表示组成该关系的属性名集合，该关系也可以记为 $R(U)$。例如，图 6-4 的关系模式可以表示为 student（学号，姓名，性别，年龄）。又如，某个图书关系模式可以表示为 book（图书编号，书名，作者，出版社）。

▶ 6.2.2　关系模型的特点

关系模型的结构简单，通常具有以下的特点：

（1）关系中的每一列不可再分。这一特点要求关系必须规范化，即每个字段都是不能再进行分割的单元。例如，表 6-1 就不符合规范化的要求。

表 6-1　不规范的表格

学　号	姓　名	成　绩		总　评
		笔　试	机　试	

表 6-1 中的"成绩"一栏的下面分成了两栏，将其改成表 6-2 的形式就是规范化的关系。

表 6-2　规范的表格

学　号	姓　名	笔　试　成　绩	机　试　成　绩	总　评

（2）同一个关系中不能出现相同的字段名。

（3）关系中不允许有完全相同的记录。所谓完全相同，是指两条记录中对应字段的值完全相同。

（4）关系中任意交换两行位置不影响数据的实际含义。

（5）关系中任意交换两列位置也不影响数据的实际含义。

6.2.3 关系中的键

键（key）也称为码（code），在一个关系中，可以有几种不同含义的键。

（1）候选键（candidate key）。在一个关系中，可以用来唯一地标识一个记录的字段或字段的组合称为候选键。例如，在关系 student 中，属性"学号"可以作为候选键。

在一个关系中，可以有多个候选键。例如，在关系 student 中，如果还有"身份证号"和"准考证号"字段，那么，"身份证号"或"准考证号"字段也可以作为候选键。这样，这个关系中就有了 3 个候选键，这 3 个候选键都是单个字段。

【例 6-1】确定表 6-3 中的候选键。

表 6-3　选修成绩表

学　　号	课　程　号	成　　绩
0899001	C01	91
0899001	C02	89
0899002	C02	76

在这个关系中，单独的任何一个字段都不能唯一地标识每个记录，也就是说，没有一个字段可以独立地作为候选键。但是，在这个关系中，"学号"和"课程号"这两个字段不会同时出现相同的值，也就是说，将"学号"和"课程号"字段组合起来才能区分每条记录，因此，该关系中的候选键是字段（学号，课程号）的组合。

（2）主键（primary key）。如果一个关系中有多个候选键，则主键是指从候选键中指定其中的某一个。

（3）外部关键字（foreign key）。如果一个关系中的某个字段或字段组合不是本关系中的主关键字或候选关键字，而是另外一个关系中的主关键字或候选关键字，则该字段或字段组合称为外部关键字，简称外键。例如，在上面的选修成绩关系中，候选键是字段组合（学号，课程号），其中"学号"字段不是该关系中的主键，但是它是关系 student 中的主键，因此，在选修成绩表中"学号"字段称为外键。

外键所在的表称为从表，以外键作为主键的表称为主表，这样，两张表之间通过外键可以建立起联系。例如，student 和选修成绩表通过外键"学号"相关联，以"学号"字段作为主键的关系 student 称为主表，而以"学号"字段作为外键的选修成绩表则是从表。

6.2.4 完整性约束规则

实际处理的多个数据不是独立的，它们之间还存在着一定的约束关系，这种约束关系称为完整性约束规则。在关系数据库的理论中，有 3 类完整性约束规则，它们分别是实体完整性约束规则、自定义的完整性约束规则和参照完整性约束规则。

1. 实体完整性约束规则

由于主键的一个重要作用就是标识每条记录，这样，关系的实体完整性要求一个关系（表）中的记录在组成的主键上不允许出现两条记录的主键值相同，也就是说，既不能有空值，也不能有重复值。例如，在图 6-4 的关系 student 中，字段"学号"作为主键，其值不能为空，也不能有两条记录的"学号"值相同。

2. 自定义的完整性约束规则

自定义的完整性约束规则是针对某一个具体字段的数据设置的约束条件，例如，可以将学生的"年龄"字段值定义为 14～25，将"性别"字段定义为可取"男"或"女"的值。

3. 参照完整性约束规则

参照完整性约束规则是对相关联的两个表之间的约束。具体地说，就是对于具有主从关系的两个表，从表中每条记录外键的值必须是在主表中存在的，因此，如果在两表之间建立了关联关系，则对一张表进行的操作要受到另一张表中记录值的制约。

这种制约表现在两个方面：一是对从表添加记录、修改记录时受到的制约；二是对主表进行修改和删除操作产生的连锁反应。例如，如果在学生情况表和选修成绩表之间用学号建立关联，学生情况表是主表，选修成绩表是从表，那么，在向从表中输入一条新记录时，系统要检查新记录的学号是否在主表中已存在，如果存在，则允许执行输入操作，否则拒绝输入，这就是参照完整性。

参照完整性还体现在对主表中的记录进行删除和修改操作时对从表的影响。例如，如果删除主表中的一条记录，则从表中凡是外键的值与主表的主键值相同的记录也会被同时删除；如果修改主表中主键的值，则从表中相应记录的外键值也随之被修改。

在这 3 类完整性约束规则中，实体完整性约束规则和参照完整性约束规则由 DBMS 自动实现，自定义的完整性约束规则是针对某个具体字段的约束条件，由具体应用来确定。

▶▶ 6.3 结构化查询语言概述

结构化查询语言（structured query language，SQL）是应用于关系数据库的标准语言，该语言使用方便、功能丰富、简洁易学，大多数数据库产品都支持 SQL。

SQL 具有以下的特点：

（1）SQL 是非过程性语言，用户只需在命令中指出做什么，无须说明怎样去做。

（2）SQL 采用的词汇有限，主要命令有 9 个，易于学习和掌握。

（3）SQL 具有强大和灵活的查询功能，一条 SQL 命令可完成非常复杂的操作。

（4）各个 SQL 版本采用的基本命令集的结构相同，因而具有可移植性。

SQL 的主要功能包括数据定义、数据查询、数据操纵和数据控制，每个功能都由具体的命令来实现。

数据定义的主要命令有 CREATE、DROP 和 ALTER；数据操纵包括数据更新，数据更新又分为插入、删除和修改，分别是 INSERT、DELETE 和 UPDATE 命令；数据查询是 SQL 中功能最多、使用最为广泛的，但命令只有一个，即 SELECT；数据控制和数据操纵与权限有关，主要命令是授权 GRANT 和回收 REVOKE。

1. 数据表的操作

SQL 中对数据表的操作包括定义和修改表的结构、删除表。

创建数据表，主要的作用是定义表的结构，包括定义表中各个字段的名称、类型、宽度以及主键、有效性、默认值等属性。该命令的基本格式及主要选项如下：

CREATE TABLE <表名>（<列名 1><数据类型 1>［<列级完整性约束条件>］［，<列名 2><数据类型 2>［<列级完整性约束条件>］，…］［<表级完整性约束条件>］）

上面的格式并不完整，还有一些选项没有列出，其中出现的选项含义如下：

（1）"表名"是要定义的表的名称。

（2）表由一个或多个列（属性）组成，列名就是该表的各个列（属性），需说明各属性的数据类型。

（3）<列级完整性约束条件>是与该表有关的完整性约束条件，可以是"NOT NULL"，表明该属性值不能为空值；可以是"UNIQUE"，表示该属性的值不能重复；还可以是"PRIMARY KEY"，表示该属性是主键。

（4）数据类型表示该字段的类型，常用的数据类型有 INT（整型）、FLOAT（实型）、CHAR（字符型）等。

【例 6-2】建立"读者"表，该表包含 5 个字段，分别是"借书证号""姓名""性别""年龄"和"专业"，其中"借书证号"字段为主键，"姓名"字段不允许为空，"借书证号""姓名""性别"和"专业"字段类型为字符型，长度分别是 10、20、1、10，"年龄"字段为整型。

建立该表的 SQL 命令如下：

```
CREATE TABLE 读者
(借书证号 CHAR(10)PRIMARY KEY,
 姓名 CHAR(20)NOT NULL,
 性别 CHAR(1),
 年龄 INT,
 专业 CHAR(10)
)
```

删除表可以使用如下的命令：

DROP TABLE <表名>

【例 6-3】删除"读者"表的 SQL 命令。

DROP TABLE 读者

2. 数据更新

SQL 的数据更新主要是对表中的记录进行操作，包括添加、修改和删除记录。

（1）添加记录。添加的记录被输入到表的末尾，添加记录使用 INSERT 命令，其格式如下：

INSERT INTO <表文件名>[（<字段名 1>[，<字段名 2>[，…]]）]
VALUES（<表达式 1>[，<表达式 2>[，…]]）

该命令用指定的值向数据表的末尾追加一条新的记录。使用该命令时，命令中的字段名与 VALUES 值的个数应相同，并且数据类型要按顺序一一对应，如果 VALUES 值的个数和类型与定义表结构时各字段一致，则可以省略字段名。

【例 6-4】将表 6-4 的数据添加到"读者"表中。

表 6-4　添加的记录

借 书 证 号	姓　　名	性　别	年　　龄	专　　业
2013120101	王一平	男	19	计算机

使用的 SQL 命令如下：

INSERT INTO 读者（借书证号,姓名,性别,年龄,专业）
　　VALUES（'2013120101','王一平','男',19,'计算机'）

（2）修改记录。修改已输入记录的字段的值，可以使用 UPDATE 命令，其格式如下：

UPDATE <表文件名> SET <字段名 1>=<表达式 1>[<字段名 2>=<表达式 2>…]
　　［WHERE　<条件>]

该命令的功能是按给定的表达式的值，修改满足条件的记录的各个字段值，其中 WHERE　<条件>表示满足条件的记录，命令中没有 WHERE 条件时，表中所有的记录都被修改。

【例 6-5】将"读者"表中借书证号为"2013120101"的记录的年龄改为 18，使用的 SQL 命令如下：

UPDATE　读者　SET　年龄=18 WHERE　借书证号="2013120101"

（3）删除记录。删除记录使用 DELETE 命令，其格式如下：

DELETE FROM　<表文件名>　［WHERE <条件>]

该命令的功能是将满足条件的记录删除，省略 WHERE 子句时，表中所有的记录都将被删除。

【例 6-6】将"读者"表中年龄小于 20 的记录删除，SQL 命令如下：

DELETE　FROM 读者　WHERE 年龄<20

3. 数据查询

查询是 SQL 中非常重要的操作，它能够完成多种查询任务，如查询满足条件的记录、查询时进行统计计算、同时对多表查询、对记录排序等。当结合函数进行查询时，可完成更多的诸如计算的功能。SQL 的所有查询都是利用 SELECT 命令实现的，其命令格式及主要选项（子句）如下。

SELECT

   [ALL | DISTINCT]

   [<别名>.] <检索项> [AS <列名称>] [, [<别名>.] <检索项> [AS <列名称>] …]

   FROM <表文件名> [, <表文件名> …]

   [WHERE <连接条件> [AND <连接条件> …]]

   [GROUP BY <分组列> [, <分组列> …]]

   [HAVING <条件表达式>]

   [ORDER BY <排序关键字> [ASC | DESC] [, <排序关键字> [ASC | DESC] …]]

以上的格式比较复杂，最为常用的是下面的简化格式：

SELECT…FROM…WHERE

下面通过例题说明选项的作用。

【例 6-7】显示"读者"表中所有记录的每个字段的值，命令如下：

SELECT 借书证号,姓名,性别,年龄,专业 FROM 读者

其中的 FROM 子句表示查询使用的数据源。如果要显示表中所有的字段，并且字段的顺序与表中顺序一致，还可以用" * "代替所有的字段，所以本例也可以使用下面的命令：

SELECT　*　FROM　读者

【例 6-8】显示"读者"表中每个学生的借书证号、姓名和年龄。命令如下：

SELECT 借书证号,姓名,年龄 FROM 读者

【例 6-9】列出"读者"表中所有不同的专业。

如果使用下面的查询命令：

SELECT 专业 FROM 读者

将输出每条记录的专业，显然，相同专业的数据也会重复显示，使用下面的命令在输出字段名前加上"DISTINCT"，可以输出不重复的专业：

SELECT DISTINCT 专业 FROM 读者

【例 6-10】显示"读者"表中所有"计算机"专业学生的姓名、年龄和专业。"计算机"专业记录可以用短语"WHERE 专业="计算机""表示，这是查询的条件，该 SQL 命令如下：

SELECT 姓名,年龄,专业

   FROM 读者

     WHERE 专业="计算机"

【例 6-11】查询"读者"表中年龄为 20 的女生的记录。

年龄为 20 的女生实际上是两个条件，分别是"年龄=20"和"性别="女""，命令如下：

SELECT　*

   FROM 读者

     WHERE 年龄=20 AND 性别="女"

【例6-12】显示"读者"表中年龄为19~21岁的所有记录，命令如下：

SELECT　*

    FROM 读者

        WHERE 年龄>=19 AND 年龄<=21

年龄范围也可以使用特殊运算符 BETWEEN 表示，这时命令如下：

SELECT　*

    FROM 读者

        WHERE 年龄　BETWEEN 19 AND 20

【例6-13】显示"读者"表中专业是"计算机"或"力学"的记录，SQL命令如下：

SELECT　*

    FROM 读者

        WHERE 专业="计算机" OR 专业="力学"

【例6-14】按年龄降序显示"读者"表中的所有记录，命令如下：

SELECT *

    FROM 读者

        ORDER BY 年龄 DESC

命令中的短语"ORDER BY 年龄 DESC"表示按年龄的降序输出结果。

▶▶ 6.4　Access 2016 的基本操作

目前，数据库管理系统软件有很多，这些产品的功能不完全相同，规模上、操作上差别也较大，但是，它们都是以关系模型为基础的，因此，都属于关系型数据库管理系统，本节要介绍的 Access 2016 中文版是微软公司的 Office 2016 套装软件的组件之一。

▶ 6.4.1　Access 2016 概述

Access 2016 启动后的窗口如图 6-5 所示。

1. 创建空白数据库

数据库是 Access 中的文档文件，Access 2016 中提供了两种方法创建数据库：一种方法是使用模板创建数据库，建立所选择的数据库类型中的表、窗体和报表等；另一种方法是先创建一个空白数据库，然后再向数据库中创建表、窗体、报表等对象。创建空数据库的方法如下：

（1）单击图 6-5 窗口中的"空白桌面数据库"按钮。

（2）在窗口右侧"文件名"文本框中输入要创建的数据库文件的名称，如"教学管理"，如果创建数据库的位置不需要修改，则直接单击右下方的"创建"按钮；如果要改变存放位置，则单击右侧的"文件夹"按钮 📂，这时，弹出"文件新建数据库"对话框。

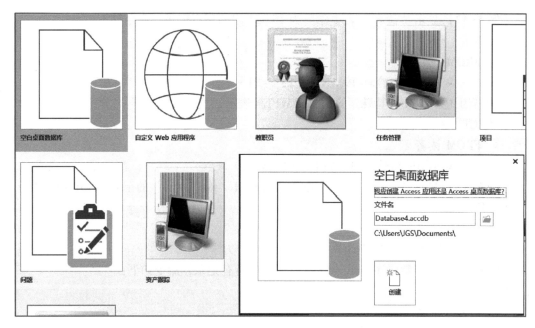

图 6-5　Access 2016 的窗口

（3）在对话框中选择新建数据库所在的位置，然后单击"创建"按钮，该数据库创建完毕。创建了空白数据库的 Access 窗口如图 6-6 所示，这就是 Access 2016 的工作界面。可以看出，在创建的新数据库中，系统还自动创建了一个名为"表 1"的表。

图 6-6　Access 2016 的工作界面

2. Access 2016 的工作界面

创建数据库后，进入了 Access 2016 的工作界面，窗口上方为功能区，功能区由多个选项卡组成，如"开始""创建""外部数据"等，每个选项卡中包含了多个命令，这些命令以分组的方式进行组织。例如，图 6-6 中显示的是"字段"选项卡，该选项卡中的命令分为 5 组，分别是"视图""添加和删除""属性""格式""字段验证"，每个组中包含了若干个按钮，对应了不同的命令。

双击某个选项卡的名称时，可以将该选项卡中的功能区隐藏起来，再次双击时又可以显示出来。

功能区中有些命令有下拉箭头 ，单击时可以打开一个下拉菜单；功能区中还有指向右下方的箭头 ，单击时可以打开一个用于设置的对话框。

功能区的下方有左右两个窗格：左边是导航窗格，用来组织数据库中创建的对象，例如，图 6-6 中显示的是名为"表 1"的表对象；右边称为工作区，是打开的某个对象，图 6-6 中打开的是"表 1"，该表中目前只有一个名为"ID"的字段，这是系统自动创建的。

3. 数据库文件中的各个对象

单击图 6-6 的"创建"选项卡，该选项卡中显示了在数据库中可以创建的各种对象，如图 6-7 所示，共有 6 组，分别是模板、表格、查询、窗体、报表、宏与代码。其中"模板"组中的"应用程序部件"选项是含有各种已设置好格式的窗体。所有这些组都保存在扩展名为 accdb 的同一个数据库文件中。

图 6-7　"创建"选项卡

（1）表。在数据库的各个对象中，表是数据库的核心，它保存数据库的基本信息，即关系中的二维表信息，这些基本信息又可以作为其他对象的数据源。在保存具有复杂结构的数据时，无法用一张表来表示，可分别使用多张数据表，而这些表之间可以通过相关字段建立关联，这就是后面要介绍的创建表间关系。

（2）查询。查询是在一个或多个表中查找某些特定的记录，查找时可从行方向的记录或列方向的字段进行。例如，在成绩表中查询成绩大于 80 分的记录，也可以从两个或多个表中选择数据形成新的数据表等。查询结果也是以二维表的形式显示的，但它与基本表有本质的区别，在数据库中只记录了查询的方式（即规则），每执行一次查询操作，都是以基本表中现有的数据进行的。此外，查询的结果还可作为窗体、报表等其他对象的数据源。

（3）窗体。窗体用来向用户提供交互界面，从而使用户更方便地进行数据的输入和输出，窗体中显示的内容可以来自一个或多个数据表，也可以来自查询结果，还可以通过窗体创建应用程序的界面。

（4）报表。报表是用来将选定的数据按指定的格式进行显示或打印的。与窗体类似的是，报表的数据来源同样可以是一张或多张数据表、一个或多个查询表；与窗体不同的是，报表可以对数据表中的数据进行打印或显示时设定输出的格式，除此之外，还可以对数据进行汇总、小计，生成多种格式的清单和数据分组。

（5）宏。宏是由一系列命令组成的，每个宏都有宏名，使用它可以简化一些重复的操作，宏的基本操作有编辑宏和运行宏。建立和编辑宏在宏编辑窗口中进行，建立好的宏可以单独使用，也可以与窗体配合使用。

（6）模块。模块是用 Access 提供的 VBA 语言编写的程序，模块通常与窗体、报表结合起来完成开发功能。

因此，在一个 Access 的数据库文件中，"表"用来保存原始数据，"查询"用来查询数据，"窗体"用不同的方式输入数据，"报表"则以不同的形式显示数据，而"宏"和"模块"则用来实现数据的自动操作，后两者更多地体现了数据库管理系统的开发功能，这些对象在 Access 中相互配合构成了完整的数据库。

▶ 6.4.2 数据表的建立和使用

一个数据表由表结构和记录两部分组成，因此，建立表的过程就是设计表结构和输入记录的过程。

1. 数据表结构

Access 中的表结构由若干个字段及其属性构成。在设计表结构时，要分别输入各字段的名称、类型、属性等信息。

（1）字段名。为字段命名时可以使用字母、数字或汉字等，但字段名最长不超过 64 个字符。

（2）字段的数据类型。Access 2016 中提供的数据类型有以下 12 种。

① 短文本：这是数据表中的默认类型，最多为 255 个字符。

② 长文本：存放说明性文字，最多为 65 536 个字符。

③ 数字：用于进行数值计算，如工资、学生成绩、年龄等。

④ 日期/时间：可以参与日期计算。

⑤ 货币：用于货币值的计算。

⑥ 自动编号：在增加记录时，其值依次自动加 1。

⑦ 是/否：用来记录逻辑型数据，如 Yes/No、True/False、On/Off 等值。

⑧ OLE 对象：用来链接或嵌入 OLE 对象，如图像、声音等。

⑨ 超级链接：用来保存超级链接的字段。

⑩ 附件：用于将多种类型的多个文件存储在一个字段中。

⑪ 计算：保存表达式的计算结果。

⑫ 查阅向导：这是与使用向导有关的字段。

（3）字段的属性。字段的属性用来指定字段在表中的存储方式，不同类型的字段具有不同的属性，常用的属性如下。

① 字段大小：对文本型数据是指定文字的长度，范围为 1~255，默认值为 50；对数字型字段，指定数据的类型，可以为字节、整型、长整型、单精度、双精度等，不同类型表达的数据范围和精度也不同，例如，保存 0~255 整数，占 1 字节，保存 −32 768~32 767 整数，占 2 字节。

② 格式：用来指定数据输入或显示的格式，这种格式并不影响数据的实际存储格式。

③ 小数位数：对数字型或货币型数据指定小数位数。

④ 标题：用来指定字段在窗体或报表中显示的名称。

⑤ 验证规则：用来限定字段的输入值。例如，对表示百分制成绩的"数学"字段，可用验证规则将其值限定为 0~100，这就是上一节提到的用户自定义的完整性约束规则。

⑥ 默认值：指定在添加新记录时自动输入的值。

（4）设定主关键字。对每一个数据表都可以指定某个或某些字段为主关键字，简称主键，其作用如下。

① 实现实体完整性约束，使数据表中的每条记录唯一可识别，如学生表中的"学号"字段。

② 加快对记录进行查询、检索的速度。

③ 用来在表间建立关系。

2. 表的视图

不同的数据库对象在操作时有不同的视图方式，不同的视图方式包含的功能和作用范围都不同，表有两种视图，分别是设计视图和数据表视图。在"设计"选项卡中的"视图"组中，单击该组的下拉箭头，可以在这两种视图之间进行切换，如图 6-8 所示。

图 6-8　视图方式

（1）设计视图：用于设计和修改表的结构。

（2）数据表视图：以行列的方式（二维表）显示表，主要用于对记录的增加、删除、修改等操作。

▶ 6.4.3　建立数据表

Access 中有多种方法建立数据表，在创建新的数据库时会自动创建一张空表。在数据库中创建表有以下 4 种方法：

（1）直接在数据表视图中创建一张空表。

（2）使用设计视图创建表。

（3）根据 SharePoint 列表创建表。

（4）从其他数据源导入或链接数据表。

这里介绍前两种方法，即通过数据表视图和设计视图方法创建表，下面创建的表都是在"教学管理"数据库中。

1. 在数据表视图下建立数据表

【例 6-15】在数据表视图下建立"学生"表。

表中包括 4 个字段，分别是"学号""姓名""性别"和"年龄"，操作过程如下。

（1）在"创建"选项卡的"表格"组中单击"表"按钮，这时，显示已创建的一个名为"表 2"的空表，并显示数据表视图，如图 6-9 所示。表中已自动创建了一个名为

"ID"的字段，该字段的类型是自动编号，而且被设置为主键。

图 6-9   数据表视图

（2）ID 字段暂时不处理，直接从第二个字段开始依次输入各个字段，字段名分别为"学号""姓名""性别"和"年龄"，字段类型分别是文本、文本、文本、数字，方法是在数据表视图中单击"单击以添加"单元格，然后在弹出的菜单（图 6-10）中选择类型，最后输入字段的名称。

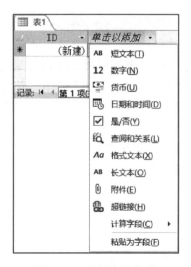

图 6-10   选择字段类型

（3）输入记录。在字段名下的记录区中输入表中的记录数据，输入的数据如表 6-5 所示。

表 6-5   "学生"表中的记录

学　　号	姓　　名	性　　别	年　　龄
20130001	张军	男	17
20130002	吴朋	男	18
20130003	王五一	男	21
20130004	周珊珊	女	19

续表

学　　号	姓　　名	性　　别	年　　龄
20130005	周江红	女	20
20130006	赵丽	女	18
20130007	钱红	女	21
20130008	康帅帅	男	19
20130009	华忠国	男	18
20130010	陈建华	女	17

（4）单击“保存”按钮，弹出“另存为”对话框。

（5）输入数据表名称“学生”，然后单击“确定”按钮，结束数据表的建立。

“学生”表建立完毕，如图 6-11 所示。

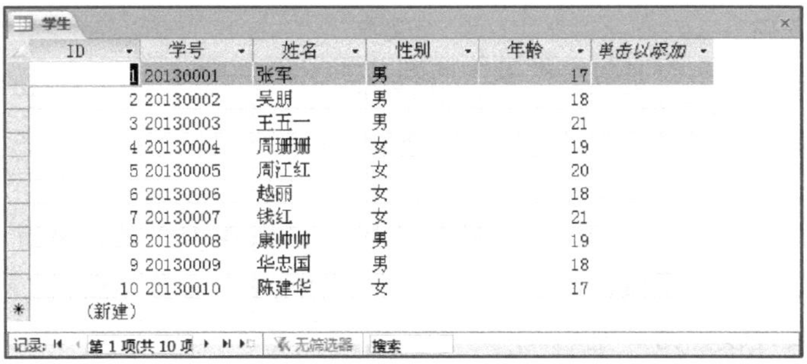

学生

ID	学号	姓名	性别	年龄	单击以添加
1	20130001	张军	男	17	
2	20130002	吴朋	男	18	
3	20130003	王五一	男	21	
4	20130004	周珊珊	女	19	
5	20130005	周江红	女	20	
6	20130006	赵丽	女	18	
7	20130007	钱红	女	21	
8	20130008	康帅帅	男	19	
9	20130009	华忠国	男	18	
10	20130010	陈建华	女	17	
(新建)					

记录: 第 1 项(共 10 项 无筛选器 搜索

图 6-11　“学生”表

从显示结果可以看出，自动创建的第 1 个字段 ID 类型是自动编号，其各条记录的值 1~10是系统自动添加的。如果不需要该字段可以将其删除，方法是在窗口中右击该字段，然后选择快捷菜单中的“删除字段”命令。

从图 6-11 中可以看到，因为“学号”“姓名”和“性别”3 个字段是短文本型的，所以左对齐；“年龄”字段是数字型的，所以在窗口中右对齐。字段的宽度等属性使用的默认值，在后面的操作中，可以在设计视图中修改。

2. 在设计视图中建立数据表

这种方法只是创建表的结构，创建后还要切换到数据表视图中输入具体的记录。

【例 6-16】 在设计视图中建立“课程”表，操作过程如下：

（1）单击“创建”选项卡的“表格”组中的“表设计”按钮，在工作区显示表的设计视图，如图 6-12 所示。

（2）设计表结构。在设计视图中，上半部分是字段区，用来输入各字段的名称、指定字段的数据类型并对该字段进行说明；下半部分的属性区用来设定各字段的属性，如字段长度、有效性规则、默认值等。这里输入 3 个字段，字段名分别是“课程代码”“课程名称"和"学时"，表结构如表6-6所示。

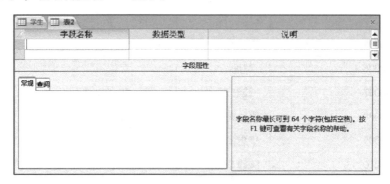

图 6-12　设计视图

表 6-6　"课程"表的结构

字 段 名 称	字 段 类 型	大　　小
课程代码	短文本	5 字符
课程名称	短文本	10 字符
学时	数字	2 字节

（3）定义主键字段。本表中选择"课程代码"字段作为主键，单击"课程代码"字段名称左边的方框选中此字段，再单击"工具"组中的"主键"按钮，将此字段定义为主键。将必需属性设置为"是"。

（4）命名表及保存。单击"保存"按钮，弹出"另存为"对话框，输入数据表名称为"课程"，然后单击"确定"按钮，这时，表结构建立完毕。

（5）单击"设计"选项卡的"视图"组中的下拉箭头，在下拉列表中选择"数据表视图"选项，将"课程"表切换到数据表视图。

（6）在数据表视图中输入各条记录，最终建立的数据表如图6-13所示。

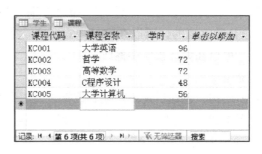

图 6-13　"课程"表

【例6-17】在设计视图中建立"选修成绩"表，要求如下：

"选修成绩"表的结构如表6-7所示。

表 6-7 "选修成绩"表的结构

字 段 名 称	字 段 类 型	大　　小
学号	短文本	8 个字符
课程代码	短文本	5 个字符
成绩	数字	2 字节

"选修成绩"表的记录如表 6-8 所示。

表 6-8 "选修成绩"表的记录

学　　号	课 程 代 码	成　　绩
20130001	KC001	87
20130001	KC003	90
20130001	KC004	56
20130002	KC001	76
20130002	KC002	90
20130003	KC003	89
20130004	KC002	78
20130004	KC005	78
20130005	KC003	76
20130006	KC001	76
20130006	KC002	99
20130006	KC004	55
20130007	KC005	78
20130008	KC004	90

需要注意的是：本表不设置主键，因此在保存表时屏幕上会弹出对话框，如图 6-14 所示，提示还没有定义主键。这里单击"否"按钮，表示不定义主键。

图 6-14 未定义主键时弹出的提示对话框

3. 验证实体完整性约束规则

【例 6-18】 在"课程"表中，已定义了主键为"课程代码"字段，对该表进行下面的操作：

（1）在数据表视图中打开"课程"表。

（2）输入一条新记录，输入时不输入课程代码，只输入其他字段的值。

（3）单击新记录之后的下一条记录位置，弹出如图 6-15 所示的对话框。可见，设置主键后，该表中无法输入课程代码为空的记录。

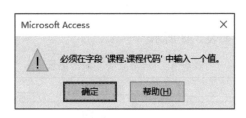

图 6-15　课程代码为空的对话框

（4）向该条新记录输入与第一条记录相同的课程代码"KC001"，单击新记录之后的下一条记录位置，弹出如图 6-16 所示的对话框。可见，设置主键后，表中不允许出现课程代码相同的两条记录。

图 6-16　输入课程代码相同的记录时弹出的对话框

4. 设置字段的有效性约束规则

【例 6-19】使用"学生"表验证字段有效性约束规则。

具体要求如下：

（1）在设计视图中修改"学生"表的结构，修改的要求如表 6-9 所示。

表 6-9　"学生"表的结构

字 段 名 称	字 段 类 型	大　　小
学号	短文本	8 字符
姓名	短文本	4 字符
性别	短文本	1 字符
年龄	数字	2 字节

（2）删除原有的 ID 字段。

（3）将"学号"字段设置为主键。

（4）将"年龄"字段的值设置为 16~23 岁。

操作步骤如下：

（1）在设计视图中打开"学生"表。

（2）在设计视图的字段区右击 ID 字段，在弹出的快捷菜单中选择"删除行"命令，将该字段删除。

（3）选择"学号"字段，然后单击"设计"选项卡"工具"组中的"主键"按钮，将该字段设置为主键。

（4）按表 6-9 中的要求修改其他字段的属性。

（5）单击"年龄"字段。

（6）在属性区的"验证规则"文本框中输入"＞＝16 and＜＝23"，然后单击"保存"按钮。

（7）切换到数据表视图，输入一条新的记录，其中"年龄"字段输入 25，单击新记录之后的下一条记录位置，这时弹出如图 6-17 所示的对话框。可见，设置年龄字段的有效性后，年龄的值只能为 16~23。

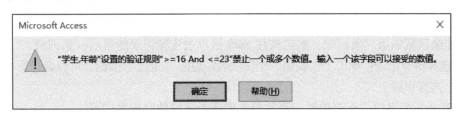

图 6-17　违背验证规则时的对话框

同样，可以将"性别"字段的验证规则设置为""男" or "女""。

6.4.4　数据表的管理

表结构和表记录可以分别进行管理。

1. 修改表结构

修改表结构包括更改字段的名称、类型、属性，增加字段，删除字段等，可在设计视图中进行，除了修改类型、属性操作外，其他操作也可以在数据表视图中进行。

（1）修改字段名。在设计视图中，单击字段名或在数据表视图中双击字段名，被选中的字段反相显示，输入新的名称后，单击工具栏中的"保存"按钮即可。

（2）插入字段。在数据表视图中选择"插入字段"命令，或在设计视图中选择"插入行"命令即可插入新的字段。

（3）删除字段。在数据表视图中选择"删除字段"命令，或在设计视图中选择"删除行"命令可以删除字段。

编辑记录的操作只能在数据表视图中进行，包括添加记录、删除记录、修改数据和复制数据等，在编辑之前，应先定位记录或选择记录。

2. 定位记录

在数据表视图中打开一个表后，窗口下方会显示一个记录定位器，该定位器由若干个按钮构成，如图 6-18 所示。

图 6-18　记录定位器

使用记录定位器的方法如下：

（1）使用"第一条记录""上一条记录""下一条记录"和"尾记录"按钮定位记录。

（2）在记录编号框中直接输入记录号，然后按 Enter 键，也可以将光标定位在指定的记录上。

3. 选择数据

选择数据可以分为在行的方向选择记录、在列的方向选择字段以及选择连续区域。

（1）选择记录

① 选择某条记录：在数据表视图窗口的第一个字段左侧是记录选定区，直接在选定区单击则可选择该条记录。

② 选择连续若干条记录：在记录选定区中拖动光标，光标经过的行被选中。也可以先单击连续区域的第一条记录，然后按住 Shift 键单击连续记录的最后一条记录。

③ 选择所有记录：单击工作表第一个字段名左边的"全选"按钮，可以选择所有记录。

（2）选择字段

① 选择某个字段的所有数据：直接单击要选择字段的字段名即可。

② 选择相邻连续字段的所有数据：在表的第一行字段名处用光标拖动字段名。

（3）选择部分区域的连续数据

将光标移动到数据区域的开始处，当光标变成 ✛ 形状时，从当前单元格拖动到最后一个单元格，光标经过的单元格数据被选中。

4. 添加记录

在 Access 中，只能在表的末尾添加记录，操作时先在数据表视图中打开表，然后直接在最后一行输入新记录的数据即可。

5. 删除记录

删除记录时，先在数据表视图中打开表，然后选择要删除的记录后右击，在快捷菜单中选择"删除记录"命令，弹出确认删除记录对话框，如果单击"是"按钮，则选定的记录被删除。

6. 修改数据

修改数据是指修改某条记录的某个字段的值，先定位到要修改的记录上，然后再定位到要修改的字段，即记录和字段的交叉单元格，直接修改即可。

7. 复制数据

复制数据是指将选定的数据复制到指定的某个位置，方法是先选择要复制的数据，然后单击工具栏上的"复制"按钮，再单击要复制的位置，最后单击工具栏上的"粘贴"按钮即可。

▶ **6.4.5 表间关系**

数据库中的各个表之间可以通过共同字段建立联系，当两个表之间建立联系后，用户就不能再随意地更改建立关系的字段的值，也不能随意向从表中添加记录，从而保证数据的完整性，即参照完整性。

1. 建立表间关系

Access 中的关系可以建立在表和表之间，也可以建立在查询和查询之间，还可以建立在表和查询之间。建立关联操作不能在已打开的表之间进行，因此，在建立关联时，必须首先关闭所有的数据表。

【例 6-20】在"教学管理"数据库中创建表间关系，要求如下：

（1）"学生"表和"选修成绩"表之间通过"学号"字段建立关系，"学生"表为主表，"选修成绩"表为从表。

（2）"课程"表和"选修成绩"表之间通过"课程代码"字段建立关系，"课程"表为主表，"选修成绩"表为从表。

建立过程如下：

（1）打开"显示表"对话框。创建表间关系时，要先将表关闭，然后在"数据库工具"选项卡的"关系"组中，单击"关系"按钮，弹出"显示表"对话框，如图 6-19 所示，对话框中显示了数据库中的 4 张表。

图 6-19 "显示表"对话框

（2）选择表。在此对话框中选择欲建立联系的 3 张表，每选择一张表后，单击"添加"按钮，将"学生"表、"课程"表和"选修成绩"表分别选择后单击"关闭"按钮，关闭此对话框，打开"关系"窗口，可以看到，刚才选择的数据表名称出现在"关系"窗口中，如图 6-20 所示。

（3）建立关系并设置完整性。在图 6-20 中，将"学生"表中的"学号"字段拖到"选修成绩"表的"学号"字段上，松开鼠标后，弹出"编辑关系"对话框，如图 6-21所示，对话框中显示关系类型为"一对多"。

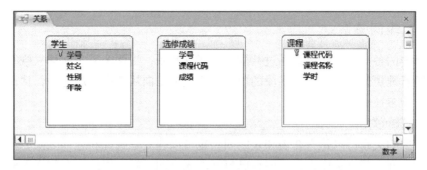

图 6-20　"关系"窗口

图 6-21　"编辑关系"对话框

选中此对话框中的 3 个复选框，这是为实现参照完整性进行的设置。单击"创建"按钮，返回到"关系"窗口，这时，"学生"表和"选修成绩"表之间的关系建立完毕。

在"关系"窗口中用同样的方法，将"课程"表中的"课程代码"字段拖到"选修成绩"表的"课程代码"字段上，松开鼠标后，弹出"编辑关系"对话框，选中对话框中的 3 个复选框，这时，"课程"表和"选修成绩"表之间的关系也建立完毕。建立关系后的表如图 6-22 所示。

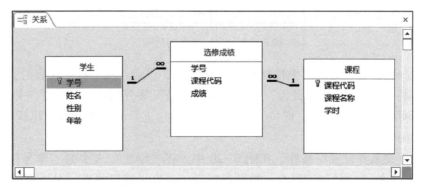

图 6-22　创建好的表间关系

在 Access 中，用于联系两个表的字段如果在两个表中都是主键，则两个表之间建立的是一对一关系；如果这个字段在一个表中是主键，在另一个表中不是主键，则两个表之间建立的是一对多的关系，主键所在的表是主表。由于在"学生"表中设置的主键是"学号"字段，而在"选修成绩"表中没有设置主键，所以两个表之间建立的是一对多的关系，同样，"课程"表和"选修成绩"表之间建立的也是一对多的联系。

如果要编辑或删除表间关系，可以在图 6-22 中右击表间的连接，在弹出的快捷菜单中选择"编辑关系"或"删除"命令。

（4）关系建立后，单击"关闭"按钮，关闭"关系"窗口，弹出对话框，提示是否保存对关系布局的修改，这里单击"是"按钮。

在这两个表之间建立联系后，再打开主表"学生"表，表中每个学号前出现"+"按钮，显然，这是一个展开用的符号，单击该符号，显示从表与主表对应记录的值，如图 6-23 所示。

图 6-23　创建表间关系后显示的主表

2. 参照完整性

建立了表间关系后，除了在显示主表时外观上会发生变化，在对表进行记录操作时，也会相互受到影响。在参照完整性中，"级联更新相关字段"功能使得主关键字段和关联表中的相关字段保持同步变更，而"级联删除相关记录"功能使得主关键字段中相应的记录被删除时，会自动删除相关表中对应的记录。下面通过级联更新与级联删除实例说明参照完整性。

【例 6-21】 验证"级联更新相关字段"和"级联删除相关记录"功能。

前面在"学生"表和"选修成绩"表之间按"学号"字段建立了关联，由于"学号"字段在"学生"表中是主键，而在"选修成绩"表中没有设置主键，因此，"学号"字段是"选修成绩"表中的外键，在建立关联时，同时也设置了"级联更新相关字段"和"级联删除相关记录"，进行以下操作：

（1）在数据表视图中打开从表"选修成绩"表。

（2）向该表输入一条新的记录，各字段的值分别是"20130011""KC001""80"，注意：学号"20130011"在"学生"表中是不存在的，单击新记录之后的下一条记录位置，弹出如图 6-24 所示的对话框。

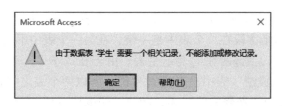

图 6-24　学号值在主表中不存在

这个对话框表示输入新记录的操作没有被执行，这是参照完整性的一个体现，表明在从表中不能引用主表中不存在的记录。

（3）关闭"选修成绩"表，然后在数据表视图中打开"学生"表。

（4）将第 8 条记录"学号"字段的值由"20130008"改为"20130088"，然后单击"保存"按钮。

（5）在数据表视图中打开"选修成绩"表，可以看出，此表中原来学号为"20130008"的记录，其学号值已自动变为"20130088"，这就是"级联更新相关字段"。"级联更新相关字段"的效果使得主关键字段和关联表中的相关字段的值保持同步改变。

（6）重新在数据表视图中打开"学生"表，并将"学号"字段值为"20130088"的记录删除，这时弹出如图 6-25 所示的确认删除对话框，单击"是"按钮，然后单击工具栏中的"保存"按钮。

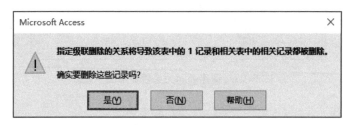

图 6-25　删除主表中记录时弹出的对话框

（7）在数据表视图中重新打开"选修成绩"表，可以看出，此表中原来学号为"20130088"的记录也被同步删除，这就是"级联删除相关记录"。"级联删除相关记录"的结果表明在主表中删除某个记录时，从表与主表关联的记录会自动地删除。

▶ 6.4.6　创建查询

Access 的查询可以从已有的数据表或查询中选择满足条件的数据，也可以对已有的数据进行汇总计算，还可以对表中的记录进行修改、删除等操作。

1. 创建查询的方法

在"创建"选项卡的"查询"组中，有两个按钮用于创建查询，分别是"查询向导"和"查询设计"，如图 6-26 所示。

使用"查询向导"功能时，可以创建简单查询、交叉表查询、查找重复项查询或查找不匹配项查询；使用"查询设计"功能时，先在设计视图中新建一个空的查询，然后通过

"显示表"对话框添加表或查询，最后再添加查询的条件。

Access 2016 中可以创建的查询如下：

（1）设计视图查询，这是常用的查询方式，可在一个或多个基本表中，按照指定的条件进行查找，并指定显示的字段，本节主要介绍这种方法。

（2）简单查询向导，可按系统提供的提示过程设计查询的结果。

（3）交叉表查询，是指用两个或多个分组字段对数据进行分类汇总的方式。

建立查询时可以在设计视图或 SQL 视图中进行，而查询结果可在数据表视图中显示。查询有两种视图，分别是设计视图和 SQL 视图，如图 6-27 所示。

图 6-26　创建查询的按钮

图 6-27　查询的视图

（1）设计视图：就是在查询设计器中设置查询的各种条件。

（2）SQL 视图：使用 SQL 语言进行查询。

2. 创建条件查询

【例 6-22】用设计视图建立查询，数据源是"学生"表，结果中包含表中所有字段，查询结果显示年龄大于或等于 20 的女生记录，具体操作如下：

（1）在"创建"选项卡的"查询"组中，单击"查询设计"按钮，弹出"显示表"对话框。

（2）在对话框中选择查询所用的所有表，这里选择"学生"表，单击"添加"按钮，然后关闭此对话框，打开设计视图，如图 6-28 所示。

在设计视图中，上半部分显示选择的表或查询，也就是创建查询使用的数据源；下半部分是一个二维表格，每列对应着查询结果中的一个字段，而每一行的标题则指出了该字段的各个属性。

① 字段：查询结果中使用的字段。在设计时，通常是用光标将字段从名称列表中拖动到此区，也可以是新产生的字段。

② 表：指出该字段所在的数据表或查询。

③ 排序：指定是否按此字段排序，以及排序的升降顺序。

④ 显示：确定该字段是否在查询结果集中显示。

⑤ 条件：指定对该字段的查询条件，例如，对"成绩"字段的查询，如果该处输入">=60"，表示选择成绩大于或等于 60 的记录。

⑥ 或：用来表示多个条件中"或者"的关系。

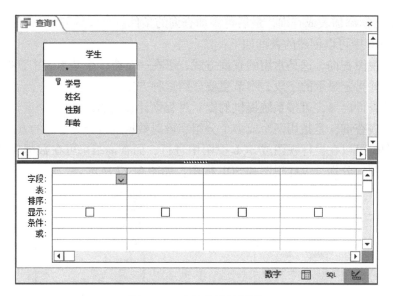

图 6-28　查询的设计视图

窗口右下方有 3 个按钮，用于在 3 个视图中进行切换。

（3）在设计视图中，分别双击"学生"表中的"学号""姓名""性别""年龄"4 个字段，将 4 个字段分别放到字段区中。

（4）在"性别"字段的"条件"行中输入条件"女"。

（5）在"年龄"字段的"条件"行中输入条件">=20"，设置的条件如图 6-29 所示。本题查询有两个条件，性别为女和年龄大于或等于 20，而且要同时满足。

图 6-29　设置的查询条件

（6）单击功能区的"执行"按钮显示查询的结果，如图 6-30 所示。

图 6-30　查询的结果

（7）单击"保存"按钮，在弹出的对话框中输入查询的名称"年龄大于或等于 20 的女生"，单击"确定"按钮，查询创建完成。

3. 创建多表查询

【例6-23】用设计视图建立多表查询，数据源是数据库中的 3 张表，结果中包含"学号""姓名""课程名称"和"成绩"字段，并将结果按成绩由高到低的顺序输出。

具体操作如下：

（1）在"创建"选项卡的"查询"组中，单击"查询设计"按钮，弹出"显示表"对话框。

（2）在对话框中选择查询所用的所有表，这里分别选择"学生"表、"课程"表和"选修成绩"表，每选择一张表后，单击"添加"按钮，最后关闭此对话框，打开设计视图。

（3）在设计视图中，分别双击"学生"表中的"学号""姓名"字段，"课程"表中的"课程名称"字段和"选修成绩"表中的"成绩"字段，将 4 个字段分别放到字段区中。

（4）在"成绩"字段的"排序"行中选择"降序"选项，设置的条件如图 6-31 所示。

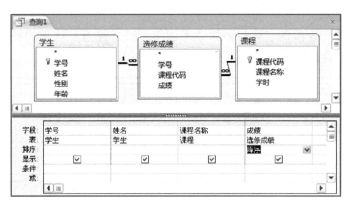

图 6-31 设置的查询条件

（5）单击"执行"按钮显示查询的结果，如图 6-32 所示。

学号	姓名	课程名称	成绩
20130006	赵丽	哲学	99
20130002	吴朋	哲学	90
20130001	张军	高等数学	90
20130003	王五一	高等数学	89
20130001	张军	大学英语	87
20130007	钱红	大学计算机	78
20130004	周珊珊	大学计算机	78
20130004	周珊珊	哲学	78
20130006	赵丽	大学英语	76
20130005	周江红	高等数学	76
20130002	吴朋	大学英语	76
20130001	张军	C程序设计	56
20130006	赵丽	C程序设计	55

记录：第 1 项(共 13 项)   无筛选器   搜索

图 6-32 查询的结果

（6）单击"保存"按钮，在弹出的对话框中输入查询的名称"三表查询"，单击"确定"按钮，查询创建完成。

4. 用查询对数据进行分类汇总

【例 6-24】用"学生"表创建查询，分别计算男生和女生的平均年龄，操作过程如下：

（1）在"创建"选项卡的"查询"组中，单击"查询设计"按钮，弹出"显示表"对话框。

（2）在对话框中选择查询所用的表，这里选择"学生"表，单击"添加"按钮，最后关闭此对话框，打开设计视图。

（3）选择字段，在查询设计视图的上半部分，分别双击"学生"表中的"性别"和"年龄"两个字段。

（4）设置条件。在设计视图中，单击"设计"选项卡"显示/隐藏"组中的"汇总"按钮 Σ，这时，设计视图的下半部分多了一行"总计"。

（5）在"性别"字段对应的"总计"行中，单击右侧的向下箭头，在打开的列表框中选择 Group By 选项，表示按"性别"分组，然后在"年龄"字段对应的"总计"行中选择"平均值"选项。

（6）在"年龄"字段的名称前添加"平均年龄:"，注意：这里的冒号一定是在英文状态下输入，这是设计输出结果中显示的字段名，如图 6-33 所示。

图 6-33　设计的查询条件

（7）单击"执行"按钮，显示查询的结果如图 6-34 所示，本查询是对表中数据进行汇总并产生新的字段"平均年龄"。

图 6-34　查询结果

（8）命名并保存查询。单击工具栏中的"保存"按钮，弹出"另存为"对话框，在此对话框中输入查询名称"按性别统计平均年龄"，然后单击"确定"按钮。

本节只介绍一些最常用的查询，实际上，Access 的查询功能并不仅限于对已有数据的检索，也包括对记录的追加、修改和删除，这些统称为操作查询，也就是对查询到的数据做进一步的处理，操作查询的类型如下。

（1）生成表查询：是指将查询到的记录追加到另一个表中。例如，对于"职工档案"表，如果要处理退休职工的信息，可以将出生日期在某年某月某日的记录从档案表中查询后添加到另一个表中。

（2）更新查询：是指有规律地修改表中的记录。例如，在"工资"表中，将工龄超过20年的职工基本工资增加200，将工龄为10~20年的职工的基本工资增加100，而将工龄小于10年的职工的基本工资增加50。

（3）删除查询：是指删除表中满足查询条件的记录。例如，在"学生成绩"表中，删除所有数学成绩小于60分的记录。

▶▶ 6.5　应用案例

▶ 6.5.1　成绩管理数据库的设计

1. 提出问题

上一节的各个例题都使用了同一个数据库，就是"教学管理.accdb"，数据库中包含了3张表，这是已经设计好的，在使用具体的 DBMS 创建数据库之前，应根据用户的需求对数据库应用系统进行分析和研究，然后再按照一定的原则设计数据库中的具体内容。

数据库的设计一般要经过分析建立数据库的目的、确定数据库中的表、确定表中的字段、确定主关键字以及确定表间关系的过程，如图6-35所示。

图6-35　数据库的设计步骤

2. 案例目标

本案例以成绩管理数据库的设计过程为例，说明数据库设计的步骤和方法。

3. 结果要求

案例最终要显示对成绩管理数据库的设计结果，主要是数据库中包含的各张表、表中的各个字段及属性等信息。

4. 实现步骤

下面介绍数据库的设计过程。

（1）分析建立数据库的目的。在分析过程中，应与数据库的最终用户进行交流，了解用户的需求和现行工作的处理过程，共同讨论使用数据库应该解决的问题和完成的任务，同时尽量收集与当前处理有关的各种表格。在需求分析中，要从以下3个方面进行。

① 信息需求：定义数据库应用系统应该提供的所有信息。

② 处理需求：表示对数据需要完成什么样的处理及处理的方式，也就是系统中数据处理的操作，应注意操作执行的场合、操作进行的频率和对数据的影响等。

③ 安全性和完整性需求：为节省篇幅、简化问题，本题中设计的成绩管理数据库的目的是教学信息的组织和管理，主要包括学生信息管理、课程信息管理和选课信息管理。

（2）确定数据库中的表。一个数据库中要处理的数据很多，不可能将所有的数据放在一个表中，确定数据库中的表就是指分析使用多少个表保存收集的信息。

应保证每个表中只包含关于一个主题的信息，这样，每个主题的信息可以独立地维护。例如，分别将学生信息、课程信息放在不同的表中，这样对某一类信息的修改不会影响到其他的信息。通过将不同的信息分散在不同的表中，可以使数据的组织和维护变得简单，同时也可以保证在此基础上建立的应用程序具有较高的独立性。根据上面的原则，最终确定在成绩管理数据库中使用以下 3 个表，分别是"学生"表、"课程"表和"选课"表。

（3）确定表中的字段。确定每个表中包括的字段应遵循下面的原则。

① 确定表中字段时，要保证一个表中的每个字段都是围绕着一个主题的，例如，"学号""姓名""性别""年龄"等字段都是与学生信息有关的字段。

② 避免在表和表之间出现重复的字段，在表中除了为建立表间关系而保留的外部关键字外，尽量避免在多个表中同时存在重复的字段，这样做的目的是尽量减少数据的冗余，同时也是防止因插入、删除和更新数据时造成数据不一致。

③ 表中的字段所表示的数据应该是最原始和最基本的，不应包括可以推导或计算的数据，也不应包括可以由基本数据组合得到的字段，例如，"总分"字段可以通过各门课程成绩之和得到；"实发工资"字段可以由应发的各项之和减去各个扣除项得到，这些数据不要设计在表中，可以使用查询的方法进行计算。

④ 在为字段命名时，应符合字段名的命名规则。

按照以上原则，确定成绩管理数据库 3 个表中的各个字段，如表 6-10 所示。

表 6-10　成绩管理数据库中的表及各表中的字段

"学生"表	"课程"表	"选课"表
学号	课程号	学号
姓名	课程名称	课程号
性别	课程类型	成绩
年龄	学分	
家庭通信地址	教师编号	
简历		
照片		

注意："选课"表中的"学号"和"课程号"字段已经分别在"学生"表和"课程"表中出现，这里重复设置的目的就是为了在"选课"表和"学生"表、"选课"表和"课程"表之间建立关系。

（4）确定主关键字。在一个表中确定主键，一个目的是保证实体的完整性，即主键的值不允许是空值或重复值；另一个目的是在不同的表之间建立联系。在"学生"表中，"学号"字段是主键；在"选课"表中，主键可以是"学号"和"课程号"字段的组合；"课程"表中的主键是"课程号"字段。

（5）确定表间关系。表间关系要根据具体的问题来确定，绝不是不加区别地在任意两个表之间都建立关系。根据两个表中的记录在数量上的对应关系，表间关系有一对一、一对多和多对多 3 种，下面分析这 3 种不同的关系如何在数据库中实现。

如果两个表之间存在一对一的联系，首先要考虑的是能否将这两个表合并为一张表，如果不可以，再进行下面的处理。

如果两个表表示的是同一实体的不同属性（字段），可以在两个表中使用同样的主键，例如，"教师基本情况"表和"教师工资"表可以通过"教师编号"字段进行联系。

如果两个表表示的是两个不同的实体，它们有不同的主键，这时，可以将一个表中的主键也保存在另一个表中，这样可以建立两个表之间的关系。

两个表间存在一对多关系时，可以将一方的主键添加到多方的表中，例如，"学生"表和"选课"表之间存在着一对多的联系，所以要将"学生"表中的主键"学号"字段添加到"选课"表中。

两个表之间存在多对多联系时，例如，"学生"表和"课程"表在分析选课关系时，由于一名学生可以选修多门课程，这样，"学生"表中的每条记录，在"课程"表中可以有多条记录相对应。同样，由于每门课程可以被多名学生选修，则"课程"表中的每条记录，在"学生"表中也可以有多条记录与之对应，所以它们之间就是多对多的联系。

为表达两个表之间多对多的联系，通常是创建第 3 个表，这个表中包含了两个表的主键，如"选课"表中包括"学生"表和"课程"表的主键"学号"和"课程号"字段，也包含自身的属性字段，即"成绩"字段。

这个为保存两个表之间联系而设计的第 3 张表不一定需要指定主键，如果需要，可以将它所联系的两个表的主键组合起来作为这个表的主键，例如，本例中"选课"表中的"学号"和"课程号"字段组合起来作为主键。先看"学生"表和"选课"表，由于"学号"字段是"学生"表的主键、"选课"表的外键，这两个表之间可以建立一对多的关系。再看"课程"表和"选课"表，由于"课程号"字段是"课程"表的主键、"选课"表的外键，这两个表之间也可以建立一对多的关系。这样，"学生"表和"课程"表之间事实上也就通过"选课"表联系起来，换句话说，这种方法实际上是将多对多的联系用两个一对多的联系代替。

经过以上的设计后，还应该对数据库中的表、表中字段和表间关系进一步地分析、完善，主要从下面几个方面检查是否需要进行修改。

（1）是否漏了某些字段？

（2）多个表中是否有重复的字段？

（3）表中包含的字段是否都是围绕一个实体的？

（4）每个表中的主关键字设计得是否合适？

如果确认设计符合要求，就可以在 Access 中创建数据库、表和表间的关系了。

6.5.2　图书借阅管理数据库的实现

1. 提出问题

一个数据库设计完成之后，就可以在具体的数据库管理系统中进行实现，本案例通过图书借阅管理数据库的实现，介绍操作过程。

2. 案例目标

本案例采用 Access 2016 完成操作，其中数据库名称为"图书借阅管理"，库中有 3 张表，分别是"读者"表、"图书"表和"借阅"表。

3. 结果展示

最终在数据库文件中包含表、有效性规则、表间关系和各种不同要求的查询。

4. 操作步骤

操作过程如下（这里只给出主要的步骤）：

（1）创建数据库。在 Access 2016 中创建名为"图书借阅管理.accdb"的数据库。

（2）创建"读者"表，该表结构如表 6-11 所示。

表 6-11　"读者"表结构

字 段 名 称	类　　型	大　　小
学号	短文本	10 字符
姓名	短文本	50 字符
性别	短文本	1 字符
年龄	数字	2 字节
专业	短文本	10 字符

向表中输入记录，记录内容如表 6-12 所示。

表 6-12　"读者"表记录

学　　号	姓　　名	性　　别	年　　龄	专　　业
06010001	吴西	男	18	计应
06010002	杨七	男	22	科英
06010003	周南	女	19	计应
06010004	王天一	女	21	科英
06010005	陈晴	男	17	计应

（3）创建"图书"表，该表结构如表6-13所示。

表6-13 "图书"表结构

字 段 名 称	类 型	大 小	主 键
图书号	短文本	4字符	是
书名	短文本	10字符	
单价	数字	2字节	

向表中输入记录，内容如表6-14所示。

表6-14 "图书"表记录

图 书 号	书 名	单 价
AK01	大学计算机	25
AK02	计算机应用	30
AK03	数据结构	35
AK04	操作系统	21

（4）创建"借阅"表，该表结构如表6-15所示。

表6-15 "借阅"表结构

字 段 名 称	类 型	大 小
学号	短文本	10字符
图书号	短文本	4字符
借期	数字	2字节

向表中输入记录，记录内容如表6-16所示。

表6-16 "借阅"表记录

学 号	图 书 号	借 期
06010001	AK01	79
06010001	AK02	15
06010001	AK03	56
06010002	AK01	12
06010003	AK01	65
06010003	AK02	100

（5）按下列要求修改"读者"表的结构

① 将"学号"字段设置为主键。

② 将"姓名"字段的大小设置为5。

③ 将"性别"字段的验证规则设置为""男"or"女""。

④ 将"年龄"字段的默认值设置为18。

（6）修改表中的记录

① 将"读者"表中"专业"字段中的"计应"全部改为"计算机应用"。

② 将"读者"表中"专业"字段中的"科英"全部改为"科技英语"。

③ 将"读者"表中学号为06010003记录的姓名改为"周楠"。

（7）建立表间关系

① 在"读者"表和"借阅"表之间按"学号"字段建立一对多的关系，其中主表为"读者"表，从表为"借阅"表，要求设置"实施参照完整性""级联更新相关字段"和"级联删除相关记录"。

② 在"图书"表和"借阅"表之间按"图书号"字段建立一对多的关系，其中主表为"图书"表，从表为"借阅"表，要求设置"实施参照完整性""级联更新相关字段"和"级联删除相关记录"。

（8）创建以下查询

① 单表查询。

a. 查询名称：单表查询。

b. 查询中包含的字段："读者"表中的所有字段。

c. 查询条件：年龄小于20的男生。

② 使用3张表创建多表查询。

a. 查询名称：多表查询。

b. 查询中的字段："学号""姓名""专业""借期""图书号""书名"。

c. 查询条件：借期大于50天。

③ 创建汇总查询，在"借阅"表中统计每个学生借书的数量。

a. 查询名称：借阅数量。

b. 查询中的字段："学号""数量"（这是新的字段）。

◀▶ 本章小结

本章介绍了数据库技术中的基本概念和 Access 的基本操作。

在学习过程中，可以对章中例题逐个练习，并在如图书的管理、库房商品的管理、学校教室的管理、成绩管理等数据库中进行练习。虽然这些数据来自不同的领域，查询或处理的要求也不尽相同，但在 Access 中的操作方法却是相同或相近的。只要能按部就班地学完例题中的各种操作，就可以应用到其他领域数据的管理和查询中，因为这些数据都是基于一个相同的数据模型，这就是关系模型。

◀▶ 习题6

一、单选题

1. SQL Server 是一种支持_____的数据库管理系统。

A. 层次型　　　　　　B. 关系型　　　　　　C. 网状型　　　　　　D. 树形

2. 在关系理论中称为"关系"的概念，在关系数据库中称为_____。

A. 文件　　　　　　B. 实体集　　　　　　C. 二维表　　　　　　D. 记录

3. 关系数据模型是_____的集合。

A. 文件　　　　　　　　　　　　　　B. 记录

C. 数据　　　　　　　　　　　　　　D. 记录及其联系

4. 不同实体是根据_____区分的。

A. 属性值　　　　　B. 名称　　　　　　C. 代表的对象　　　　　D. 属性数量

5. 在关系数据模型中，域是指_____。

A. 字段　　　　　　　　　　　　　　B. 记录

C. 属性　　　　　　　　　　　　　　D. 属性的取值范围

6. 如果把学生当成实体，则某个学生的姓名"张三"应看成是_____。

A. 属性值　　　　B. 记录值　　　　C. 属性型　　　　D. 记录型

7. 在关系数据库中，候选键是指_____。

A. 能唯一决定关系的字段　　　　　　B. 不可改动的专用保留字

C. 关键的很重要的字段　　　　　　　D. 能唯一标识记录的字段或字段的组合

8. DB、DBMS 和 DBS 三者之间的关系是_____。

A. DB 包括 DBMS 和 DBS　　　　　　B. DBS 包括 DB 和 DBMS

C. DBMS 包括 DBS 和 DB　　　　　　D. DBS 与 DB 和 DBMS 无关

9. 数据库管理系统位于_____。

A. 硬件与操作系统之间　　　　　　　B. 用户与操作系统之间

C. 用户与硬件之间　　　　　　　　　D. 操作系统与应用程序之间

10. 下列关于层次模型的说法中，不正确的是_____。

A. 用树形结构来表示实体以及实体间的联系

B. 有且仅有一个结点，无上级结点

C. 其他结点有且仅有一个上级结点

D. 用二维表结构表示实体与实体之间的联系的模型

11. 已知 3 个关系及其包含的属性如下：

学生（学号，姓名，性别，年龄）

课程（课程代码，课程名称，任课教师）

选修（学号，课程代码，成绩）

要查找选修了"计算机"课程的学生的"姓名"，将涉及_____关系的操作。

A. 学生和课程　　　　　　　　　　　B. 学生和选修

C. 课程和选修　　　　　　　　　　　D. 学生、课程和选修

12. 在实际存储数据的基本表中，属于主键的属性，且其值不允许取重复值的是_____。

A. 实体完整性　　　　　　　　　　　B. 参照完整性

C. 域完整性   D. 用户自定义完整性

13. 以下各项中不属于数据库特点的是_____。

A. 较小的冗余度   B. 较高的数据独立性

C. 可为各种用户共享   D. 较差的扩展性

14. 下列关于数据库的说法，不正确的是_____。

A. 数据库避免了一切数据的重复

B. 若系统是完全可以控制的，则系统可确保更新时的一致性

C. 数据库中的数据可以共享

D. 数据库减少了数据冗余

15. 下列关于主关键字的说法，错误的是_____。

A. Access 并不要求在每个表中都必须包含一个主关键字

B. 在一个表中只能指定一个字段成为主关键字

C. 在输入数据或对数据进行修改时，不能向主关键字的字段输入相同的值

D. 利用主关键字可以对记录快速地进行排序和查找

16. 下列关于数据表的说法，正确的是_____。

A. 一个表打开后，原来打开的表将自动关闭

B. 表中的字段名可以在设计视图或数据表视图中更改

C. 在表的设计视图中可以通过删除列来删除一个字段

D. 在表的数据表视图中可以对字段宽度属性进行设置

二、判断题

1. Access 的表是用户定义的用来存储数据的对象。   （　　）

2. 报表用来在网上发布数据库中的信息。   （　　）

3. 窗体主要用于数据的输出或显示，也可以用于控制应用程序的运行。   （　　）

4. 在同一个关系中不能出现相同的属性名。   （　　）

5. 在一个关系中列的次序无关紧要。   （　　）

6. 在 Access 中，数据表视图和设计视图下都可以进行删除字段的操作。   （　　）

7. 在 Access 中，创建表间关系时，关系双方至少需要有一方为主关键字。   （　　）

8. 在一对多关系中，如果修改一方的原始记录后，另一方要立即更改，应设置"级联更新相关
记录"。   （　　）

9. 使用 Access 的查询，可以对查询记录进行总计、计数和平均等计算。   （　　）

10. 创建查询使用的数据源只能是表。   （　　）

三、填空题

1. 如果关系中的某一字段的组合的值能唯一地标识一个记录，则称该字段组合为_____。

2. 常用的数据模型有层次、_____和_____。

3. 关系数据库中的 3 种数据完整性约束是_____、_____和_____。

4. 在关系数据库中，一个属性的取值范围称为_____。

5. 如果某个字段在本表中不是关键字，而在另外一个表中是主键，则这个字段称为_____。

四、问答题

1. 简述关系的 3 类完整性约束。

2. 数据库系统的数据管理有什么特点？DBS 由哪几部分组成？

3. 关系模型具有哪些基本的性质？

4. 什么是级联更新？什么是级联删除？

五、实验操作题

1. 建立数据库"student. accdb"。

2. 在此库中建立两个数据表，名称分别为"学生情况"和"借阅登记"，其中"学生情况"表中包含"学号""姓名""性别"和"年龄"4个字段，"借阅登记"表中包括"学号""书号"和"书名"3个字段。

3. 分别向两个表中输入若干条记录，数据自拟，要求每个表不少于6条记录。

4. 以"学生情况"表为主表，"借阅登记"表为从表，在两个表之间建立一对多的关系，并设置"实施参照完整性"。

5. 建立一个"借阅登记"查询，查找某个学生（按姓名）所借的图书，结果中包含"学号""姓名""书号""书名"字段。

6. 建立一个查询，查询的结果是在上一个操作创建的"借阅登记"查询中统计每个学生借书的数量。

第 7 章

数据分析

教学资源：

电子教案、微视频、实验素材

本章教学目标

(1) 了解数据分析的基本概念和数据分析的一般过程。

(2) 了解数据描述的基本方法。

(3) 了解几种典型的数据分析方法（如相关分析、回归、分类、聚类）的核心思想。

(4) 掌握使用数据分析工具 SPSS 进行数据分析和结果展示的过程。

本章教学设问

(1) 什么是数据分析？

(2) 学习数据分析的意义何在？

(3) 数据分析的基本方法有哪些？

(4) 数据分析的一般过程是什么？

(5) 数据分析的结果可以用哪些图表展示，各自适用的场景是什么？

(6) 数据分析的工具有哪些？

(7) SPSS 菜单布局和数据分析的关系是什么？

随着互联网技术的深入发展，人们的思维、生产和生活方式正在发生着深刻的改变。例如，早起赶公交车时，可以通过手机查看即将到站的公交车的位置；面对琳琅满目的商品无所适从时，可以通过手机获得商品的智能推荐；驾车出行时，智能导航可以推荐行车路线等。

本章从数据分析的视角出发，围绕着数据的搜集、存储、预处理、分析和应用的一般过程，以及数据分析的相关技术展开阐述，帮助大家对数据分析有一个较全面的了解。

▶▶ 7.1 概述

数据分析是一个广泛的概念，涵盖统计学、数学、计算机科学等多个学科的知识，通俗地讲，数据分析就是对收集的数据进行加工、整理，通过若干分析方法提取有用信息，形成结论，并对数据加以详细研究和概括总结的过程。

数据的价值在于数据承载的信息，而对信息的挖掘正是数据分析的意义。越来越多的决策将基于数据分析，而不是直觉或者经验。

7.1.1 数据

数据的英文是 data，其实这是复数形式的"数据"，其单数形式是 datum，即一个事实或一条信息。那么，从字面解释 data 就是很多事实或信息的集合。

随着物联网、边缘计算等智能终端设备不断普及，受到来自物联网设备信号、元数据、娱乐数据、云计算和边缘计算的数据增长的驱动，全球数据量呈现加速增长。根据互联网数据中心公布的《数据时代 2025》预测，全球数据量将从 2018 年的 33 ZB 增至 2025 年的 175 ZB，增长超过 5 倍；中国平均增速快于全球 3%，预计到 2025 年将增至 48.6 ZB，占全球数据圈的比例由 23.4% 提升至 27.8%。

数据从结构上分为 3 种，结构化数据、非结构化数据和半结构化数据。

1. 结构化数据

结构化数据也称为行数据，是以二维表结构来逻辑表达和实现的数据，严格地遵循数据格式与长度规范，主要通过关系型数据库进行存储和管理。例如，Excel 中的表格，MySQL、SQL Server 中的表都是结构化数据。下面的员工信息表就是一个二维表，其具体结构如表 7-1 所示。

表 7-1　员工信息表

工　号	姓　名	性　别	年　龄	部　门	入职年份	……

2. 非结构化数据

与结构化数据相对的是不适合用二维表来表示的非结构化数据。它是没有固定结构的数据，没有预定义的数据模型，难以用二维逻辑表来表示。现在越来越多的数据是非结构化数据。例如，电子邮件的消息字段、聊天软件的消息、视频监控数据、网页等，它们表达的内容有的长，有的又非常短，长度和格式都不固定。各种文本文件、图片、视频、音频等都属于非结构化数据。本质上，非结构化数据是结构化数据之外的一切数据。

3. 半结构化数据

半结构化数据是结构化数据的另一种形式，但是结构变化很大。这样的数据和上面两种类别都不一样，它是结构化的数据，但是结构变化很大。

例如员工的简历，有的员工的简历很简单，比如只包括教育情况；有的员工的简历却很复杂，比如包括工作情况、婚姻情况、出入境情况、户口迁移情况、技术技能等，还有可能有一些未预设的信息。要完整地保存这些信息并不容易，因为系统中的表的结构在系统的运行期间最好是固定的。半结构化数据典型的例子是 XML 文件和 JSON 文件，下面以 JSON 文件为例来说明员工简历的数据表示。

```
{
    "person" :
    {
        "id" :"2020010001" ,
        "name" :"Alex" ,
        "age" :33,
        "gender" :"male" ,
        "department" :"HR"
    }
}
```

半结构化数据的扩展性很好，不同半结构化数据的属性个数可以不一样。

数据分析中的数据结构，从传统的以结构化数据为主逐渐加入了非结构化数据。究其原因，一是得益于数据科学的相关领域的技术突飞猛进，从而对非结构化数据的获取、存储、解析等工作有着很好的支持；二是大量的非结构化数据是以人的互动为中心产生的数据，隐藏着巨大的信息价值。对于结构化数据的分析，已经有一套非常成熟的流程和技术，而对于非结构化数据的分析技术的研发才刚刚起步。

▶ **7.1.2 数据分析的过程**

将数据存储起来，只是数据量的积累。就像拥有丰富的能源，如果不经过开采、加工、运输和销售，是不会带来价值的。只有让数据动起来，才有可能创造出更好的价值。一个完整的数据分析方案是一个周而复始、不断迭代、不断完善的过程。图7-1从宏观角度给出了数据分析方案的生命周期。随着时间的推移，由于生产环境的改变使得数据分析的结果（模型）的准确性下降，因此，需要重新回到数据分析的起点开始新一轮的迭代。数据分析的一般流程是数据收集、数据整理、数据分析和结果展示。

1. 数据收集

顾名思义，数据收集就是采用各种手段把想要的数据收集起来的过程。它是数据分析的基础。对于不同的数据，收集的手段也不尽相同。

对于已经存储在数据库中的数据，只要是获得身份授权认证的用户，就可以直接从数据库中提取数据，数据库通常都提供了数据导入导出的接口。例如，公司的财务人员能够从公司内部的数据库获得每个月所有员工的工资信息；医院的医生可以查看病人的就诊记录、用药情况等。再如，某些企业、政府、科研机构的门户网站也提供了数据的下载。

有些情况下，数据可能不存在或者没有访问数据库的权限，这就需要用专门的技术进行采集和存储。一种方法是利用网络爬虫工具，采集网页上的数据。网络爬虫可以爬取网页中的视频、音频、文件等数据。另一种方法是设计调查问卷，即将需要得到的数据设计成调查问卷的形式，发放给被调查者，从而得到原始数据。调查问卷的方式适合实时性和真实性要求不高的场合，一般的市场调研大多采取类似的方式。例如人们在公共场所收到调查问卷，网站上填写的产品使用反馈，银行、公司的客服售后电话等。

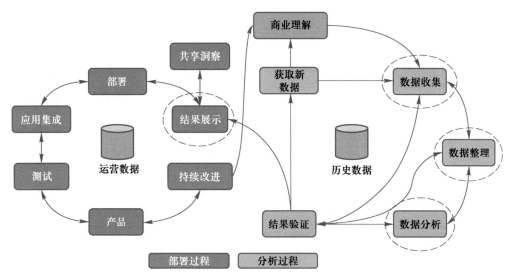

图 7-1　数据分析方案的生命周期

物联网（internet of things，IoT）是近几年比较流行的数据获取方式，它是通过植入各种类型的传感器设备来获取数据的，例如，在医院透析设备的传感器，能检测血压、力度和温度等参数为病人的泵血提供依据；运动手环里的光学心率传感器能够判断心率水平；在智能化农场中，传感器能监测灌溉、施肥、温度和湿度波动，从而降低生产成本，提高生产效率等。

2. 数据整理

数据收集阶段的数据被称为原始数据，它们通常有不完整、异常、不一致等问题。数据整理是整个数据分析过程中不可缺少的一个环节，其质量直接关系数据分析的模型效果和最终结论。因此，需要补充数据的缺失值、去噪、异常值诊断等数据整理的操作。有时，数据还需要根据下一个阶段数据分析的要求，将合并多个表中的列或行、用某些列生成新的列、将数据进行标准化转换等。以上过程，可统称为对数据的清洗和处理，即数据整理。

数据整理是让数据变得高质量的重要步骤。在实际操作中，数据整理通常会占据分析过程的 50%~80% 的时间。

3. 数据分析

根据国际咨询公司 Gartner 的说法，数据分析可归结为 4 个层次，分别是描述性分析（descriptive analysis）、诊断性分析（diagnostic analysis）、预测性分析（predictive analysis）和规定性分析（prescriptive analysis），如图 7-2 所示。这 4 种数据分析的层次是根据商业（应用）价值和实现的复杂程度来区分的。分析的复杂度从左到右逐渐增加。

（1）描述性分析。用于解释在特定情况下发生了什么事。例如，对于某校学生的个人信息、生活打卡记录以及考试成绩，用描述性分析可以回答"谁晚上不睡觉？""谁喜欢泡图书馆？""谁是潜在的优秀/问题学生"等问题。描述性分析常用图表、柱状图、箱图或数据聚类的统计方法。

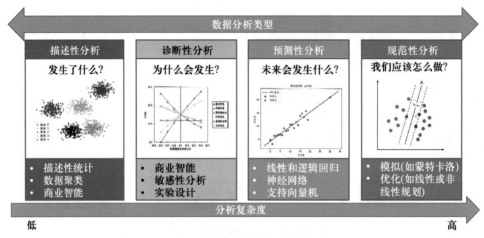

图 7-2 数据分析的 4 个层次

（2）诊断性分析。用于解释发生这些事的原因以及关键动因是什么。例如，无线服务提供商可以通过诊断性分析回答"为什么通话中断的情况增加了"或"为什么每个月会失去更多的客户"等问题。客户诊断性分析可以通过聚类（clustering）、分类（classification）、决策树（decision tree）或内容分析（content analysis）等技术来完成。

（3）预测性分析。用于预测未来会发生什么事情，也可以用来预测不确定结果的可能性。例如，预测一笔信用卡交易是不是诈骗，或者购买的股票会不会大赚。统计学和机器学习为预测提供的技术包括神经网络、决策树、随机森林、提升决策树（boosted decision tree）和回归（regression）等。

（4）规定性分析。通过推荐最佳做法来优化的业务结果。通常，规定性分析结合了预测性模型和业务规则。规定性分析在渠道优化、投资组合优化或交通优化等场景中非常有用。来自统计学和数据挖掘的决策树、线性和非线性编程、蒙特卡洛模拟或博弈论等技术可以用来做规定性分析。

4. 结果展示

数据分析的结果往往还是各种数据，通过图形化的方式，可以更加清晰和高效地表达信息，帮助人们更快地理解数据。把数据分析的结果以一定的图表形式展示，是数据分析过程中的结果展示。图 7-3 列举了一些图形化的示例。

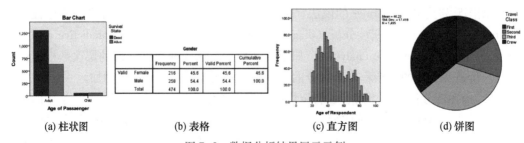

(a) 柱状图   (b) 表格   (c) 直方图   (d) 饼图

图 7-3 数据分析结果展示示例

近年来，数据可视化技术逐渐成为重要的研究领域。数据可视化不仅仅是将数字变成图表，它的目标是快速发现问题，识别问题，分析原因。目前数据可视化平台和工具的数据展示技术已经突飞猛进，不仅具有颜色预警、高亮联动、图表最大化、图表任意联动等多项功能，提供更好的图表交互能力，还能够通过报表间智能钻取与多维动态分析，真正实现探索式分析。

▶ 7.1.3 数据描述的基本方法

统计学中的一些统计量，能够帮助人们很好地描述数据。在数据分析初期，利用简单的描述性统计量，可以大致了解数据分布的集中趋势和变动程度等。

1. 平均数、中位数、众数

（1）平均数：平均数是指一组数的和除以一组数的个数，平均数也称均值，求平均数是最常见的集中趋势测量方法。均值和相关的离散度是许多统计技术的基础。

（2）中位数：将一组数按照从小到大的顺序排列，中间的数值就是中位数。中位数对极端分数具有抵抗力，因此被认为是集中趋势的有力衡量指标。

（3）众数：一组数中出现次数最多的数值。这种测量方法通常用于标称或序数数据，通过检查频率表很容易确定。

2. 方差和标准差

方差和标准差都提供了在平均值周围的扩散量的信息，它们是围绕平均值聚集程度的总体度量。

方差是每个样本值与全体样本值的平均数之差的平方值的平均数。如果所有情况都有相同的值，方差将为零。方差度量用变量平方的单位表示，这可能会导致难于解释，因此通常使用标准差。一般而言，方差越大，数据越分散，方差越小，数据值越集中在均值周围。

标准差（以平均值为基础）是指每个数据与平均数之间的平均离差。标准差是方差的平方根，方差将可变性的值还原为原始变量的度量单位。因此，它更容易解释。方差或标准差通常与平均值一起使用，作为各种统计技术的基础。

【例 7-1】对某企业入职员工的工资做了描述性统计，选择了均值和标准差作为统计量。请根据统计结果，如表 7-2 所示，做统计分析报告。

表 7-2　员 工 工 资

性　　别	均值/元	标准差/元
女	8 065.6	1 237.9
男	7 890.3	1 954.3

统计分析报告如下：

男性的平均工资是 8 065.6 元 ，女性的平均工资是 7 890.3 元 。男性和女性的平均工资额相差 小 。但是分别比较所有男性的工资和所有女性的工资， 女 性员工之间的工资差异比较大。

3. 偏度和峰度

偏度是分布对称性的一种度量，它衡量了案例集中在分布一端的程度，它也是描述数据分布形态的统计量，其描述的是某总体取值分布的对称性。这个统计量同样需要与正态分布比较，偏度为0，表示数据分布形态与正态分布的偏斜程度相同；偏度大于0，表示数据分布形态与正态分布相比为正偏或右偏，即数据右端有较多的极端值；偏度小于0，表示数据分布形态与正态分布相比为负偏或左偏，即数据左端有较多的极端值。偏度的绝对值越大，表示分布形态的偏斜程度越大。

峰度也与分布的形状有关，它衡量的是在分布的中心集中了多少数据。峰度是描述总体中所有取值分布形态陡缓程度的统计量。这个统计量需要与正态分布比较，峰度为0，表示总体数据分布与正态分布的陡缓程度相同；峰度大于0，表示总体数据分布与正态分布相比较为陡峭，为尖顶峰；峰度小于0，表示总体数据分布与正态分布相比较为平坦，为平顶峰。峰度的绝对值越大，表示分布形态的陡缓程度与正态分布的差异程度越大。

例如，图7-4（a）是某变量的偏度图。该变量的曲线是一个右偏图，有一个长长的尾巴在右端，说明可能存在极大值拉长了整个数据分布曲线向右方延伸。图7-4（b）是某变量的峰度图。

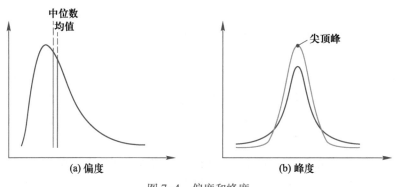

图7-4　偏度和峰度

4. 正态分布

正态分布是一个重要的统计概念，也可以称为常态分布，简单地说，就是大量独立同分布的随机事件，整体上服从正态分布。例如，身高、体重、血压等，都是正态分布的。由于正态分布在许多推理统计过程中具有重要的理论意义，因此，了解正态分布的性质以及如何评估特定分布的正态性是非常重要的。

正态分布是一个频率（或概率）分布，是对称的，通常被称为正常钟形曲线，如图7-5所示。曲线的高矮形状与标准差有关。标准差越大，个体差异越大，曲线越矮阔；标准差越小，个体差异越小，曲线越尖峭。

正态分布曲线的任意部分所包含的情况的比例，可以精确地用数学方法计算出来，它的对称性意味着50%的情况位于中心点的任意一侧，这是由均值定义的。另外两种常用的表示是：正负1个标准差之间的部分（约占68%），正负1.96个标准差之间的部分（约占

95%，有时为了方便起见，取整数 2.00）。因此，如果一个变量是正态分布的，则 95% 的情况都在均值左右 2 个标准差范围内。

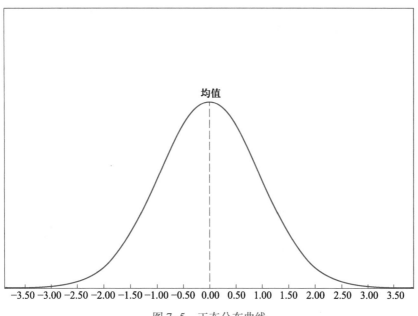

图 7-5 正态分布曲线

5. 数据的度量尺度

在统计学中，对数据有一种新的分类方式，英文为 measurement level，翻译成中文通常是数据分类、数据测量水平、度量水平等。这种方法是从数据之间间距的关系来描述数据的，本书将其翻译为数据的度量尺度。它包括 4 种类型，分别是名义数据、定序数据、定距数据、定比数据。

对于变量的不同度量尺度，只有某些统计、分析方法是有意义的。换句话说，变量的类型决定了变量的数据统计分析方法。在收集数据之前，为变量选择合适的度量尺度是一个重要的步骤。

（1）名义数据。名义数据是数据的最低级，每个数值仅代表一个类别或组标识符。类别不能进行排序，并且没有基本的数值。例如，婚姻状况，编号为 1（未婚）、2（已婚）、3（离婚）、4（分居）和 5（丧偶），每个数字代表一个类别，特定数字与类别的匹配是任意的。可以统计某个类别中个案的总数占总体个案的百分比，但计算平均值（如平均婚姻状况）这样的统计量是不合适的。

（2）定序数据。数据值表示排序或排序信息，用数字表示个体在某个有序状态中所处的位置。然而，数据值在尺度上的差异并不相等，不能进行四则运算。例如，编号 1（非常快乐）、2（快乐）、3（不快乐）。统计学中的交叉表，非参数方法等适用于此类型，众数和中位数也是定序数据可以使用的统计量。

（3）定距数据。定距数据是指具有间距特征的变量，有单位，没有绝对零点，可以做加减运算,不能做乘除运算。例如,温度、年龄、考试成绩等。对于此类变量,可使用统计学中回归和方差分析等技术,均值和标准差的统计量也适用。

(4)定比数据。定比数据具有区间尺度性质,且有一个有意义的零点。也就是说,零表示测量到的特征完全不存在。定比数据既有测量单位,也有绝对零点,例如职工人数、身高等。

这4种类型通常被组合成两种主要类型:分类变量包含定类数据和定序数据;连续型变量由定距数据和定比数据组成。

▶▶ 7.2 用SPSS认识数据

SPSS(Statistical Product and Service Solutions,统计产品与服务解决方案)是应用最广泛的专业统计软件之一,可为各行业的业务分析提供解决方案。

SPSS是最早采用图形菜单界面的统计软件,它最突出的特点就是操作界面极为友好,输出结果美观漂亮。SPSS的启动界面和桌面图标如图7-6所示。用户只要掌握一定的Windows操作技能,精通统计分析原理,就可以使用该软件为特定的科研工作服务。

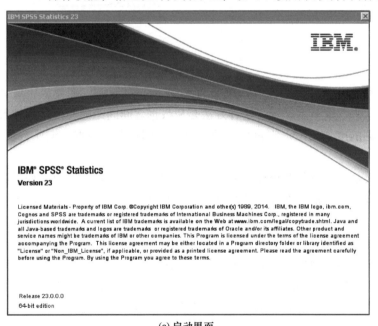

(a)启动界面 (b)桌面图标

图7-6 SPSS启动界面和桌面图标

SPSS的基本功能包括数据管理、统计分析、图表分析、输出管理等。统计分析过程包括描述性统计、均值比较、一般线性模型、相关分析、回归分析、对数线性模型、聚类分析、数据简化、生存分析、时间序列分析、多重响应等几大类,每类中又分为多个统计过程,例如回归分析中又分线性回归分析、曲线估计、Logistic回归、Probit回归、加权估

计、两阶段最小二乘法、非线性回归等。每个统计过程中又允许用户选择不同的方法及参数。SPSS 有专门的绘图系统，可以根据数据绘制各种图形，它的分析结果清晰、直观、易学易用。SPSS 采用类似 Excel 表格的方式输入与管理数据，数据接口较为通用，能方便地从其他数据库中读入数据。

下面将以 SPSS 23 软件作为统计分析工具进行介绍。

▶ 7.2.1　SPSS 的工作界面

1. 窗口与菜单

SPSS 运行时主要使用的窗口（也称编辑器）有 3 个，分别是数据编辑窗口、结果窗口和语法窗口。

（1）数据编辑窗口。数据编辑窗口也称数据编辑器，由两个视图组成，如图 7-7（a）所示。一个是数据视图，专门用于数据的浏览，类似于在 Excel 中打开一个表格。在数据视图中，看到的数据是以二维表的形式显示的，其中行被称为 case，可理解为是一条记录；列被称为 variable，可理解为一个变量。另一个是变量视图，可查看、定义和编辑变量属性。变量视图中的每一行表示变量，每一列表示变量属性。变量属性有 11 个（名称、类型、宽度、小数位数、标签、值、缺失、列、对齐、测量、角色），如图 7-7（b）所示。

(a) 数据视图　　　　　　　　　　　　　　(b) 变量视图

图 7-7　数据编辑器

① 名称：每个变量的名字，不超过 64 个字符。

② 类型：变量的类型，如数字、字符串、日期等。

③ 宽度：变量的位数。

④ 小数位数：变量小数点后可保留的位数。

⑤ 标签：用于解释变量。

⑥ 值：变量的取值范围。

⑦ 缺失：默认情况下可标记为用户遗漏和排除的值。

⑧ 列：可改变数据视图中列的显示宽度。

⑨ 对齐：设置数据视图中列的对齐格式。

⑩ 测量：变量的度量尺度。

⑪ 角色：变量在分析中的角色。

SPSS 的菜单命令可以解决数据分析过程的 4 个步骤。

① "文件" 菜单：可以完成数据收集，从文件中读取数据。

② "数据" 和 "转换" 菜单：可以完成数据整理，对文件进行标准化转换。

③ "分析" 菜单：可以完成数据分析的相关工作。

④ "图形" 菜单：可以完成结果展示，生成报表、图表等。

（2）结果窗口。结果窗口也称输出查看器，由两个窗格组成。右侧窗格显示程序运行的输出信息，可以是图表或文本等，这取决于运行时的选择。左侧窗格是根据右侧的内容形成的一个树形大纲。单击左侧的大纲中的项目，在右侧窗格中可以快速地看到结果。结果窗口还提供了将分析结果输出为适当格式的文档功能。

（3）语法窗口。语法窗口又称语法编辑器。除了能够利用菜单中命令进行数据分析外，还可以使用语法方式。语法是一种基于菜单命令的语言，包括转换（计算、重新编码）和过程（描述符、交叉表）。语法可以通过以下 3 种方式生成：

① 从对话框中粘贴命令；

② 直接输入一组命令；

③ 从日志文件或查看器日志中复制语法。

语法窗口可以对语法程序进行编辑、运行等操作。

2. 度量尺度的表示

SPSS 中对变量的度量尺度分为 3 种：名义变量、定序变量和定比变量。在对话框的变量列表中，都会将指示度量尺度的图标显示在变量名或标签前。表 7-3 显示了用于度量尺度表示的常用图标。

表 7-3　用于度量尺度表示的常用图标

度 量 尺 度	图　　标
名义变量	
定序变量	
定比变量	

【例 7-2】以调查问卷数据 Census. sav 文件为例，用 SPSS 检测变量婚姻状况和幸福感的分布。

操作步骤如下：

（1）启动 SPSS，打开 Census. sav 文件。

（2）选择菜单 "分析" → "描述统计" → "频率" 命令。

（3）打开 "频率" 对话框，将变量 marital 和 happy 放置到左侧的变量列表框中。

（4）单击"统计"按钮，在打开的统计对话框中选择"众数"和"中位数"复选框。

（5）返回"频率"对话框，单击"图表"按钮，在打开的图表对话框中选择"条形图"选项。

（6）在"图标值"处选择"百分比"选项。

运行结果分析：

（1）统计表。统计表如图7-8所示。

图7-8显示了婚姻状况和总体幸福感的有效案例数量是2018个和2015个；缺失值分别是5个和8个。频率最高的类别，分别为1（已婚）和2（相当幸福）。中位数，即分布的中间点（第50百分位），对于这两个变量的值都是2。

统计

		MARITAL STATUS	GENERAL HAPPINESS
个案数	有效	2018	2015
	缺失	5	8
中位数		2.00	2.00
众数		1	2

图7-8　统计表

（2）变量的频率表。以婚姻状况为例，图7-9显示了它的频率和百分比。这张表证实了近一半的受访者结婚了，由于几乎没有关于婚姻状况的缺失数据，所以百分比栏和有效百分比栏中的数值非常相似。

MARITAL STATUS

		频率	百分比	有效百分比	累计百分比
有效	MARRIED	972	48.0	48.2	48.2
	WIDOWED	164	8.1	8.1	56.3
	DIVORCED	281	13.9	13.9	70.2
	SEPARATED	70	3.5	3.5	73.7
	NEVER MARRIED	531	26.2	26.3	100.0
	总计	2018	99.8	100.0	
缺失	NA	5	.2		
总计		2023	100.0		

图7-9　婚姻状况频率表

（3）条形图。图7-10是变量marital和happy分布的条形图。

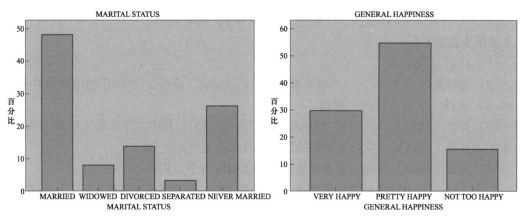

图7-10　变量marital和happy分布的条形图

条形图只是一种表示方式，饼状图对分类变量的分布表示也很清晰。大家可以选择 Census. sav 文件中的变量 Hispanic，自己操作实践。

▶ 7.2.2 数据的导入

导入数据是分析之前需要做的工作，有两种方法：一种是启动 SPSS 后，将文件直接拖动到数据窗口中；另一种是选择菜单"文件"→"导入数据"命令，选择不同类型的文件导入，如图 7-11 所示。另外，对于 SPSS 的数据文件，可以直接双击打开，主要有数据文件（*. sav）、输出结果文件（*. spv）和语法文件（*. sps）3 种文件类型。

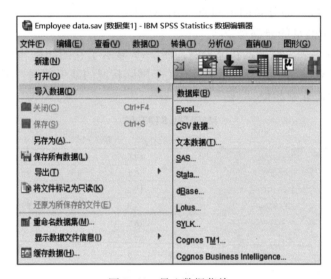

图 7-11　导入数据菜单

当安装完 SPSS 后，会自动在安装目录下放置一个包含许多示例文件的样例包（Samples），以供初学者使用。例 7-2 的 Census. sav 文件就在 Samples 中。

【例 7-3】导入 Excel 文件，文件是 Samples 中的 demo. xlsx。

操作步骤如下：

（1）启动 SPSS。

（2）选择菜单"文件"→"导入数据"→"Excel"命令，在打开的对话框中选择 demo. xlsx 文件，单击"打开"按钮。

（3）打开"读取 Excel 文件"对话框，如图 7-12 所示，其中"工作表"选择了 Sheet 1 的 A1：G201 单元格区域，默认工作表的第一行数据是变量的名称。

（4）单击"确定"按钮，数据就会显示在数据窗口中，如图 7-13 所示。

至此，demo. xlsx 数据就导入完成了。导入数据后，应该浏览数据是否导入正确，如是否包括数值缺失、变量的类型是否正确等。

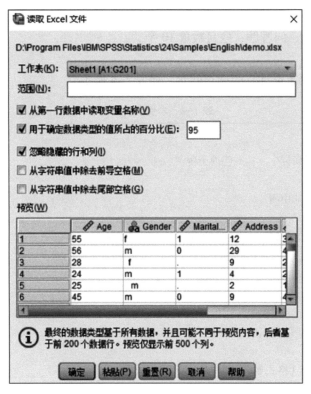

图 7-12 "读取 Excel 文件"对话框

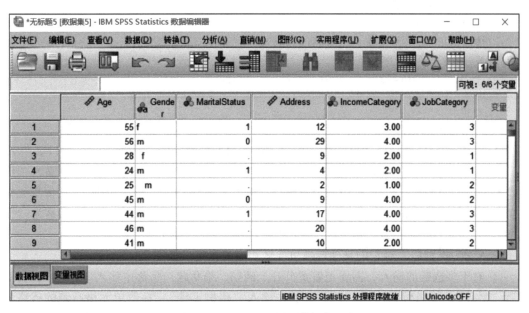

图 7-13 demo.xlsx 导入数据窗口中

【例 7-4】设计一个调查问卷,导入 SPSS 中。问卷内容是学生的饮食习惯;问卷题型包括单选题、多选题、问答题;题目数量 10 个。

操作步骤如下:

(1)根据题目要求设计一个调查问卷,如表 7-4 所示。

表 7-4　学生饮食习惯

---

1. 学生类别(单选)
   □本科生　　　　□研究生　　　　□博士生
2. 国别(单选)
   □中国　　　　□非中国
3. 所在年级(单选)
   □一年级　　　□二年级　　　□三年级　　　□四年级
4. 性别(单选)
   □男　　　　　□女
5. 体重(单选)
   □偏瘦　　　　□正常　　　　□偏胖
6. 大学前主要生活在哪个城市(开放题)

7. 最喜欢的 3 种美食(格式如:陕西-肉夹馍)(开放题)

8. 最喜欢的主食(单选)
   □米　　　　　□面食　　　　□米和面
9. 常去的食堂(多选)
   □梧桐 1 楼　　□梧桐 2 楼　　□梧桐 3 楼自选　　□梧桐 3 楼清真
10. 一日三餐平均价格范围(单选)
    □≤15 元　　　□16~30 元　　□31~50 元　　　□>50 元

---

(2)问卷输入软件中

① 启动 SPSS,新建一个空白数据窗口,进入数据编辑器的"变量视图"窗口。

② 对于单选题目的输入。例如,第 1 题。单击变量视图的第一行,名称中输入"学生类别";类型选择"数字";小数位数选择"0";标签中输入"学生类别";在值单元格右侧的省略号上单击,弹出"值标签"对话框,如图 7-14 所示。值"1"的标签为"本科生",值"2"的标签为"研究生",值"3"的标签为"博士生"。

输入学生类别后,对它的其他属性也要做相应的设定,如图 7-15 所示。

③ 对于多选题的输入,需要把答案分开。例如,第 9 题。名称中输入"B1_1";类型选择"数字";小数位数选择"0";标签中输入"梧桐 1 楼";在值单元格右侧的省略号上单击,在弹出的"值标签"对话框中定义值及其含义,值"0"的标签为"无",值"1"的标签为"有"。其他选项的处理过程同上。多选题输入效果如图 7-16 所示。

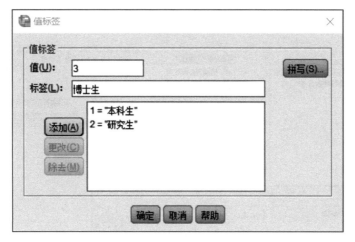

图 7-14 "值标签"对话框

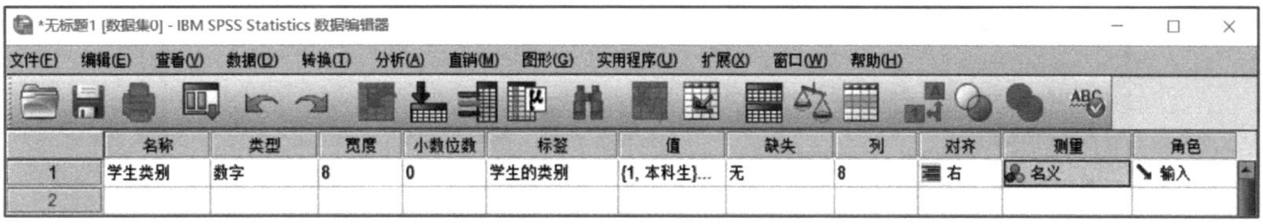

图 7-15 学生类别的输入

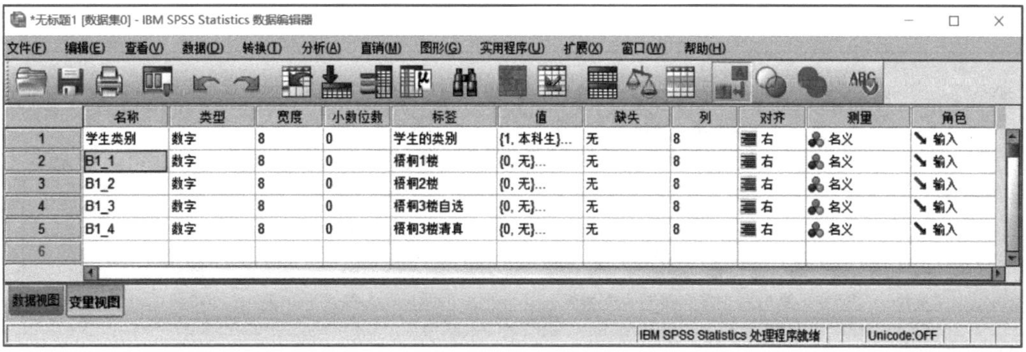

图 7-16 多选题的输入

　　第 9 题的所有选项输入完毕后，选择菜单"分析"→"表"→"多响应集"命令，打开"定义多重响应集"对话框，如图 7-17 所示。其中集合中的变量选择 B1_1~B1_4；变量编码选择"二分法"，计数值为"1"；集合名称输入"B1"；集合标签输入"常去的食堂"。

　　④ 开放题的输入。例如，第 6 题。选中变量视图中的一行，在名称中输入"生活省份"；类型选择"字符串"；宽度输入"30"；标签中输入"大学前主要生活在哪个城市"。如图 7-18 所示。

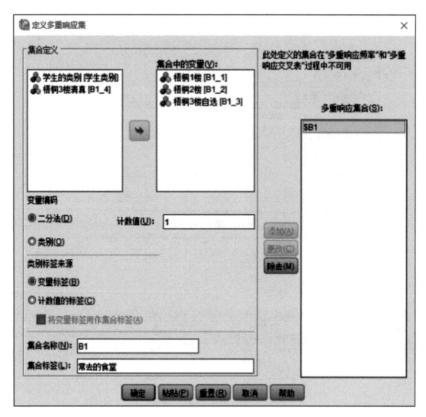

图 7-17 “定义多重响应集”对话框

	名称	类型	宽度	小...	标签	值	缺失	列	对齐	测量
1	学生类别	数字	8	0	学生的类别	{1, 本科生}...	无	8	右	名义
2	B1_1	数字	8	0	梧桐1楼	{0, 无}...	无	8	右	名义
3	B1_2	数字	8	0	梧桐2楼	{0, 无}...	无	8	右	名义
4	B1_3	数字	8	0	梧桐3楼自选	{0, 无}...	无	8	右	名义
5	B1_4	数字	8	0	梧桐3楼清真	{0, 无}...	无	8	右	名义
6	生活省份	字符串	30	0	大学前主要生活在哪个城市	无	无	8	右	名义

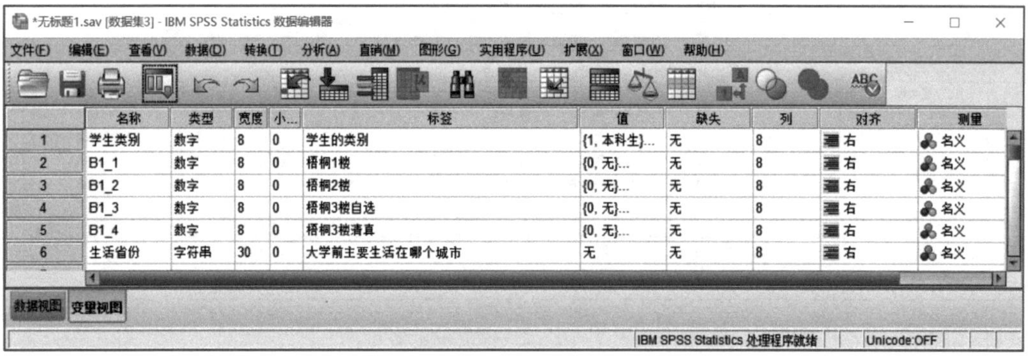

图 7-18 开放题的输入

按照上面的步骤，对问卷中的 10 道题进行输入制表，生成 sav 文件保存。图 7-19 是在数据视图中显示的问卷调查的数据。

对于输入的表，可以通过统计方法检查输入过程中是否有遗漏，筛查的方法是选择菜单“分析”→“频率”命令。对多重响应集的检查可以选择菜单“分析”→“多重响应”→“频率”命令。图 7-20 是数据检查结果，可以看到数据输入并没有记录的缺失。

图 7-19　调查问卷的数据

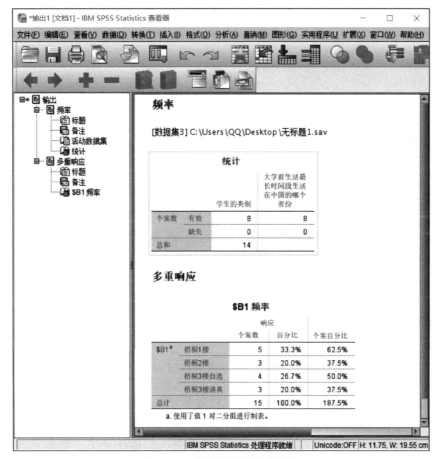

图 7-20　输入数据的检查结果

▶ 7.2.3 数据的预处理

正如之前介绍的，数据在进入数据分析之前可能会有噪声、异常点等问题，或者根据数据分析的目标，需要重新进行数据的筛选、生成、整合等。在 SPSS 中，数据的行和列的处理都放在数据（Data）和转换（Transform）菜单下。

1. 对记录的操作

（1）识别重复记录。在处理新数据文件时，一个常见任务是从文件中识别和删除重复的记录。有时，重复的情况是必要的，比如记录客户的多次购买。但在其他情况下，重复的记录可能是错误的，比如由于数据的重新输入或合并的多个数据库，导致记录的重复。

SPSS 可通过菜单"数据"→"标识重复个案"命令来识别重复记录。在识别重复个案的过程中，向数据文件中添加一个新变量，以确定记录在匹配变量上是否具有唯一值，或者是否为重复变量。新变量是一个二值变量（0 和 1），1 表示该记录是非重复的（或称主个案）；0 表示该记录是重复的（或称重复个案）。

在输出结果窗口中会显示主个案和重复个案的频率，如图 7-21 所示。

每个作为主个案的最后一个匹配个案的指示符

		频率	百分比	有效百分比	累计百分比
有效	重复个案	15	.0	.0	.0
	主个案	31769	100.0	100.0	100.0
	总计	31784	100.0	100.0	

图 7-21　主个案与重复个案的频率

在数据编辑器中会新生成一列，标识了主个案和重复个案，如图 7-22 所示。

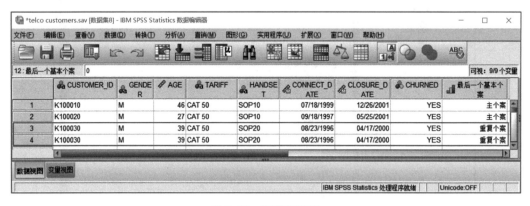

图 7-22　新增标识列

（2）过滤/删除记录。很多时候，分析只针对部分数据而不是全部数据，SPSS 也可以保留选择的个案，过滤掉未选中的个案。在调用过滤时，所有情况都保留在数据编辑器中，运行统计或图形化过程时，只使用符合条件的情况。选择菜单"数据"→"选择个案"命令，弹出如图 7-23 所示的"选择个案"对话框。

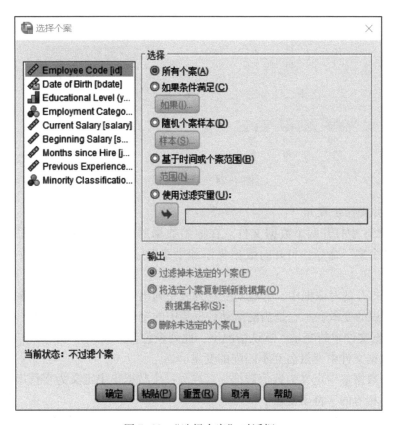

图 7-23 "选择个案"对话框

在"选择"组内，提供了以下 5 种数据筛选的方法。

① 所有个案：表示分析所有记录。

② 如果条件满足：表示只分析满足条件的记录。

③ 随机个案样本：表示按照比例抽取记录。

④ 基于时间或个案范围：表示基于时间或记录序号来选择记录。

⑤ 使用过滤变量：使用筛选指示变量来选择记录，必须在下面的文本框中选择一个筛选指示变量，该变量取值为非 0 的记录将被选中。

在"输出"组内，对过滤出的数据提供了以下 3 种处理方式。

① 过滤掉未选定的个案：在数据编辑器中，在未选中的个案前标记斜线"/"。

② 将选定个案复制到新数据集：将选定的个案显示在一个新的数据编辑器中。

③ 删除未选定的个案：直接删除未选中的个案。

（3）记录的合并。在数据处理阶段，有时需要合并来自多个数据文件的信息。比如，需要统计某专业大一学生第一学年的考试成绩。为此，必须将一个文件的记录添加到另一个文件的记录中。如果变量完全匹配——相同的名称和格式，例如同专业不同班级的考试科目一般是相同的，那么就要进行合并操作，如图 7-24 所示，就可以用记录的合并功能。如果记录中添加新的科目或是少了某些科目，也可以用此功能，只是情况略微复杂。

id	age	sex
1	33	M
2	18	M
3	45	F

+

id	age	sex
10	54	M
11	70	F

=

id	age	sex
1	33	M
2	18	M
3	45	F
10	54	M
11	70	F

图 7-24　记录的合并

记录的合并操作步骤如下：

（1）在 SPSS 中打开两个数据文件。在原始数据的菜单中选择“数据”→“合并文件”→“添加个案”命令，打开向数据集添加个案对话框。然后选中新数据集名，单击继续按钮。

（2）在新打开的对话框中，非成对变量列表中列出了新合并数据中排除的变量，使用星号（*）标识的变量表示它是当前活动数据集中的变量，使用加号（+）标识的变量表示它是外部数据文件中的变量。默认情况下，此列表包含：

① 两个数据文件中变量名互不匹配的变量。

② 在一个数据集中定义为数值数据，而在另一个数据集中定义为字符串数据的变量。

③ 宽度不相等的字符串变量。

“新的活动数据集中的变量”列表，显示了包含在新的合并数据集中的变量。“指示个案源变量”选项可以在合并后的数据集中新建一个变量，标识个案的数据来源。如图 7-25 所示，原始数据集名 female，新数据集名 male。因为 filter_$变量只存在新数据集中，它被列在了非成对变量列表中。

当要合并的两个数据集中的变量不匹配时，合并过程如图 7-26 所示。

2. 对变量的操作

（1）计算。数据整理阶段的一个常用需求，是通过数学表达式把一个或多个现有变量组合计算，创建一个新变量。例如，原始数据是某班每位同学每个科目的考试成绩，使用变量计算才可以得到用一个变量表示学生的总成绩。又如，原始数据中的日期是一个年月日的值，而在后续的分析中只需要提取日期数据的一部分，比如月份，也需要转换。这些数据的转换工作可以通过“转换”菜单下的计算变量来完成。

计算变量是指通过一个或多个现有变量或数值，构造简单或复杂的表达式。该表达式可以应用于文件中的所有个案，也可以只应用于一部分个案（例如，女性）。下面介绍计算变量的 3 种用法。

① 利用表达式生成一个新变量。首先，可以使用数字表达式创建变量。例如，Employee. sav 文件是一份企业内员工个人信息的数据表，其中有变量工资（salary）和起薪（salbegin），想生成一个变量表示工资的增长率（SalaryRiseRate），表达式为

$$SalaryRiseRate=(salary-salbegin)/salbegin$$

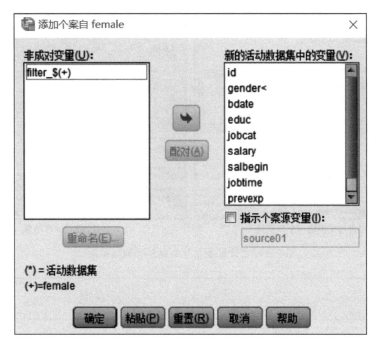

图 7-25　添加个案窗口

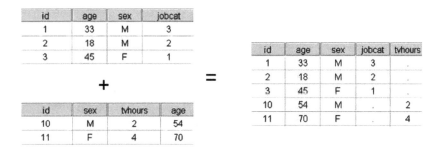

图 7-26　变量不匹配的变量合并

图 7-27（a）是"计算变量"对话框，在"数字表达式"框中输入表达式，"目标变量"框中输入新变量名，单击"确定"按钮。图 7-27（b）是计算结果在数据编辑器中的显示。

②用公式生成新变量。在"计算变量"对话框中，有一个"函数组"列表，其中提供了 70 余种系统函数。根据函数功能和处理对象的不同，可以分为算术函数、统计函数、分布函数、逻辑函数、字符串函数、日期时间函数、缺失值函数和其他函数八大类。

例如，在 Employee. sav 数据文件中，有一列表示出生年月日的日期类型的变量 bdate，假设"为了给同月份的人庆祝生日，需要知道每个人的出生月份"，就可以使用日期时间函数中的日期提取函数 Xdata. Month 完成。操作对话框如图 7-28 所示。

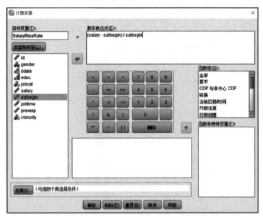

| (a) 用表达式生成一个新变量 | (b) 显示计算结果 |

图 7-27 "计算变量"对话框和显示结果

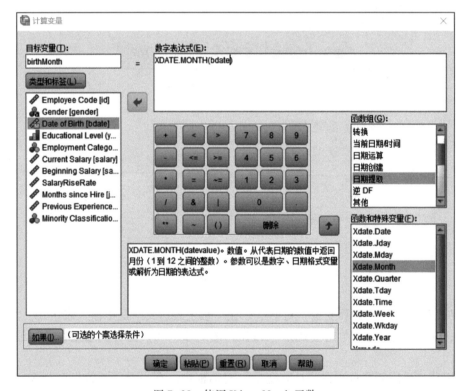

图 7-28 使用 Xdate. Month 函数

③ 条件计算。当只需要针对部分行进行计算时，就要用到条件计算对话框。例如，假设要计算一个可变税，计算方法是：年收入不超过 5 万元的，税是收入的 10%；年收入大于 5 万元的，税由两部分组成，一部分是不超过 5 万元的 10%，另一部分是超过 5 万元的 15%。用编程语句描述为

$$\text{if } salary <= 50000 \ Tax = salary * 0.10$$

$$\text{if } salary > 50000 \quad Tax = 5000 + (salary - 50000) * 0.15$$

在"计算变量"对话框的左下角，有一个"如果"按钮，单击该按钮后，会弹出"计算变量：if个案"对话框，在该对话框中输入选择记录的相应条件即可。

（2）分箱。分箱操作多用于把一个连续型的变量进行分组。例如，在预测员工个人绩效时，将会考虑变量分箱。工资原本是一个连续型的变量，但是考虑到其金额的高低差异，可能会对目标有更显著影响，因此，需要把它转换为一个具有3个等级的新变量。

"转换"菜单下有两种分箱操作：可视分箱（visual binning）和优化分箱（optimal binning）。通过"转换"菜单进行分箱操作时，最大的特点是提供了可视化的互动窗口。

【例7-5】将 Employee.sav 文件中员工的工资（salary）做分箱操作。

操作步骤如下：

① 启动 SPSS，选择菜单"转换"→"可视分箱"命令，打开"可视分箱"对话框。

② 选中 salary 变量，将其加入分箱化变量中。

③ 单击继续按钮，为新的分箱化变量定义名称和标签，如图7-29所示。

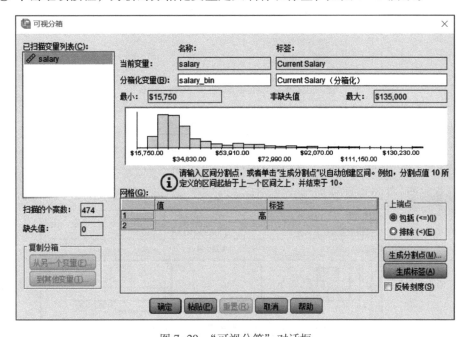

图7-29 "可视分箱"对话框

④ 单击"生成分割点"按钮，弹出"生成分割点"对话框（图7-30）。此处提供了3种不同的划分数据的方式。第一种方式是等宽区间：可指定起始点和分割点位置，分割点数和宽度。第二种方式是基于所扫描个案的相等百分位数：给出分割点数，宽度自动给出。比如分割点数置为1，宽度自动显示为50%。第三种方式是基于所扫描个案的平均值和选定标准差处的分割点：可选择1~3倍标准差区间分割。选择一种方式后，单击"应用"按钮。

⑤ 回到"可视分箱"对话框，可以在黄色数据分布直方图中看到分割点的具体位置；还可以用鼠标拖动分割线来重新分隔（图7-31）。单击"生成标签"按钮，可以自动地为

每个分类生成标签。

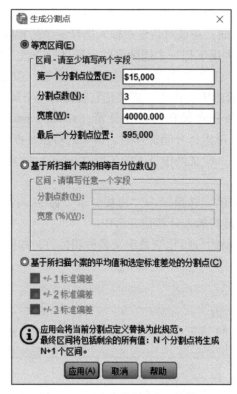

图 7-30　"生成分割点"对话框

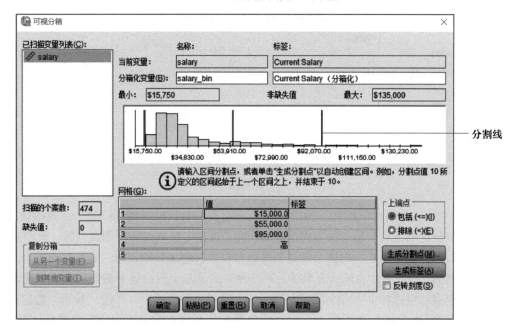

图 7-31　分割线

⑥ 单击"确定"按钮，在数据编辑器中会生成一个新的被分箱过的变量 salary_bin。

（3）重新编码。有时，对于分类变量可能需要将分类值重新划分成新的类别。例如，将 5 个幸福感状况类别（非常快乐、快乐、正常、不快乐、抑郁）分解为两个类别（抑郁、非抑郁）。"转换"菜单中的"重新编码"命令可以完成这样的任务。可以选择重新编码到相同的变量中，这样会改变现有原变量的值；也可以选择重新编码到不同的变量中，创建具有新类别的新变量，并保持现有原变量不变。前者最为常用，但后者在清理数据时很实用。下面只介绍重新编码为不同变量。

【例 7-6】将 Employee. sav 文件中的变量职业的三类：经理（Manager）、办事员（Clerical）、保管员（Custodial），重新划分为两类：经理（manager）和员工（staff）。

操作步骤如下：

① 启动 SPSS，选择菜单"分析"→"转换"→"重新编码为不同变量"命令。

② 选中变量"jobcat"，单击右箭头按钮。

③ 在"输出变量"组的"名称"中输入"jobcatnew"，表示新变量的名字。"标签"是对新变量的解释，可选填。

④ 单击"变化量"按钮，在"数字变量→输出变量"框中显示"jobcat→jobcatnew"（表示根据旧变量产生新变量），如图 7-32（a）所示。

⑤ 单击"旧值和新值"按钮，弹出"重新编码为不同变量：旧值和新值"对话框。旧值组中提供了旧值的取值和范围，"新值"组中提供了新值的取值方法，如图 7-32（b）所示。

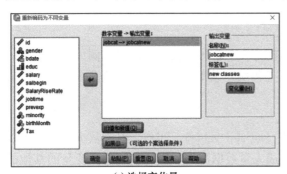
(a) 选择变化量

(b)"旧值和新值"对话框

图 7-32　重新编码为不同变量

⑥ 单击"继续"按钮，返回"重新编码为不同变量"对话框，单击"确定"按钮，在新的数据集中就有一个新的、有二分类的变量 jobcatnew。

⑦ 在"值标签"对话框中，值 1 对应标签"manager"，值 2 对应标签"staff"，单击"确定"按钮，如图 7-33 所示。

操作完成后，可以验证操作是否正确，下面选用描述性统计方法来验证重新编码的正确性（方法不唯一）。

操作步骤如下：

① 选择菜单"分析"→"报告"→"代码本"命令。

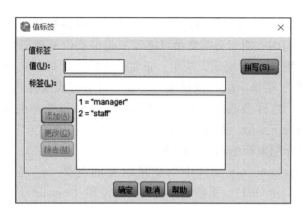

图7-33 设置新变量的值标签

② 在打开的对话框中将变量 jobcat、jobcatnew 添加到代码本变量列表框中。

③ 选中输出分页栏,在变量信息组中只选中测量级别;在文件信息组中选中个案数和标签。

④ 选中统计分页栏,只选中计数一种统计量。

⑤ 单击"确定"按钮。

⑥ 进入数据编辑器的变量视图中,双击 jobcatnew 行和值列对应的单元格。

运行结果如图7-34所示。其中有3张表:第一张表显示了两个变量具有相同的个案数(474);后两张表通过值和计数对比可以看到,jobcatnew 将 jobcat 中的2类(363个)和3类(27个)合并为一类 staff(390个)。

自动重新编码功能可将变量不重复的值作为一个新的分类自动编码。例如,将省份的字符串变量对应成数字变量时,就可以使用"转换"菜单的自动重新编码命令,该功能常用于为字符串变量自动创建数字变量。

(4)缺失值替换

数据中还有一个常见的问题就是缺失值(missing value)。当然,对于数据缺失,可以选择直接删除该条记录,但这种方式容易造成大量数据流失,因为被删除的变量的其他的信息可能更有价值。在 SPSS 中提供了缺失值的处理方法,可选择菜单"转换"→"替换缺失值"命令,打开"替换缺失值"对话框,如图7-35所示。

在对话框的"方法"列表中,提供了以下5个选项。

① 序列平均值:使用整个序列的平均值替换缺失值。

② 临近点的平均值:使用有效周围值的平均值替换缺失值。临近点的跨度为缺失值上下用于计算平均值的有效值个数。

③ 临近点的中间值:使用有效周围值的中间值替换缺失值。临近点的跨度为缺失值上下用于计算中间值的有效值个数。

④ 线性插值:使用线性插值替换缺失值。缺失值之前的最后一个有效值和之后的第一个有效值用来作为插值。如果序列中的第一个或最后一个个案具有缺失值,则不必替换。

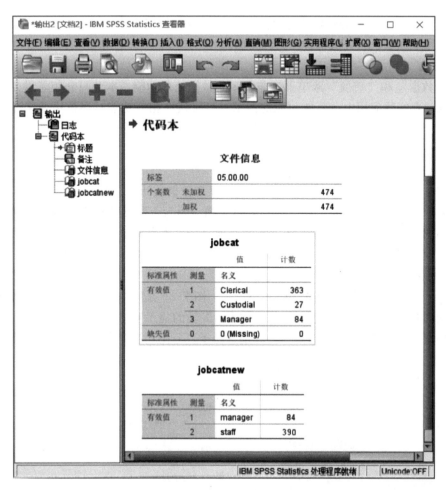

图 7-34 运行结果

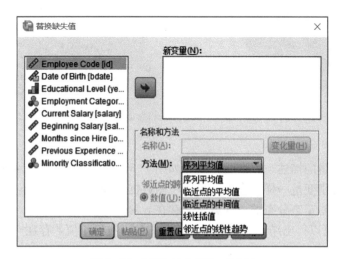

图 7-35 "替换缺失值"对话框

⑤ 邻近点的线性趋势：使用邻近点的线性趋势替换缺失值。现有序列在标度为 $1 \sim n$ 的索引变量上回归，缺失值将替换为预测值。

3. 总结

在"数据"和"转换"菜单下有非常多的数据处理功能，本节只介绍了常用的几种。初学者如果在实际应用中有其他功能的需求，可直接在相应功能对话框中单击帮助按钮，就可以链接到官方帮助文档，里面有每个选项的功能描述。

▶ 7.2.4 结果展示

能够正确、清晰、清楚地反映数据间的关系和数据统计的指标，是结果展示最基本的要求。展示数据分析结果的主要方式有表格和图。因为色彩和图对人的视觉的冲击更大，能够借助图形化的手段表示的结果，更容易被接受。本节将介绍常用的一些数据可视化图形。

1. 饼图和条形图

对于分类变量的描述，首选饼图和条形图。图 7-36 是用构建器生成的饼图和条形图。在构造图形时，可以直接把变量拖到 X 轴上，Y 轴的显示有多种统计量可选择，如中位数、平均数、累计百分比等。图 7-36 分别选择了百分比和计数作为 Y 轴的统计量。

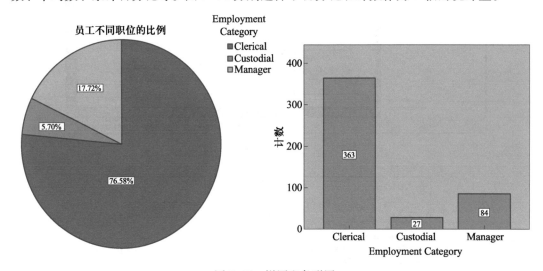

图 7-36　饼图和条形图

2. 直方图

对于连续型变量的描述，首选直方图，如图 7-37 所示。直方图显示比例变量的分布，就像条形图显示类别变量一样。直方图可以检测数据的分布是对称的还是倾斜的，比如大致能看出数据是否是正态分布的，或者是否存在异常值等。

从图 7-37 中可以得出结论，变量是左偏分布的，有极小值的存在（年龄大的人）。

3. 散点图

散点图直观地展示了两个连续型变量之间的关系，它用点的密集程度和趋势表示两个变量之间的相关关系与变化趋势。

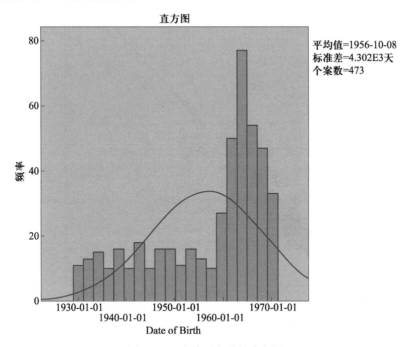

图 7-37　连续型变量的直方图

　　例如散点图 7-38，显示了 Current Salary 和 Beginning Salary 之间的关系。这种关系是线性的，且正向相关。给散点图添加一条拟合线，离拟合线较远的点，可以疑似是离群点，可以考虑其产生的原因。

　　4. 箱图

　　箱图显示 5 个统计量（最小值、第一个四分位、中位数、第三个四分位和最大值），该图对于显示刻度变量的分布情况，以及确定离群值的位置非常有用。

　　例如，图 7-39 是变量 Current Salary 的箱图。Y 轴表示金额（单位：美元）。箱内的实线表示中位数或第 50 百分位数。盒子的顶部和底部对应工作小时数的第 75% 和第 25% 百分位数，从而确定了四分位数范围。也就是说，中间 50% 的数据值属于方框内。从盒子的顶部和底部延伸的垂直线的顶端和底端分别是盒子长度的 1.5 倍距离处，即超过 1.5 倍箱子长度的数据点视为离群值，这些点用圆标出来。距离超过 3 个盒子长度的点被认为是"远"的点，并用星号标记。

　　5. 绘制图形

　　在 SPSS 中绘图的方法有两种：第一种方法是选择菜单"图形"→"图表构建器"命令，打开如图 7-40 所示的"图表构建器"对话框。"图库"选项卡中提供了多种图形。每选中一个分类，比如条形图，在右侧就会出现多种条形图的样式，光标悬浮在图形上，还会有每种条形图的名字。对于选中的图形，直接拖至指定区域，然后再根据区域内提示，把需要的变量拖至相应部位。

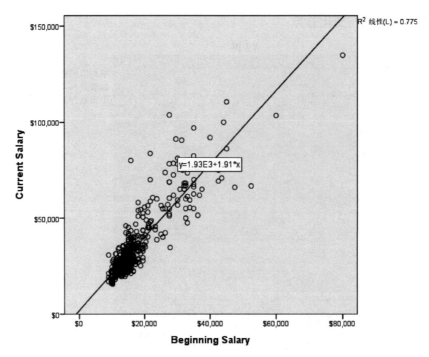

图 7-38 Beginning Salary 和 Current Salary 的散点图

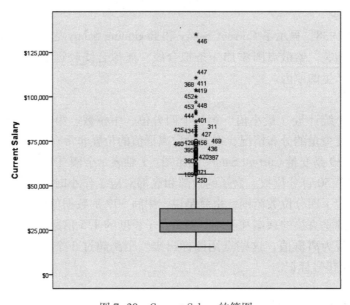

图 7-39 Current Salary 的箱图

第二种方法是通过分析菜单，有些分析算法为了更好地描述分析过程，提供了部分图表显示功能，只需要勾选即可。如图 7-41 所示，只要在"频率：图表"对话框中选择"直方图"单选按钮即可。

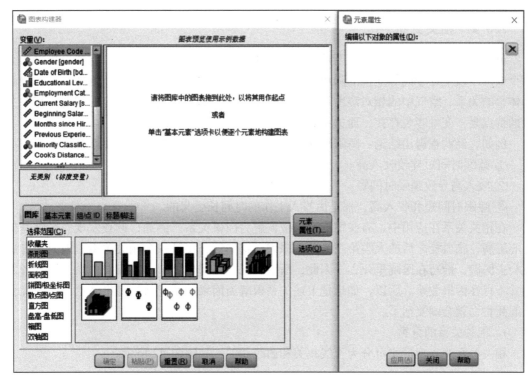

图 7-40 "图表构建器"对话框

图 7-41 "频率：图表"对话框

▶▶ 7.3 数据分析方法

数据分析方法的分类方式有很多种，本节将介绍 4 种最常用的数据分析方法。

▶ 7.3.1 相关分析

讨论变量之间的关系，最主要的有两个方法：相关分析和回归分析。相关分析是研究两个或两个以上处于同等地位的随机变量间的相关关系的统计分析方法。例如，人的身高和体重的关系、空气中的相对湿度与降雨量之间的关系都是相关分析研究的问题。相关关系的特点是：变量客观存在，而关系是不确定、非严格地相互依存的。

例如，经调查得出结论：睡眠时间越短的人，收入越高，有以下 3 种可能性。

① 睡眠时间短导致收入高。

② 收入高导致睡眠时间短。

③ 睡眠时间短和收入高，都是由投入工作的时间长引起的。

在相关关系在应用中，有些情况容易被误解为因果关系。例如，调查发现，医院是排在心脏病、脑血栓之后的人类第三大死亡原因。这句话其实是一个相关关系，因为人有病就会去医院，恰巧在医院里死亡，因此，医院和死亡之间建立了一种相关关系，但二者之间并不存在因果关系。所以，如果把上述关系误解为因果关系，从而得出结论：去医院会引起死亡，就会闹笑话了。

1. 相关关系的分类

相关关系的表现形式可分为直线相关和曲线相关，如图 7-42 所示。

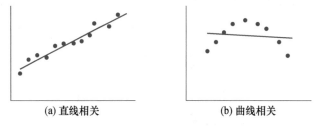

(a) 直线相关   (b) 曲线相关

图 7-42　相关关系的表现形式

相关关系的方向可分为正相关和负相关，如图 7-43 所示。正相关意味着两个变量都在同一方向上移动；负相关意味着当一个变量值增加时，另一个变量的值就会减少。

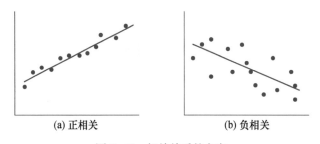

(a) 正相关   (b) 负相关

图 7-43　相关关系的方向

相关关系的程度可分为不相关、强相关和弱相关，如图 7-44 所示。

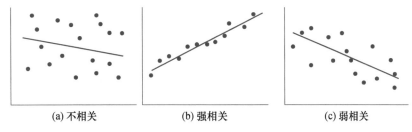

图 7-44　相关关系的程度

2. 相关系数

相关系数是一个衡量变量之间是否相关、相关程度如何的指标，它有多种分类，最常用的有 3 种：皮尔逊（Pearson）相关系数、斯皮尔曼（Spearman）相关系数和肯德尔（Kendall）相关系数。

皮尔逊相关系数是最常用的相关系数，又称积差相关系数，取值为 $-1 \sim 1$，绝对值越大，说明相关性越强。该系数的计算和检验为参数方法，适合连续变量的相关性分析。当两个连续变量间呈线性相关时，使用皮尔逊相关系数来衡量两个数据集合是否在一条线上，非常适合衡量定距变量间的线性关系。

斯皮尔曼相关系数又称秩相关系数，是利用两个变量的秩次[①]大小做线性相关分析，对原始变量的分布不要求，属于非参数统计方法，适用范围广。斯皮尔曼等级相关是根据等级资料研究两个变量间相关关系的方法。它是依据两列成对等级的各对等级数之差来进行计算的，所以又称为等级差数法。不论两个变量的总体分布形态、样本容量的大小如何，都可以用斯皮尔曼等级相关来进行研究。

肯德尔相关系数是用于反映分类变量相关性的指标，适用于两个分类变量均为有序分类的情况。在分析中引入了"一致对"的概念，借助"一致对"在"总对数"中的比例来分析相关性水平。肯德尔相关实质上是基于查看序列中有多少个顺序一致的一致对，来判断数据的相关性水平。当变量的分布既不满足正态分布，又不是等间距的定距数据，而是不明分布的定序数据时，可采用此方法。

【例 7-7】Census. sav 是一个人口普查数据文件。数据中含有母亲的教育程度（maeduc）、父亲的教育程度（paeduc），以及被调查者的教育程度（educ）。通过相关分析，检测人们是否会与教育程度相近的人结婚，以及孩子们的受教育程度是否与父母相似。

操作步骤如下：

（1）启动 SPSS，选择菜单"分析"→"相关"→"双变量"命令，打开"双变量相关性"对话框，如图 7-45 所示。

（2）选择变量 maeduc、paeduc 和 educ，单击右箭头按钮，将它们添加到"变量"列表中。

（3）"相关系数"选中"皮尔逊"。

---

① 两个变量 (X, Y) 进行排序，排序后的位置 (X', Y') 称为 (X, Y) 的秩次。

图 7-45　"双变量相关性"对话框

（4）单击"确定"按钮。

皮尔逊相关系数表中的参数特点如下：

① 相关系数的取值范围从+1 到-1。离 0 越远，关系越强。

② 尾显著性水平，检验原假设在人群中相关性为 0；所有显著性水平小于 0.05 的相关性都被认为具有统计学意义，并且在系数旁有一个星号。

③ N 是样本容量。

④ 主对角线上的相关性总是 1，因为这些表示每个变量与自身的相关性。

⑤ 相关矩阵是对称的，因此，在主对角线上下表示相同的信息。

运行结果如图 7-46 所示。

相关性

		HIGHEST YEAR SCHOOL COMPLETED, MOTHER	HIGHEST YEAR SCHOOL COMPLETED, FATHER	HIGHEST YEAR OF SCHOOL COMPLETED
HIGHEST YEAR SCHOOL COMPLETED, MOTHER	皮尔逊相关性	1	.679**	.445**
	显著性（双尾）		.000	.000
	个案数	1780	1397	1777
HIGHEST YEAR SCHOOL COMPLETED, FATHER	皮尔逊相关性	.679**	1	.481**
	显著性（双尾）	.000		.000
	个案数	1397	1487	1485
HIGHEST YEAR OF SCHOOL COMPLETED	皮尔逊相关性	.445**	.481**	1
	显著性（双尾）	.000	.000	
	个案数	1777	1485	2018

**. 在 0.01 级别（双尾），相关性显著。

图 7-46　运行结果

本例可以得到这样的结论：3 种受教育程度的相关性紧密程度都是中等到高，并且是正向相关的。受过高等教育的夫妇倾向于结婚，因此有一个积极的线性关系（r=.68）。调查对象的受教育程度与其父亲（r=.48）和母亲（r=.44）的受教育程度相似。

注意：如果第（4）步单击"粘贴"按钮，会弹出语法编辑器窗口，如图 7-47 所示。该窗口的语法记录了相关分析的所有界面选项。第 2 行描述了现在的活动数据集是数据集 9（当有多个数据集同时打开时，DATASET ACTIVATE 用来指示当前被执行分析操作是哪一个数据集）；第 3 行 CORRELATIONS 分析方法是相关分析；第 4 行指明了变量列表中的变量有 maeduc、paeduc、educ；第 5 行表示相关系数方法和显著性检验；第 6 行表示对缺失值的处理方式是成对排除 PAIRWISE 的。

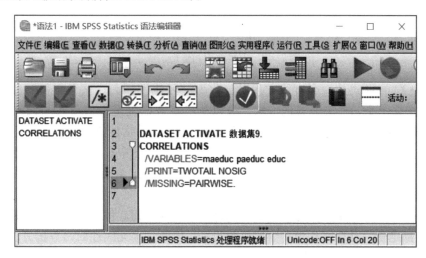

图 7-47 "语法编辑器"窗口

▶ **7.3.2 回归**

回归分析是以找出变量之间的函数关系为主要目的的统计分析方法。它与相关关系不同的是，回归分析是一种能够以数学表达式来表示的确定性关系。在回归分析中，因变量（dependent variable）随自变量（independent variable）的变化而变化，回归分析就是要研究自变量和因变量之间的这种变化在数量上的关系，确定一个数学表达式，以便从一个已知量来推测另一个未知量。例如，分析投资对国家经济增长的拉动作用、分析利率及消费者物价指数（CPI）的变动和存款金额的依存关系等。

按照变量之间的依存关系分，回归可分为线性回归和非线性回归；按照自变量个数的多少分，回归又可分为一元回归和多元回归。

本节将介绍回归分析中最基础、最简单的线性回归模型分析的过程，以及它在 SPSS 中的实现。线性回归可分为一元线性回归和多元线性回归。

只涉及两个变量的称为一元线性回归。一元线性回归的主要任务是用一个变量去估计另一个变量，被估计的变量称为因变量，可设为 Y；用于估计的变量称为自变量，设为 X。

回归分析就是要找出一个数学模型 $Y=f(X)$，使得从 X 估计 Y 可以用一个函数式表示。例如图 7-48，表示土地面积和价格的关系，就可以用一种线性关系表示。

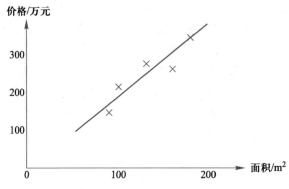

图 7-48　土地面积和价格的关系

当 $Y=f(X)$ 的形式是一个直线方程时，称为一元线性回归。这个方程一般可表示为 $Y=A+BX$。根据最小二乘法或其他方法，可以从样本数据确定常数项 A 与回归系数 B 的值。A、B 确定后，有一个 X 的观测值，就可得到一个 Y 的估计值。

回归方程的效果越好，回归直线的拟合越好。如果从图中观察，样本点都集中在回归直线附近，越接近直线，拟合效果越好。统计上使用判定系数 R^2 来表示，取值范围为 $[0,1]$，越接近 1 回归方程拟合得越好。

研究一个变量和多个变量之间的关系称为多元线性回归。例如，某产品的销售额和广告投入、产品定价、社会平均消费情况等的关系。因此，多元线性回归分析方法的掌握是必要的。

【例 7-8】某企业人力资源部门想调查员工的工资和员工的性别、受教育程度、起薪、职业类别等因素的关系，以此为依据在企业招聘时投放更吸引应聘者的广告。数据来自样本文件夹（Samples）中的 Employee. sav 文件。

操作步骤如下：

（1）在 SPSS 中打开数据文件 Employee. sav，选择菜单"分析"→"回归"→"线性"命令。

（2）打开"线性回归"对话框，将变量 salary 设置为因变量，将其他变量（除 id 和 bdate 外）放入自变量列表，如图 7-49 所示。

（3）单击"统计"按钮，打开"线性回归：统计"对话框，设置统计量如图 7-50 所示。

（4）回到"线性回归"对话框，单击"确定"按钮。

运行结果如下：

① 输入/除去的变量如图 7-51（a）所示，在变量表中，给出了变量的引入和筛选过程。模型摘要如图 7-51（b）所示，给出了模型的拟合情况，从中看出，模型的"调整后 R 方"是 0.841。

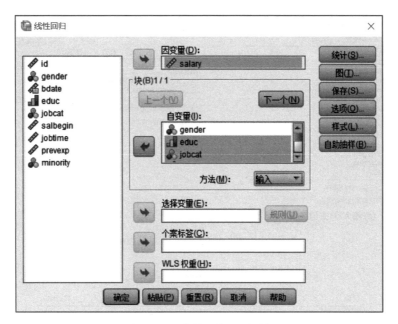

图 7-49 "线性回归"对话框

图 7-50 "线性回归：统计"对话框

② 方差分析表 ANOVA 如图 7-52 所示。此表检验自变量和因变量之间的线性关系是否显著，是否可以用线性模型来表示。从 ANOVA 中可看出，显著性值是 0，远小于显著性水平 0.01，说明自变量和因变量之间的线性关系显著。

③ 根据回归系数表，如图 7-53 所示，得到回归方程

salary = 2 139. 926×Gender+470. 052×years+5 760. 342×jobcat+1. 32×salbegin+149. 983× jobtime−20. 95×prevexp−987. 396×minority−13 610. 924

输入/除去的变量^a

模型	输入的变量	除去的变量	方法
1	Minority Classification, Months since Hire, Gender, Previous Experience (months), Employment Category, Educational Level (years), Beginning Salary^b	.	输入

a. 因变量: Current Salary

b. 已输入所请求的所有变量。

(a) 输入/除去的变量

模型摘要^b

模型	R	R 方	调整后 R 方	标准估算的误差
1	.918^a	.844	.841	$6,804.822

a. 预测变量: (常量), Minority Classification, Months since Hire, Gender, Previous Experience (months), Employment Category, Educational Level (years), Beginning Salary

b. 因变量: Current Salary

(b) 模型摘要

图 7-51　输入/除去的变量和模型摘要

ANOVA^a

模型		平方和	自由度	均方	F	显著性
1	回归	1.163E+11	7	1.662E+10	358.914	.000^b
	残差	2.158E+10	466	46305603.22		
	总计	1.379E+11	473			

a. 因变量: Current Salary

b. 预测变量: (常量), Minority Classification, Months since Hire, Gender, Previous Experience (months), Employment Category, Educational Level (years), Beginning Salary

图 7-52　方差分析表 ANOVA

系数^a

模型		未标准化系数		标准化系数	t	显著性
		B	标准误差	Beta		
1	(常量)	-13610.924	3007.164		-4.526	.000
	Gender	2139.926	735.594	.062	2.909	.004
	Educational Level (years)	470.052	153.567	.079	3.061	.002
	Employment Category	5760.342	621.451	.261	9.269	.000
	Beginning Salary	1.320	.070	.608	18.821	.000
	Months since Hire	149.983	31.327	.088	4.788	.000
	Previous Experience (months)	-20.950	3.321	-.128	-6.308	.000
	Minority Classification	-987.396	784.185	-.024	-1.259	.209

a. 因变量: Current Salary

图 7-53　回归系数表

分析以上的回归方程，不难发现一些问题：

① Minority 的显著性检验提示它不能显著地表示因变量（因为显著性值 0.209 > 0.05），需要考虑剔除该变量作为因变量重新建立回归方程，或者在回归方法中选择逐步回归，并自动选择合适变量建立方程。

② 变量 prevexp（之前工作经验）和 salary 的关系是负向的，即工作经验越长，工资越低，这和现实情况不符。此问题发生的可能原因是变量之间的共线性，或者变量在进入模型前需要标准化。

▶ 7.3.3 分类

分类就是利用分类算法从数据集中提取描述数据类的函数或模型，并把数据集中的每个对象归结到某个已知的类别中。用于建模的数据对象已经有类标识，通过学习可以形成表达数据对象与类标识间对应的知识。分类的结果就是根据样本数据形成的类知识，对新的数据进行分类，即预测未来数据的归类。分类具有广泛的应用，例如医疗诊断、信用卡的信用分级、图像模式识别、营销用户画像等。本节将介绍一种简单的分类方法——决策树。

决策树（decision tree）是附加概率结果的一个树状的决策图，是直观运用统计概率分析图法的一种预测模型。它表示对象属性和对象值之间的一种映射，树中的每一个节点表示对象属性的判断条件，其分支表示符合节点条件的对象。树的叶子节点表示对象所属的预测结果。决策树一般分为两大类型：

① 分类决策树主要用于对离散型变量（名义变量、定序变量）的分类；
② 回归决策树主要用于对连续型变量的预测。

在金融领域中，无论是投资理财还是借贷放款，风险控制永远是业务的核心基础。例如，如何能够把钱借给需要的人，而且还能保证钱可以还回来，早期的风险评估大多基于贷款员的经验。数据分析在金融领域的应用之一，就是能够进行风险评估。图 7-54 是根据借款人信息构建的一棵分类决策树模型。贷款用户主要具备 3 个属性：是否拥有房产，是否结婚，月收入。每一个内部节点都表示一个属性的条件判断，叶子节点表示贷款用户是否具有偿还能力。例如，新申请贷款的用户甲没有房产，没有结婚，月收入 5 000 元。如果通过决策树模型判断，用户甲具备偿还贷款能力。

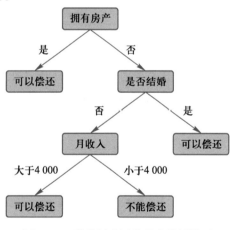

图 7-54　借贷风险评估的决策树模型

【例 7-9】某健身机构有一份 880 人参于的调查表，记录了参与者的年龄、性别、婚姻状况、生活方式是否积极（每周是否至少做两次运动）以及早餐喜好。该机构试图根据已有的数据构建预测模型，发掘那些热爱运动的即生活方式是积极的人。数据来自样本文件夹（Samples）中的 cereal. sav 文件。

操作步骤如下：

（1）在 SPSS 中打开文件 cereal. sav，选择菜单"分析"→"分类"→"决策树"命令。

（2）打开"决策树"对话框，因变量选择active，其他变量均设为自变量，如图7-55所示。

图 7-55 "决策树"对话框

（3）单击"类别"按钮，打开"决策树：类别"对话框（图 7-56），在"类别"中勾选"Active"复选框，单击"继续"按钮。

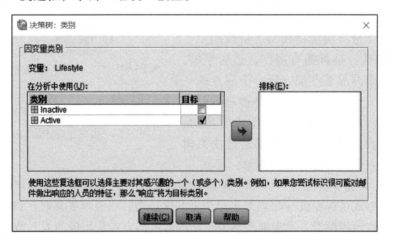

图 7-56 "决策树：类别"对话框

（4）返回"决策树"对话框，单击"验证"按钮，打开"决策树：验证"对话框（图7-57），选择"分割样本验证"单选按钮，训练样本输入"60"。

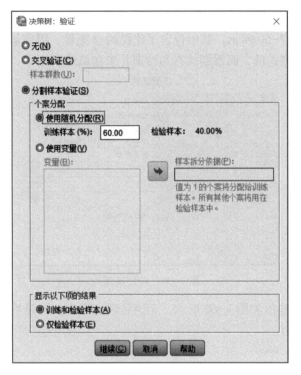

图 7-57 "决策树：验证"对话框

（5）单击"继续"按钮，返回"决策树"对话框，单击"保存"按钮，打开"决策树：保存"对话框，如图 7-58 所示。选中"终端节点数""预测值""预测概率"复选框，单击"继续"按钮。

图 7-58 "决策树：保存"对话框

（6）单击"确定"按钮。

运行结果如下：

① 模型摘要如图 7-59 所示，其中包含了建模的自变量、因变量、生长法、验证和结果。年龄是强制加入的变量，而婚姻状态和性别并未在最终模型中。

模型摘要

指定项	生长法	CHAID
	因变量	Lifestyle
	自变量	Age category, Gender, Marital status, Preferred breakfast
	验证	拆分样本
	最大树深度	3
	父节点中的最小个案数	100
	子节点中的最小个案数	50
结果	包括的自变量	Age category
	节点数	3
	终端节点数	2
	深度	1

图 7-59 模型摘要

② 决策树模型的输出如图 7-60 所示，无论是训练样本，还是检验样本，节点 1 的预测准确率都在 60% 左右。

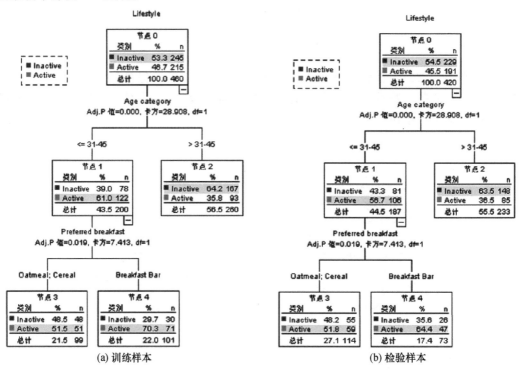

图 7-60 决策树模型

③ 总体预测分类如图 7-61 所示，训练样本和检验样本的准确率分别是 62.8% 和 60.5%。

④ 风险表如图 7-62 所示，表给出了用决策树进行分类的风险信息。训练样本和检验样本分别进行估算的风险度为 37.2% 和 39.5%。

分类

样本	实测	预测		
		Inactive	Active	正确百分比
训练	Inactive	167	78	68.2%
	Active	93	122	56.7%
	总体百分比	56.5%	43.5%	62.8%
检验	Inactive	148	81	64.6%
	Active	85	106	55.5%
	总体百分比	55.5%	44.5%	60.5%

生长法：CHAID
因变量：Lifestyle

图 7-61　总体预测分类

风险

样本	估算	标准误差
训练	.372	.023
检验	.395	.024

生长法：CHAID
因变量：Lifestyle

图 7-62　风险表

7.3.4　聚类

所谓类，通俗地说，就是指相似元素的集合。聚类的目的，是使得属于同类别的对象之间的差别尽可能小，而不同类别的对象的差别尽可能大。因此，聚类的意义就在于将观察到的内容依据相应算法组织成类。与分类技术不同，聚类是在预先不知道欲划分类的情况下，根据信息相似度原则进行信息聚类的一种方法。通过聚类，人们能够识别密集的和稀疏的区域，因而发现全局的分布模式，以及数据属性之间的有趣关系。

聚类分析是一种探索性的分析，根据使用方法的不同，常常会得到不同的结论。不同研究者对同一组数据进行聚类分析，所得到的聚类数未必一致。聚类分析广泛应用于金融、营销、电力、交通、教育等行业中。

聚类分析有多种分类方法，按照聚类分析的对象，可以分为对样本的聚类（Q 型聚类）和对变量的聚类（R 型聚类）；根据聚类的算法思想的不同，又可以分为分层聚类、分区聚类、基于密度的聚类、基于网格的聚类等。下面介绍两种常用的分类方法。

（1）分层（hierarchical）聚类。分层聚类是尝试建立分层以达到聚类的一类算法，它采用自下而上或自上而下的方式来构建聚类。自下而上的方式又称为凝聚方式，算法思想是从一个聚类的数据集里的每个数据开始，随着算法从下而上移动过程中，将相似的单个聚类合并到更大的聚类中，直到所有聚类都已经合并。自上而下的方式又称为分裂方式，算法思想是将所有项目置于一个聚类中，在每次算法迭代后，将其细分成较小的聚类。

（2）分区（partitioning）聚类。基于分区的聚类算法是把数据集分成 K 个分区，根据计算测量点之间的距离来实现。距离测量算法包括欧氏距离、曼哈顿距离、切比雪夫距离等。其中，K-均值（K-means）算法是一种典型的分区聚类算法。K-means 算法的原则是：从初始聚类中心的构建开始，也可以自己指定中心点，或者让程序为集群中心选择 k 个间隔良好的观测值。当获得初始集群中心后，首先根据离集群中心的距离为集群分配个案（点），然后根据每个集群中案例的平均值更新集群中心的位置。重复以上步骤，直到任何情况的重新分配都可使集群内部或外部更相似。K-means 聚类如图 7-63 所示。

SPSS 中的聚类分析集成在菜单"分析"→"分类"中。其中，二阶聚类、K-均值聚类和系统聚类都在聚类分析中；决策树和判别式都在判别分析中。

SPSS 提供的 3 种聚类分析方法中，分层聚类适用于对变量的聚类，也就是 R 型聚类；K-means 聚类分析适用于样本聚类；二阶聚类适用于分类变量和连续型变量的聚类分析。下面将举例介绍聚类分析方法的使用。

图 7-63　K-Means 聚类

【例 7-10】某汽车制造商希望对多种车型的售价、物理特性等数据进行聚类分析，从而对汽车进行归类和描述。数据文件来自文件夹（Samples）中的 car_sales. sav。

操作步骤如下：

① 在 SPSS 中选择菜单"分析"→"分类"→"二阶聚类"命令。

② 打开"二阶聚类分析"对话框，将变量 type 放到"分类变量"列表中；将变量 price、engine_s、horsepow、wheelbas、width、length、curb_wgt、fuel_cap、mpg 放入"连续变量"列表中，如图 7-64 所示。

图 7-64　"二阶聚类分析"对话框

③ 单击"输出"按钮，打开"二阶聚类：输出"对话框，勾选"创建聚类成员变量"复选框，单击"继续"按钮。

④ 返回"二阶聚类分析"对话框，单击"确定"按钮。

运行结果如下：

① 模型概要，如图 7-65 所示，模型概要表格给出了此次聚类的模型信息，包括聚类算法、输入变量的个数（10）、样本最终的聚类数（3）。聚类质量是此次聚类的效果，有差、良好、好 3 个等级。本次聚类的结果接近良好。

② 聚类大小。用饼图可以较直观地看到 3 个聚类在样本中所占的百分比，如图 7-65 所示。

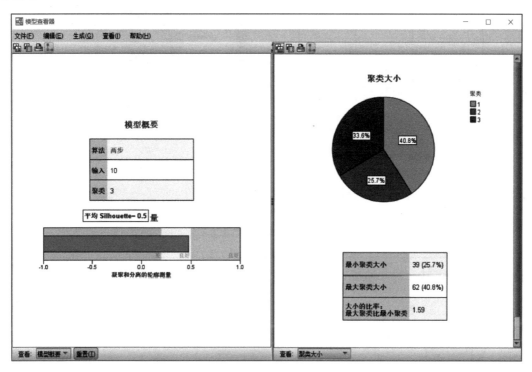

图 7-65　聚类的模型概要和大小

③ 聚类类别的描述如图 7-66 所示。选择左侧视图底部的下拉菜单中的"聚类"命令后，左侧视图给出了每个分类中，各个变量的分布情况。输入变量的排序是按照重要性依次从高到低出现的。单击右侧视图底部的下拉菜单中的"预测变量重要性"命令，也可以看到各个变量在分类过程中的重要性分布。

通过观察发现：第一类车的特点是价格便宜、体积小、马力小，属于低端车型；第二类车的价格居中，体积、马力、限重均明显高于第一类，就是油耗偏低，属于中端车型；第三类车较前两种车的价格明显高，马力大，油耗在平均水平，属于高端车型。

④ 聚类比较。模型查看器还提供了将任意多个聚类进行比较的功能。例如在右侧视图中选择聚类 1 和聚类 2，左侧视图中就能联动地出现这两个类在各个变量上的分布。如

图 7-67 所示，该图能够显示 3 个类别对于总体各自的第 25%、50%、75% 分位数的一个分布情况。

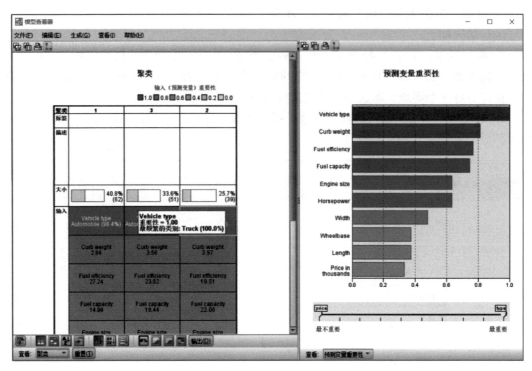

图 7-66　变量的分布和预测变量的重要性

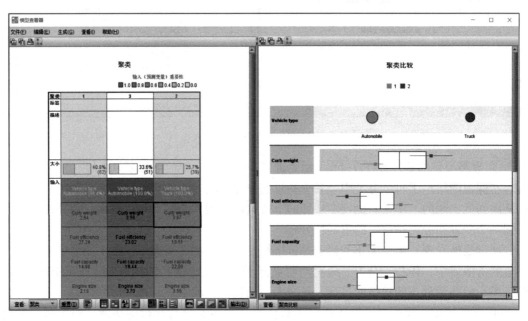

图 7-67　聚类比较

最后，在样本数据中，会新生成一列来标记该样本属于聚类中的哪一类。

◆▶ 本章小结

数据分析的目的是从数据中找出有用的信息，以支持和辅助决策；数据分析的应用已渗透到医疗、经济管理、社会治理、公共服务、制造、零售、社交等多领域。有时，人们看重数据的价值，是因为合适的数据往往很难获取；有时，人们又看重算法，是因为在没有真正发现得到有价值的信息之前，无法判断算法的优劣。无论如何，数据和算法构成了数据分析的主干。

本章并没有抽象的理论和复杂的数学推导，只是按照数据分析的一般过程的 4 个阶段，围绕着"数据"和"分析"两个方面展开介绍，试图向初识数据分析的人解开数据分析的神秘面纱。通过本章的学习，可以理解数据分析的含义、数据分析的功能以及数据分析的过程。

◆▶ 习题 7

一、单选题

1. 下列关于数据的统计量描述，错误的是_____。

A. 平均数是一组数据的平均值

B. 众数是一组数据中出现次数最多的数据的值

C. 中位数是位置在最中间的数据的值

D. 方差是每个样本值与全体样本值的平均数之差的平方值的平均数

2. 以下不属于名义数据的是_____。

A. 一年四季（春、夏、秋、冬）

B. 性别（男、女）

C. 婚姻状况（未婚、已婚、离婚）

D. 居住地（城市）

3. 适合用来描述"年龄"的图形和统计量的是_____。

A. 饼图、箱图、平均值

B. 直方图、最大值、方差

C. 条形图、众数、标准差

D. 条形图、茎叶图、四分位数

4. 对某企业员工的工资做了描述性统计分析，结果如表 7-5 所示。以下描述错误的是_____。

表 7-5　某企业员工的工资

类　　别	平均值/元	标准差/元
经理	10 200	1 237
职员	8 900	2 954

A. 经理的平均工资是 10 200 元

B. 职员的平均工资是 8 900 元

C. 经理之间的工资差异比职员之间的工资差异大

D. 经理之间的工资差异比职员之间的工资差异小

5. 以下描述数据不相关的图是_____。

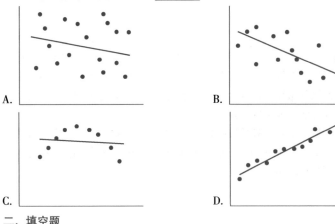

A.

B.

C.

D.

二、填空题

1. 数据从结构上可分为_____、_____和_____3种。

2. 数据分析的4个层次分别是_____、_____、_____和_____。

3. 数据的度量尺度表示数据之间间距的关系，包括_____、_____、_____和_____4种类型。

4. 从图7-68中可得出的多元线性回归方程是_____。

系数ᵃ

模型		未标准化系数		标准化系数	t	显著性
		B	标准误差	Beta		
1	(常量)	15.863	5.118		3.099	.005
	人均收入	.010	.002	.586	6.110	.000
	固定资产投资	.287	.046	.482	6.233	.000
	居民储蓄余额	-.025	.014	-.084	-1.744	.000

a. 因变量：商品房销售面积

图7-68

三、简答题

1. 简述数据预处理的作用，常用的数据预处理方法有哪些？

2. 简述分类算法和聚类算法的应用场景。

第 8 章

人工智能

教学资源：
电子教案、微视
频、实验素材

本章教学目标

    （1）了解人工智能的基本概念。

    （2）了解人工智能的发展历程。

    （3）了解人工智能的应用领域。

    （4）了解人工智能的应用案例。

本章教学设问

    （1）什么是人工智能？人工智能分为哪几类？

    （2）人工智能的发展经历了几个阶段？每个阶段的特点是什么？

    （3）人工智能可以应用在哪些领域？

    （4）人工智能常用的研究方法有哪些？适用于哪些场景？如何使用？

▶▶ 8.1 人工智能概述

1. 人工智能的定义

提起人工智能（artificial intelligence，AI），很多人会习惯把它和科幻电影联系在一起，由于电影内容大多是虚构的，电影里绚丽的特效、夸张的剧情总使人们觉得人工智能缺乏真实感，离人们的生活很遥远。

其实，随着时代的发展，很多只存在于小说和电影中的内容正在被逐步实现，人工智能就在人们身边。小到手机上的智能软件、小区的门禁，大到覆盖全球的因特网，人工智能无处不在。虽然人工智能成为每个人经常听到和说到的名词，但人工智能仍无统一的定义。比如早些年，有些人认为计算机能下跳棋就是人工智能，结果当计算机能下好跳棋时，人们却发现这离完全的人工智能还有相当大的差距。

本章采用一种被广泛接受的说法，即认为人工智能是一种通过机器来模拟人类认知能力的技术。实际应用中，这种认知能力就是根据给定的输入做出判断或预测。例如：

    ① 在人脸识别中，根据输入的照片，判断照片中的人的对应身份。

    ② 在语音识别中，可以根据人说话的语音信号，判断说话的内容。

③ 在医疗诊断中，可以根据输入的医疗影像，判断疾病的成因和性质。

④ 在电子商务网站中，通过分析一个用户的浏览和购物记录，预测这位用户有可能感兴趣的商品，从而经常将同类商品推荐给他。

⑤ 在金融应用中，可以根据一只股票的价格和交易信息，预测它未来的价格走势。

⑥ 在围棋对弈中，可以根据当前的盘面形势，预测选择某个落子的胜率。

简言之，人工智能主要研究用人工的方法和技术，模仿和扩展人的智能，实现机器智能。人工智能的长期目标是实现人类水平的人工智能。

2. 人工智能的分类

人工智能是一个很宽泛的概念，涵盖了感知、学习、推理与决策等方面的功能，涉及诸多领域。因此，人工智能根据不同的标准，分类也多种多样。在此，按照人工智能实现人类水平的程度，将其分成以下3类。

（1）弱人工智能（artificial narrow intelligence，ANI）：弱人工智能是指擅长单个方面的人工智能。

（2）通用人工智能（artificial general intelligence，AGI）：人类级别的人工智能。通用人工智能是指在各个方面都能和人类的能力比肩的人工智能。创造通用人工智能是一个比创造弱人工智能难得多的任务，现在还无法实现。

（3）超人工智能（artificial super intelligence，ASI）：超人工智能可以理解为各个方面都超越人类智能，是人们希望人工智能技术能够实现的终极目标。

3. 人工智能的研究方法

要使计算机具有知识，一般有两种方法：一种方法是由知识工程师将有关的知识归纳和整理，表示为计算机可以接受、处理的方式输入计算机；另一种方法是使计算机具有获得知识的能力，计算机可以自主学习人类已有的知识，并且在实践过程中不断总结和完善，这种方式称为机器学习，它已经成为人工智能的主流方法。

机器学习的研究是基于信息科学、脑科学、神经心理学、逻辑学、模糊数学等多种学科基础之上，并依赖于这些学科而发展的。它通常是从已知数据中学习蕴含的规律或规则，其目的是让计算机能够像人那样自动获取新知识，并在实践中不断完善自我和增强能力，使得系统在下一次执行同样任务或类似的任务时，会比现在做得更好或效率更高。

机器学习有多种不同的方式，按照学习方式可以分为监督学习、无监督学习、半监督学习和强化学习四类。

（1）监督学习（supervised learning）。在监督学习中，计算机将每个样本的预测值和真实值进行比较，通过它们的差别获得反馈，进而不断地对预测的模型进行调整。其中样本的真实值起到了监督的作用。实际应用中，监督学习是一种非常高效的学习方式。但是，监督学习要求为每个学习样本提供真实值，这在有些应用场合是很困难的。

（2）无监督学习（unsupervised learning）。计算机可以在没有监督信息（样本的真实值）的情况下进行学习。无监督学习往往比监督学习困难得多，但是由于它克服了实际应用中难以获取监督学习数据的问题，因此，无监督学习一直是人工智能研究的一个重要方向。

（3）半监督学习（semi-supervised learning）。半监督学习介于监督学习与无监督学习之间，它要求对小部分的样本提供真实值，这种方法通过有效利用所提供的小部分监督信息，取得比无监督学习更好的效果，同时把获取监督信息的成本控制在可以接受的范围内。

（4）强化学习（reinforcement learning）。在强化学习模式下，由于输入数据直接作为模型接收的反馈，因此模型必须对其立刻做出调整。简单地说，模型有一套自己的决策，可以根据当前的环境状态确定一个动作来执行，然后根据这个动作获得的反馈，如"奖励"或者"惩罚"更新动作使用的决策，如此反复。

8.2 人工智能的发展历程

1. 图灵测试的提出

讲到人工智能，就不得不提到图灵。图灵在 1936 年发表了题为《论数字计算在决断难题中的应用》的论文，提出了"图灵机"的设想，被视为计算机之父。1950 年 10 月，他又发表了一篇题为《计算机器和智能》的论文，在这篇文章中，他提出了关于判断机器是否能够思考的著名试验——图灵测试，测试某机器是否能表现出与人等价或无法区分的智能。也正是这篇文章，为图灵赢得了"人工智能之父"的桂冠。

图灵测试可以描述为：如果一个人（代号 C）询问两个对象任意的问题。这两个对象一个是正常思维的人（代号 B）、一个是机器（代号 A）。询问时，C 使用 A 和 B 都能懂的语言，并且 C 不知道自己询问的是 A 还是 B。如果经过任意问题询问后，C 不能分辨 A 与 B 有什么实质的区别，则此机器 A 通过图灵测试。图灵测试示意图如图 8-1 所示。

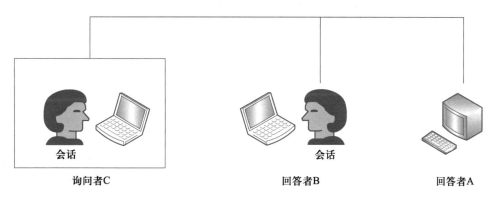

图 8-1　图灵测试示意图

从上述描述可以看出，图灵测试具有以下 3 个特征：

（1）它给出了一个客观的智能概念，也就是根据对一系列特定问题的反应来决定是否是智能体的行为。这为判断智能提供了一个标准，从而避免了相关的争论。

（2）图灵测试使人们免于受到诸如"计算机使用的内部处理方法是否恰当"，或者"机器是否真的意识到其动作"等目前无法回答的问题的牵制。

（3）让询问者只关注问题的答案，消除了有利于生物体的偏置。

一台机器要通过图灵测试，需要具有以下的能力。

① 自然语言处理：实现用自然语言与计算机进行交流。

② 知识表示：以机器能够处理的形式合理地描述和存储知识。

③ 自动推理：能根据存储的信息回答问题，并提出新的结论。

④ 机器学习：能适应新的环境，并能检测和推断新的模式。

⑤ 计算机视觉：可以感知物体。

⑥ 机器人技术：可以操纵和移动物体。

2. 人工智能的诞生

1956 年，约翰·麦肯锡、明斯基、香农等人将全美研究自动机理论、神经网络和智能研究的人召集到一起，于同年夏天在达特茅斯组织了一场研讨会，讨论着用机器来模仿人类学习的智能。图 8-2 为达特茅斯会议的主要参与人。

图 8-2 达特茅斯会议的主要参与人

会议上，科学家希望迅速地做完图灵对计算机所做的预测。这次会议的特别价值在于，大家为讨论的内容起了名字——人工智能，因此这个会议通常被看成是人工智能学科真正诞生的标志。

3. 第一次浪潮

20 世纪 70 年代，人工智能的第一次浪潮出现。其间符号主义研究方法盛行，数学证明、专家系统、知识推理等形式化方法在人工交互过程中得到广泛应用。

人工智能第一次浪潮止步于以下 3 个方面：

（1）早期的人工智能程序对句子的真实含义完全不理解，它们主要依赖句法处理获得成功。其实直到现在问题仍然存在，只不过大量的数据弥补了不理解真实含义的缺陷。简单地说，就是现在计算机并不去理解句子，而是找到用得多的那种翻译。

（2）组合爆炸的提出。例如，有一种思路是让程序每次产生一个小变化，最终生成可以解决问题的程序，而组合爆炸的说法导致这种思路受阻。这就好比用试错法寻找正确的路，但每条路上都有无数的岔路甚至岔路间还彼此勾连，因此可走的路近乎无限多，那么试错法毫无价值。

（3）虽然人工智能具有简单形式的神经网络可以学会表示事物，但表示的范围十分有限。

正因为以上困难得不到有效解决，所以人工智能在 20 世纪 70 年代中期进入了第一个冬天。

4. 第二次浪潮

20 世纪 80 年代，人工智能的浪潮再度兴起。首先，专家系统技术取得了新进展。有些专家系统被成功部署，例如第一个商用专家系统 R1 在 DEC 成功运转，此后 DEC 陆续部署了 40 个专家系统。也正是在这时候，日本宣布了第五代计算机计划，希望用 10 年时间研制出智能计算机。

另外，神经网络技术也取得了新进展。例如，燕乐存在 AT&T Bell 实验室验证了一个反向传播在现实世界中的应用，即"反向传播应用于手写邮编识别"系统，就是这个系统能很精准地识别各种手写数字。但由于这类算法所需要的计算能力和数据那时并不具备，所以在实际应用中没能发展。

由于技术本身的实现程度不足以支撑大范围的应用，因此人工智能再次陷入低潮。

5. 第三次浪潮

20 世纪 90 年代，研究人工智能的学者开始引入数学理论，例如高等代数、概率统计与优化理论等，为人工智能打造了更坚实的数学基础。数学语言的广泛运用，打开了人工智能和其他学科交流合作的渠道，也使得成果得到更为严谨的检验。在数学理论的驱动下，一大批新的数学模型和算法被发展起来，例如，统计学习理论、支持向量机、概率图模型等。新发展的智能算法被逐步应用于解决实际问题中，例如安防监控、语音识别、网页搜索、购物推荐等。

新算法在具体场景的成功应用，让科学家们看到了人工智能再度兴起的曙光。

进入 21 世纪，人类迈入"大数据"时代。

由于受到数据和计算能力指数式增长的支持，人工智能研究取得了重大突破。2006 年，深度学习模型训练方法取得突破，打破了神经网络发展的瓶颈，使人类又一次看到机器赶超人类的希望。2012 年，在一次全球范围的图像识别算法竞赛中，多伦多大学开发的一个多层神经网络 Alex Net 取得冠军，并大幅度超越了使用传统机器学习算法的第二名。这次比赛的成果在人工智能学界引起了广泛震动，从此，以多层神经网络为基础的深度学习被推广到多个应用领域，并在语音识别、图像分析、视频理解等领域取得成功。2016 年，谷歌公司通过深度学习训练的阿尔法狗（AlphaGo）程序在一场举世瞩目的比赛中，以 4:1 战胜了曾经的围棋世界冠军李世石，它的改进版更在 2017 年战胜了当时世界排名第一的中国棋手柯洁。

这一系列让世人震惊的成就再一次点燃了全世界对人工智能的热情。世界各国的政府和商业机构都纷纷把人工智能列为未来发展战略的重要部分。由此，人工智能的发展迎来了第三次浪潮。

▶▶ 8.3 人工智能的应用领域

如何准确预测气象灾害并对其进行预警，如何在未来的城镇化建设中打造智慧城市，如何让教育真正实现因材施教……这些问题的背后都离不开人工智能和大数据的应用。近年来，大数据+人工智能技术已经被广泛应用于各个行业，并为它们的发展升级注入了新的动力。

1. 零售行业——更懂消费者

人工智能和大数据技术在零售业有两个应用层面：一个层面是零售行业可以通过客户历史交易等数据的分析处理，了解客户的消费喜好和趋势，形成用户画像，从而进行商品的精准营销，降低营销成本；另一个层面是依据客户购买的产品，为客户提供可能购买的其他产品，扩大销售额。未来考验零售企业的是如何挖掘消费者需求，以及高效整合供应链来满足消费者需求的能力，因此，信息技术水平的高低成为获得竞争优势的关键要素。

2. 教育行业——更易因材施教

目前，信息技术在教育行业已有了越来越广泛的应用，大数据与人工智能技术将主要用来优化教育机制，或通过分析做出更科学的决策，这将带来潜在的教育革命。在不久的将来，个性化学习终端将会更多地融入学习资源云平台，根据每个学生的不同兴趣爱好和特长，推送相关领域的前沿技术、资讯、资源，乃至未来职业发展方向。

3. 金融行业——更多的收益

虽然目前大数据的研究与应用在金融业还处于相对初级的阶段，但是价值已经显现出来。例如，银行数据可以利用数据挖掘来分析交易数据背后的商业价值；用数据来提升保险产品的精算水平，提高利润水平和投资收益；对客户交易习惯和行为分析可以帮助证券公司获得更多的收益。未来，大数据可能成为最大的金融交易产品，金融大数据将像基础设施一样，有金融数据提供方、金融监管者、金融大数据的交叉复用等，最终成为金融业进行重要活动和决策的基础。

4. 城市系统——更便捷和更安全

城市系统是将交通、能源、供水等基础设施全部数据化，将散落在城市各个角落的数据进行汇聚，再通过超强分析、超大规模计算，实现对整个城市的全局实时分析，让城市智能地运行起来。

例如，在智能安防方面，随着各级政府大力推进"平安城市"建设，城市监控点位越来越多，视频和卡口产生了海量的数据。尤其是高清监控的普及，使得整个安防监控领域的数据量都在爆炸式增长，依靠人工来分析和处理这些信息变得越来越困难，这就需要使用计算机代替人眼对车辆、行人等目标进行识别、跟踪和测量。

5. 科学研究——更多的成果

科学研究主要有几个模式：实验科学、理论推演、计算机仿真。而未来科学的发展趋势是，随着数据的爆炸性增长，计算机将不仅能做模拟仿真，而且可以对各种仪器或系统产生的海量数据进行分析，得出新的结论。这种科学研究的方式被称为第四范式，是一种数据密集型科学发现范式。

6. 政务领域——更科学的管理

大数据和人工智能技术的发展，将促进政务创新模式的转变，这有利于节约政府投资、加强市场监管能力、提高政府决策能力、提升公共服务能力，实现区域化管理。当前，我国已进入创新驱动转型的新阶段，需要发挥信息和数据的作用来促进社会和经济的发展。全面推进大数据发展应用，加快建设数据强国势在必行。

7. 医疗行业——更高效和更准确

医疗行业拥有大量的病例、病理报告、治愈方案、药物报告等，通过对这些数据进行整理和分析，将会极大地辅助医生提出治疗方案，帮助病人早日康复。未来，借助大数据平台可以收集不同病例和治疗方案，以及病人的基本特征，建立针对疾病特点的数据库。如果未来基因大数据研究成熟，可以根据病人的基因序列特点进行分类，建立医疗行业的病人分类数据库。就医时，医生参考病人的疾病特征、化验报告、检测报告，以及疾病数据库来快速确诊，明确定位疾病。在制定治疗方案时，医生可以依据病人的基因特点，调取相似基因、年龄、身体情况相同的有效治疗方案，制定出合适的治疗方案。同时，这些医疗数据还可以帮助医药行业开发出更加有效的药物和医疗器械。

8. 农业行业——更精细化管理

大数据和人工智能在农业中的应用，主要是指依据商业需求的预测来进行农牧产品的生产。农业关乎国计民生，科学的规划有助于社会整体效率的提升。借助大数据提供的消费趋势报告和消费习惯报告，政府将为农牧业生产提供合理引导，建议依据需求进行生产，避免产能过剩，造成不必要的资源和社会财富的浪费。大数据技术还可以帮助政府实现农业的精细化管理，科学决策。

当然，大数据和人工智能带来的机遇不止上述几个领域，它在各行各业都将掀起一股新的浪潮。

▶▶ 8.4 应用案例

近年来，人工智能技术在实际应用中开始发挥越来越重要的作用。比如在图像识别领域中，传统的人脸识别方法性能较差、易受环境变化影响，难以获得对性能要求较高的实际应用，而基于深度学习的人脸识别技术大大改善了传统方法的缺点，使得人脸识别可以广泛应用到对安全系数要求很高的场景中。例如，银行通过刷脸的支付系统。

人工智能给人们的生活带来的变革不止于此。实际上，除了图像，人工智能技术可用于处理不同类型的信息。经常浏览视频网站的人可能会发现，以前视频的字幕常常由志愿者自发添加，这一角色现在已经悄悄被自动字幕软件所代替。这种软件能够收集视频中的语音，并将它们翻译成对应的文字显示在屏幕上。这种技术现在已经被广泛应用在各种会议中。人们经常能在会议的大屏幕上看到发言者所说的话被自动识别出来，如果和自然语言处理技术相结合，这种处理语音的技术则可以实现机器与人的对话，使机器能够理解人类发出的指令，并根据指令进行相应的操作。例如，智能家居中的智能管家系统，根据主人说出的指令可以做打开电视、播放音乐、调节空调温度等动作。现在的汽车也越来越多地采用能够识别驾驶者语音指令的声控系统。

下面通过对一些经典应用案例的分析，探索人工智能中的知识和方法，为后续进一步深入研究打下基础。

1. 手写数字识别

（1）案例描述。人眼识别一张图片中的数字是一个很容易的任务，因为人们看到图片后，大脑就可以自动获取有用信息并进行判断。但是对于计算机来说，事情却没有这么简单。

手写数字识别是机器学习领域中一个经典的问题，是一个看似对人类很简单却对程序十分复杂的问题。很多早期的验证码就是利用这个特点来区分人类和程序行为的。

（2）案例分析。手写数字识别是一个经典的图像分类问题。当图像中出现一个手写数字，系统需要识别这个数字是0~9中的哪一个，即将这个数字归类。

① 解决图像在计算机中的存储问题。人眼中的图像是物体在视网膜上直接映射成像的结果，但是图像在计算机中是以数字的形式保存的。可以说，计算机并不能像人眼那样直接"看"见图像。

如果将一幅图像放大，可以看到它被切割成一排排的小格子，这样的小格子就称为像素。如果用数字表示不同颜色，把每个像素中的颜色都写成数字，那么图像就可以表示为一个数字的矩形阵列，称为矩阵，这样就可以在计算机中存储了，如图8-3所示。黑白照片只有明暗的区别，可以用0表示最暗的黑色，用255表示最明亮的白色。其他介于0~255的数字代表明暗的不同程度。

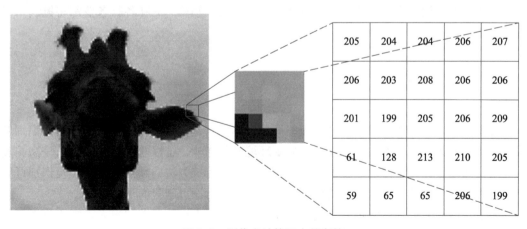

图8-3　图像在计算机中的存储

② 图像的特征问题。人眼可以直接靠形状来判断手写数字，但是计算机没有形状的概念，它需要其他的方式来掌握图像中线条的几何空间关系，也就是图像的特征。

特征是在分类任务乃至所有人工智能系统中非常重要的概念，特征的质量直接关系分类的结果的好坏。人工智能系统处理的对象多种多样，系统处理的对象不同，需要提取的特征形式就不尽相同。例如，某公司要将参加面试的人员分为录取和不录取两类，就要提取面试者的毕业学校、学习成绩、工作年份等特征；要对鸟类的叫声进行分类，就要测量鸟类叫声的频率；要对花朵进行分类，就要测量花瓣的颜色及长宽等。对于同一种事物，也可以提取出各种各样的特征，比如参加面试的人员，除了上述特征之外，还有身高、体重、眼睛的颜色等特征。如果公司招聘的是技术人员，那么工作中人员的表现和这些因素没有直接关系，因此，用这些因素很难将面试人员进行有效分类；而如果公司招聘的是公关人员，这些因素就与他们的工作内容息息相关了。总而言之，系统需要根据物体和数据本身具有的特点，考虑不同类别之间的差异，并在此基础上设计出有效的特征。而这不是一件简单的事——需要真正理解事物的特点和不同类型之间的差异。

回到手写数字分类的问题。不同的人有不同的书写习惯：有的人字可以写得很大；有的人却写得很小；有的人写字横平竖直；有的人却写得歪歪斜斜。那么什么才是适合手写数字分类的特征呢？

依据存储知识可知，计算机中的黑白图像是以数字矩阵的形式存在的。手写数字图像在手写处的像素是非零的数值，而在其他空白区域用像素的零值代表，如图 8-4 所示，是一个手写的 1 在计算机中的存储形式。

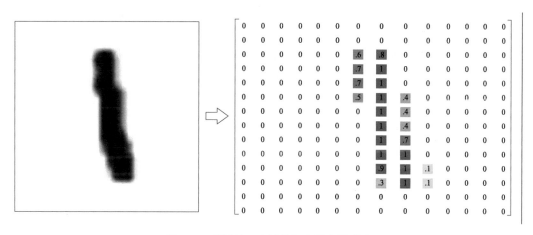

图 8-4　手写的 1 在计算机中的存储形式

③ 特征在计算机中的表示问题。在前面的举例中，可以发现用来分类的事物特征往往不止一个。但是在分类时，却希望将这些特征组合成一个输入系统，而不是一个特征一个特征地输入。那么，该怎么表示这种特征的组合呢？假设 x_1、x_2 表示手写数字的两个特征数值，则可以把这两个数字放入一个括号中，写成 (x_1, x_2)。这种形式的一组数据在数学中被称为向量。一个向量中的所有元素，就可以视为一个整体。通常，一个 n 维向量可以被标识为 $(x_1, x_2, \cdots, x_n)$。这样，用向量就可以把任意数量描述一个事物的特征数值都组织在一起。这样表征事物特征数值的向量称为特征向量。提取特征最终的结果就是希望

能够从事物中得到特征向量。

有一种简单的方法可以将表示图像的数字矩阵转换为特征向量。假如将图像的每一个像素值都看作是一个特征，则可以直接将这种数字矩阵的特征图展开成特征向量。如图 8-5 所示，将一个 2×2 的矩阵展开成 4 维向量，就是将每行的数字首尾接连起来。这种方法可以在一定程度上保留像素之间的位置关系。

$$\begin{bmatrix} 0 & 1 \\ 2 & 3 \end{bmatrix} => \begin{bmatrix} 0 \\ 1 \\ 2 \\ 3 \end{bmatrix}$$

图 8-5 特征矩阵展开成特征向量

这并不能算是一个非常优秀的特征，因为在铺平之后，丧失了原先矩阵中包含的同一列像素的位置信息。在图像分类问题中，往往使用更加复杂的特征。

（3）解决方案。有了特征向量之后，进一步地可以把特征向量表示在直角坐标系中。比如二维特征向量（0，0），就可以看作是直角坐标系中的原点。类似的，三维的特征向量可以表示成立体空间坐标系中的点，而像手写识别数字这种更高维的特征向量，则可以表示为高维空间中的点。这些表示特征向量的点被称为特征点，所有特征点构成的空间称为特征空间。

如果将物体的特征向量画在特征空间中，那么分类的问题就变成了在特征空间中将一些特征点分开的问题。可以想象，具有类似特征的物体，特征点在空间的位置上会距离更近，这些物体也更有可能属于同一类别；而特征点距离较远的物体，则具有差异较大的特征，更有可能属于不同类别（如图 8-6 所示）。

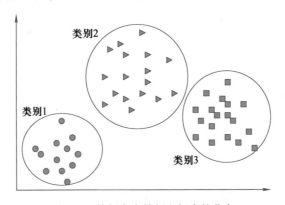

图 8-6 特征点在特征空间中的分布

把不同类别的特征点分开属于分类器的工作。分类器就是一个输入是特征向量，输出是预测类别的函数，包含决策树、逻辑回归、朴素贝叶斯、神经网络等算法。最简单、最初级的分类器是将全部的训练数据所对应的类别都记录下来，当测试对象的属性和某个训练对象的属性完全匹配时，便可以对其进行分类。但并不是所有测试对象都会找到与之完全匹配的训练对象；另外，还可能存在一个测试对象同时与多个训练对象匹配，且这个训练对象被分到多个类……基于这些问题，就产生了 KNN 分类器。

KNN（K-nearest neighbor）分类器也称 K 近邻查询算法，它是人工智能领域中最简单的算法之一。它的思路是通过测量不同样本特征点之间的距离进行分类。例如，要将一个样本进行分类时，在特征空间中找出和它距离最近的 k 个样本特征点。如果这 k 个邻居中的大多数属于某一个类别，则该样本也属于这个类别，其中 k 通常是不大于 20 的整数。在 KNN 算法中，所选择的邻居都是已经正确分类的对象。该方法在定类决策中，只依据最邻近的一个或者几个样本的类别来决定待分样本所属的类别。

因为 KNN 算法要求已知现有样本的正确类别（因为需要知道新样本和它们中的哪些最相似），因此 KNN 是一个有监督学习算法。如果不知道现有的样本属于什么类别，可以通过下面的知识进行解决。

2. 鸢尾花分类

（1）案例描述。鸢尾花是一种观赏价值很高的植物，人们很早就开始研究和培育鸢尾花了。市场中出售的鸢尾花通常有 3 个不同的品种：山鸢尾、变色鸢尾和维吉尼亚鸢尾。将购买的 3 个品种的鸢尾花带回家后，不慎将所有花混在了一起。如何才能将它们重新分开呢？

（2）案例分析。进行分类的第一步是提取特征。植物学家通过研究，发现使用花瓣和花萼的长度、宽度能够将鸢尾花有效地区分开。也就是说，相同种类的鸢尾花，它们花瓣的长、宽应该是相近的。因此，如果把花瓣的长度、宽度作为鸢尾花的特征，并把它们写在一起形成特征向量，那么在特征空间中，相同种类的鸢尾花的特征点应该会聚集成一簇。

如图 8-7 所示，不同种类的鸢尾花聚集成了两簇。两朵鸢尾花 a 和 b 拥有相似长度和宽度的花瓣，它们的特征点属于同一簇，因此很可能属于同一类。而鸢尾花 c 的特征点离 a 和 b 都很远，属于另一簇，因此可能属于另一类的鸢尾花。

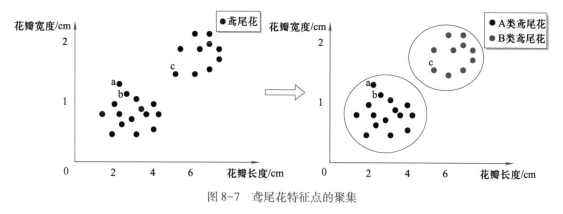

图 8-7　鸢尾花特征点的聚集

可见，通过分析特征数据在特征空间的分布情况，也可以将一组混合的不同类型的数据分开。这种方法称为聚类。在使用聚类进行分类时，不需要预先知道任何样本的类别，因为它是一种无监督的算法。

（3）解决方案。在鸢尾花分类问题中，可以使用一种经典的聚类方法——K-均值聚类（K-means clustering）。使用这种方法需要知道最终分类的类型数目，比如鸢尾花分类问题最终要将所有的鸢尾花分为 3 类。开始，无法判断每一个样本属于哪个类型，也就无法建立起"簇"。于是可以随机指定 3 个样本，作为每一个类别的初始聚类中心。然后计算出每一个样本到 3 个聚类中心的距离，并把它归到距离最近的那个中心所代表的类别中。

经过上面的过程，已经有了 3 个初始的"簇"。但这时，随机选定的样本已经不能代表各个簇的中心了，因为每个类别的中心应该是这个类别中所有样本的平均特征。因此，需要计算各个类别的平均特征值，将得到的新特征向量作为这个簇的新中心。

值得注意的是，这个新的中心已经不再是一个确定的样本，而更接近特征空间里的簇在几何意义上的中心。这个几何意义上的中心有可能离最初随机选中的中心比较远。于是，一开始因为接近随机选中的初始中心比较近的点，有可能会远离新的中心，反而离其他类别簇的中心更近一些。这时要重新计算每个样本到各个中心的距离，再重新进行一次类别的划分。一直重复这个过程，直到聚类中心与划分方式不再发生变化，就得到了最终的聚类结果。聚类方法使得人工智能不再依赖人类的知识，能够通过自己的观察独立得到只属于自己的答案。

（4）聚类的应用。例如，人们利用手机拍照留念，手机中的照片越来越多。如果要找到某张照片，会反复翻找。

现在很多品牌的智能手机都增加了人脸聚类的功能，它们能够将相册中多次出现的人脸自动进行归类。它的原理框架和鸢尾花分类大体相同：首先提取出照片中的人脸特征，然后再用聚类算法挖掘人脸的特征空间中相近的特征。如果一张照片中包含了多张人脸，还可能被划分为多个类别。

聚类算法也会被用于路线规划。例如，企业为员工提供的班车，班车的路线最好能尽量多地覆盖员工的住址。然而由于员工住址比较分散，就可以先用聚类算法将员工的住址按照经度、纬度坐标分成不同的簇，将簇的中心作为班车经过的乘车点，居住在乘车点附近的员工则可以选择步行前往乘车点。

3. 文本情感分析

（1）案例描述。现如今互联网上每天都在产生大量的评论信息，例如，听一首歌，人们会在发布这首歌的平台上留下评价；去一家餐馆，人们对用餐环境和菜品进行点评等。这些评论信息表达了人们的各种情感色彩和喜好的倾向。基于此，其他用户就可以通过评论来了解相关信息。

（2）案例分析。情感分析试图了解人们的观点、情绪，评估人们对诸如产品、服务、组织等实体的态度。该领域的快速崛起得益于网络的社交媒体，例如产品评论、论坛讨论、微博、微信的快速发展。自 2000 年初以来，情绪分析已经成长为自然语言处理中最活跃的研究领域之一。事实上，情绪分析已经从计算机科学蔓延到管理科学和社会科学，它重要的商业价值引发社会的关注。

例如，如果一个人想购买消费产品，他将不再局限于询问朋友和家人的意见，而是从网上找到用户的评论和对产品的讨论。对于一个组织，当它需要收集公众意见时，可能不再需要进行显式的民意调查，而是利用网上丰盈的信息来参考。

通常来说，情感分析的目的是为了找出发表观点的人对某些话题的观点和态度。这个态度也许是他的个人判断或是评估，也许是他当时的情感情绪状态，或是作者有意向的情感交流（也就是作者想要读者所体验的情绪）。

（3）解决方案。按照处理文本的粒度不同，情感分析大致可分为词语级、句子级、篇章级三个研究层次。

① 词语级。词语的情感是句子级或篇章级情感分析的基础。早期的文本情感分析主要集中在对文本正、负极性的判断。词语的情感分析方法主要可归纳为以下3类。

a. 基于词典的分析方法：利用词典中的近义、反义关系以及词典的结构层次，计算词语与正、负极性种子词汇之间的语义相似度，根据语义的远近对词语的情感进行分类。

b. 基于网络的分析方法：利用万维网的搜索引擎获取查询的统计信息，计算词语与正、负极性种子词汇之间的语义关联度，从而对词语的情感进行分类。

c. 基于语料库的分析方法：运用机器学习的相关技术对词语的情感进行分类。机器学习的方法通常需要先让分类模型学习训练数据中的规律，然后用训练好的模型对测试数据进行预测。

② 句子级。句子的情感分析离不开构成句子的词语的情感，其方法也可以划分为以下3类。

a. 基于知识库的分析方法；

b. 基于网络的分析方法；

c. 基于语料库的分析方法。

在对文本信息中句子的情感进行识别时，通常创建的情感数据库会包含一些情感符号、缩写、情感词、修饰词等。在具体实践中会定义几种情感（生气、憎恨、害怕、内疚、感兴趣、高兴、悲伤等），对句子标注其中一种情感类别及其强度值来实现对句子的情感分类。

③ 篇章级。篇章的情感分类是指定一个整体的情绪方向/极性，即确定该文章（例如，完整的在线评论）是否传达总体正面或负面的意见。在这种背景下，这是一个二元分类任务。

可以将自然语言处理技术与模糊逻辑技术相结合，基于手动创建的模糊情感词典，对新闻故事和电影评论进行情感分析。在模糊情感词典中，可以标注词语的情感类别及其强度，每个词语可以属于多个情感类别。

4. 啤酒与尿布

（1）案例描述。在一家超市里，有一个有趣的现象：尿布和啤酒赫然摆在一起出售。这个奇怪的举措使尿布和啤酒的销量双双增加了。这不是一个笑话，而是发生在美国沃尔玛连锁店超市的真实案例，并一直为商家津津乐道。

（2）案例分析。沃尔玛拥有世界上最大的数据仓库系统，为了能够准确了解顾客在其门店的购买习惯，沃尔玛对顾客的购物行为进行购物篮分析。沃尔玛数据仓库里集中了各门店的详细原始交易数据。在这些原始交易数据的基础上，沃尔玛利用数据挖掘方法对这些数据进行分析和挖掘。一个意外的发现是：与尿布一起购买最多的商品竟是啤酒！经过大量实际调查和分析后，沃尔玛揭示了一个隐藏在"尿布与啤酒"背后的行为模式：在美国，一些年轻的父亲下班后经常要到超市去购买婴儿尿布，而他们中有30%～40%的人同时也为自己买一些啤酒。产生这一现象的原因是：美国的太太们常叮嘱她们的丈夫下班后为小孩购买尿布，而丈夫们在购买尿布后又随手带回了他们喜欢的啤酒。

（3）解决方案。这种通过研究已经产生的数据，将不同物品关联起来，并挖掘二者之间联系的分析方法，称为关联分析法，在商场和电商领域也被称为"购物篮分析"。

关联分析最主要的目的就是找出隐藏在事物之间的相互关系和关联性，即可以根据一个事物的出现推导出其他相关事物出现的可能性。衡量关联性有很多方法，最常用的就是记录两个样本同时出现的频率，例如两个商品一起被购买的频率，其中有两个基本度量：支持度（support）和置信度（confidence）。

① 支持度：是指事物 A 与事物 B 在同一次事务中出现的可能性。例如在 100 位顾客的购物记录中，同时出现了啤酒和尿布的次数是 10 次，那么此关联的支持度为 10%。

② 置信度：是指事物 A 出现时，事物 B 出现的概率。例如在 100 次购物交易中，出现啤酒的次数是 20 次，同时出现啤酒和尿布的次数是 10 次，那么此关联的置信度为 10/20＝50%。

关联分析的主要目的就是找到事物之间的支持度和置信度都比较高的规则。

关联分析可用于人口普查、医疗诊断，甚至人类基因组中的蛋白质序列分析等。目前，在分析商品、用户数据从而改进关联营销策略方面，例如已普遍应用的推荐系统，关联分析法的适用性尤为突出。

个性化推荐系统，简单来说，就是根据每个人的偏好推荐他喜欢的物品或服务。亚马逊号称 40% 的收入是来自个性化推荐系统的，淘宝的个性化推荐系统也带来非常大的收益，金融网站给用户推荐需要的理财产品，社交平台给用户推荐喜欢领域的热门用户或者其他相关朋友……越来越多的公司将推荐系统作为产品的标配。

以购物网站为例，商家可以通过关联分析，对关联性较高的商品推出相应的促销礼包或优惠组合套装，快速提高销售额，例如面包和牛奶的早餐组合；还可以进行相关产品推荐，最常见的是，用户在网站购买产品时，网站还会出现购买该商品的人，有百分之多少还会购买其他产品的提示，快速帮助用户找到喜爱的其他产品。除此之外，关联规则还可以帮助商家寻找更多潜在的目标顾户。例如，100 人中，购买 A 的有 60 人，购买 B 的有 40 人，同时购买 A 和 B 的有 30 人，说明 A 中有一半的顾客会购买 B。进而如果推出类似 B 的产品，除了向购买产品 B 的用户推荐之外，还可以向购买 A 的顾户进行推荐，这样就能最大限度地寻找更多的目标顾户。

◀▶ 本章小结

本章首先阐述了人工智能的基本概念，介绍了人工智能的发展历程，并详细分析了人工智能的研究方法以及应用领域，从整体上对人工智能有了一个全面的认识和了解。本章的最后，结合具体案例分析了人工智能常用的研究方法，为后续进一步研究打下基础。

　　本章所介绍的人工智能是当前科学技术迅速发展及新思想、新理论、新技术不断涌现的形势下产生的一个学科，也是一门涉及数学、计算机、哲学、认知心理学和心理学、信息论、控制论等学科交叉的学科。人工智能主要研究用人工的方法和技术，模仿、延伸和扩展人的智能，实现机器智能。人工智能的长期目标是实现人类水平的人工智能。人工智能自诞生以来，取得了许多令人瞩目的成果，并在很多领域得到广泛应用。

◄► 习题 8

一、单选题

1. 被誉为"人工智能之父"的科学家是_____。

A. 诺贝尔　　　　　　　　B. 图灵

C. 冯·诺依曼　　　　　　D. 巴贝奇

2. _____年夏天，美国达特茅斯学院举行了历史上第一次人工智能研讨会，被认为是人工智能诞生的标志。

A. 1956　　　　　　　　　B. 1966

C. 1981　　　　　　　　　D. 1997

3. 人工智能的研究内容包括_____。

A. 机器学习　　　　　　　B. 计算机视觉

C. 机器人技术　　　　　　D. 以上都是

4. 机器学习有多种不同的方式，使用大量未标记数据以及小部分标记数据进行学习的方式称为_____。

A. 监督学习　　　　　　　B. 无监督学习

C. 半监督学习　　　　　　D. 深度学习

5. 下列关于 KNN 的说法，正确的是_____。

A. KNN 是有监督学习算法　　B. KNN 是无监督学习算法

C. KNN 是半监督学习算法　　D. KNN 是聚类算法

6. 用人工智能搭建的分类系统，需要_____部分。

A. 特征提取　　　　　　　B. 分类器

C. A 和 B　　　　　　　　D. 以上都不是

7. K-means 方法和 KNN 方法的不同点在于_____。

A. 分类的数目不同

B. K-means 是无监督学习算法，KNN 是有监督学习算法

C. KNN 是无监督学习算法，K-means 是有监督学习算法

D. 以上说法都不对

8. 文本情感分析按照文本的粒度不同，可以分为_____。

A. 篇章级　　　　　　　　B. 句子级

C. 词语级　　　　　　　　D. 以上都正确

二、简答题

1. 请举例自己日常生活中遇到的与人工智能相关的应用或事例。

2. 人工智能可以分为几大类？它们各自的标志是什么？

3. 图灵测试的基本思想是什么？试着设计几个用来进行图灵测试的问题。

4. 简述人工智能发展的几次浪潮的过程？产生浪潮的原因是什么？

5. 简述一种人工智能的研究方法和领域。

6. 举例说明人工智能的应用领域。

7. 就人工智能引发的社会问题中的某个方面，详细谈谈自己的看法。

8. 手写数字识别可以用聚类方法完成吗？如果可以，需要哪些步骤？

9. 在自己的设计中，终极的人工智能系统应该是有监督的还是无监督的？为什么？

10. 试着从分类问题的角度设计一个文本情感分析的人工智能系统。

参考文献

[1] 周以真. 计算思维 [J]. 中国计算机学会通讯，2007，3 (11)：83-85.

[2] 王飞跃. 从计算思维到计算文化 [C]. 教育创新与创新人才培养，2007-5-26：128-135.

[3] 董荣胜. 计算机科学导论——思想与方法 [M]. 北京：高等教育出版社，2007.

[4] 董荣胜，古天龙. 计算机科学与技术方法论 [M]. 北京：人民邮电出版社，2002.

[5] 张晓如，张再跃. 再谈计算机思维 [J]. 计算机教育，2010 (23)：35-42.

[6] 董荣胜，古天龙. 计算思维与计算机方法论 [J]. 计算机科学，2009 (1)：1-4.

[7] 王树林，黄德双，骆嘉伟. 计算科学与生命科学的相互交融与相互启示 [J]. 计算机科学，2008，35 (11)：31-35.

[8] 石钟慈. 第三种科学方法——计算机时代的科学计算 [M]. 北京：清华大学出版社，2000.

[9] 丁宝康. 数据库原理 [M]. 北京：经济科学出版社，2000.

[10] 何东键. 数字图像处理 [M]. 西安：西安交通大学出版社，2003.

[11] 赵子江. 多媒体技术应用教程 [M]. 3 版. 北京：机械工业出版社，2003.

[12] PARSONS J J, OJA D. New Perspectives on Computer Concepts [M]. 10rd ed. Cengage Learning, 2008.

[13] SEJNOWSKI T. 深度学习：智能时代的核心驱动力量 [M]. 姜悦兵，译. 北京：中信出版社，2019.

[14] 涂子沛. 数文明：大数据如何重塑人类文明、商业形态和个人世界 [M]. 北京：中信出版社，2018.

[15] 孙旭. 关于计算机技术的应用现状分析及其发展趋势的思考 [J]. 电子技术，2018：178-180.

[16] 任磊，杜一，马帅，等. 大数据可视分析综述 [J]. 软件学报，2014，25 (09)：1909-1936.

[17] 任永功，于戈. 数据可视化技术的研究与进展 [J]. 计算机科学，2004 (31)：92-96.

[18] 刘勘，周晓峥，周洞汝. 数据可视化的研究与发展 [J]. 计算机工程，2002

（08）：1-2+63.

[19] 高俊．地理空间数据的可视化［J］．测绘工程，2000（03）：1-7.

[20] 李德仁，姚远，邵振峰．智慧城市中的大数据［J］．武汉大学学报（信息科学版），2014，39（06）：631-640.

[21] 王静远，李超，熊璋，等．以数据为中心的智慧城市研究综述［J］．计算机研究与发展，2014，51（02）：239-259.

[22] 巫细波，杨再高．智慧城市理念与未来城市发展［J］．城市发展研究，2010，17（11）：56-60+40.

[23] LU Sh. The Smart City's systematic application and implementation in China［P］. Business Management and Electronic Information（BMEI），2011 International Conference on，2011.

[24] WANG K，CHEN J，ZHENG Z X. Insigma's technological innovation ecosystem for implementing the strategy of Green Smart city［P］. Management of Engineering & Technology（PICMET），2014 Portland International Conference on，2014.

[25] TRAGOS E Z，ANGELAKIS V，FRAGKIADAKIS A，et al. Enabling reliable and secure IoT-based smart city applications［P］. Pervasive Computing and Communications Workshops（PERCOM Workshops），2014 IEEE International Conference on，2014.

[26] 李茂西，宗庆成．机器翻译系统融合技术综述［J］．中文信息学报，2010（04）：74-84+118.

[27] 张剑，吴际，周明．机器翻译评测的新进展［J］．中文信息学报，2003（06）：1-8.

[28] 刘群．统计机器翻译综述［J］．中文信息学报，2003（04）：1-12.

[29] 冯志伟．机器翻译研究［M］．北京：中国对外翻译出版公司，2004.

[30] Jürgen Schmidhuber. Deep learning in neural networks：An overview［J］. Neural Networks，2015（1）：85-117.

[31] 霍雨佳，周若平，钱晖中．大数据科学［M］．成都：电子科技大学出版社，2017.

[32] 朝乐门．数据科学［M］．北京：清华大学出版社，2016.

[33] 彭鸿涛，聂磊．发现数据之美：数据分析原理与实践［M］．北京：电子工业出版社，2014.

[34] 纪贺元．数据分析实战：基于 EXCEL 和 SPSS 系列工具的实践［M］．北京：机械工业出版社，2017.

[35] 张文彤，钟云飞．IBM SPSS 数据分析与挖掘实战案例精粹［M］．北京：清华大学出版社，2013.

[36] Barga R，Fontama V，Tok W H. Microsoft Azure 机器学习和预测分析［M］．北

京：人民邮电出版社，2017.

[37] 夏怡凡．SPSS 统计分析精要与实例详解［M］．北京：电子工业出版社，2010.

[38] 杜强．贾丽艳．SPSS 统计分析从入门到精通［M］．北京：人民邮电出版社，2011.

[39] 高扬．数据科学家养成手册［M］．北京：电子工业出版社，2017.

[40] 周俊．问卷数据分析：破解 SPSS 的六类分析思路［M］．北京：电子工业出版社，2017.

[41] 李军．大数据：从海量到精准［M］．北京：清华大学出版社，2014.

[42] 徐国祥．统计预测和决策［M］．上海：上海财经大学出版社，2016.

[43] 蒋绍忠．数据、模型与决策：基于 Excel 的建模和商务应用［M］．北京：北京大学出版社，2013.

[44] Grus J．数据科学入门［M］．高蓉，韩波，译．北京：人民邮电出版社，2016.

[45] 马继华．大数据思维：从掷骰子到纸牌屋［M］．北京：电子工业出版社，2016.